全国中级注册安全工程师职业资格考试应试教材

安全生产专业实务
(其他安全)

环球网校注册安全工程师考试研究院 组编

中国石化出版社
HTTP://WWW.SINOPEC-PRESS.COM
教·育·出·版·中·心

图书在版编目（CIP）数据

安全生产专业实务·其他安全/环球网校注册安全工程师考试研究院组编．—北京：中国石化出版社，2021.3

全国中级注册安全工程师职业资格考试应试教材

ISBN 978-7-5114-6188-9

Ⅰ.①安… Ⅱ.①环… Ⅲ.①安全生产—资格考试—自学参考资料 Ⅳ.①X93

中国版本图书馆 CIP 数据核字（2021）第 050553 号

中国石化出版社出版发行

地址：北京市东城区安定门外大街 58 号

邮编：100011　电话：（010）57512500

发行部电话：（010）57512575

http：//www.sinopec-press.com

E-mail：press@sinopec.com

三河市中晟雅豪印务有限公司印刷

全国各地新华书店经销

*

787×1092 毫米 16 开本 24 印张 593 千字

2021 年 4 月第 1 版　2021 年 4 月第 1 次印刷

定价：79.00 元

全国中级注册安全工程师职业资格考试应试教材

编 委 会

总 主 编　伊贵业

本册主编　王　强（北京劳动保障职业学院）

参编人员　（排名不分先后）

宋晓婷　赵学斌　孙玉保

王　强　李　征　杨亚男

张晓敏　程博悦　王　颖

刘锦一　芦　佳　王净瑜

朱云肖　叶年年

前　言

一、考试概览

自注册安全工程师制度实施以来，安全生产形势发生了深刻变化，对注册安全工程师制度建设提出了新要求。对此，中华人民共和国应急管理部、人力资源社会保障部共同制定了注册安全工程师职业资格制度，并加以实施。根据《注册安全工程师分类管理办法》，中级注册安全工程师职业资格考试按照专业类别实行全国统一考试，由人力资源社会保障部、国家安全监管总局负责组织实施。

《注册安全工程师职业资格制度规定》详细规定了中级注册安全工程师职业资格考试的报名条件、考试科目和考试成绩滚动周期等相关信息，具体如下：

（一）报名条件

凡遵守中华人民共和国宪法、法律、法规，具有良好的业务素质和道德品行，具备下列条件之一者，可以申请参加中级注册安全工程师职业资格考试：

（1）具有安全工程及相关专业大学专科学历，从事安全生产业务满 5 年；或具有其他专业大学专科学历，从事安全生产业务满 7 年。

（2）具有安全工程及相关专业大学本科学历，从事安全生产业务满 3 年；或具有其他专业大学本科学历，从事安全生产业务满 5 年。

（3）具有安全工程及相关专业第二学士学位，从事安全生产业务满 2 年；或具有其他专业第二学士学位，从事安全生产业务满 3 年。

（4）具有安全工程及相关专业硕士学位，从事安全生产业务满 1 年；或具有其他专业硕士学位，从事安全生产业务满 2 年。

（5）具有博士学位，从事安全生产业务满 1 年。

（6）取得初级注册安全工程师职业资格后，从事安全生产业务满 3 年。

（二）考试科目

中级注册安全工程师职业资格考试的考试科目、题型、总分、考试时间等信息见下表。

中级注册安全工程师职业资格考试科目、题型等相关信息

<table>
<tr><th colspan="2">考试科目</th><th colspan="2">考试题型</th><th>总分</th><th>考试时间</th></tr>
<tr><td>公共科目</td><td>安全生产法律法规
安全生产管理
安全生产技术基础</td><td colspan="2">单项选择题（70 分）
多项选择题（30 分）</td><td rowspan="3">100 分</td><td rowspan="3">2.5 小时</td></tr>
<tr><td rowspan="2">专业科目</td><td rowspan="2">煤矿安全
金属非金属矿山安全
化工安全
金属冶炼安全
建筑施工安全
道路运输安全
其他安全（不包括消防安全）</td><td>专业安全技术</td><td>单项选择题（20 分）</td></tr>
<tr><td>安全生产案例分析</td><td>选择题
（包括单选、多选，10 分）
综合案例分析题（70 分）</td></tr>
</table>

注：考生在报名时可根据实际工作需要选择一个专业科目。

（三）考试成绩滚动周期

中级注册安全工程师职业资格考试成绩实行 4 年为一个周期的滚动管理办法，参加全部 4 个科目考试的人员必须在连续的 4 个考试年度内通过全部科目，免试 1 个科目的人员必须在连续的 3 个考试年度内通过应试科目，免试 2 个科目的人员必须在连续的 2 个考试年度内通过应试科目，方可取得中级注册安全工程师职业资格证书。

二、本书特点

为帮助广大读者科学、高效地掌握中级注册安全工程师职业资格考试的相关知识，环球网校注册安全工程师考试研究院在对中级注册安全工程师考试深入研究的基础上，对应急管理部办公厅印发的考试大纲进行了深入剖析，紧抓考试的重点难点，精心编写了本套应试教材。

本套应试教材的主要特点有：

（一）紧扣大纲，内容全面

本套教材在编写过程中，严格依据全新考试大纲，涵盖了大纲要求的重点、难点，内容全面。《安全生产法律法规》通过对安全生产法律体系的讲解，使读者深刻领会安全生产相关法律、法规、规章和标准的有关规定，增强分析、判断和解决安全生产实际问题的能力。《安全生产管理》通过讲解安全生产管理基础理论和方法、安全制度和规程制定，以及生产安全事故调查、统计、分析等知识，提高读者的安全生产管理业务能力。《安全生产技术基础》通过讲解机械、电气、特种设备、防火防爆、危险化学品等安全生产技术知识，提高读者运用安全生产技术消除、降低事故风险的能力。《安全生产专业实务》科目通过讲解相关安全生产专业实务知识，使读者掌握专业安全技术，提高分析和解决安全生产问题的能力。

（二）脉络清晰，重点突出

本套教材的体系科学、完备，讲解深入浅出、层次分明、逻辑清楚，有助于读者理清复习思路，构建完整的知识体系。此外，本套教材在每章前设置了“本章考试内容及要求”或“重点知识导学”栏目，旨在提醒读者在学习过程中应当把握哪些重点，如何突破难点，从而提升学习效率，达到最佳的学习效果。

（三）学练结合，高效备考

为让读者能通过练习及时查漏补缺，本套教材设置了“典型例题”“本章练习”等栏目。“典型例题”设置在知识点讲解结束后，读者可以通过做典型例题，了解自己对于该知识点的掌握情况；“本章练习”设置在每章讲解结束后，读者可以通过做本章练习，把握重点，全面复习。通过大量做题，读者可以快速检验对知识点的掌握程度和学习效果，科学、高效备考。

在编写过程中，虽经反复推敲核证，仍难免有不妥之处，恳请广大读者提出宝贵意见，同时希望本书能够帮助大家顺利通过考试！

环球网校注册安全工程师考试研究院

目　录

第一章　机械安全技术

【重点知识导学】

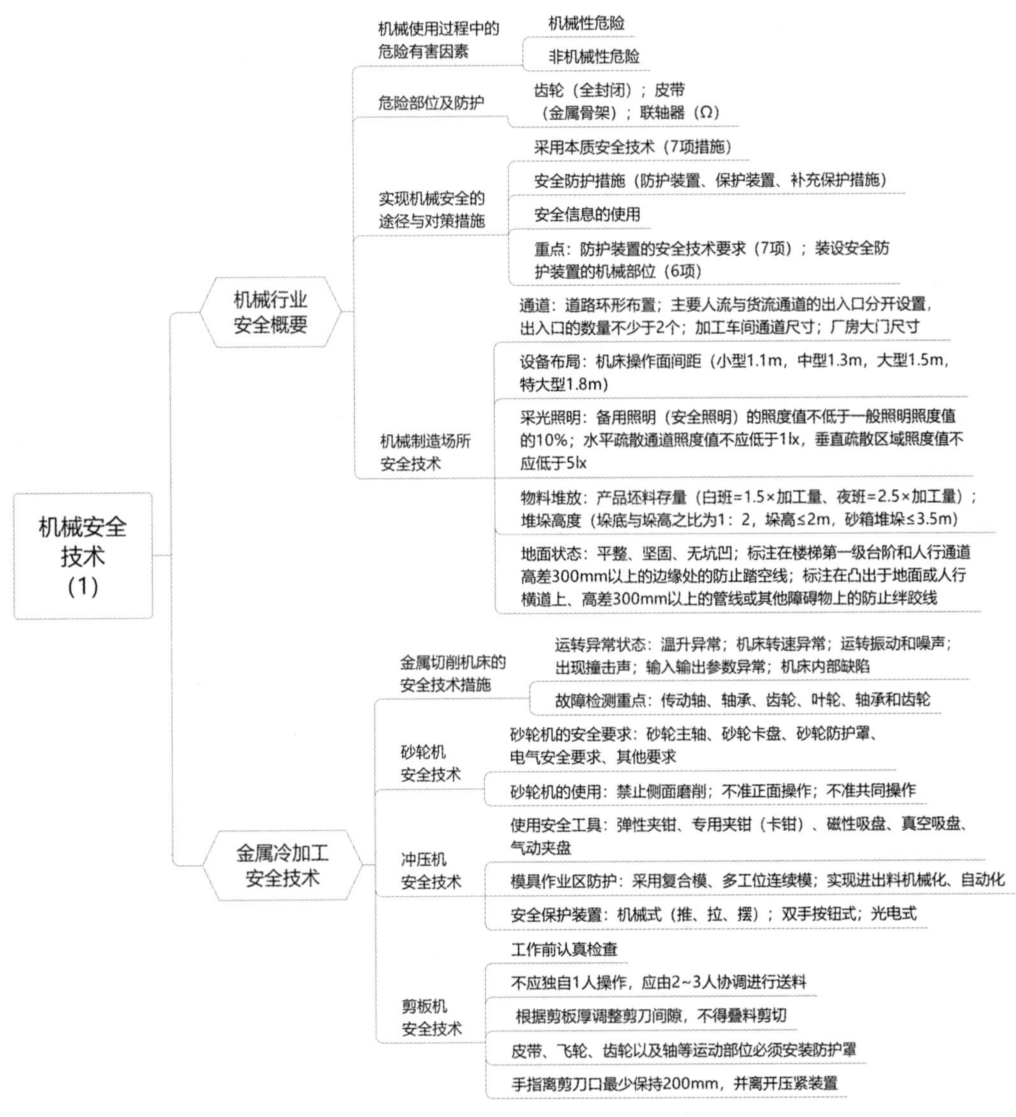

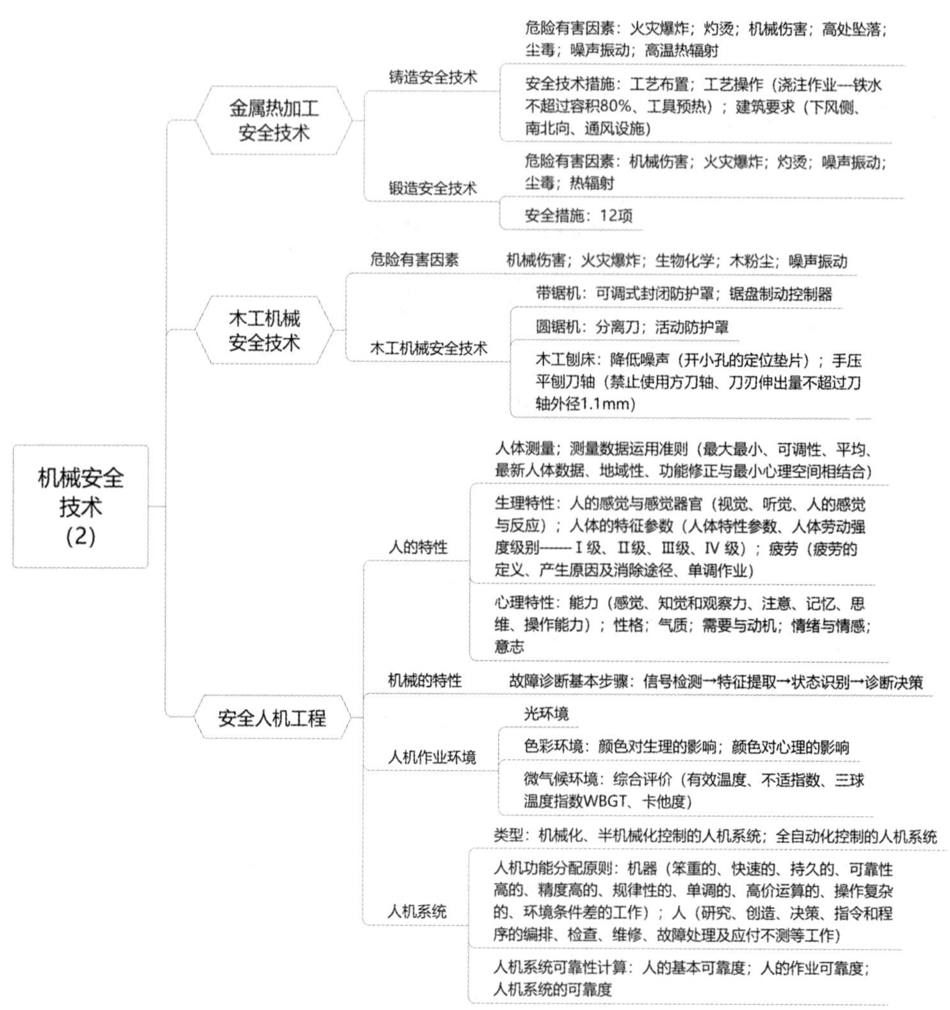
机械安全技术（2）
金属热加工安全技术
铸造安全技术
危险有害因素：火灾爆炸；灼烫；机械伤害；高处坠落；尘毒；噪声振动；高温热辐射
安全技术措施：工艺布置；工艺操作（浇注作业---铁水不超过容积80%、工具预热）；建筑要求（下风侧、南北向、通风设施）
锻造安全技术
危险有害因素：机械伤害；火灾爆炸；灼烫；噪声振动；尘毒；热辐射
安全措施：12项
木工机械安全技术
危险有害因素
机械伤害；火灾爆炸；生物化学；木粉尘；噪声振动
木工机械安全技术
带锯机：可调式封闭防护罩；锯盘制动控制器
圆锯机：分离刀；活动防护罩
木工刨床：降低噪声（开小孔的定位垫片）；手压平刨刀轴（禁止使用方刀轴、刀刃伸出量不超过刀轴外径1.1mm）
安全人机工程
人的特性
人体测量；测量数据运用准则（最大最小、可调性、平均、最新人体数据、地域性、功能修正与最小心理空间相结合）
生理特性：人的感觉与感觉器官（视觉、听觉、人的感觉与反应）；人体的特征参数（人体特性参数、人体劳动强度级别------Ⅰ级、Ⅱ级、Ⅲ级、Ⅳ级）；疲劳（疲劳的定义、产生原因及消除途径、单调作业）
心理特性：能力（感觉、知觉和观察力、注意、记忆、思维、操作能力）；性格；气质；需要与动机；情绪与情感；意志
机械的特性
故障诊断基本步骤：信号检测→特征提取→状态识别→诊断决策
人机作业环境
光环境
色彩环境：颜色对生理的影响；颜色对心理的影响
微气候环境：综合评价（有效温度、不适指数、三球温度指数WBGT、卡他度）
人机系统
类型：机械化、半机械化控制的人机系统；全自动化控制的人机系统
人机功能分配原则：机器（笨重的、快速的、持久的、可靠性高的、精度高的、规律性的、单调的、高价运算的、操作复杂的、环境条件差的工作）；人（研究、创造、决策、指令和程序的编排、检查、维修、故障处理及应付不测等工作）
人机系统可靠性计算：人的基本可靠度；人的作业可靠度；人机系统的可靠度

第一节　机械行业安全概要

机械是机器与机构的总称，是由若干相互联系的零部件按一定规律装配起来，能够完成一定功能的装置。机械设备由驱动装置、变速装置、传动装置、工作装置、制动装置、防护装置、润滑系统和冷却系统等部分组成。例如，飞机发动机就是典型的机械，如图1—1所示。

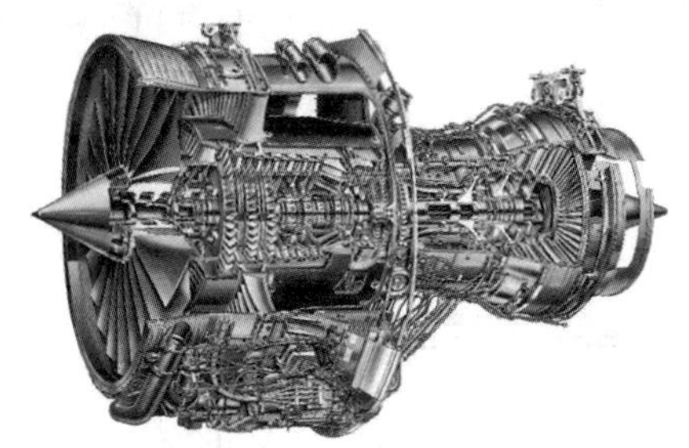

图1—1　飞机发动机

一、机械使用过程中的危险有害因素

（一）机械性危险

机械性危险包括与机器、机器零部件（包括加工材料夹紧机构）或其表面、工具、工件、载荷、飞射的固体或流体物料有关的可能会导致挤压、剪切、碰撞、切割或切断、缠绕、碾压、吸入或卷入、冲击、刺伤或刺穿、摩擦或磨损、抛出、绊倒和跌落、高压流体喷射等的危险。

（二）非机械性危险

非机械性危险主要包括电气危险（如电击、电伤）、温度危险（如灼烫、冷冻）、噪声危险、振动危险、辐射危险（如电离辐射、非电离辐射）、材料和物质产生的危险、未履行安全人机工程学原则而产生的危险等。

二、机械设备的危险部位及防护对策

（一）机械设备的危险部位

机械设备可造成碰撞、夹击、剪切、卷入等多种伤害。其主要危险部位如下：

（1）旋转部件和成切线运动部件间的咬合处，如动力传输皮带和皮带轮、链条和链轮、齿条和齿轮等。

（2）旋转的轴，包括连接器、心轴、卡盘、丝杠和杆等。

（3）旋转的凸块和孔处，含有凸块或空洞的旋转部件是很危险的，如风扇叶、凸轮、飞轮等。

（4）对向旋转部件的咬合处，如齿轮、混合辊等。

（5）旋转部件和固定部件的咬合处，如辐条手轮或飞轮和机床床身、旋转搅拌机和无防护开口外壳搅拌装置等。

（6）接近类型，如锻锤的锤体、动力压力机的滑枕等。

（7）通过类型，如金属刨床的工作台及其床身、剪切机的刀刃等。

（8）单向滑动部件，如带锯边缘的齿、砂带磨光机的研磨颗粒、凸式运动带等。

（9）旋转部件与滑动之间，如某些平板印刷机面上的机构、纺织机床等。

机械危险部位示意图如图 1－2 所示。

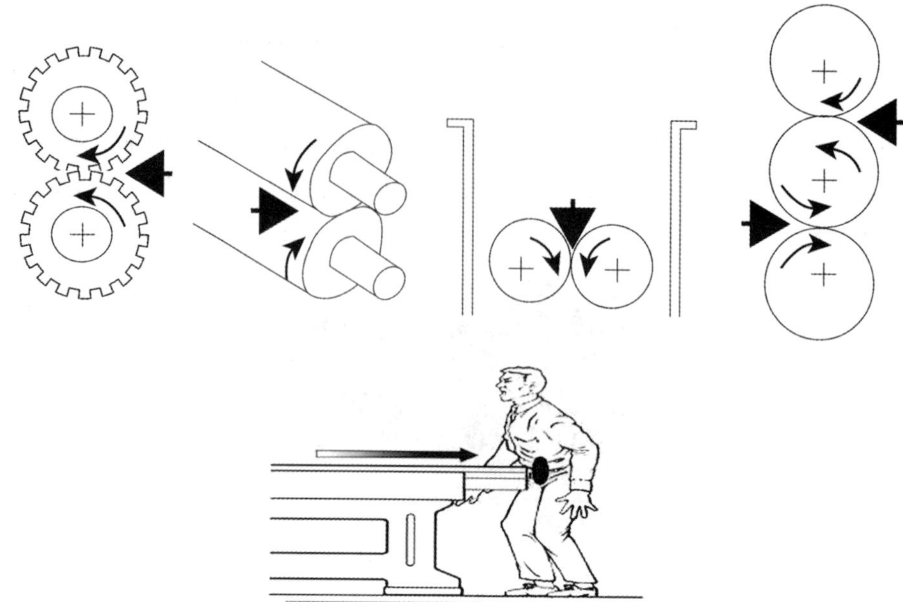

图 1－2　机械危险部位示意图

（二）机械传动机构安全防护对策

1. 危险部位

常见的机械传动机构有齿轮啮合机构、皮带传动机构、联轴器等。

（1）齿轮传动机构中，两轮开始啮合的地方最危险，如图 1－3 所示。

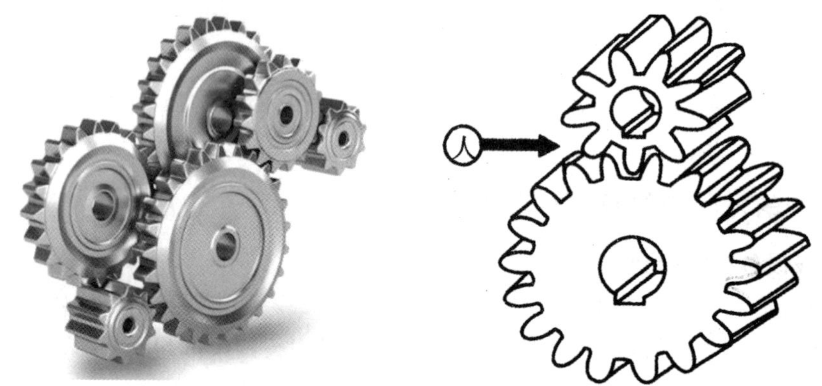

图 1－3　齿轮传动机构及危险部位

（2）皮带传动机构中，皮带开始进入皮带轮的部位最危险，如图 1－4 所示。

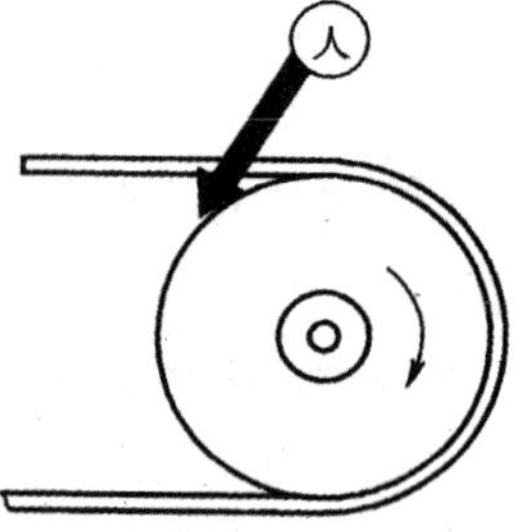

图 1－4　皮带传动机构及危险部位

（3）联轴器上裸露的突出部分有可能钩住工人衣服，造成伤害，如图 1—5 所示。

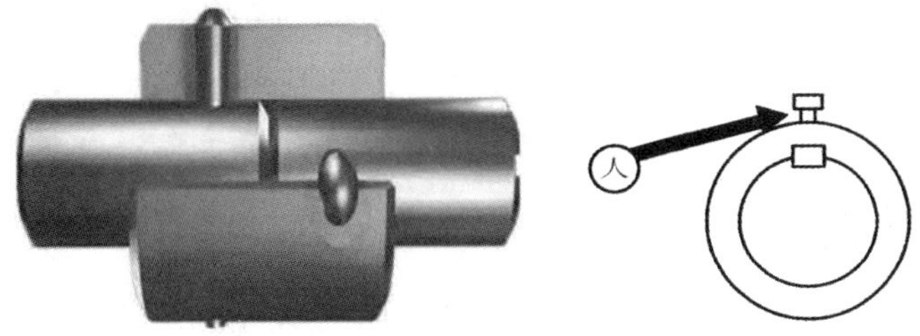

图 1—5　联轴器机构及危险部位

2. 防护对策

（1）齿轮传动的安全防护

啮合传动有齿轮（直齿轮、斜齿轮、伞齿轮、齿轮齿条等）啮合传动、蜗轮蜗杆和链条传动等。

①齿轮传动机构必须装置全封闭型的防护装置，如图 1—6 所示。

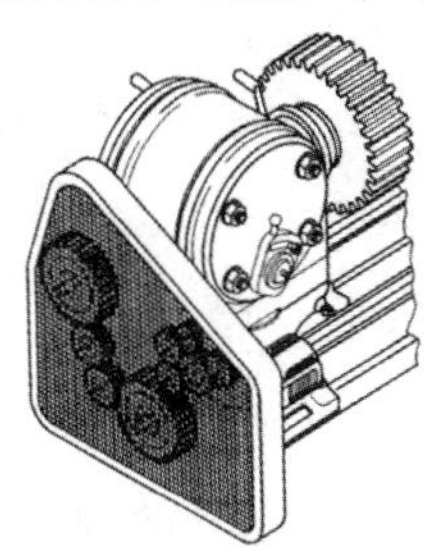

图 1—6　齿轮传动装置全封闭型防护装置

②防护装置的材料可用钢板或铸造箱体，必须坚固牢靠，保证在机器运行过程中不发生振动。

③要求装置合理，防护罩的外壳与传动机构的外形相符，同时应便于开启，便于机器的维护保养，即要求能方便地打开和关闭。

④为了引起人们的注意，防护罩内壁应涂成红色，最好装电气联锁，使防护装置在开启的情况下机器停止运转。

⑤防护罩壳体本身不应有尖角和锐利部分。

（2）皮带传动的安全防护

皮带传动的传动比精确度较齿轮啮合的传动比差，但是当过载时，皮带打滑，起到了过载保护作用。由于皮带摩擦后易产生静电放电现象，故不适用于容易发生燃烧或爆炸的场所。

皮带传动装置的防护罩可采用金属骨架的防护网，与皮带的距离不应小于 50mm，如图 1—7 所示。

图 1—7　皮带传动装置金属骨架防护网

一般传动机构离地面 2m 以下，应设防护罩。但在下列 3 种情况下，即使在 2m 以上也应加以防护：

①皮带轮中心距之间的距离在 3m 以上；

②皮带宽度在 15cm 以上；

③皮带回转的速度在 9m/min 以上。

（3）联轴器的安全防护

一切突出于轴面而不平滑的物件（键、固定螺钉等）均增加了轴的危险性。联轴器上突出的螺钉、销、键等均可能给人们带来伤害。

对联轴器的安全要求是没有突出的部分，螺钉一般应采用沉头螺钉，即采用安全联轴器。根本的办法就是加防护罩，最常见的是“Ω”型防护罩，如图 1—8 所示。

图 1—8 联轴器“Ω”型防护罩

三、实现机械安全的途径与对策措施

实现机械设备安全应遵循以下两个基本途径：选用适当的设计结构，尽可能避免危险或减小风险；通过减少对操作者涉入危险区的需要，限制人们面临危险，避免给操作者带来不必要的体力消耗、精神紧张和疲劳。

消除或减小相关的风险，应按下列等级顺序选择安全技术措施，即“三步法”。

第一步：本质安全设计措施，也称直接安全技术措施。指通过适当选择机器的设计特性和暴露人员与机器的交互作用，消除或减小相关的风险。此步是风险减小过程中的第一步，也是最重要的步骤。

第二步：安全防护或补充保护措施，也称间接安全技术措施。如果仅通过本质安全设计措施不足以减小风险时，可采取用于实现减小风险目标的安全防护或补充保护措施。

第三步：使用信息，也称提示性安全技术措施。如果以上两步技术措施不能实现或不能完全实现时，应使用信息明确警告剩余风险，说明安全使用设备的方法和相关的培训要求等。

（一）采用本质安全技术

本质安全技术是指通过改变机器设计或工作特性，来消除危险或减小与危险相关的风险的保护措施。主要包括：

（1）使用合理的结构型式。

（2）限制机械应力以保证足够的抗破坏能力。

（3）使用本质安全的工艺过程和动力源。

（4）控制系统的安全设计。

（5）保证材料和物质的安全性。

（6）遵循机械的可靠性设计原则。

（7）遵循安全人机工程学的原则。

（二）安全防护措施

安全防护措施是指从人的安全需要出发，采用特定技术手段，防止仅通过本质安全设计措施不足以减小或充分限制各种危险的安全措施，包括防护装置、保护装置及其他补充安全保护措施。

安全防护的重点是机械的传动部分及机械的其他运动部分、操作区、高处作业区、移动机械的移动区域，以及某些机器由于特殊危险形式需要特殊防护等。

1. 防护装置

通常采用壳、罩、屏、门、盖、栅栏等结构和封闭式装置，用于提供保护的物理屏障，将人与危险隔离，为机器的组成部分。

（1）防护装置的功能

①隔离作用，防止人体任何部位进入机械的危险区触及各种运动零部件。

②阻挡作用，防止飞出物打击，高压液体意外喷射或防止人体灼烫、腐蚀伤害等。

③容纳作用，接受可能由机械抛出、掉落、射出的零件及其破坏后的碎片等。

④其他作用，在有特殊要求的场合，还应对电、高温、火、爆炸物、振动、辐射、粉尘、烟雾、噪声等具有特别阻挡、隔绝、密封、吸收或屏蔽作用。

（2）防护装置的类型

①固定式防护装置。保持在所需位置（关闭）不动的防护装置，不用工具不能将其打开或拆除。成套机械设备固定式防护装置如图 1－9 所示。

图 1－9　成套机械设备固定式防护装置

②活动式防护装置。通过机械方法（如铁链、滑道等）与机器的构架或邻近的固定元件相连接，并且不用工具就可打开。机床活动式防护装置如图 1－10 所示。

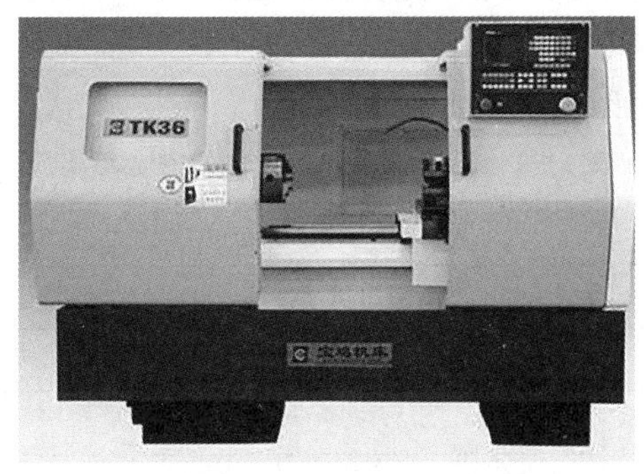

图 1－10　机床活动式防护装置

③联锁防护装置。防护装置的开闭状态直接与防护的危险状态相联锁，只要防护装置不关

闭，被其“抑制”的危险机器功能就不能执行，只有当防护装置关闭时，被其“抑制”的危险机器功能才有可能执行；在危险机器功能执行过程中，只要防护装置被打开，就给出停机指令。电梯轿厢及其防护门联锁防护装置如图 1—11 所示。

图 1—11　电梯轿厢及其防护门联锁防护装置

（3）防护装置的安全技术要求

除了满足安全防护装置的一般要求外，还应符合以下要求：

①防护装置应设置在进入危险区的唯一通道上，防护结构体不应出现漏保护区，并满足安全距离的要求，使人不可能越过或绕过防护装置接触危险。

②固定防护装置应采用永久固定（如焊接等）或借助紧固件（如螺钉、螺栓等）的方式固定，若不用工具（或专用工具）不可能拆除或打开。

③活动防护装置或防护装置的活动体打开时，尽可能与被防护的机械借助铰链或导链保持连接，防止挪开的防护装置或活动体丢失或难以复原。

④当活动联锁式防护装置出现丧失安全功能的故障时，应使被其“抑制”的危险机器功能不可能执行或停止执行，装置失效不得导致意外启动。

⑤可调式防护装置的可调或活动部分调整件，在特定操作期间保持固定、自锁状态，不得因为机器振动而移位或脱落。

⑥在要求通过防护装置观察机器运行的场合，宜提供大小合适开口的观察孔或观察窗。

⑦防护装置的开口尺寸满足技术要求。

不同网眼开口尺寸的安全距离见表 1—1。

表 1—1　不同网眼开口尺寸的安全距离

防护人体通过部位	网眼开口宽度/mm	安全距离/mm
手指尖	<6.5	≥35
手指	<12.5	≥92
手掌（不含第一掌指关节）	<20	≥135
上肢	<47	≥460
足尖	<76（罩底部与所站面间隙）	≥150

注：网眼开口宽度按直径、边长、椭圆孔短轴尺寸确定。

2. 保护装置

保护装置是指防护装置以外的安全防护装置，通过自身的结构功能限制或防止机器的某种危险，消除或减小风险的装置。常见的有联锁装置、双手操作式装置、能动装置、限制装置等。切纸机各类保护装置如图 1—12 所示。

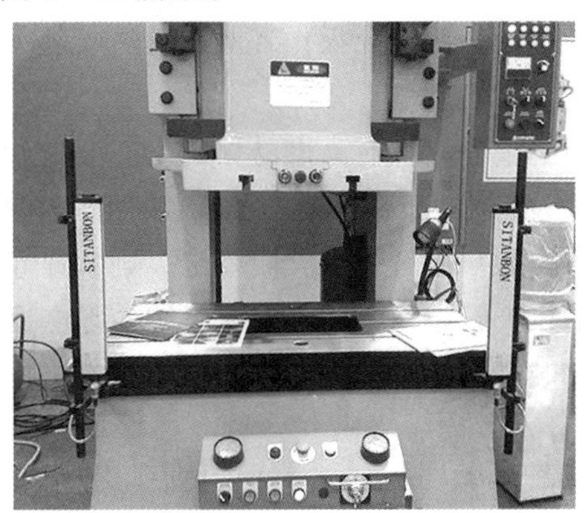

图 1—12　切纸机各类保护装置

按功能不同，保护装置可大致分为以下几类：

（1）联锁装置。用于防止危险机器功能在特定条件下（通常是指只要防护装置未关闭）运行的装置。可以是机械、电气或其他类型。

（2）能动装置。一种附加手动操纵装置，与启动控制一起使用，并且只有连续操作时，才能使机器执行预定功能。

（3）保持—运行控制装置。一种手动控制装置，只有当手对操纵器作用时，机器才能启动并保持机器功能。

（4）双手操纵装置。至少需要双手同时操作，以便在启动和维持机器某种运行的同时，针对存在的危险，强制操作者在机器运转期间，双手没有机会进入机器的危险区，以此为操作者提供保护的一种装置。

（5）敏感保护设备。用于探测人体或人体局部，并向控制系统发出正确信号以降低被探测人员风险的设备。

（6）有源光电保护装置。通过光电发射和接收元件完成感应功能的装置，可探测特定区域内由于不透光物体出现引起的该装置内光线的中断。

（7）机械抑制装置。在机构中引入的能靠其自身强度，防止危险运动的机械障碍（如模、轴、撑杆、销）的装置。

（8）限制装置。防止机器或危险机器状态超过设计限度（如空间限度、压力限度、载荷力矩限度等）的装置。

（9）有限运动控制装置（也称行程限制装置）。是与机器控制系统一起作用的，使机器元件做有限运动的控制装置。

保护装置种类很多，防护装置和保护装置经常通过联锁成为组合的安全防护装置，如联锁防护装置、带防护锁的联锁防护装置和可控防护装置等。

3. 装设安全防护装置的机械部位

（1）旋转机械的传动外露部分。如传动带、砂轮、电锯、皮带轮和飞轮等，都要设防护装置。一般有防护网、防护栏杆、可动式或固定式防护罩和其他专用装置。必要时，可移动式防护罩还应有联锁装置，当打开防护罩时，危险部分立即停止运动。

（2）冲压设备的施压部分要安设如挡手板、拨手器联锁电钮、安全开关、光电控制等防护装置，当人体某一部分进入危险区之前，使滑块停止运动。

（3）起重运输设备都应有信号装置、制动器、卷扬限制器、行程限制器、自动联锁装置、缓冲器以及梯子、平台、栏杆等。

（4）加工过热和过冷的部件时，为避免操作者触及过热或过冷部件，在不影响操作和设备功能的情况下，必须配置防接触屏蔽装置。

（5）生产、使用、贮存或运输中存在有易燃易爆的生产设施（如锅炉、压力容器、可燃气体燃烧设备以及其他燃料燃烧设备），都要根据其不同性质配置安全阀、水位计、温度计、防爆阀、自动报警装置、截止阀、限压装置、点火或稳定火焰装置等安全防护装置。

（6）自动生产线和复杂的生产设备及重要的安全系统，都应设自动监控装置、开车预警信号装置、联锁装置、减缓运行装置、防逆转等起强制作用的安全防护装置。

4. 补充保护措施

补充保护措施也称附加预防措施，是指在设计机器时，除了通过设计减小风险、采用安全防护措施和提供各种使用信息外，还应另外采取的有关安全措施。

（1）实现急停功能的组件和元件。急停开关如图 1－13 所示。

图 1－13　急停开关

（2）被困人员逃生和救援的措施。

（3）隔离和能量耗散的措施。

（4）提供方便且安全搬运机器及其重型零部件的装置。机械臂抓取重型零部件如图1－14所示。

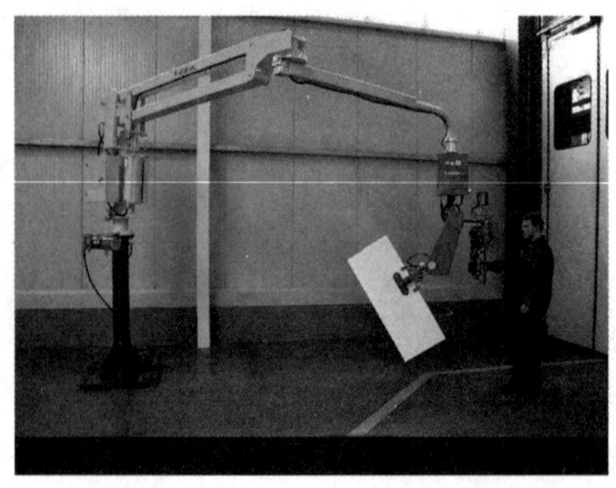

图 1－14　机械臂抓取重型零部件

(5) 安全进入机器的措施。可供人员检查列车底部的检修台如图 1—15 所示。

图 1—15 可供人员检查列车底部的检修台

(三) 安全信息的使用

使用信息由文本、文字、标记、信号、符号或图表等组成，以单独或联合使用的形式向使用者传递信息，用以指导使用者安全、合理、正确地使用机器，警示剩余风险和可能需要应对的机械危险事件，也应对不按规定要求操作或可合理预见的误用而产生的潜在风险进行警告。使用信息是机器的组成部分之一。

使用信息应涵盖机械使用的全过程，包括运输、装配和安装、试运转、使用（设定、示教/编程或过程转换、操作、清洗、故障查找和维护）以及必要的拆卸、停用和报废。

使用信息的类别有标志、符号（象形图）、安全色、文字警告等；信号和警告装置；随机文件，例如，操作手册、说明书等。

各类安全标志如图 1—16 所示。

图 1—16 各类安全标志

四、机械制造场所安全技术

（一）通道

（1）合理组织人流和物流。运输线路的布置，应避免运输繁忙的货流与人流交叉、铁路与道路平面交叉、进出厂主要货流与企业外部交通干线的平面交叉，保证物流安全顺畅、路径短捷不折返。

（2）主要生产区、仓库区、动力区的道路，应环形布置。厂区尽端式道路，应有便捷的消防车回转场地。厂区道路在弯道、交叉路口的视距范围内，不得有妨碍驾驶员视线的障碍物。道路上部管架和栈桥等，在干道上的净高不得小于5m。

（3）车间通道一般分为纵向主要通道、横向主要通道和机床之间的次要通道。车间横向主要通道根据需要设置，其宽度不应小于2000mm；机床之间的次要通道宽度一般不应小于1000mm。人行道、车行道的布置和间隔距离，都不应妨碍人员工作和造成危害。加工车间通道尺寸见表1—2。

表1—2　加工车间通道尺寸

运输方式	通道宽度/m				
	冷加工	铸造	锻造	热处理	焊接
人工运输	≥1	1.5	2～3	1.5～2.5	2～3
电瓶车单向行驶	1.8	2			
电瓶车对开	3		3～5	3～4	3～5
叉车或汽车行驶	3.5	3.5			
手工造型人行道	—	0.8～1.5	—	—	—
机器造型人行道	—	1.5～2	—	—	—
铁路进厂房入口宽度应为5.5					

注：根据《机械工业职业安全卫生设计规范》（JBJ 18）整理。

（4）主要人流与货流通道的出入口分开设置；货流出入口应位于主要货流方向，应靠近仓库、堆场，并与外部运输线路方便连接；车间厂房出入口的位置和数量，应根据生产规模、总体规划、用地面积及平面布置等因素综合确定，并确保出入口的数量不少于2个。厂房大门净宽度应比最大运输件宽度大600mm，比净高度大300mm；车辆出入频繁的大门宜设置防撞措施；对于特大的设备可设专门安装洞口。

（二）设备布置

机床布置的最小安全距离见表1—3。

表1—3　机床布置的最小安全距离　（单位：m）

项目	小型机床	中型机床	大型机床	特大型机床
机床操作面间距	1.1	1.3	1.5	1.8
机床后面、侧面离墙柱间距	0.8	1.0	1.0	1.0
机床操作面离墙柱间距	1.3	1.5	1.8	2.0

注：（1）根据《机械工业职业安全卫生设计规范》（JBJ 18）整理。

（2）安全距离从机床活动机件达到的极限位置算起。

（3）机床与墙柱间的距离首先要考虑对基础的影响。

（三）采光照明

1. 照明方式

按下列要求确定照明方式：

（1）工作场所通常设置一般照明，即照亮整个场所的均匀照明。

（2）同场所内不同区域有不同照度要求时，应分区设置一般照明或局部照明。

（3）对于部分作业面，照度要求较高，只采用一般照明不合理，宜采用由一般照明与局部照明组成的混合照明。

2. 照明种类

按下列要求确定照明种类：

（1）工作场所均应设置正常照明，即在正常情况下使用的室内外照明。

（2）工作场所下列情况应设置应急照明，即因正常照明的电源失效而启用的照明。应急照明包括疏散照明、安全照明、备用照明。

（3）如果需要，还应考虑其他照明。例如，非工作时间，在车间、营业厅、展厅等大面积场所提供值班照明；为防范需要，在重要厂区、库区等有警戒任务的场所，根据警戒范围要求而设置的警卫照明等。

3. 光照度

作业空间应有符合标准规定的足够的尽可能均匀的光照度。应急照明的照度标准值应符合下列规定：

（1）备用照明的照度值除另有规定外，不低于该场所一般照明照度值的10%。

（2）安全照明的照度标准值除另有规定外，不低于该场所一般照明照度标准值的10%。

（3）疏散照明的地面平均水平照度值除另有规定外，水平疏散通道不应低于1lx，垂直疏散区域不应低于5lx。

（四）物料堆放

（1）生产物料、半成品及成品应严格按指定区域归类堆放，排列有序；工位器具、工具、模具、夹具应放在指定的部位，安全稳妥，并分类存放上架或装盘；生产过程中的余料和生产过程产生的废品、废料等物料，按规定堆放在划定区域内；推车等简易搬运工具应明确规定放置地点；沿人行通道两边不得有突出或锐边物品；堆放物品的场地要用黄色或白色划出明显的界限或架设围栏，堆放物品的场所应悬挂标牌，写明放置物品的名称和要求。

（2）合理地做好毛坯、原材料、辅助材料和工艺装备的投产批次和数量，限量存储。白班存放量为每班加工量的1.5倍，夜班存放量为加工量的2.5倍，大件不得超过当班定额。高处作业区堆放生产物料和工具，应严格控制数量。

（3）成垛堆放生产物料、产品和剩余物料应使堆垛稳固。当直接存放在地面上时，堆垛高度不应超过1.4m，且高与底边长之比不应大于3，垛的基础要牢固，不得产生下沉、歪斜或倾塌，垛之间的距离应便于搬移或机械化装卸作业。

（五）作业场所地面要求

（1）作业场地地面应平整、坚固、无坑凹，且能承受工作时规定的荷重。

（2）地面应经常保持清洁。在工作地周围地面上，不允许存放与生产无关的物料。垃圾或废料、油污、废水应及时清理，做到“工完、料尽、场地清”。

（3）地面平整，无障碍物和绊脚物，避免凸出的管线等障碍；坑、沟、池应设置可靠的盖板或护栏，夜间有照明。

(4) 容易发生危险事故的场地，应设置醒目的安全标志。安全标志及涂安全色应符合标准的规定。如以下（不是全部）情况：

①标注在落地电柜箱、消防器材的前面，不得用其他物品遮挡的禁止阻塞线。

②标注在突出悬挂物及机械可移动范围内，避免碰撞的安全提示线。

③标注在高出地面的设备安装平台边缘的安全警戒线。

④标注在楼梯第一级台阶和人行通道高差 300mm 以上的边缘处的防止踏空线。

⑤标注在凸出于地面或人行横道上、高差 300mm 以上的管线或其他障碍物上的防止绊跤线。

第二节　金属切削机床及砂轮机安全技术

金属切削机床是用切削方法将毛坯加工成机器零件的设备。金属切削机床上装卡被加工工件和切削刀具，带动工件和刀具进行相对运动。在相对运动中，刀具从工件表面切去多余的金属层，使工件成为符合预定技术要求的机器零件，实物照片如图 1－17 所示。

图 1－17　金属切削机床

一、金属切削机床的危险因素

1. 机床的危险因素

(1) 静止部件。切削刀具与刀刃，突出较长的机械部分，毛坯、工具和设备边缘锋利飞边及表面粗糙部分，引起滑跌坠落的工作台。

(2) 旋转部件。旋转部分、轴、凸块和孔、研磨工具和切削刀具。

(3) 内旋转咬合。包括对向旋转部件、旋转部件和成切线运动部件面、旋转部件和固定部件的咬合。

(4) 往复运动或滑动。单向运动，往复运动或滑动，旋转与滑动组合、振动。

(5) 飞出物。飞出的装夹具或机械部件，飞出的切屑或工件。

2. 机床常见事故

(1) 设备接地不良、漏电，照明未采用安全电压，发生触电事故。

(2) 旋转部位楔子、销子突出，没加防护罩，易绞缠人体。

(3) 清除铁屑无专用工具，操作者未戴护目镜，发生刺割事故及崩伤眼球。

(4) 加工细长杆轴料时，尾部无防弯装置或托架，导致长料甩击伤人。

(5) 零部件装卡不牢，可飞出击伤人体。

(6) 防护保险装置、防护栏、保护盖不全或维修不及时，造成绞伤、碾伤。

(7) 砂轮有裂纹或装卡不合规定，发生砂轮碎片伤人事故。

(8) 操作旋转机床戴手套，易发生绞手事故。

二、金属切削机床的安全技术措施

1. 机床运转异常状态

(1) 温升异常。常见于机床所使用的电动机及轴承齿轮箱。温升超过允许值时，说明机床超负荷或零件出现故障，严重时能闻到润滑油的恶臭和看到白烟。

(2) 转速异常。机床运转速度突然超过或低于正常转速，可能是由于负荷突然变化或机床出现机械故障。

(3) 振动和噪声过大。机床由于振动而产生的故障率占比很大。其原因包括：机床设计不良、机床制造缺陷、安装缺陷、零部件动作不平衡、零部件磨损、缺乏润滑、机床中进入异物等。

(4) 出现撞击声。零部件松动脱落、进入异物、转子不平衡均可能产生撞击声。

(5) 输入输出参数异常。包括加工精度变化、机床效率变化（如泵效率）、机床消耗的功率异常、加工产品的质量异常，如球磨机粉碎物的粒度变化、加料量突然降低，说明生产系统有泄漏或堵塞、机床带病运转时输出改变等。

(6) 机床内部缺陷。包括组成机床的零件出现裂纹、电气设备设施绝缘质量下降、由于腐蚀而引起的缺陷等。

2. 运动机械中易损件的故障检测

(1) 零部件故障检测的重点。包括传动轴、轴承、齿轮、叶轮，其中滚动轴承和齿轮的损坏更为普遍。

(2) 滚动轴承的损伤现象及故障。损伤现象有滚珠砸碎、断裂、压坏、磨损、化学腐蚀、电腐蚀、润滑油结污、烧结、生锈、保持架损坏、裂纹等；检测参数有振动、噪声、温度、磨损残余物分析和组成件的间隙。

(3) 齿轮装置故障。主要有齿轮本体损伤（包括齿和齿面损伤），轴、键、接头、联轴器的损伤，轴承的损伤；检测参数有噪声、振动，齿轮箱漏油、发热。

三、砂轮机的安全技术要求

（一）砂轮机的安全要求

砂轮机如图 1—18 所示。

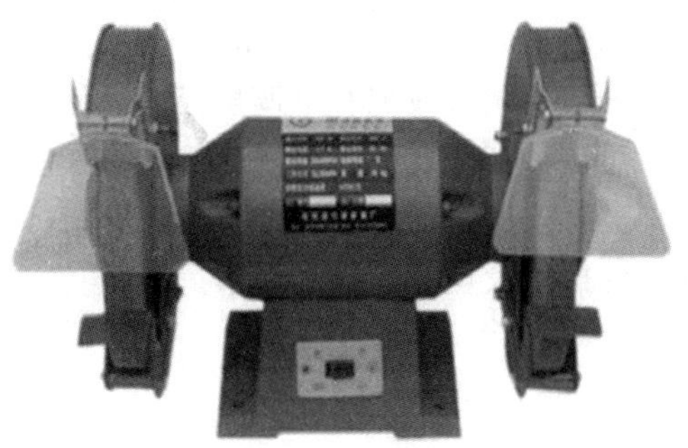

图 1—18　砂轮机

1. 砂轮主轴

砂轮主轴端部螺纹应满足防松脱的紧固要求，其旋向须与砂轮工作时旋转方向相反，砂轮机应标明砂轮的旋转方向；端部螺纹应足够长，切实保证整个螺母旋入压紧（$L>1cm$）；主轴螺纹部分须延伸到紧固螺母的压紧面内，但不得超过砂轮最小厚度内孔长度的 1/2（$h>H/2$）。

2. 砂轮卡盘

一般用途的砂轮卡盘直径不得小于砂轮直径的 1/3，切断用砂轮的卡盘直径不得小于砂轮直径的 1/4；卡盘结构应均匀平衡，各表面平滑无锐棱，夹紧装配后，与砂轮接触的环形压紧面应平整、不得翘曲；卡盘与砂轮侧面的非接触部分应有不小于 1.5mm 的足够间隙。

砂轮及法兰盘结构示意图如图 1—19 所示。

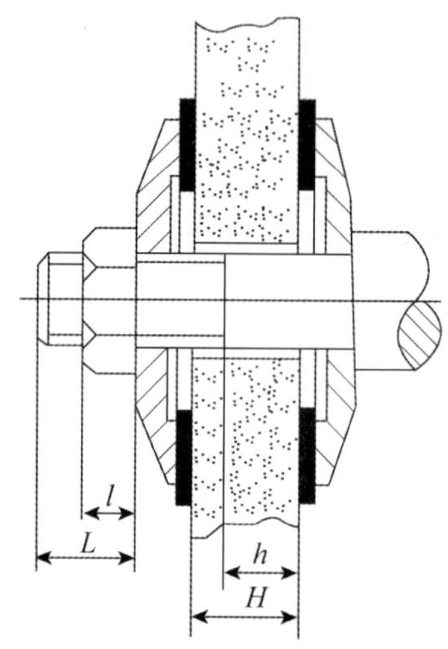

图 1—19　砂轮及法兰盘结构示意图

3. 砂轮防护罩

砂轮防护罩一般由圆周构件和两侧面构件组成，防护罩留有一定形状的开口，防护罩应满足以下安全技术要求：

（1）砂轮防护罩的总开口角度应不大于 90°，使用砂轮安装轴水平面以下砂轮部分加工时，防护罩开口角度可以增大到 125°。而在砂轮安装轴水平面的上方，在任何情况下防护罩开口角度都应不大于 65°。

（2）砂轮防护罩任何部位不得与砂轮装置各运动部件接触，砂轮卡盘外侧面与砂轮防护罩开口边缘之间的间距一般应不大于 15mm。

（3）防护罩上方可调护板与砂轮圆周表面间隙应可调整至 6mm 以下；托架台面与砂轮主轴中心线等高，托架与砂轮圆周表面间隙应小于 3mm。

（4）防护罩的圆周防护部分应能调节或配有可调护板，以便补偿砂轮的磨损。当砂轮磨损时，砂轮的圆周表面与防护罩可调护板之间的距离应不大于 1.6mm。

（5）应随时调节工件托架以补偿砂轮的磨损，使工件托架和砂轮间的距离不大于 2mm。

砂轮机防护罩及工件托架安装要求如图 1—20 所示。

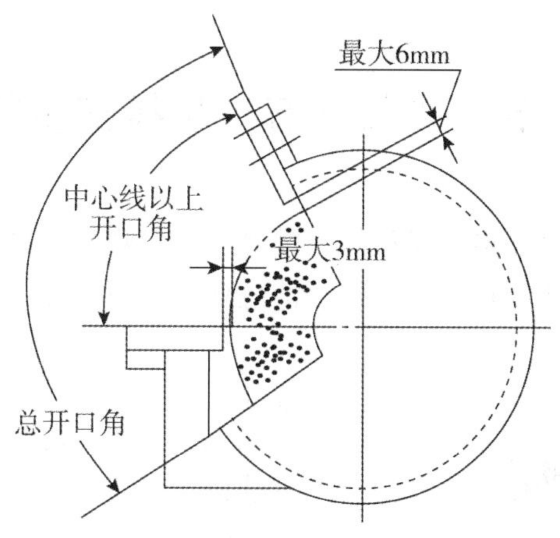

图 1－20　砂轮机防护罩及工件托架安装要求

4. 电气安全要求

(1) 绝缘电阻。电源接线端子与保持接地端之间的绝缘电阻，其值不应小于 1MΩ。

(2) 保护接地装置连接件和连接点应确保不受机械、化学或电化学的作用而削弱其导电能力，接地装置处应有清晰、永久固定的接地标记。

5. 其他要求

(1) 噪声。台式、落地砂轮机在空运转条件下，噪声声压级不得超过 80dB。

(2) 干式磨削砂轮机应设置吸尘装置，砂轮防护罩应备有吸尘口，带除尘装置的砂轮机的粉尘浓度不应超过 $10mg/m^3$。

(3) 砂轮只可单向旋转，在砂轮机的明显位置上应标有砂轮旋转方向。

(二) 砂轮机使用

1. 禁止侧面磨削

用圆周表面做工作面的砂轮不宜使用侧面进行磨削。

2. 不准正面操作

操作者应站在砂轮的侧面，不得在砂轮的正面进行操作，以免砂轮破碎飞出伤人。

3. 不准共同操作

严禁 2 人共用 1 台砂轮机同时操作。

砂轮机正确操作姿势如图 1－21 所示。

图 1－21　砂轮机正确操作姿势

第三节　冲压（剪）机械安全技术

冲压（剪）是指靠压力机和模具对板材、带材、管材和型材等施加外力，使之产生塑性变形或分离，从而获得所需形状和尺寸的工件（冲压件）的成形加工方法。冲压机及工作示意图如图 1－22 所示。

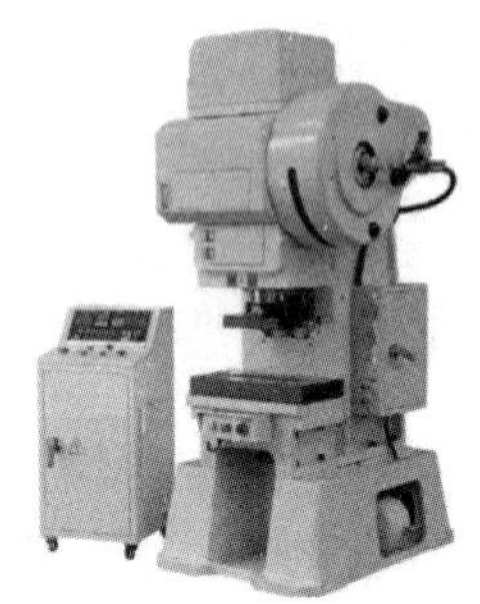

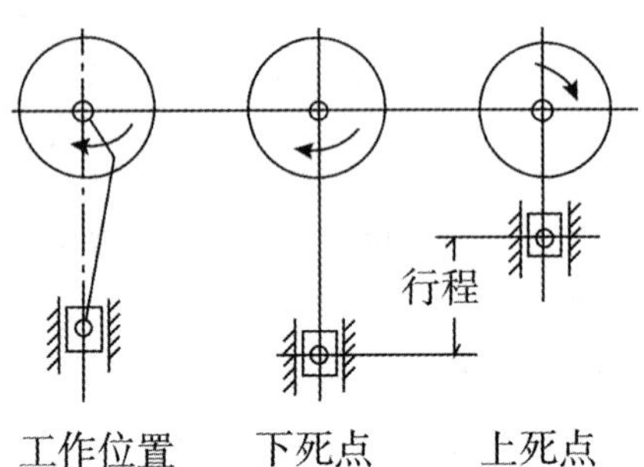

图 1－22　冲压机及工作示意图

一、冲压作业的危险因素

冲压事故有可能发生在冲压设备的各个危险部位，大多数事故发生在模具的下行程，且以作业者的手部伤害为主。

1. 设备结构具有的危险

冲压设备如果采用刚性离合器，一旦接合运行，就一定要完成一个循环，才会停止。假如在此循环中的下冲程，手不能及时从模具中抽出，就必然会发生伤手事故。

2. 动作失控

设备在运行中受到经常性的强烈冲击和震动，造成部分零部件变形、磨损以至碎裂，引起设备动作失控而发生连冲事故。

3. 开关失灵

设备的开关控制系统由于人为或外界因素引起的误动作。

4. 模具的危险

由于模具设计不合理或有缺陷，如模具磨损、变形或损坏等原因，在正常运行条件下发生意外而导致事故。

二、冲压作业安全技术措施

1. 使用安全工具

采用劳动强度小、使用灵活方便的手工工具。常用工具包括弹性夹钳、专用夹钳（卡钳）、磁性吸盘、真空吸盘、气动夹盘。

2. 模具作业区防护措施

模具防护的内容包括：在模具周围设置防护板（罩）；通过改进模具减少危险面积，扩大安全空间；设置机械进出料装置，以此代替手工进出料方式。

采用复合模、多工位连续模代替单工序的模具，或者在模具上设置机械进出料机构，实现机械化、自动化等，是实现冲压安全保护的根本途径。

3. 冲压设备的安全装置

冲压设备的安全装置形式较多，按结构分为机械式、按钮式、光电式、感应式等。

(1) 机械式防护装置。主要有推手式保护装置、摆杆护手装置、拉手安全装置。机械式防护装置结构简单、制造方便，但对作业干扰影响较大，有局限性。

(2) 双手按钮式保护装置。只有操作者的双手同时按下两个按钮时，滑块才会启动；若中途放开任何一个开关时，电磁铁都会失电，则滑块停止运动。

(3) 光电式保护装置。在冲模前设置各种发光源，形成光束并封闭操作者前侧、上下模具处的危险区。当操作者手停留或误入该区域时，使光束受阻，使滑块自动停止或不能下行。

三、剪板机安全技术措施

剪板机如图 1—23 所示。

图 1—23 剪板机

(1) 工作前应认真检查剪板机各部位是否正常，电气设备是否完好，润滑系统是否畅通，清除台面及周围放置的工具、量具等杂物以及边角废料。

(2) 不应独自 1 人操作剪板机，应由 2～3 人协调进行送料、控制尺寸精度及取料等，并确定 1 个人统一指挥。

(3) 应根据规定的剪板厚度，调整剪刀间隙。不准同时剪切两种不同规格、不同材质的板料，不得叠料剪切。剪切的板料要求表面平整，不准剪切无法压紧的较窄板料。

(4) 剪板机的皮带、飞轮、齿轮以及轴等运动部位必须安装防护罩。

(5) 剪板机操作者送料的手指离剪刀口的距离应最少保持 200mm，并且离开压紧装置。在剪板机上安置的防护栅栏不能让操作者看不到裁切的部位。作业后产生的废料有棱角，操作者应及时清除，防止被刺伤、割伤。

第四节 木工机械安全技术

一、木工机械危险有害因素

1. 机械伤害

机械伤害主要包括刀具的切割伤害、木料的冲击伤害、飞出物的打击伤害。

2. 火灾和爆炸

悬浮在空间的木粉尘在会发生爆炸，也能引起火灾。

3. 木材的生物、化学危害

（1）木材的生物效应可分有毒性、过敏性、生物活性等，可引起皮肤症状、视力失调、对呼吸道黏膜的刺激和病变、过敏病状，以及各种混合症状。

（2）化学危害是因为木材防腐和粘接时采用了多种化学物质，其中很多会引起中毒、皮炎或损害呼吸道黏膜，甚至诱发癌症。

4. 木粉尘危害

木料加工产生大量的粉尘，小颗粒木尘沉积在鼻腔或肺部，可导致鼻黏膜功能下降，甚至导致尘肺病。

5. 噪声和振动危害

木工机械是高噪声和高振动机械，加工过程会产生职业危害，引起噪声聋和手臂振动病。

二、木工机械安全技术措施

1. 木工机械的安全装置安全技术要求

（1）按照“有轮必有罩、有轴必有套和锯片有罩、锯条有套、刨（剪）切有挡”的安全要求，以及安全器送料的安全要求，对各种木工机械配置相应的安全防护装置。徒手操作者必须有安全防护措施。

（2）对产生噪声、木粉尘或挥发性有害气体的机械设备，应配置与其机械运转相联锁的消声、吸尘或通风装置。

（3）木工机械的刀轴与电器应有安全联控装置，在装卸或更换刀具及维修时，能切断电源并保持断开位置，以防止误触电源开关或突然供电启动机械，造成伤害事故。

（4）针对木材加工作业中的木料反弹危险，应采用安全送料装置或设置分离刀、防反弹安全屏护装置。

（5）在装设正常启动和停机操纵装置的同时，还应专门设置遇事故紧急停机的安全控制装置。

（6）对缺少安全装置或安全装置失效的木工机械，应禁止使用。

2. 带锯机安全装置

带锯机的各个部分，除了锯卡、导向辊的底面到工作台之间的工作部分外，都应用防护罩封闭。锯轮应完全封闭，锯轮罩的外圆面应该是整体的。带锯机如图 1—24 所示。

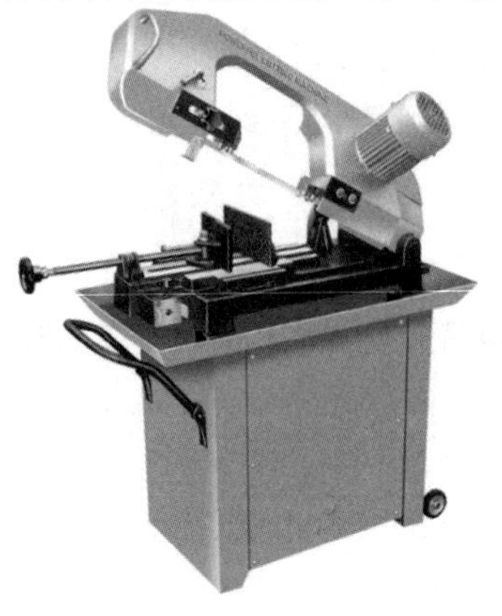

图 1—24　带锯机

带锯机主要采用液压可调式封闭防护罩遮挡高速运转的锯条，既能有效地进行锯割，又能在锯条“放炮”或断条、掉锯时，控制锯条崩溅、乱扎，避免对操作者造成伤害，同时可以防止工人在操作过程中手指误触锯条造成伤害事故。

带锯机停机时，由于受惯性力的作用将继续转动，此时手不小心触及锯条，就会造成误伤。因此，应装设锯盘制动控制器使其能迅速停机。

3. 圆锯机安全装置

圆锯机如图 1—25 所示。

图 1—25 圆锯机

为了防止木料反弹的危险，圆锯上应装设分离刀（松口刀）和活动防护罩。分离刀的作用是使木料连续分离，使锯材不会紧贴转动的刀片，从而不会产生木料反弹。活动罩的作用是遮住圆锯片，防止手过度靠近圆锯片，同时也能有效防止木料反弹。

圆锯机安全装置通常由防护罩、导板、分离刀和防木料反弹挡架组成。

圆锯机应安装相应的消声装置，防止超限的噪声造成严重职业危害。

4. 木工刨床安全装置

木工刨床如图 1—26 所示。

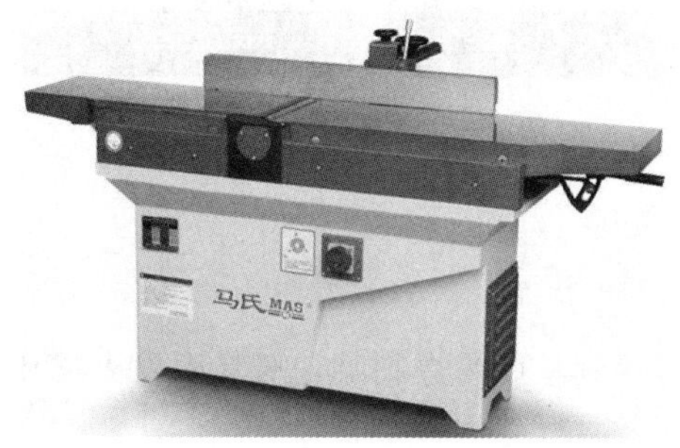

图 1—26 木工刨床

刨床对操作者的人身伤害，一是徒手推木料容易伤害手指，二是刨床噪声产生职业危害。降低噪声可采用开有小孔的定位垫片，能降低噪声 10～15dB（A）。

为了安全，手压平刨刀轴的设计与安装须符合下列要求：

（1）必须使用圆柱形刀轴，绝对禁止使用方刀轴。木工刨床圆柱形刀轴如图 1—27 所示。

图 1—27　木工刨床圆柱形刀轴

(2) 压力片的外缘应与刀轴外圆相合，当手触及刀轴时，只会碰伤手指皮，不会被切断。

(3) 刨刀刃口伸出量不能超过刀轴外径 1.1mm。

(4) 刨口开口量应符合规定。

第五节　铸造安全技术

铸造作为一种金属热加工工艺，是指将熔融金属浇注、压射或吸入铸型型腔中，待其凝固后而得到一定形状和性能铸件的方法。铸造作业一般按造型方法来分类，习惯上分为普通砂型铸造和特种铸造。

铸造设备就是利用这种技术将金属熔炼成符合一定要求的液体并浇进铸型里，经冷却凝固、清整处理后得到有预定形状、尺寸和性能的铸件的能用到的所有机械设备。

铸造作业及设备如图 1—28 所示。

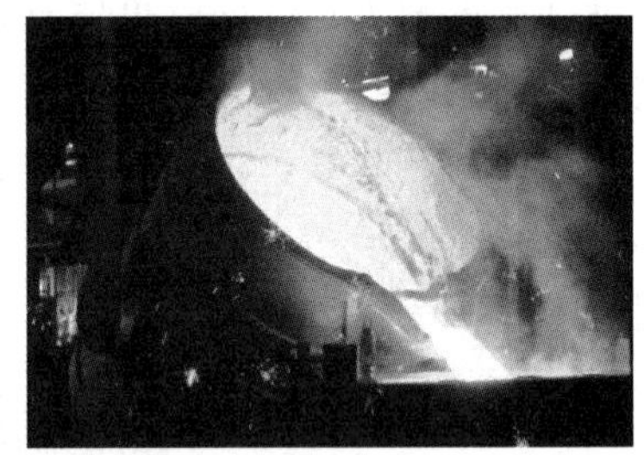

图 1—28　铸造作业及设备

一、铸造作业危险有害因素

1. 火灾及爆炸

红热的铸件、飞溅铁水等遇到易燃易爆物品，极易引发火灾和爆炸事故。

2. 灼烫

浇注可能被熔融金属烫伤；经过熔炼炉时，可能被飞溅的铁水烫伤；经过高温铸件时，也可能被烫伤。

3. 机械伤害

机械设备、工具或工件的非正常选择和使用，人的违章操作等，都可导致机械伤害。如造型机压伤，设备修理时误启动导致砸伤、碰伤。

4. 高处坠落

由于工作环境恶劣、照明不良，加上车间设备立体交叉，维护、检修和使用时，易从高处坠落。

5. 尘毒危害

在型砂、芯砂运输、加工过程中，打箱、落砂及铸件清理中，都会使作业地区产生大量的粉尘，因接触粉尘、有害物质等因素易引起职业病。冲天炉、电炉产生的烟气中含有大量对人体有害的一氧化碳，在烘烤砂型或砂芯时也有二氧化碳气体排出；利用焦炭熔化金属，以及铸型、浇包、砂芯干燥和浇铸过程中都会产生二氧化硫气体，如处理不当，将引起呼吸道疾病。

6. 噪声和振动

在铸造车间使用的震实造型机、铸件打箱时使用的震动器，以及在铸件清理工序中，利用风动工具清铲毛刺，利用滚筒清理铸件等都会产生大量噪声和强烈的振动。

7. 高温和热辐射

铸造生产在熔化、浇铸、落砂工序中都会散发出大量的热量。

二、铸造作业安全技术措施

（一）工艺要求

1. 工艺布置

（1）污染较小的造型、制芯工段在集中采暖地区应布置在非采暖季节最小频率风向的下风侧，在非集中采暖地区应位于全面最小频率风向的下风侧。

（2）砂处理、清理等工段宜用轻质材料或实体墙等设施与其他部分隔开；大型铸造车间的砂处理、清理工段可布置在单独的厂房内。

（3）造型、落砂、清砂、打磨、切割、焊补等工序宜固定作业工位或场地，以方便采取防尘措施。

（4）在布置工艺设备和工作流程时，应为除尘系统的合理布置提供必要条件。

2. 工艺设备

（1）凡产生粉尘污染的定型铸造设备（如混砂机、筛砂机、带式运输机等），制造厂应配置密闭罩。

（2）型砂准备及砂的处理应密闭化、机械化；输送散料状干物料的带式运输机应设封闭罩；混砂宜采用带称量装置的密闭混砂机；炉料准备的称量、送料及加料应实现机械化。

3. 工艺方法

在采用新工艺、新材料时，应防止产生新污染。冲天炉熔炼不宜加萤石。应改进各种加热炉窑的结构、燃料和燃烧方法，以减少烟尘污染。回用热砂应进行降温去灰处理。

4. 工艺操作

在工艺可能的条件下，宜采用湿法作业。落砂、打磨、切割等操作条件较差的场合，宜采用机械手遥控隔离作业。

（1）炉料准备。炉料准备包括金属块料（铸铁块料、废铁等）、焦炭及各种辅料。在准备过程中最容易发生事故的是破碎金属块料。

（2）熔化设备。用于机器制造工厂的熔化设备主要是冲天炉（化铁）和电弧炉（炼钢）。

（3）浇注作业。浇注作业一般包括烘包、浇注和冷却三个工序。浇包盛铁水不得超过容积的 80%，以免洒出伤人；浇注时，所有与金属溶液接触的工具，如扒渣棒、火钳等均需预热，防止与冷工具接触产生飞溅。

（4）配砂作业。配砂作业的不安全因素有粉尘污染；钉子、铁片、铸造飞边等杂物扎伤。

（5）造型和制芯作业。部分造型机、制芯机都是以压缩空气为动力源，在结构、气路系统和操作中，应设有相应的安全装置，如限位装置、联锁装置、保险装置。

（6）落砂清理作业。铸件冷却到一定温度后，将其从砂型中取出，并从铸件内腔中清除芯砂和芯骨的过程称为落砂。为提高生产率，若过早取出尚未完全凝固的铸件，易导致烫伤事故。

（二）建筑要求

（1）铸造车间应安排在高温车间、动力车间的建筑群内，建在厂区其他不释放有害物质的生产建筑的下风侧。

（2）厂房主要朝向宜南北向。

（3）铸造车间除设计有局部通风装置外，还应利用天窗排风或设置屋顶通风器。熔化、浇注区和落砂、清理区应设避风天窗。

（三）除尘

1. 炉窑

（1）炼钢电弧炉。排烟宜采用炉外排烟、炉内排烟、炉内外结合排烟。电弧炉的烟气净化设备宜采用干式高效除尘器。

（2）冲天炉。冲天炉的排烟净化宜采用机械排烟净化设备，包括高效旋风除尘器、颗粒层除尘器、电除尘器。

2. 破碎与碾磨设备

（1）颚式破碎机上部，直接给料，落差小于 1m 时，可只做密闭罩而不排风。不论上部有无排风，当下部落差大于等于 1m 时，下部均应设置排风密封罩。

（2）球磨机的旋转滚筒应设在全密闭罩内。

3. 砂处理设备、筛选设备、输送设备

以上所列设备及制芯、造型、落砂及清理、铸件表面清理等均应通风除尘。

第六节　锻造安全技术

锻造是金属压力加工的方法之一。根据锻造加工时金属材料所处温度状态的不同，锻造又可分为热锻、温锻和冷锻。热锻指被加工的金属材料处在红热状态（锻造温度范围内），通过锻造设备对金属施加的冲击力或静压力，使金属产生塑性变形而获得预想的外形尺寸和组织结构。

锻造车间里的主要设备有锻锤、压力机（水压机或曲柄压力机）、加热炉等。

锻造作业及设备如图 1—29 所示。

图 1—29　锻造作业及设备

一、锻造的危险有害因素

1. 危险因素

（1）机械伤害。锻造加工过程中，机械设备、工具或工件的非正常选择和使用，人的违章操作等，都可导致机械伤害。如锻锤锤头击伤；打飞锻件伤人；辅助工具打飞击伤；模具、冲头打崩、损坏伤人；原料、锻件等在运输过程中造成的砸伤；操作杆打伤、锤杆断裂击伤等。

（2）火灾和爆炸。红热的坯料、锻件及飞溅氧化皮等一旦遇到易燃易爆物品，极易引发火灾和爆炸事故。

（3）灼烫。锻造加工坯料常加热至800～1200℃，操作者一旦接触到红热的坯料、锻件及飞溅氧化皮等，必定被烫伤。

2. 有害因素

（1）噪声和振动。锻锤以巨大的力量冲击坯料，产生强烈的低频率噪声和振动，可引起职工听力降低或患振动病。

（2）尘毒危害。火焰炉使用的各种燃料燃烧生产的炉渣、烟尘，空气中存在的有毒有害物质和粉尘微粒。

（3）热辐射。加热炉和灼热的工件辐射大量热能。

二、锻造的安全技术措施

（1）锻压机械的机架和突出部分不得有棱角或毛刺。

（2）外露的传动装置（齿轮传动、摩擦传动、曲柄传动或皮带传动等）必须有防护罩。防护罩需用铰链安装在锻压设备的不动部件上。

（3）锻压机械的启动装置必须能保证对设备进行迅速开关，并保证设备运行和停车状态的连续可靠。

（4）启动装置的结构应能防止锻压机械意外开动或自动开动。

（5）电动启动装置的按钮盒，其按钮上需标有“启动”“停车”等字样。停车按钮为红色，其位置比启动按钮高10～12mm。

（6）高压蒸汽管道上必须装有安全阀和凝结罐，以消除水击现象，降低突然升高的压力。

（7）蓄力器通往水压机的主管上必须装有当水耗量突然增高时能自动关闭水管的装置。

（8）任何类型的蓄力器都应有安全阀。安全阀必须由技术检查员加铅封，并定期进行检查。

（9）安全阀的重锤必须封在带锁的锤盒内。

（10）安设在独立室内的重力式蓄力器必须装有荷重位置指示器，使操作人员能在水压机的工作地点上观察到荷重的位置。

（11）新安装和经过大修理的锻压设备应该根据设备图样和技术说明书进行验收和试验。

（12）操作人员应认真学习锻压设备安全技术操作规程，加强设备的维护、保养，保证设备的正常运行。

第七节　安全人机工程

一、定义与研究内容

1. 安全人机工程的定义

安全人机工程学从安全的角度运用人机工程学的原理和方法去解决人机结合面的安全问题。其立足点放在安全上，以工效为限制条件，是一门以活动过程中对人实行保护为目的，研究人—机—环境三者之间的相互关系，探讨如何使机械、环境符合人的形态学、生理学、心理学方面的特性，使人—机—环境相互协调以达到人的能力与作业活动要求相适应，创造安全、高效、舒适、健康的劳动环境和条件的学科。

2. 研究内容

安全人机工程学的研究内容与人机工程学的研究内容基本一致，只是研究的着眼点和角度不同，包括以下几个方面：

（1）人的因素主要包括人体的人机学参数、人的生理、心理因素与安全生产、作业疲劳以及安全生产、人的可靠性。

（2）机的因素主要包括显示装置、控制装置等机械设备的安全设计，安全防护装置、机械设备的可靠性。

（3）环境因素主要包括光环境、噪声环境、振动环境、微气候等作业环境安全设计。

（4）人机系统综合研究主要包括人机分工匹配、人机界面安全设计、作业空间安全布局、环境因素对人机系统可靠性的影响等。

3. 人机系统的类型

人机系统主要分两类：一类为机械化、半机械化控制的人机系统；另一类为全自动化控制的人机系统。

在机械化、半机械化控制的人机系统中，人在系统中主要充当生产过程的操作者与控制者，即控制器主要由人来进行操作。系统的安全性主要取决于人机功能分配的合理性、机器的本质安全性及人为失误状况。

在全自动化控制的人机系统中，以机为主体，机器的正常运转完全依赖于闭环系统的机器自身的控制，人只是一个监视者和管理者。系统的安全性主要取决于机器的本质安全性、机器的冗余系统失灵以及人处于低负荷时应急反应变差等。

二、人的特性

（一）人体测量

人体测量学可获取人体静态和动态尺寸（如人体身高，上、下肢的长度，人坐着或站着时肢体运动的角度与尺寸等）的测量资料，为人机系统的设备设计和工作空间布置提供了科学依据。

1. 静态测量

静态人体测量可采取不同的姿势，主要有立姿、坐姿、跪姿和卧姿等几种。制作衣服时人体尺寸的测量是常见的人体静态测量的方法，这种测量是在被测量者静态地站着或坐着的姿势下进行的。

2. 动态测量

（1）活动空间

完成一项任务，人体某些部位运动所需要的足够的空间，即活动空间。人在劳动或运动时，人体空间位置与尺寸时刻在变化，这种变化是动态变化。在不同的情境要求下，需要不同尺寸的活动空间。

（2）伸展域

人在各种状况下工作时都需要有足够的活动空间。在工作中人常取站、坐、跪等作业姿势；立姿时人的活动空间不仅取决于身体的尺寸，而且也取决于保持身体平衡的微小平衡动作和肌肉。人在站立并保持脚的站立面不变时，手臂的活动空间用舒适伸展域来表示。

（二）人的生理特性

1. 人的感觉与感觉器官

（1）视觉

1）常见的视觉现象

①暗适应与明适应能力。视觉器官的感受性对光刺激变化的相顺应性称为适应，适应有明适应和暗适应两种。

暗适应是指人从光亮处进入黑暗处，开始时一切都看不见，需要经过一定时间以后才能逐渐看清被视物的轮廓。暗适应的过渡时间较长，约需要 30min 才能完全适应。

明适应是指人从暗处进入亮处时，能够看清视物的适应过程，这个过渡时间很短，约需 1min，明适应过程即趋于完成。

人在明暗急剧变化的环境中工作，会因受适应性的限制，视力出现短暂的下降；若频繁地出现这种情况，会产生视觉疲劳，并容易引发事故。为此，在需要频繁改变光亮度的场所，应采用缓和照明，避免光亮度的急剧变化。

②眩光。当人的视野中有极强的亮度对比时，由光源直射或由光滑表面反射出的刺激或耀眼的强烈光线，称为眩光。眩光可使人眼感到不适，使可见度下降，并引起视力明显下降。眩光造成的有害影响主要有：破坏暗适应，产生视觉后像；降低视网膜上的照度；减弱被观察物体与背景的对比度；观察物体时产生模糊感觉等，这些都将影响操作者的正常作业。

③视错觉。视错觉是指注意力只集中于某一因素时，由于主观因素的影响，感知的结果与事实不符的特殊视知觉。视错觉是视觉的正常现象。视错觉是普遍存在的现象，其主要类型有形状错觉、色彩错觉及物体运动错觉等。其中常见的形状错觉有长短错觉、方向错觉、对比错觉、大小错觉、远近错觉及透视错觉等；色彩错觉又有对比错觉、大小错觉、温度错觉、距离错觉及疲劳错觉等。在工程设计时，为使设计达到预期的效果，应考虑视错觉的影响。

2）视觉损伤与视觉疲劳

①视觉损伤。在生产过程中，除切屑颗粒、火花、飞沫、热气流、烟雾、化学物质等有形物质会造成对眼的伤害之外，强光或有害光也会造成对眼的伤害。眼睛能承受的可见光的最大亮度值约为 10^6 cd/m²，如超过此值，人眼视网膜就会受到损伤。300mm 以下的短波紫外线可引起紫外线眼炎；紫外线照射 4～5h 后眼睛便会充血，10～12h 后会使眼睛剧痛而不能睁眼，这一般是暂时性症状，大多可以治愈；常受红外线照射可引起白内障。

②视觉疲劳。长期在劣质光照环境下工作，会引起眼睛局部疲劳和全身性疲劳。眼部疲劳表现为眼痛、头痛、视力下降等症状；全身性疲劳表现为疲倦、食欲下降、肩上肌肉僵硬发麻

等自律神经失调症状。

3）视觉的运动规律

①眼睛的水平运动比垂直运动快，即最容易看到水平方向的东西，对垂直方向的东西感受慢。所以，一般机器的外形常设计成横向长方形。

②视线运动的顺序习惯于从左到右，从上到下，顺时针进行。

③对物体尺寸和比例的估计，水平方向比垂直方向准确、迅速，且不易疲劳。

④当眼睛偏离视中心时，在偏离距离相同的情况下，观察优先的顺序是左上、右上、左下、右下。

⑤在视线突然转移的过程中，约有 3％的视觉能看清目标，其余 97％的视觉都是不真实的，所以在工作时，不应有突然转移视线的要求，否则会降低视觉的准确性。如需要人的视线突然转动时，也应要求慢一些才能引起视觉注意。为此，应给出一定标志，如利用箭头或颜色预先引起人的注意，以便把视线转移放慢，或者采用有节奏的结构等。

⑥对于运动的目标，只有当角速度大于 1～2°/s 时，且双眼的焦点同时集中在同一个目标上时，才能鉴别出其运动状态。

⑦人眼看一个目标要得到视觉印象，最短的注视时间为 0.07～0.3s，这与照明的亮度有关。人眼视觉的暂停时间平均需要 0.17s。

（2）听觉

听觉是指声波作用于听觉器官，使其感受细胞兴奋并引起听神经的冲动发放传入信息，经各级听觉中枢分析后引起的感觉。

1）听觉特性

①听觉的绝对阈限。听觉的绝对阈限是指人的听觉系统感受到的最弱声音和痛觉声音强度值，且与频率和声压有关。阈限以外，人耳感受性降低以致不能产生听觉。声波刺激作用的时间对听觉阈值有重要的影响，一般识别声音所需要的最短持续时间为 20～50ms。

②听觉的辨别阈限。人耳具有区分不同频率和不同强度声音的能力。辨别阈限是指听觉系统能分辨出两个声音的最小差异。辨别阈限与声音的频率和强度都有关系。

③方向敏感性。根据声音到达两耳的强度和时间先后之差可以判断声源的方向。例如，声源与两耳间的距离每相差 1cm，传播时间就相差 0.029ms。这个时间差足以给判断声源的方位提供有效的信息。另外，由于头部的屏蔽作用及距离之差会使两耳感受到声强的差别，因此，同样可以判断声源的方位。

2）听觉的掩蔽效应

一个声音被另一个声音所掩盖的现象，称为掩蔽。一个声音的听阈因另一个声音的掩蔽作用而提高的效应，称为掩蔽效应。

（3）人的感觉与反应

1）反应时间

反应时间是从包括感觉反应时间（从信息开始刺激到感觉器官有感觉所用时间）到开始动作所用时间（信息加工、决策、发令开始执行所用时间）的总和。

一般条件下，反应时间约为 0.1～0.5s。对于复杂的选择性反应时间达 1～3s，要进行复杂判断和认识的反应时间平均达 3～5s。

2）减少反应时间的途径

一般来说，可以通过下列手段减少反应时间：

①合理地选择感知类型。比较各类感觉的反应时间发现，听觉反应时间最短，约0.1～0.2s，其次是触觉和视觉。

②适应人的生理、心理要求，按人机工程学原则设计机器。

③操作者操作技术的熟练程度直接影响反应速度，应通过训练来提高人的反应速度。

2. 人体的特征参数

（1）人体特性参数

①静态参数。静态参数是指人体在静止状态下测得的形态参数，也称人体的基本尺度，如人体高度及各部位长度尺寸等。

②动态参数。动态参数是指在人体运动状态下，人体的动作范围，主要包括肢体的活动角度和肢体所能达到的距离等两方面的参数。如手臂、腿脚活动时测得的参数等。

③生理学参数。生理学参数主要是指有关的人体各种活动和工作引起的生理变化，反映人在活动和工作时负荷大小的参数，包括人体耗氧量、心脏跳动频率、呼吸频率及人体表面积和体积等。

④生物力学参数。主要指人体各部分，如手掌、前臂、上臂、躯干（包括头、颈）、大腿和小腿、脚等出力大小的参数，如握力、拉力、推力、推举力、转动惯量等。

（2）人体劳动强度参数

①人体能量代谢的测定方法

人体能量的产生和消耗称为能量代谢，常用的能量代谢测定方法有直接法和间接法两种。目前一般采用间接法，其基本原理是，能量代谢可通过人体的氧耗量反映出来，因此首先测得单位时间内糖、脂肪等能源物质在体内氧化时的氧耗量和二氧化碳的排出量，求得两者之比（呼吸商），由此再推算某一时间或某项作业所消耗的能量。

②能量代谢与能量代谢率

人体代谢所产生的能量等于消耗于体外做功的能量和在体内直接、间接转化为热的能量之和。在不对外做功的条件下，体内所产生的能量等于由身体发散出的能量，从而使体温维持在相对恒定的水平上。能量代谢分为三种，即基础代谢、安静代谢和活动代谢。

（3）劳动强度分级

劳动强度指数 I 是区分体力劳动强度等级的指标，指数大反映劳动强度大，指数小反映劳动强度小。体力劳动强度 I 按大小分为4级，见表1—4。

表1—4 体力劳动强度分级表

体力劳动强度级别	体力劳动强度指数
Ⅰ级	$I \leqslant 15$
Ⅱ级	$I=15\sim20$
Ⅲ级	$I=20\sim25$
Ⅳ级	$I>25$

3. 疲劳

（1）疲劳的定义

疲劳分为肌肉疲劳（或称体力疲劳）和精神疲劳（或称脑力疲劳）两种。肌肉疲劳是指过度紧张的肌肉局部出现酸痛现象，一般只涉及大脑皮层的局部区域。而精神疲劳则与中枢神经活动有关，是一种弥散的、不愿意再作任何活动的懒惰感觉，意味着肌体迫切需要休息。

（2）疲劳产生的原因

1）工作条件因素。泛指一切对劳动者的劳动过程产生影响的工作环境。

①劳动制度和生产组织不合理。如作业时间过久、强度过大、速度过快、体位欠佳等。

②机器设备和工具条件差，设计不良。如控制器、显示器不适合于人的心理及生理要求。

③工作环境很差。如照明欠佳，噪声太强，振动、高温、高湿以及空气污染等。

2）作业者本身的因素。作业者因素包括作业者的熟练程度、操作技巧、身体素质及对工作的适应性，营养、年龄、休息、生活条件以及劳动情绪等。

造成心理疲劳的诱因主要有：

①劳动效果不佳。

②劳动内容单调。

③劳动环境缺少安全感。

④劳动技能不熟练。

⑤劳动者本人的思维方式及行为方式导致的精神状态欠佳、人际关系不好，上下级关系紧张，以及家庭生活的不顺等都可能引起心理疲劳。

（3）疲劳的消除途径

消除疲劳的途径归纳起来有 4 方面：

①在进行显示器和控制器设计时应充分考虑人的生理心理因素。

②通过改变操作内容、播放音乐等手段克服单调乏味的作业。

③改善工作环境，科学地安排环境色彩、环境装饰及作业场所布局，保证合理的温湿度、充足的光照等。

④避免超负荷的体力或脑力劳动，合理安排作息时间，注意劳逸结合等。

（三）人的心理特性

安全心理学的主要研究内容和范畴包括如下几个方面：

1. 能力

能力是指那些直接影响活动效率，使活动顺利完成的个性心理特征。影响能力的因素很多，主要有感觉、知觉、观察力、注意力、记忆力、思维想像力和操作能力等。

2. 性格

性格是人们在对待客观事物的态度和社会行为的方式中，区别于他人所表现出的那些比较稳定的心理特征的总和。人的性格就主要表现形式可归纳为冷静型、活泼型、急躁型、轻浮型和迟钝型 5 种。

3. 气质

气质是一个人生来就有的心理活动的动力特征。心理活动的动力指心理过程的程度、心理过程的速度和稳定性以及心理活动的指向性。气质又叫做脾气、禀性。人们气质表现的典型特征有以下 4 种：

（1）精力旺盛、热情直率、刚毅不屈，往往倾向于性情急躁、主观任性。

（2）灵活机智、活泼好动、善于交际、性格开朗，亦倾向于情绪多变、轻举妄动。

（3）安静、不外露、沉着、从容不迫、耐心谨慎，亦倾向于因循守旧、动作缓慢、难以沟通。

（4）孤僻、消沉、行动迟缓、自卑退让，亦倾向于平易近人、容易相处、谦虚谨慎。

为达到安全生产目的，在劳动组织管理中，要充分考虑人的气质特征的作用。在进行安全教育时，必须注意从人的气质出发，使用不同的教育手段。

4. 需要与动机

人的存在和发展必然需求一定的事物，如衣、食、住房、劳动、人际交往等，都是作为社会成员的个人及社会存在和发展所必需的。这种必需的事物反映在个人的头脑中就成为他的需要。

动机是一种由需要所推动的达到一定目的的动力，简单地说，它是人们为达到某一目标而付出的努力。它起着激发、调节、维持和停止行为的作用。动机是一种内部的心理过程，也是一种心理状态。这种心理状态称为激励。

5. 情绪与情感

情绪是人对客观现实的一种特殊反映形式，是人对于客观事物是否符合人的需要而产生的态度。任何情绪都是由客观现实引起的，当客观现实符合人的需要时就产生满意、愉快、热情等积极的情绪；相反，就产生不满意、郁闷、悲伤等消极的情绪。在生产实践中常会出现以下2种不安全情绪：

(1) 急躁情绪。急躁情绪的表现特征是干活利索但毛躁，求成心切但欠谨慎，工作不够仔细，有章不循，手与心不一致等。

(2) 烦躁情绪。烦躁情绪的特征表现为沉闷、不愉快、精神不集中，严重时自身器官及生理机能往往不能很好地协调，更难以与外界条件协调一致。

6. 意志

意志是人自觉地确定目标，并支配和调节行为、克服困难，以实现目标的心理过程。也可以说是一种规范自己的行为，抵制外部影响，战胜身体失调和精神紊乱的抵抗能力。人们在日常生活和工作中，尤其是在恶劣环境中工作时，必须有意志活动的参与，才能顺利地完成任务；所谓有志者事竟成，就是这个道理。

三、机械的特性

(一) 机械安全特性

机械安全是指机械在按使用说明书规定的预定使用条件下执行其功能和在对其进行运输、安装、调试、运行、维修、拆卸和处理时不致对操作者造成损伤或危害其健康的能力。

机械安全特性包括以下4个方面：

(1) 系统性。现代机械的安全应建立在心理、信息、控制、可靠性、失效分析、环境学、劳动卫生、计算机等科学技术基础上，并综合与系统地运用这些科学技术。

(2) 防护性。通过针对机械危险的智能设计，应使机器在整个寿命周期内发挥预定功能，包括误操作时机器和人身均安全，使人对劳动环境、劳动内容和主动地位的保障得到不断改善。

(3) 友善性。机械安全设计涉及人和人所控制的机器，它在人与机器之间建立起一套满足人的生理特性、心理特性，充分发挥人的功能、提高人机系统效率的技术安全系统，在设计中通过减少操作者的紧张和体力来提高安全性，并以此改善机器的操作性能和提高其可靠性。

(4) 整体性。现代机械的安全设计必须全面、系统地对可能导致危险的因素进行定性、定量分析和评价，寻求整体上降低风险的最优设计方案。

(二) 机械故障诊断技术

1. 故障诊断的基本流程及实施步骤

故障诊断的基本工艺流程如图1—30所示。

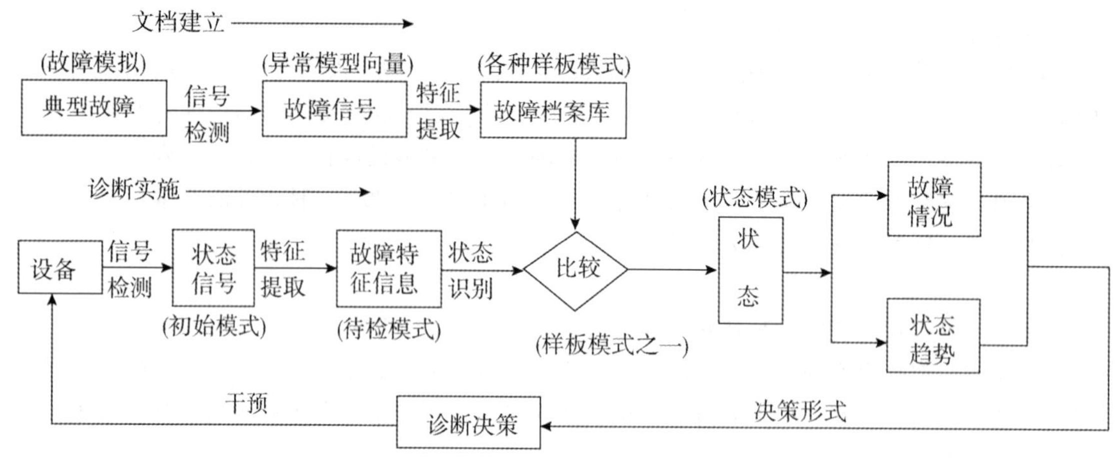

图 1－30　故障诊断的基本方法

诊断实施过程是故障诊断的中心工作，它可以细分为 4 个基本步骤：

（1）信号检测。按不同的诊断目的选择最能表征设备状态的信号，对该类信号进行全面检测，并将其汇集在一起，形成一个设备工作状态信号子集，该子集称为初始模式向量。

（2）特征提取（或称信号处理）。将初始模式向量进行维数变换、形式变换，去掉冗余信息，提取故障特征，形成待检模式。

（3）状态识别。将待检模式与样板模式（故障档案）对比，进行状态分类。

（4）诊断决策。根据判别结果采取相应的对策。对策主要是指对设备及其工作进行必要的预测和干预。

2. 故障诊断技术

（1）振动信号的检测与分析。振动信号一般用位移、速度或加速度传感器等来测量。传感器应尽量安装在诊断对象敏感点或离核心部位最近的关键点。对于低频振动，一般要从 3 个相互垂直的方向上采样；对于高频振动，通常只从一个方向上进行检测即可。

（2）油液分析技术。油液分析中，目前应用较多的有光谱油液分析和铁谱油液分析两种。光谱油液分析方法利用原子吸收光谱来分析润滑油中金属的成分和含量，进而判断零件磨损程度。铁谱分析就是通过检查润滑油或液压系统的油液中所含磁性金属磨屑的成分、形态、大小及浓度，来判断和预测机器系统中零件的磨损情况。

（3）温度检测及红外线监测技术。物体表面发射的红外线与其温度有关，红外线测温的原理即利用红外线探测器将设备的红外辐射转换成人们能识别的信号。常用的探测仪器有红外测温仪、红外成像仪和红外摄影机等。

（4）超声探伤技术。超声波是比声波振动频率更高的振动波，检测时常用的是 1～5MHz 的超声波。利用超声波可以对所有固体材料进行探伤和检测。它常用来检查内部结构的裂纹、搭接、夹杂物、焊接不良的焊缝、锻造裂纹、腐蚀坑以及加工不适当的塑料压层等。还可用于检查管道中流体的流量、流速以及泄漏等。

（5）表面缺陷探伤技术。常见材料缺陷检测方法包括磁粉探伤、渗透探伤和涡流探伤等几种。

磁粉探伤的原理是利用铁磁性试件的导磁性实现的。铁磁物质导磁性比空气强得多，因此表面缺陷处磁阻大，而易产生漏磁场，吸引磁粉，形成磁粉堆积。通过观察磁粉聚集情况就可以确定被探测工件的表面缺陷或近表面缺陷。

渗透探伤依据的是物理化学中的液体对固体的润湿能力和毛细现象（渗透和上升）。检测时先将工件表面涂上具有高度渗透能力的渗透液，渗透液由于润湿作用及毛细现象而进入工件的表面缺陷中，然后将工件表面多余的渗透液清洗干净，再涂一层亲和力强的显像剂，将渗入裂纹中的渗透液吸出来，在显像剂上便显现出缺陷的形状和位置的鲜明图案。

涡流探伤，当通电线圈接近被测表面时，导电的试件表面层将产生涡状电流（简称涡流），涡流又会产生交变磁场，交变磁场又会在激励线圈中感应出电流。由于涡流与表面状态有关，感应电流的大小、方向及相位等就会反映出表面缺陷的信息；涡流探伤就是利用这种信息来检测表面缺陷的。

（三）机械的可靠性设计及维修性设计

1. 可靠性的定义及度量指标

（1）可靠性的定义

所谓可靠性，是指系统或产品在规定的条件和规定的时间内，完成规定功能的能力。

（2）可靠性度量指标

可靠性度量指标是指对系统或产品的可靠程度作出的定量表示。常用的基本度量指标有可靠度、不可靠度（或累积故障概率）、故障率（或失效率）、平均无故障工作时间（或平均寿命）、维修度、有效度等。

2. 维修性设计考虑的因素

（1）可达性。所谓可达性是指检修人员接近产品故障部位进行检查、修理操作、插入工具和更换零件等维修作业的难易程度。

（2）零组部件的标准化与互换性。产品设计时应力求选用标准件，以提高互换性，这将会给产品的使用维修带来很大方便。因为标准化零件质量有保证，品种和规格大大减少，于是就可以减少备件库存和资金积压，既能保证供应，又简化管理。

（3）维修人员的安全。产品在结构设计时除考虑操作人员的安全外，还必须考虑维修人员的安全，而这后一项工作往往最容易被人们忽视。

四、人机作业环境

人机作业环境是指在作业者从事作业活动的区域范围内存在的除作业者本人的心理、意识之外，对人的心理、意识和作业行为产生影响的全部因素或条件，包括外部因素和内部因素。

（一）光环境

从安全人机工程学的角度来看，照明条件的好坏直接影响视觉获得信息的效率与质量。环境照明不仅影响人在作业环境中的舒适程度，还影响人和外界视觉信息通道的畅通，不但关系到工作效率和质量，对确保安全生产也有重大意义。因此，环境照明条件是作业环境中的重要因素之一。

1. 光的度量

（1）光通量。光通量是最基本的光度量，它可定义为单位时间内通过的光量，是用国际照明组织规定的标准人眼视觉特性（光谱光效率函数）来评价的辐射通量，单位为流明（lm）。利用光电管可测量光通量。

（2）发光强度。发光强度简称光强，是指光源发出并包含在给定方向上单位立体角内的光通量，常用来描述点光源的发光特性。光强与光通量之间的关系由下式表示：

$$I=\frac{\Phi}{\Omega} \tag{1—1}$$

式中　I——光强，单位为坎德拉，cd；

Φ——光通量，lm；

Ω——立体角，球面度，Sr。

（3）亮度。指发光面在指定方向的发光强度与发光面在垂直于所取方向的平面上的投影面积之比，亮度的单位为坎德拉每平方米（cd/m²），亮度的定义式为：

$$L=\frac{I}{S\cdot\cos\theta} \tag{1—2}$$

式中 L——亮度，cd/m²；

S——发光面面积，m²；

I——取定方向光强，cd；

θ——取定方向与发光面法线方向的夹角。

（4）照度。照度是被照面单位面积上所接受的光通量，单位为勒克司（lx）。测定工作场所的照度可以使用光电池照度计。一般站立工作的场所取地面上方 85cm，坐位工作时取 40cm 处进行测定。

2. 照明对作业的影响

（1）照明与视觉疲劳

合适的照明，能提高近视力和远视力。因为在亮光下，瞳孔缩小，视网膜上成像更为清晰，视物清楚。当照明不良时，因反复努力辨认，易使视觉疲劳，工作不能持久。眼睛疲劳的自觉症状有：眼球干涩、怕光、眼病、视力模糊、眼充血、出眼屎、流泪等。视觉疲劳还会引起视力下降、眼球发胀、头痛以及其他疾病而影响健康，并会引起工作失误和造成工伤。

（2）照明与工作效率

提高照度，改善照明，对减少视觉疲劳、提高工作效率有很大影响。适当的照明可以提高工作的速度和精确度，从而增加产量，提高质量，减少差错。

（3）照明与事故

事故的数量与工作环境的照明条件有密切的关系。事故统计资料表明，事故产生的原因虽然是多方面的，但照度不足则是重要的影响因素。

（二）色彩环境

色彩是物理属性、人体视觉的生理特性以及人的心理特性的综合反映。人们通过色彩视觉能从外界获得各种不同的信息。工作场所良好的色彩环境有助于提高工作效率，减少或避免操作差错，提高作业者对信号、标志的识别速度和准确度，并且可以加快恢复人的视觉机能，减少作业疲劳的产生等。

1. 颜色的特性

颜色的特性颜色具有色调、明度、饱和度（彩度）三个基本特性。

（1）色调。色调是指颜色所具有的彼此相互区别的特性，即色彩的相貌，是物体颜色在质方面的特征。人眼能分辨出大约 160 种色调。

（2）明度。明度指颜色的明暗程度，借此区别颜色的明暗与深浅，是物体颜色在量方面的特征。这种感觉由于光线强度不同而引起视觉对反射光的反应程度也不同。白色明度大，纯白色反射 100%的光；黑色明度小，纯黑色反射 0%的光。各种染料加入白色，可提高明度；加入黑色，可降低明度。

（3）饱和度（彩度）。指颜色的鲜明程度。波长越单一，颜色也就越纯和、越鲜艳。光的颜色完全饱和很少见到，只有纯光谱的各种颜色彩度最大。

2. 色彩对人的影响

(1) 色彩对生理的影响

色彩的生理作用主要表现在对视觉疲劳的影响。由于人眼对明度和彩度的分辨力差，在选择色彩对比时，常以色调对比为主。对引起眼睛疲劳而言，蓝、紫色最甚，红、橙色次之，黄绿、绿、绿蓝等色调不易引起视觉疲劳且认读速度快、准确度高。

色彩对人体其他机能和生理过程也有影响。例如，红色色调会使人的各种器官机能兴奋和不稳定，有促使血压升高及脉搏加快的作用；而蓝色色调则会抑制各种器官的兴奋使机能稳定，起降低血压及减缓脉搏的作用。

(2) 色彩对心理的影响

在色视觉传达设计中，应根据一般人对色彩感知的感情效果去选择和运用色彩。色彩感情主要表现在以下几个方面。

①色彩的冷暖感。如人对红、橙、黄系列的颜色感觉温暖，称它们为暖色；对蓝、绿、紫系列的颜色感觉寒冷，称它们为冷色。

②色彩的轻重感。一般而言，明度高的颜色感觉轻，明度低的颜色感觉重。明度相同时，彩度高的比彩度低的感觉轻，而暖色系又比冷色系感觉重一些。

③色彩的尺度感。明度高的颜色和暖色有扩散作用，使物像轮廓给人以胀大的感觉，而明度低的颜色和冷色有内聚作用，使物像轮廓给人以缩小的感觉。

④色彩的距离感。一般情况下高明度和暖色系的颜色具有前进、凸出、接近的感觉，而低明度和冷色系颜色有后退、凹陷、远离的感觉。一般主体色与背景色明度对比大时有进的感觉，反之则有退的感觉；主体色与背景色色相相近时有退的感觉，反之则有进的感觉。

⑤色彩的软硬感。色彩的软硬感取决于色彩的明度和纯度，明色感软，暗色感硬；中等纯度的色感软，高纯度或低纯度色感硬；黑与白是坚固色，灰色是柔软色。

⑥色彩的情绪感。悦目的色彩对神经系统会产生良好的刺激，使人保持朝气蓬勃的精神状态；反之，杂乱而刺目的色彩会损伤人的健康和正常的心理情绪。

(三) 微气候环境

微气候是指工作场所的气候条件，主要指作业环境局部的气温、湿度、气流速度以及作业场所的设备、产品和原料等的热辐射条件。微气候直接影响作业者的工作情绪和身体健康，因而会极大影响工作质量与效率，还会对生产设备产生影响。

1. 构成微气候的要素及相互联系

(1) 空气温度。空气温度是评价热环境的主要指标，它分为舒适温度和允许温度。

①舒适温度。指人的主观感觉舒适的温度或指人体生理上的适宜温度。常用的是以人主观感觉到舒适的温度作为舒适温度，舒适温度应在 (21±3)℃范围内。

②允许温度。指基本上不影响人的工作效率、身心健康和安全的温度范围。其温度范围一般是舒适温度± (3～5)℃。对人的工作效率有影响的低温，通常是在 10℃以下。

(2) 空气湿度。空气的干湿程度即空气湿度。湿度有绝对湿度和相对湿度两种。作业环境的湿度通常采用相对湿度来表示。相对湿度在 80%以上称为高气湿，低于 30%称为低气湿。高温高湿时，人体散热更加困难；低温高湿下人会感到更加阴冷。一般情况下，相对湿度在 30%～70%时感到舒适。

(3) 气流速度。气流主要是在温度差形成的热压力作用下产生的。气流速度通常以 m/s 表示。据测定，在室外的舒适温度范围内，一般气流速度为 0.15m/s 时，人即可感到空气新鲜。在室内，即使温度适宜，由于空气流动速度小，也会有沉闷感。

（4）热辐射。热辐射包括太阳辐射和人体与其周围环境之间的辐射。当物体温度高于人体皮肤温度时，热量从物体向人体辐射而使人体受热，称为正辐射；相反，热量从人体向物体辐射时，称为负辐射。人体对负辐射不很敏感，往往一时感觉不到，会因负辐射散失大量热量而受凉。但负辐射有利于人体散热，在防暑降温上有一定意义。

2. 人体对微气候环境的感受与评价

（1）人体的热交换与平衡。为了维持生命，人的体温波动很小，人体要经常围绕 36.5℃ 的体温目标值进行自动调节。人要保持体温，体内的产热量应与对环境的散热量及吸热量相平衡。如果不能实现这种平衡，则要随着散热量小于或大于产热量的变化，体温出现上升或下降，使人感到不舒适甚至生病。人体的热平衡方程式为：

$$S=M-W-H \tag{1-3}$$

式中 S——人体单位时间储热量；

M——人体单位时间能量代谢量；

W——人体单位时间所做的功；

H——人体单位时间向体外散发的热量。

当 $M>W+H$ 时，人感到热；当 $M<W+H$ 时，人感到冷；当 $M=W+H$ 时，人处于热平衡状态，此时，人体皮肤温度在 36.5℃ 左右，人感到舒适。人体单位时间向外散发的热量取决于人体的四种散热方式，即辐射热交换、对流热交换、蒸发热交换和传导热交换。

（2）人体对微气候环境的主观感觉

衡量微气候环境的舒适程度是相当困难的，不同的人有不同的估价。一般认为，“舒适”有两种含义，一种是指主观感到的舒适；另一种是指人体生理上的适宜度。

①舒适的温度。人主观感到舒适的温度与许多因素有关，从客观环境来看，湿度越大，风速越小，则舒适温度偏低；反之则偏高。从主观条件看，体质、年龄、性别、服装、劳动强度、热习服等均对舒适温度有重要影响。

②舒适的湿度。舒适的湿度一般为 40％～60％。湿度在 70％以上为高气湿，在 30％以下为低气湿。

（3）微气候环境的综合评价

人进入作业场所时，要受温度、湿度、风速和热辐射等多种因素的综合影响。因此，要综合评价微气候环境。目前，评价微气候环境有四种方法或指标：

①有效温度（感觉温度）。它是美国采暖通风工程师协会研究提出的，是根据人的主诉温度感受所制定的经验性温度指标。已知干球温度、湿球温度和气流速度，就可求出有效温度。

②不适指数。不适指数是由纽约气象局 1959 年发表的一项评价气候舒适程度的指标，它综合了气温和湿度两个因素。

③三球温度指数（WBGT）。它是指用干球、湿球和黑球三种温度综合评价允许接触高温的阈值指标。

④卡他度。卡他温度计是一种测定气温、湿度和风速三者综合作用的仪器。卡他度一般用来评价劳动条件舒适程度。

五、人机系统

人机系统的安全设计是在环境因素适应的条件下，重点解决系统中人的效能、安全、身心健康及人机匹配优化的问题。也就是说，要使机的设计符合人的特点，同时又考虑如何才能保证人的能力适合机的要求，即做到机宜人、人适机，使人机之间达到最佳匹配的状态。因此，在人机系统的安全设计中，必须处理好人—机关系，只有这样才能确保人机系统总体性能的实现。

（一）人机功能分配

1．人在人机系统中的主要功能

（1）传感功能

通过人体感觉器官的看、听、摸等感知外界环境的刺激信息，如物体、事件、机器、显示器、环境或工作过程等，将这些刺激信息作为输入传递给人的中枢神经。

（2）信息处理功能

大脑对感知的信息进行检索、加工、判断、评价，然后做出决策。

（3）操纵功能

将信息处理的结果作为指令，指挥人的行动，即人对外界的刺激作出反应，如操纵控制器、使用工具、处理材料等，最后达到人的预期目的，如机器被开动运转、零件被加工成形、机器的故障已被排除、缺陷零件已被修复或者更换等。

2．人机特性比较

从人机系统中信息及能量的接受、传递、转换过程来讲，我们可以归纳为以下两个方面来比较。

（1）人优于机器的能力主要有信号检测、图像识别、灵活性、随机应变、归纳、推理、判断、创造性等。

（2）机器优于人的能力主要有反应和操作速度快、精确性高、输出功率大、耐久力强、重复性好、短期记忆、能同时完成多种操作、进行演绎推理以及能在恶劣环境下工作等。

3．人机功能分配原则

（1）适合于机器来做的工作：笨重的、快速的、持久的、可靠性高的、精度高的、规律性的、单调的、高价运算的、操作复杂的、环境条件差的工作。

（2）适合于人来做的工作：研究、创造、决策、指令和程序的编排、检查、维修、故障处理及应付不测等工作。

（三）人机系统可靠性计算

1．系统中人的可靠度计算

（1）人的基本可靠度

系统不因人体差错发生功能降低和故障时人的成功概率，称为人的基本可靠度，用 r 表示。人在进行作业操作时的基本可靠度可用下式表示：

$$r=a_1\times a_2\times a_3 \tag{1-4}$$

式中　a_1——输入可靠度，考虑感知信号及其意义时有失误；

a_2——判断可靠度，考虑进行判断时失误；

a_3——输出可靠度，考虑输出信息时运动器官执行失误。

（2）人的作业可靠度

考虑了外部环境因素的人的可靠度 R_H 为：

$$R_H=1-b_1\times b_2\times b_3\times b_4\times b_5\ (1-r) \tag{1-5}$$

式中　b_1——作业时间系数；

b_2——作业操作频率系数；

b_3——作业危险度系数；

b_4——作业生理和心理条件系数；

b_5——作业环境条件系数；

$(1-r)$——作业的基本失效概率或基本不可靠度。

2. 人机系统的可靠度计算

（1）串联系统可靠度计算

人机系统组成的串联系统的可靠度可表达为：

$$R_S = R_H \times R_M \tag{1-6}$$

式中 R_S——人机系统可靠度；

R_H——人的操作可靠度；

R_M——机器设备可靠度。

（2）并联系统可靠度计算

人机系统可靠度采用并联方法来提高。当系统由两人监控时，控制如图 1－31 所示。一旦发生异常情况应立即切断电源。该系统有以下两种控制情形。

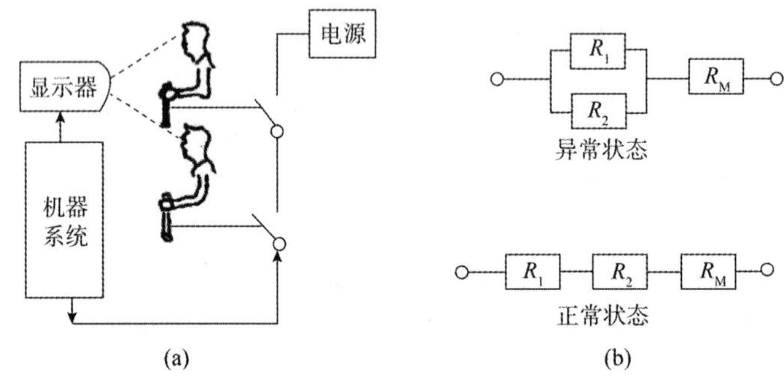

图 1－31 两人监视系统

（a）系统结构；（b）系统简图

①异常状况时，相当于两人并联，可靠度比一人控制的系统增大，这时操作者切断电源的可靠度为 R_{Hb}（正确操作的概率）：

$$R_{Hb} = 1-(1-R_1)(1-R_2) \tag{1-7}$$

②正常状况时，相当于两人串联，可靠度比一人控制的系统减小，即产生误操作的概率增大，操作者不切断电源的可靠度（不产生误动作的概率）：

$$R_{Hc} = R_1 \times R_2 \tag{1-8}$$

本章练习

1. 机械使用过程中的危险可能来自机械设备和工具自身、原材料、工艺方法和使用手段等多方面，危险因素可分为机械性危险因素和非机械性危险因素。下列危险因素中，属于非机械性危险因素的是（　　）。

A. 挤压　　　　B. 碰撞

C. 冲击　　　　D. 噪声

【答案】 D

【解析】 非机械性危险主要包括电气危险（如电击、电伤）、温度危险（如灼烫、冷冻）、噪声危险、振动危险、辐射危险（如电离辐射、非电离辐射）、材料和物质产生的危险、未履行安全人机工程学原则而产生的危险等。

2. 实现本质安全，是预防机械伤害事故的治本之策。下列机械安全措施中，不属于机械本质安全措施的是（　　）。

A. 避免材料毒性　　　　B. 事故急停装置

C. 采用安全电源　　　　D. 机器的稳定性

【答案】B

【解析】机械本质安全措施包含：①机器的稳定性；②采用安全电源；③避免材料毒性。

3. 为预防机械伤害事故发生，应设置必要的安全防护措施。下列关于机械安全防护的措施中，正确的是（　　）。

A. 机床的操作平台离地面高度超过 500mm 时，应安装防坠落护栏

B. 机床的操作平台周围应设置高度不低于 900mm 的防护栏杆

C. 为避免头部受到挤压，冲压机开口最小间距为 400mm

D. 为防止伤害指尖，冲切设备防护装置方形开口的安全距离不大于 10mm

【答案】A

【解析】当可能坠落的高度超过 500mm 时，应安装防坠落护栏、安全护笼及防护板等，选项 A 正确。重型机床高于 500mm 的操作平台周围应设高度不低于 1050mm 的防护栏杆，选项 B 错误。防止挤压的身体部位最小间距，头部为 300mm，选项 C 错误。为防止伤害指尖，冲切设备防护装置方形开口的安全距离不大于 5mm，选项 D 错误。

4. 齿轮、齿条、皮带、联轴器、蜗轮、蜗杆等都是常用的机械传动机构。机械传动机构在运行中处于相对运动的状态，会带来机械伤害的危险。下列机械传动机构的部位中，属于危险部位的是（　　）。

A. 齿轮、齿条传动的齿轮与齿条分离处

B. 带传动的两带轮的中间部位

C. 联轴器的突出件

D. 蜗杆的端部

【答案】C

【解析】机械设备的危险部位：①旋转部件和成切线运动部件间的咬合处；②旋转的轴；③旋转的凸块和孔处；④对向旋转部件的咬合处；⑤旋转部件和固定部件的咬合处。一切突出于轴面而不平滑的物件（如键、固定螺钉等）均增加了轴的危险性。联轴器上突出的螺钉、销、键等均可能给人们带来伤害。

5. 在齿轮传动机构中，两个齿轮开始啮合的部位是最危险的部位。不管啮合齿轮处于何种位置都应装设安全防护装置。下列关于齿轮安全防护的做法中，错误的是（　　）。

A. 齿轮传动机构必须装有半封闭的防护装置

B. 齿轮防护罩的材料可利用有金属骨架的钢丝网制作

C. 齿轮防护罩应能方便地打开和关闭

D. 在齿轮防护罩开启的情况下机器不能启动

【答案】A

【解析】齿轮传动机构必须装置全封闭型的防护装置。防护装置的材料可用钢板或铸造箱体，必须坚固牢靠，并保证在机器运行过程中不发生振动。要求装置合理，防护罩的外壳与传动机构的外形相符，同时应便于开启，便于机器的维护保养，即要求能方便地打开和关闭。防护罩内壁应涂成红色，最好装电气联锁，使防护装置在开启的情况下机器停止运转。

6. 砂轮是机械工厂最常用的设备之一，砂轮质脆易碎、转速高、使用频繁，容易发生伤人事故，某单位对下图所示砂轮机进行了一次例行安全检查，下列检查记录中，不符合安全要求的是（　　）。

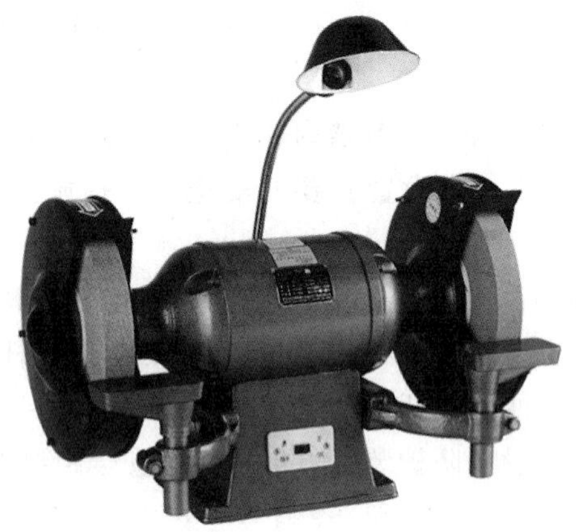

A. 砂轮机在专用砂轮机房，砂轮机正面装设有高度 2m 的固定防护挡板

B. 砂轮法兰盘（卡盘）的直径为 100mm，砂轮直径为 200mm

C. 左右砂轮各有一名工人在磨削刀具

D. 砂轮防护罩与主轴水平线的开口角为 60°

【答案】 C

【解析】 不准共同操作，2 人共用一台砂轮机是一种严重的违章操作。

7. 砂轮装置由砂轮、主轴、卡盘和防护罩组成，砂轮装置的安全与其组成部分的安全技术要求直接相关。下列关于砂轮装置各组成部分安全技术要求的说法，正确的是（　　）。

A. 砂轮主轴端部螺纹旋向应与砂轮工作时的旋转方向一致

B. 一般用途的砂轮卡盘直径不得小于砂轮直径的 1/5

C. 卡盘与砂轮侧面的非接触部分应有不小于 1.5mm 的间隙

D. 砂轮防护罩的总开口角度一般不应大于 120°

【答案】 C

【解析】 一般用途的砂轮卡盘直径不得小于砂轮直径的 1/3，切断用砂轮的卡盘直径不得小于砂轮直径的 1/4；卡盘结构应均匀平衡，各表面平滑无锐棱，夹紧装配后，与砂轮接触的环形压紧面应平整、不得翘曲；卡盘与砂轮侧面的非接触部分应有不小于 1.5mm 的足够间隙。砂轮防护罩的总开口角度应不大于 90°，如果使用砂轮安装轴水平面以下砂轮部分加工时，防护罩开口角度可以增大到 125°。而在砂轮安装轴水平面的上方，在任何情况下防护罩开口角度都应不大于 65°。

8. 剪板机用于各种板材的裁剪。下列关于剪板机操作与防护的要求中，正确的是（　　）。

A. 不同材质的板料不得叠料剪切，相同材质、不同厚度的板料可以叠料剪切

B. 剪板机的皮带、齿轮必须有防护罩，飞轮则不应装防护罩

C. 操作者的手指离剪刀口至少保持 100mm 的距离

D. 根据被剪板料的厚度调整剪刀口的间隙

【答案】 D

【解析】 此题可使用排除法，选项 A、B 容易排除。根据规定，操作者的手指离剪刀口的距离至少保持 200mm，选项 C 错误。

9. 铸造是一种金属热加工工艺，是将熔融的金属注入、压入或吸入铸模的空腔中使之成型的加工方法。铸造作业过程中存在着多种危险有害因素，下列各组危险有害因素中，全部存在于铸造作业中的是（　　）。

A. 火灾爆炸、灼烫、机械伤害、尘毒危害、噪声振动、高温和热辐射

B. 火灾爆炸、灼烫、机械伤害、尘毒危害、噪声振动、电离辐射

C. 火灾爆炸、灼烫、机械伤害、苯中毒、噪声振动、高温和热辐射

D. 粉尘爆炸、灼烫、机械伤害、尘毒危害、噪声振动、电离辐射

【答案】 A

【解析】 铸造作业危险有害因素包括火灾及爆炸、灼烫、机械伤害、高处坠落、尘毒危害、噪声振动、高温和热辐射。

10. 为降低铸造作业安全风险，在不同工艺阶段应采取不同的安全操作措施。下列铸造作业各工艺阶段安全操作的注意事项中，错误的是（　　）。

A. 配砂时应注意钉子、铸造飞边等杂物伤人

B. 落砂清理时应在铸件冷却到一定温度后取出

C. 制芯时应设有相应的安全装置

D. 浇注时浇包内的盛铁水不得超过其容积的 85%

【答案】 D

【解析】 配砂作业的不安全因素有粉尘污染，钉子、铁片、铸造飞边等杂物扎伤。落砂清理作业，若过早取出铸件，因其尚未完全凝固而易导致烫伤事故。浇注作业时，浇包盛铁水不得太满，不得超过容积的 80%。

11. 锻造是金属压力加工的方法之一，是机械制造的一个重要环节，可分为热锻、温锻和冷锻。锻造机械在加工过程中危险有害因素较多。下列危险有害因素中，不属于热锻加工过程中存在的是（　　）。

A. 火灾　　　　B. 机械伤害

C. 刀具切割　　　　D. 灼烫

【答案】 C

【解析】 在锻造生产中易发生的伤害事故，按其原因可分为 3 种：①机械伤害；②火灾爆炸；③灼烫。

12. 圆锯机是以圆锯片对木材进行锯割加工的机械设备。除锯片切割伤害外，圆锯机最主要的安全风险是（　　）。

A. 木材反弹抛射打击　　　　B. 木材锯屑引发火灾

C. 传动皮带绞入　　　　D. 触电

【答案】 A

【解析】 用圆锯机切割木料时，锯材可能会紧贴锯盘，从而产生木料反弹，造成伤害。在木材加工的诸多因素中，木料反弹的危险性大，发生概率高。

13. 手动进料圆盘据作业过程中可能存在因木材反弹抛射而导致的打击伤害，为预防此类打击伤害，下列安全防护装置中，手动进料圆盘锯必须装设的是（　　）。

A. 止逆器　　　　B. 压料装置

C. 侧向挡板　　　　D. 分料刀

【答案】 D

【解析】锯片的切割伤害、木材的反弹抛射打击伤害是主要危险，手动进料圆锯机必须装有分料刀；自动进料圆锯机必须装有止逆器、压料装置和侧向防护挡板，送料辊应设防护罩。

14. 长期在采光照明不良的条件下作业，容易使操作者出现眼睛疲劳、视力下降，甚至可能由于误操作而导致意外事故的发生。合理的采光与照明对提高生产效率和保证产品质量有直接的影响。下列关于生产场所采光与照明设置的说法中，正确的是（　　）。

A. 厂房跨度大于 12m 时，单跨厂房的两边应有采光侧窗，窗户的宽度应小于开间长度的1/2

B. 多跨厂房相连，相连各跨应有天窗，跨与跨之间应用墙封死

C. 车间通道照明灯要覆盖所有通道，覆盖长度应大于车间安全通道长度的 80％

D. 近窗的灯具单设开关，充分利用自然光

【答案】D

【解析】厂房跨度大于 12m 时，单跨厂房的两边应有采光侧窗，窗户的宽度不应小于开间长度的一半。多跨厂房相连，相连各跨应有天窗，跨域跨之间不得有墙封死。车间通道照明灯应覆盖所有通道，覆盖长度应大于 90％的车间安全通道长度。

15. 某工厂为了扩大生产能力，在新建厂房内需安装一批设备，有大、中、小型机床若干，安装时要确保机床之间的间距符合《机械工业职业安全卫生设计规范》(JBJ 18) 的要求。其中，中型机床之间操作面间距应不小于（　　）。

A. 1. 1m　　　　B. 1. 3m

C. 1. 5m　　　　D. 1. 7m

【答案】B

【解析】根据表 1—3 可知，中型机床之间操作面间距应不小于 1. 3m。

16. 基于传统安全人机工程学理论，下列关于人与机器特性比较的说法，正确的是（　　）。

A. 在环境适应性方面，机器能更好地适应不良环境条件

B. 在做精细调整方面，多数情况下机器会比人做的更好

C. 机器虽可连续、长期地工作，但是稳定性方面不如人

D. 使用机器的一次性投资较低，但在寿命期限内的运行成本较高

【答案】A

【解析】人的特性：在操作能力方面，输出功率有限，效率低，但能做精细调整；机器输出功率可大可小，效率高，但较难进行精细调整，选项 B 错误。机器稳定性较人高，选项 C 错误。机器的一次性投资较高，长期运行成本较低，选项 D 错误。

17. 劳动者在劳动过程中，因工作因素产生的精神压力和身体负担不断积累可能导致精神疲劳和肌肉疲劳。下列关于疲劳的说法，错误的是（　　）。

A. 肌肉疲劳是指过度紧张的肌肉局部出现酸疼现象

B. 肌肉疲劳和精神疲劳可能同时发生

C. 劳动效果不佳是诱发精神疲劳的因素之一

D. 精神疲劳仅与大脑皮层局部区域活动有关

【答案】D

【解析】疲劳分为肌肉疲劳（或称体力疲劳）和精神疲劳（或称脑力疲劳）两种。肌肉疲劳是指过度紧张的肌肉局部出现酸痛现象，一般只涉及大脑皮层的局部区域；而精神疲劳则与中枢神经活动有关，是一种弥散的、不愿意再做任何活动的懒惰感觉，意味着肌体迫切需要得

到休息。

18. 在人机系统中，人始终处于核心并起主导作用，为避免事故发生，应研究人的生理和心理特性，疲劳是人生理特性的一种表现形式。下列减轻人疲劳的措施中，错误的是（　　）。

A. 铸造车间安排白班、夜班轮班作业

B. 肉鸡分割车间内播放音乐

C. 机加工车间保持合理的温湿度和照度

D. 服装加工车间搭配作业环境色彩

【答案】 A

【解析】 消除疲劳的途径归纳起来有以下几个方面：①在进行显示器和控制器设计时应充分考虑人的生理、心理因素；②通过改变操作内容、播放音乐等手段克服单调乏味的作业；③改善工作环境，科学地安排环境色彩、环境装饰及作业场所布局，保证合理的温湿度、充足的光照等；④避免超负荷的体力或脑力劳动，合理安排作息时间，注意劳逸结合等。

19. 评价作业场所高温控制是否满足要求的主要指标是（　　）。

A. 作业地点的气温　　B. 作业地点的温度与湿度

C. 作业地点的风速　　D. 作业地点的 WBGT 指数

【答案】 D

【解析】 对于工艺、技术和原材料达不到要求的，应根据生产工艺、技术、原材料特性以及自然条件，通过采取工程控制措施和必要的组织措施，如减少生产过程中的热和水蒸气释放、屏蔽热辐射源、加强通风、减少劳动时间、改善作业方式等，使室内和露天作业地点 WBGT 指数符合相关标准的要求。对于劳动者室内和露天作业 WBGT 指数不符合标准要求的，应根据实际接触情况采取有效的个人防护措施。

20. 人机系统组成串联系统，若人的操作可靠度为 0.9900，机器设备可靠度也为 0.9900，人机系统可靠度为（　　）。

A. 0.9999　　B. 0.9801

C. 0.9900　　D. 0.9750

【答案】 B

【解析】 根据公式 $R_s = R_H \times R_M$。式中，R_s——人机系统可靠度；R_H——人的操作可靠度；R_M——机器设备可靠度。本题中，人机系统可靠度 $R_s = 0.9900 \times 0.9900 = 0.9801$。

第二章　电气安全技术

【重点知识导学】

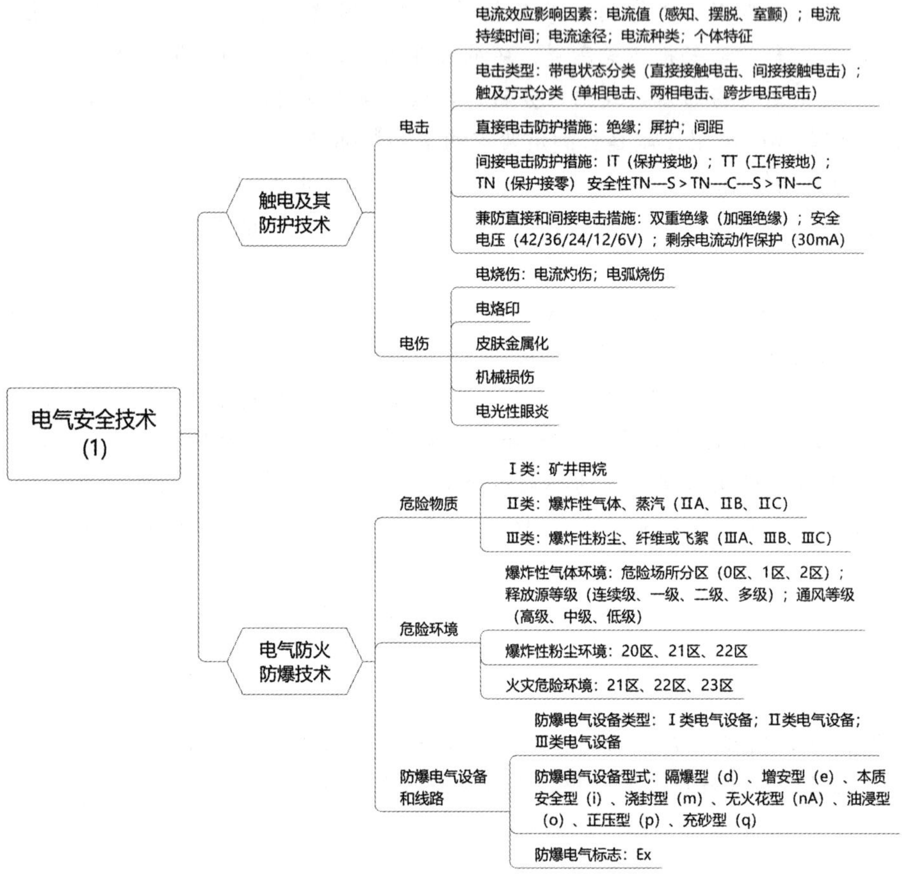

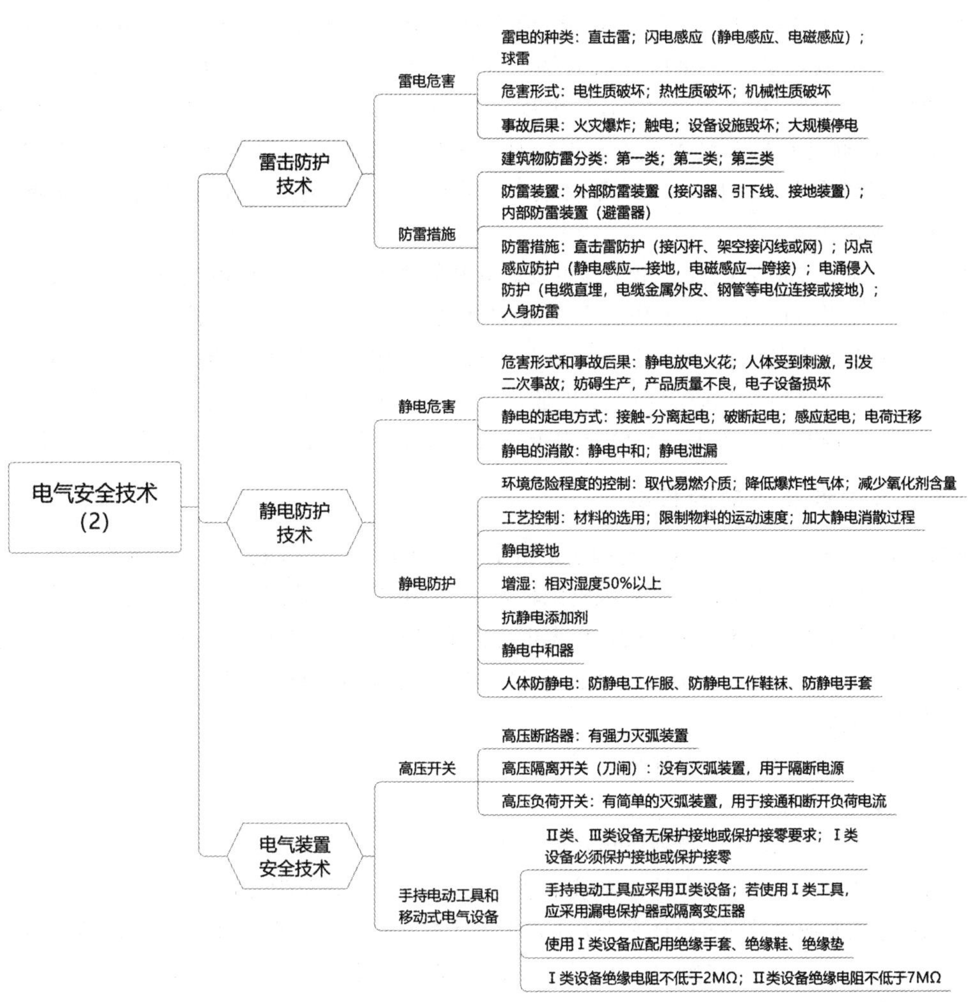
电气安全技术(2)
雷击防护技术
雷电危害
雷电的种类：直击雷；闪电感应（静电感应、电磁感应）；球雷
危害形式：电性质破坏；热性质破坏；机械性质破坏
事故后果：火灾爆炸；触电；设备设施毁坏；大规模停电
防雷措施
建筑物防雷分类：第一类；第二类；第三类
防雷装置：外部防雷装置（接闪器、引下线、接地装置）；内部防雷装置（避雷器）
防雷措施：直击雷防护（接闪杆、架空接闪线或网）；闪点感应防护（静电感应—接地，电磁感应—跨接）；电涌侵入防护（电缆直埋，电缆金属外皮、钢管等电位连接或接地）；人身防雷
静电防护技术
静电危害
危害形式和事故后果：静电放电火花；人体受到刺激，引发二次事故；妨碍生产，产品质量不良，电子设备损坏
静电的起电方式：接触-分离起电；破断起电；感应起电；电荷迁移
静电的消散：静电中和；静电泄漏
静电防护
环境危险程度的控制：取代易燃介质；降低爆炸性气体；减少氧化剂含量
工艺控制：材料的选用；限制物料的运动速度；加大静电消散过程
静电接地
增湿：相对湿度50%以上
抗静电添加剂
静电中和器
人体防静电：防静电工作服、防静电工作鞋袜、防静电手套
电气装置安全技术
高压开关
高压断路器：有强力灭弧装置
高压隔离开关（刀闸）：没有灭弧装置，用于隔断电源
高压负荷开关：有简单的灭弧装置，用于接通和断开负荷电流
手持电动工具和移动式电气设备
Ⅱ类、Ⅲ类设备无保护接地或保护接零要求；Ⅰ类设备必须保护接地或保护接零
手持电动工具应采用Ⅱ类设备；若使用Ⅰ类工具，应采用漏电保护器或隔离变压器
使用Ⅰ类设备应配用绝缘手套、绝缘鞋、绝缘垫
Ⅰ类设备绝缘电阻不低于2MΩ；Ⅱ类设备绝缘电阻不低于7MΩ

第一节　电气危害因素及事故种类

电在造福于人类的同时，也会给人类带来灾难。统计资料表明，在工伤事故中，电气事故占的比例相当大。以建筑施工死亡人数为例，2005 年全国建筑施工触电死亡人数占其全部事故死亡人数的 6.54%。我国约每用 1.5 亿度电，触电死亡人数 1 人，而美、日等国约每用 20～40 亿度电，触电死亡人数才 1 人。据统计，电气火灾约占全部火灾的 20%，造成了巨大的人员伤亡和经济损失。例如，2020 年北京市发生的 5000 多起火灾中，电气火灾居首位，已成为最大的火灾隐患。

电气危害因素及事故是电气安全工程主要研究和管理的对象。掌握电气危害因素及事故的特点和分类情况，对做好电气安全工作具有重要的意义。严重的电气事故不仅带来重大的经济损失，甚至还可能造成人员的伤亡。发生事故时，电能直接作用于人体，会造成电击；电能转换为热能作用于人体，会造成烧伤或烫伤；电能脱离正常的通道，会形成漏电、接地或短路，引起火灾、爆炸。电气事故具有危害大、危险直观识别难、涉及领域广、防护研究综合性强等特点。

一、电气危害因素及事故的种类

根据能量转移论的观点，电气危害因素是由于电能非正常状态形成的，分为触电危害、电气火灾爆炸危害、静电危害、雷电危害、射频电磁辐射危害和电气系统故障危害等。电气事故是由于电能非正常地作用于人体或系统所造成的，根据电能的形态及不同作用形式，可将电气事故分为触电事故、静电危害事故、雷电灾害事故、电磁场危害和电气系统故障危害事故等。

（一）触电事故

触电事故分为电击和电伤两种形式。

1. 电击

电击是指电流通过人体，刺激机体组织，使肌肉非自主地发生痉挛性收缩而造成的伤害。严重时会破坏人的心脏、肺部、神经系统的正常工作，形成危及生命的伤害。

（1）根据电击时所触及的带电体是否为正常带电状态，电击分为直接接触电击和间接接触电击。

①直接接触电击。直接接触电击是指触及正常状态下带电的物体导致的触电。

②间接接触电击。间接接触电击是指触及正常状态下不带电，而在故障下意外带电的物体导致的触电。例如，电气设备的金属外壳在正常情况下不应该带电，但是因为漏电而带电，如果人触及到这样的带电体，就会导致间接接触触电。

直接接触电击和间接接触电击示意图如图 2－1 所示。

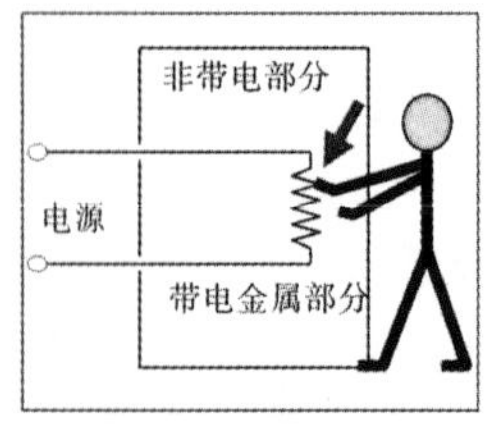

（a）

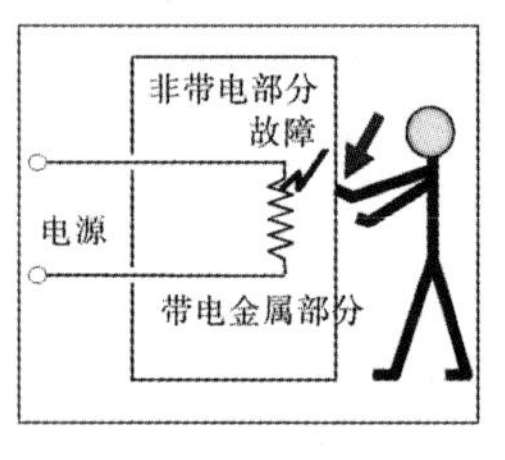

（b）

图 2－1　直接接触电击和间接接触电击示意图

（a）直接接触电击；（b）间接接触电击

（2）按照人体触及带电体的方式，电击可分为单相电击、两相电击和跨步电压电击三种，如图 2—2 所示。

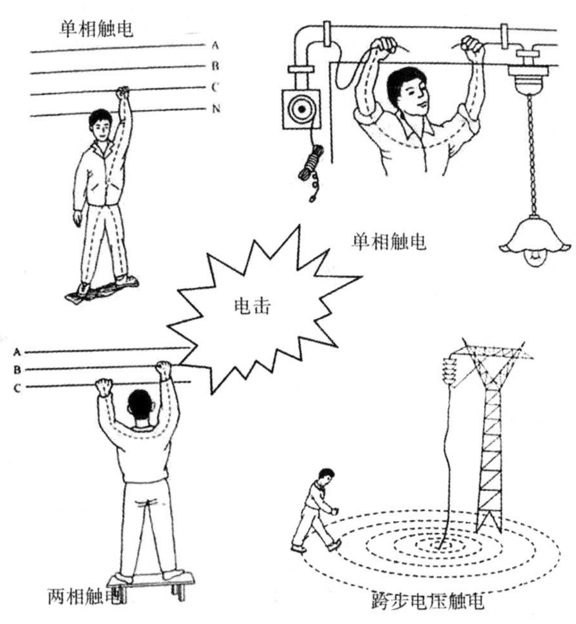

图 2—2 单相电击、两相电击和跨步电压电击示意图

①单相触电。这是指人体接触到地面或其他接地导体的同时，人体另一部位触及某一相带电体所引起的电击。发生电击时，所触及的带电体为正常运行的带电体时，称为直接接触电击。而当电气设备发生事故（例如绝缘损坏，造成设备外壳意外带电的情况下），人体触及意外带电体所发生的电击称为间接接触电击。根据国内外的统计资料，单相触电事故占全部触电事故的 70%以上。因此，防止触电事故的技术措施应将单相触电作为重点。

②两相触电。这是指人体的两个部位同时触及两相带电体所引起的电击。在此情况下，人体所承受的电压为三相系统中的线电压，因电压相对较大，其危险性也较大。

③跨步电压触电。这是指站立或行走的人体，受到出现于人体两脚之间的电压，即跨步电压作用所引起的电击。跨步电压是当带电体接地，电流自接地的带电体流入地下时，在接地点周围的土壤中产生的电压降形成的，如图 2—3 所示。接地电阻分布在接地体的周围，由于大地是很好的导体，大地一般是指比较大的半球壳，也就是离开接地体比较远的地方，大概是 20m 以外。可见，从漏电点到 20m 外的大地，电压是逐渐降低的。对于集中式接地体，离接地体 20m 处的对地电压接近于零。

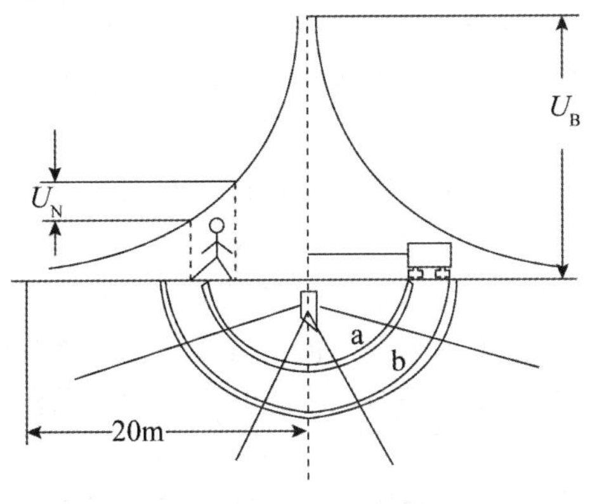

图 2—3 跨步电压示意图

2. 电伤

电伤是电流的热效应、化学效应、机械效应等对人体所造成的伤害。此伤害多见于机体的外部，往往在机体表面留下伤痕。能够形成电伤的电流通常比较大。电伤属于局部伤害，其危险程度决定于受伤面积、受伤深度、受伤部位等。

电伤包括电烧伤、电烙印、皮肤金属化、机械损伤、电光性眼炎等多种伤害。

（1）电烧伤。是最为常见的电伤，大部分触电事故都含有电烧伤成分。电烧伤可分为电流灼伤和电弧烧伤。

①电流灼伤。指人体同带电体接触，电流通过人体时，因电能转换成的热能引起的伤害。由于人体与带电体的接触面积一般都不大，且皮肤电阻又比较高，因而产生在皮肤与带电体接触部位的热量就较多。因此，使皮肤受到比体内严重得多的灼伤。电流越大、通电时间越长、电流途径上的电阻越大，则电流灼伤越严重。由于接近高压带电体时会发生击穿放电，因此，电流灼伤一般发生在低压电气设备上。虽然因电压较低，形成电流灼伤的电流不太大，但数百毫安的电流即可造成灼伤，数安的电流则会形成严重的灼伤。在高频电流下，因皮肤电容的旁路作用，有可能发生皮肤仅被轻度灼伤而内部组织却被严重灼伤的情况。

②电弧烧伤。指由弧光放电造成的烧伤，是最严重的电伤。电弧发生在带电体与人体之间，有电流通过人体的烧伤称为直接电弧烧伤；电弧发生在人体附近，对人体形成的烧伤以及被熔化金属溅落的烫伤称为间接电弧烧伤。弧光放电时电流很大，能量也很大，电弧温度高达数千摄氏度，可造成大面积的深度烧伤。严重时能将机体组织烘干、烧焦。电弧烧伤既可以发生在高压系统，也可以发生在低压系统。在低压系统，带负荷（尤其是感性负荷）拉开裸露的闸刀开关时，产生的电弧会烧伤操作者的手部和面部；当线路发生短路，开启式熔断器熔断时，炽热的金属微粒飞溅出来会造成灼伤；因误操作引起短路也会导致电弧烧伤等。在高压系统，由于误操作，会产生强烈的电弧，造成严重的烧伤；人体过分接近带电体，其间距小于放电距离时，直接产生强烈的电弧，造成电弧烧伤，严重时会因电弧烧伤而死亡。

在全部电烧伤的事故当中，大部分事故发生在电气维修人员身上。

（2）电烙印。指电流通过人体后，在皮肤表面接触部位留下与接触带电体形状相似的斑痕，如同烙印。斑痕处皮肤呈现硬变，表层坏死，失去知觉。

（3）皮肤金属化。是由高温电弧使周围金属熔化、蒸发并飞溅渗透到皮肤表层内部所造成的。受伤部位呈现粗糙、张紧。

（4）机械损伤。多数是由于电流作用于人体，使肌肉产生非自主地剧烈收缩所造成的。其损伤包括肌腱、皮肤、血管、神经组织断裂以及关节脱位乃至骨折等。

（5）电性光眼炎。表现为角膜和结膜发炎。弧光放电时辐射的红外线、可见光、紫外线都会损伤眼睛。在短暂照射的情况下，引起电光性眼炎的主要原因是紫外线。

（二）静电危害事故

静电危害事故是由静电电荷或静电场能量引起的。在生产工艺过程中以及操作人员的操作过程中，某些材料的相对运动、接触与分离等原因导致了相对静止的正电荷和负电荷的积累，即产生了静电。由此产生的静电能量不大，不会直接使人致命。但是，其电压可能高达数十千伏乃至数百千伏，发生放电，产生放电火花。静电危害事故主要有以下几个方面：

（1）在有爆炸和火灾危险的场所，静电放电火花会成为可燃性物质的点火源，造成爆炸和火灾事故。

（2）人体因受到静电电击的刺激，可能引发二次事故，如坠落、跌伤等。此外，对静电电击的恐惧心理还对工作效率产生不利影响。

（3）某些生产过程中，静电的物理现象会对生产产生妨碍，导致产品质量不良，电子设备损坏，造成生产故障，乃至停工。

（三）雷电灾害事故

雷电是大气中的一种放电现象。雷电放电具有电流大、电压高的特点。其能量释放出来可能形成极大的破坏力。其破坏作用主要有以下几个方面：

（1）直击雷放电、二次放电、雷电流的热量会引起火灾和爆炸。

（2）雷电的直接击中、金属导体的二次放电、跨步电压的作用及火灾与爆炸的间接作用，均会造成人员的伤亡。

（3）强大的雷电流、高电压可导致电气设备击穿或烧毁。发电机、变压器、电力线路等遭受雷击，可导致大规模停电事故。雷击可直接毁坏建筑物、构筑物。

（四）射频电磁场危害

射频指无线电波的频率或者相应的电磁振荡频率，泛指100kHz以上的频率。射频伤害是由电磁场的能量造成的。射频电磁场的危害主要有：

（1）在射频电磁场作用下，人体因吸收辐射能量会受到不同程度的伤害。过量的辐射可引起中枢神经系统的机能障碍，出现神经衰弱症候群等临床症状；可造成植物神经紊乱，出现心率或血压异常，如心动过缓、血压下降或心动过速、高血压等；可引起眼睛损伤，造成晶体浑浊，严重时导致白内障；可使睾丸发生功能失常，造成暂时或永久的不育症，并可能使后代产生疾患；可造成皮肤表层灼伤或深度灼伤等。

（2）在高强度的射频电磁场作用下，可能产生感应放电，会造成电引爆器件发生意外引爆。感应放电对具有爆炸、火灾危险的场所来说是一个不容忽视的危险因素。此外，当受电磁场作用感应出的感应电压较高时，会给人以明显的电击。

（五）电气系统故障危害

电气系统故障危害是由于电能在输送、分配、转换过程中失去控制而产生的。断线、短路、异常接地、漏电、误合闸、误掉闸、电气设备或电气元件损坏、电子设备受电磁干扰而发生误动作等都属于电气系统故障。系统中电气线路或电气设备的故障也会导致人员伤亡及重大财产损失。电气系统故障危害主要体现在以下几方面：

（1）引起火灾和爆炸。线路、开关、熔断器、插座、照明器具、电热器具、电动机等均可能引起火灾和爆炸；电力变压器、多油断路器等电气设备不仅有较大的火灾危险，还有爆炸的危险。在火灾和爆炸事故中，电气火灾和爆炸事故占有很大的比例。就引起火灾的原因而言，电气原因仅次于一般明火而位居第二。

（2）异常带电。电气系统中，原本不带电的部分因电路故障而异常带电，可导致触电事故发生。例如，电气设备因绝缘不良产生漏电，使其金属外壳带电；高压电路故障接地时，在接地处附近呈现出较高的跨步电压，形成触电的危险条件。

（3）异常停电。在某些特定场合，异常停电会造成设备损坏和人身伤亡。如正在浇注钢水的吊车，因骤然停电而失控，导致钢水洒出，引起人身伤亡事故；医院手术室可能因异常停电而被迫停止手术，无法正常施救而危及病人生命；排放有毒气体的风机因异常停电而停转，致使有毒气体超过允许浓度而危及人身安全等；公共场所发生异常停电，会引起妨碍公共安全的事故；异常停电还可能引起电子计算机系统的故障，造成难以挽回的损失。

二、电流对人体的作用

人本身如同一种电气设备，因为人的整个神经系统对电信号和电化学反应较为敏感，而电信号和电化学反应所涉及的能量是非常小的。人体只需要非常小的电能，一旦电能偏大，人体系统功能很容易被破坏。电流通过人体，会引起人体的生理反应及机体的损坏。

（一）电流效应的影响因素

电流对人体伤害的程度与通过人体电流的大小、电流通过人体的持续时间、电流通过人体的途径、电流的种类、个体特征等多种因素有关。而且，上述各个影响因素相互之间，尤其是电流大小与通电时间之间也有着密切的联系。

1. 伤害程度与电流大小的关系

通过人体的电流越大，人体的生理反应越明显，伤害越严重。对于工频交流电，按通过人体的电流强度的不同以及人体呈现的反应不同，将作用于人体的电流划分为三级：

（1）感知电流和感知阈值。感知电流是指电流通过人体时可引起感觉的最小电流。感知电流的最小值称为感知阈值。不同的人，感知电流及感知阈值是不同的。成年男性平均感知电流约为 1.1mA（有效值，下同）；成年女性约为 0.7mA。对于正常人体，感知阈值平均为 0.5mA，并与时间因素无关。感知电流一般不会对人体造成伤害，但可能因不自主反应而导致由高处跌落等二次事故。

（2）摆脱电流和摆脱阈值。摆脱电流是指人在触电后能够自行摆脱带电体的最大电流。摆脱电流的最小值称为摆脱阈值。成年男性平均摆脱电流约为 16mA；成年女性平均摆脱电流约为 10.5mA。成年男性最小摆脱电流约为 9mA；成年女性最小摆脱电流约为 6mA。儿童的摆脱电流较成人要小。对于正常人体，摆脱阈值平均为 10mA，与时间无关。

（3）室颤电流和室颤阈值。室颤电流是指引起心室颤动的最小电流，其最小电流即室颤阈值。由于心室颤动几乎终将导致死亡，因此，可以认为，室颤电流即致命电流。室颤电流与电流持续时间关系密切。当电流持续时间超过心脏周期时，室颤电流仅为 50mA 左右；当电流持续时间短于心脏周期时，室颤电流为数百 mA。当电流持续时间小于 0.1s 时，只有电击发生在心室易损期，500mA 以上乃至数 A 的电流才能够引起心室颤动。室颤电流与电流持续时间的关系大致如图 2－4 所示。

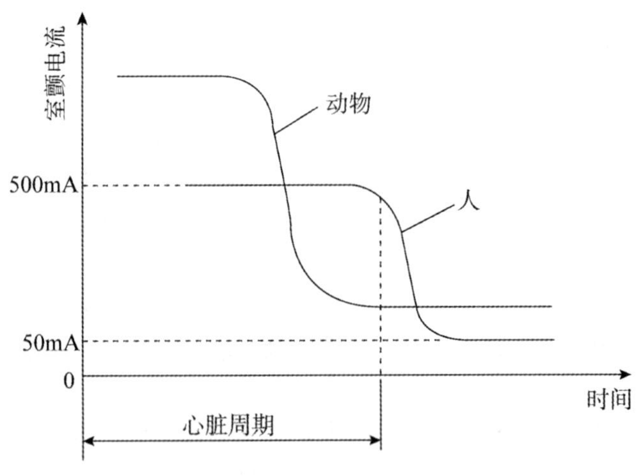

图 2－4　室颤电流与时间曲线

2. 伤害程度与电流持续时间的关系

通过人体电流的持续时间越长，越容易引起心室颤动，危险性就越大。这主要是因为：

（1）能量积累。电流持续时间越长，能量积累越多，心室颤动电流减小，使危险性增加。当持续时间在 0.01～5s 范围内时，心室颤动电流和电流持续时间的关系可用下式表达：

$$I=\frac{116}{\sqrt{t}} \tag{2-1}$$

式中 I 为心室颤动电流，mA；

t 为电流持续时间，s。

或者，用下式表达：

$$\text{当 } t \geqslant 1\text{s 时：} I = 50\text{mA} \tag{2-2}$$

$$\text{当 } t < 1\text{s 时：} I \cdot t = 50\text{mA} \cdot \text{s} \tag{2-3}$$

(2) 与易损期重合的可能性增大。在心脏周期中，相应于心电图上约 0.2s 的 T 波这一特定时间对电流最为敏感，被称为易损期，电流持续时间越长，与易损期重合的可能性就越大，电击的危险性就越大。

(3) 人体电阻下降。电流持续时间越长，人体电阻因出汗等原因而降低，使通过人体的电流进一步增加，危险性也随之增加。

3. 伤害程度与电流途径的关系

电流通过心脏会引起心室颤动，电流较大时会使心脏停止跳动，从而导致血液循环中断而死亡。电流通过中枢神经或有关部位，会引起中枢神经严重失调而导致死亡。电流通过头部会使人昏迷，或对脑组织产生严重损坏而导致死亡。电流通过脊髓，会使人瘫痪等。上述伤害中，以心脏伤害的危险性为最大。因此，流经心脏的电流多、电流路线短的途径是危险性最大的途径。

利用心脏电流因数可以粗略估计不同电流途径下心室颤动的危险性。心脏电流因数是某一路径的心脏内电场强度与从左手到脚流过相同大小电流时的心脏内电场强度的比值。表2—1列出了各种电流途径的心脏电流因数。

表 2—1 各种电流途径的心脏电流因数

电流途径	心脏电流因数
左手—左脚、右脚或双脚	1.0
双手—双脚	1.0
左手—右手	0.4
右手—左脚、右脚或双脚	0.8
右手—背	0.3
左手—背	0.7
胸—右手	1.3
胸—左手	1.5
臀部—左手、右手或双手	0.7

例如，从左手到右手流过 150mA 电流，由表可知，左手到右手的心脏电流因数为 0.4，因此，其 150mA 电流引起心室颤动的危险性与左手到双脚电流途径下 60mA 电流的危险性大致相同。

如果通过人体某一电流途径的电流为 I，通过左手到脚途径的电流为 I_0，且二者引起心室颤动的危险程度相同，则心脏电流因数 K 可按下式计算：

$$K = \frac{I_0}{I} \tag{2-4}$$

4. 伤害程度与电流种类的关系

100Hz 以上交流电流、直流电流、特殊波形电流也都对人体具有伤害作用，其伤害程度一般较工频电流为轻。

（1）100Hz 以上交流电流的效应。100Hz 以上的频率在飞机（400Hz）、电动工具及电焊（可达 450Hz）、电疗（4～5kHz）、开关方式供电（20kHz～1MHz）等方面被使用。高频电流的危险性可以用频率因数来评价。频率因数是指某频率与工频有相应生理效应时的电流阈值之比。某频率下的感知、摆脱、室颤频率因数是各不相同的。

（2）直流电流的效应。直流电流与交流电流相比，容易摆脱，其室颤电流也比较高，因而，直流电击事故很少。就感觉电流和感觉阈值而言，只有在接通和断开电流时才会引起感觉，其阈值取决于接触面积、接触状态（潮湿、温度、压力等）、电流持续时间以及个体的生理特征。正常人在正常条件下的感觉阈值约为 2mA。就摆脱电流而言，300mA 及以下时，没有可确定的摆脱阈值，仅在电流接通和断开时引起疼痛和肌肉收缩；大于 300mA 时将导致不能摆脱。就室颤阈值而言，根据动物实验资料和电气事故资料的分析结果，脚部为负极的向下电流的室颤阈值是脚部为正极的向上电流的 2 倍；而对于从左手到右手的电流途径，不大可能发生心室颤动。当电流持续时间超过心脏周期时，直流室颤阈值为交流的数倍。电流持续时间小于 200ms 时，直流室颤阈值大致与交流相同。

当 300mA 的直流电流通过人体时，人体四肢有暖热感觉。电流途径为从左手到右手的情况下，电流为 300mA 及以下时，随持续时间的延长和电流的增长，可能产生可逆性心律不齐、电流伤痕、烧伤、晕眩乃至失去知觉等病理效应；而当电流为 300mA 以上时，经常出现失去知觉的情况。

（3）特殊波形电流的效应。特殊波形电流最常见的有带直流成分的正弦电流、相控电流和多周期控制正弦电流等。特殊波形电流的室颤阈值是按其具有相同电击危险性的等效正弦电流有效值 I_{ev} 考虑。

（4）电容放电电流的效应。这里讨论的电容放电电流指持续时间（即电容放电时间常数 τ 的 3 倍）小于 10ms 的短持续时间脉冲电流。由于作用时间短暂，不存在摆脱阈值问题，但有一个疼痛阈值。电容放电电流的感觉阈值和疼痛阈值决定于电极形状、冲击电量和电流峰值。

5. 个体特征

电流对人体的作用也因人而异，与个人的健康状况、健壮程度、性别、年龄等有关。

（二）人体阻抗

人体阻抗是定量分析人体电流的重要参数之一，也是处理许多电气安全问题所必须考虑的基本因素。

人体皮肤、血液、肌肉、细胞组织及其结合部等构成了含有电阻和电容的阻抗。其中，皮肤电阻在人体阻抗中占有很大的比例。人体阻抗包括皮肤阻抗和体内阻抗，其等值电路如图 2—5 所示。在图中，R_{S1}、R_{S2} 指皮肤电阻（皮肤外面的电极与真皮之间的电阻）；C_{S1}、C_{S2} 指皮肤电容（皮肤外面的电极与真皮之间的电容，数 PF～数 μF）；R_i 指体内电阻。

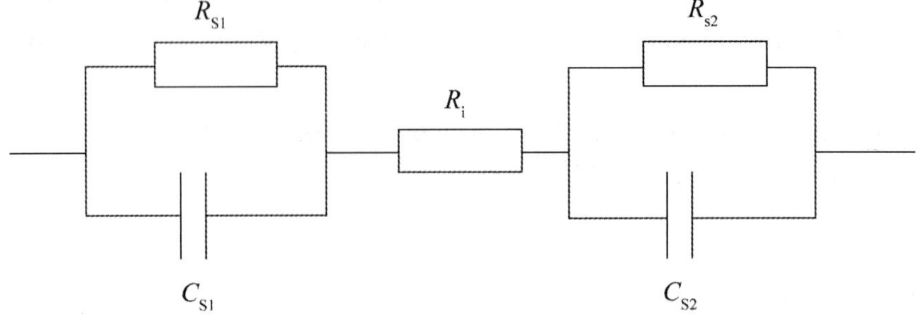

图 2—5　人体阻抗等值电路

1. 皮肤阻抗

皮肤由外层的表皮和表皮下面的真皮组成。表皮最外层的角质层，其厚度一般不超过 0.05～0.2mm，其电阻率很大，在干燥和清洁的状态下，其电阻率可达 1×10^5～$1\times10^6\Omega\cdot m$。

皮肤阻抗是指表皮阻抗，即皮肤上电极与真皮之间的电阻抗，以皮肤电阻和皮肤电容并联来表示。皮肤电容是指皮肤上电极与真皮之间的电容。皮肤阻抗值与接触电压、电流幅值和持续时间、频率、皮肤潮湿程度、接触面积和施加压力等因素有关。

当接触电压小于 50V 时，皮肤阻抗随接触电压、温度、呼吸条件等因素影响有显著的变化，但其值还是比较高的；当接触电压在 50～100V 时，皮肤阻抗明显下降，当皮肤击穿后，其阻抗可忽略不计，使人体阻抗急剧下降。

2. 体内阻抗

体内阻抗是除去表皮之后的人体阻抗，虽存在少量电容，但可以忽略不计。因此，体内阻抗基本上可以视为纯电阻，变化很小，大概为 500Ω 左右。体内阻抗主要决定于电流途径。当接触面积过小，例如仅数平方毫米时，体内阻抗将会增大。

3. 人体总阻抗

人体总阻抗是包括皮肤阻抗及体内阻抗的全部阻抗。接触电压大致在 50V 以下时，由于皮肤阻抗的变化，人体阻抗也在很大的范围内变化；而在接触电压较高时，人体阻抗与皮肤阻抗关系不大。在皮肤被击穿后，近似等于体内阻抗。另外，由于存在皮肤电容，人体的直流电阻高于交流阻抗。

通电瞬间的人体电阻叫作人体初始电阻。在这一瞬间，人体各部分电容尚未充电，相当于短路状态。因此，人体初始电阻近似等于体内阻抗，其影响因素也与体内阻抗相同。根据试验，在电流途径从左手到右手或从单手到单脚、大接触面积的条件下，相应于 5%概率的人体初始电阻为 500Ω。

除去角质层，干燥的情况下，人体电阻为 1000～3000Ω；潮湿的情况下，人体电阻为 500～800Ω。

三、触电事故的分布规律

大量的统计资料表明，触电事故的分布是具有规律性的。根据国内外的触电事故统计资料分析，触电事故的分布具有如下规律：

1. 触电事故季节性明显

一年之中，二、三季度是事故多发期，尤其在 6～9 月份最为集中，约占全年触电事故的 75%以上。

2. 低压设备触电事故多

由于低压设备远多于高压设备，而且，缺乏电气安全知识的人员多是与低压设备接触，低压触电事故远高于高压触电事故，因此，应当将低压方面作为防止触电事故的重点。

3. 携带式设备和移动式设备触电事故多

这主要是因为这些设备经常移动，工作条件较差，容易发生故障。另外在使用时需用手紧握进行操作。

4. 电气连接部位触电事故多

在电气连接部位机械牢固性较差，电气可靠性也较低，是电气系统的薄弱环节，较易出现故障。

5. 农村触电事故多

这主要是因为农村用电条件较差，设备简陋，技术水平低，管理不严，电气安全知识缺乏等。

6. 冶金、矿业、建筑、机械行业触电事故多

这些行业存在工作现场环境复杂、潮湿、高温，移动式设备和携带式设备多，现场金属设备多等不利因素，因此触电事故相对较多。

7. 青年、中年人以及非电工人员触电事故多

这些人员是设备操作人员的主体，他们直接接触电气设备，部分人还缺乏电气安全的知识。

8. 误操作事故多

人为失误造成的触电事故约占全部触电事故的 70％以上。

触电事故的分布规律并不是一成不变的，在一定的条件下，也会发生变化。例如，对电气操作人员来说，高压触电事故反而比低压触电事故多。上述规律为电气安全检查、电气安全工作计划、实施电气安全措施以及电气设备的设计、安装和管理等工作提供了重要的依据。

第二节　触电防护技术

一、直接接触电击防护措施

直接接触电击的基本防护原则是应使危险的带电体不会被有意或无意触及，也就是把带电的带电体好好防护起来，不让人轻易接触到，具体措施包括绝缘、屏护和间距。

1. 绝缘

绝缘是指用绝缘物将带电体封闭起来。例如，导线外部包有绝缘材料。电气设备很多地方都要有绝缘，电气工程师利用绝缘物来约束电流的路径。电工工具绝缘把手如图 2－6 所示。

图 2－6　电工工具绝缘把手

电阻率 $10^{9} \sim 10^{22}\,\Omega \cdot m$ 的物质所构成的材料在电工技术上称为绝缘材料，又称电介质。常用的绝缘材料有：瓷、玻璃、云母、橡胶、木材、胶木、塑料、布、纸、矿物油等。

（1）绝缘的破坏。绝缘物在强电场（高电压）的作用下，遭到急剧的破坏，丧失绝缘性能，这就是击穿现象，这种击穿叫电击穿，击穿时的电压叫击穿电压。固体绝缘还有热击穿和电化学击穿。

绝缘物除击穿破坏外，腐蚀性气体、蒸汽、潮气、粉尘、机械损伤等，也会降低其绝缘性能，或导致绝缘性能被破坏。有时在正常情况下，绝缘物也会因逐渐“老化”而失去绝缘性能。

（2）绝缘性能指标和测定。为了防止绝缘损坏造成事故，应该按照规定检查绝缘性能。绝缘性能用绝缘电阻、耐压强度、泄漏电流和介质损耗等指标来测量。绝缘电阻是最基本的绝缘性能指标。

绝缘电阻用摇表（兆欧表）测定，如图 2－7 所示。摇表主要是由提供电源的手摇发电机和指示读数的双动线圈比率计组成的。摇表上有分别标有接地 E、电路 L 和屏蔽 G 的三个接线钮。其结构如图 2－8 所示。图中只用 E、L 两端，并将其分别与被测绝缘的两端相接。E 端通常是接地或接于电气设备的外壳。

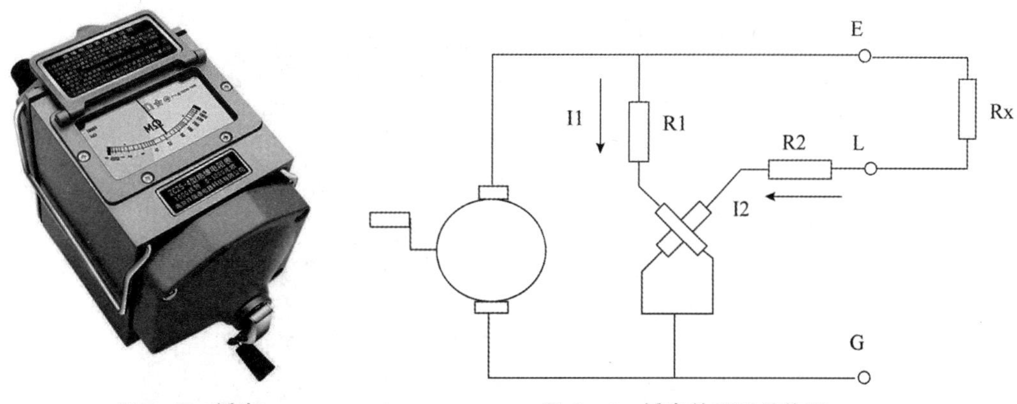

图 2—7　摇表　　　　图 2—8　摇表的原理结构图

在测量对地绝缘电阻时，应将 E 端接地，L 端接导线，如图 2—9 所示。测量电动机对地绝缘电阻时，应将 E 端接电机外壳，L 端节电机线圈，如图 2—10 所示。测量电缆芯线对外皮绝缘电阻时，除将 E 端接电缆外皮，L 端接电缆芯线外，为了消除芯线绝缘层表面漏电引起的误差，还应将 G 端接于电缆外皮内的内层绝缘上。如图 2—11 所示。

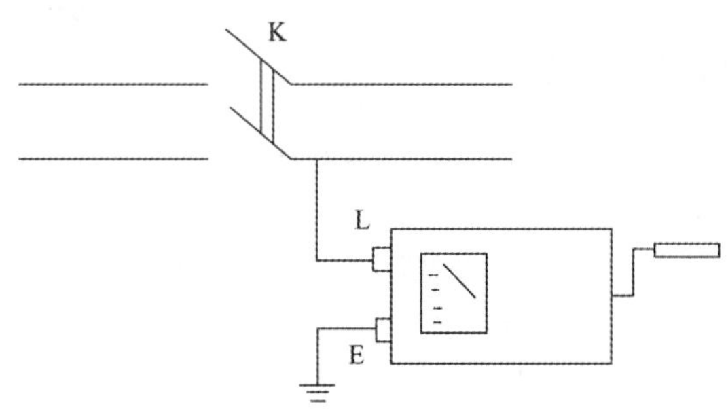

图 2—9　测量线路对地绝缘电阻

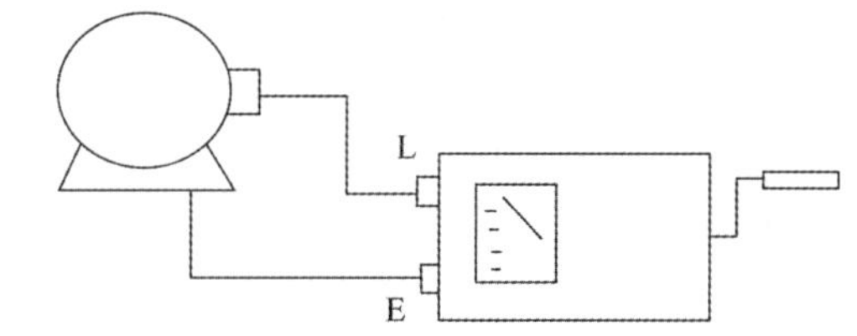

图 2—10　测量电动机对地绝缘电阻

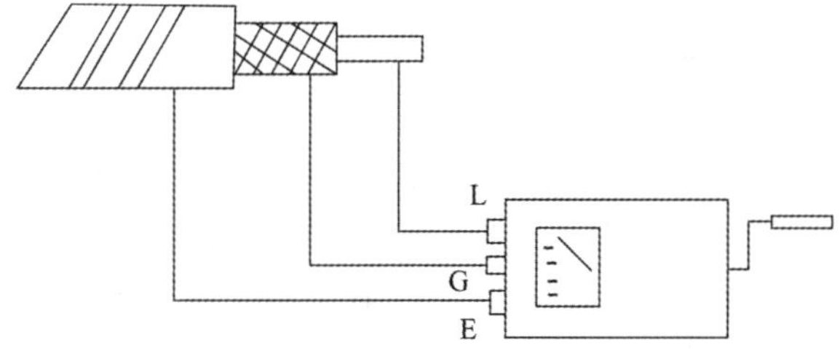

图 2—11　测量电缆芯线对外皮绝缘电阻

2. 屏护

屏护是指采用遮栏、护罩、护盖、箱匣隔绝带电体。配电线路和电气设备的带电部分，如果不便于包以绝缘或者绝缘不足以保证安全时，就可以采用屏护措施。屏护采用遮栏、护罩、箱盖等把带电体同外界绝缘开。除有起防止触电的作用外，有的屏护装置，还能起防止电弧伤人等作用。配电柜屏护如图 2—12 所示。

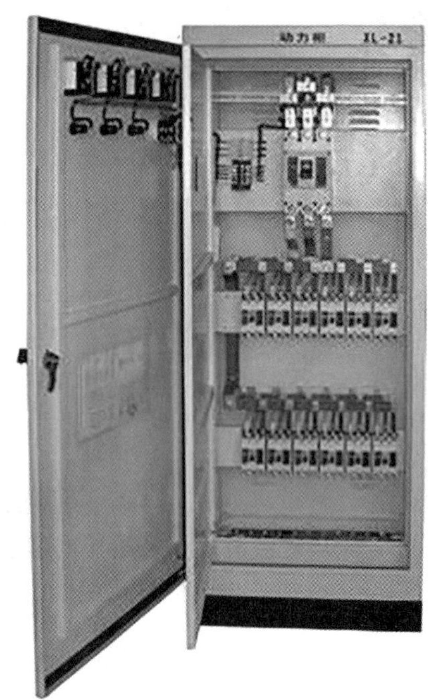

图 2—12　配电柜屏护

屏护装置须满足如下条件：

（1）屏护装置所用材料应有足够的机械强度和良好的耐火性能。为防止因意外带电而造成触电事故，对金属材料制成的屏护装置必须可靠连接保护线。

（2）屏护装置应有足够的尺寸，与带电体之间应保持必要的距离。

遮栏高度不应低于 1.7m，下部边缘离地不应超过 0.1m。栅遮栏的高度，户内不应小于 1.2m、户外不应小于 1.5m，栏条间距离不应大于 0.2m。网眼遮栏与裸导体之间的距离不宜小于 0.15m。

（3）遮栏、栅栏等屏护装置上，应有“止步，高压危险！”等标志。

（4）必要时应配合采用声光报警信号和联锁装置。

3. 间距

间距是指带电体与地面之间，与其他设备之间，或与带电体之间必要的安全距离。在带电体与地面，与设备之间，或者带电体之间保持距离，就可以起到安全防护的作用。例如，车辆行走的道路上方的电源线就必须考虑车辆通过的时候不能被刮蹭。安全间距的大小取决于电压的高低、电气设备的类型和安装的方式等。

（1）配电装置的安全通道。配电装置的布置，应考虑电气设备的搬运、安装、操作和试验的方便。同时也要考虑作业人员的安全，因此，必须保持安全通道畅通。

配电装置室内通道宽度，应符合下列要求：①当配电装置单列布置时，屏前通道 1.5m；②当配电装置双列布置时，屏前通道 2m；③屏后通道为 1m，有困难可以减小为 0.8m。

配电装置室内裸导电部分与各部分的净距，应符合下列要求：①屏后通道内，裸导电部分的高度低于 2.3m 时，应加遮拦，遮护后通道高度不应低于 1.9m，遮护后的通道宽度应符合上面的要求；②跨越屏前通道的裸导电部分，其高度不应低于 2.5m。

高压配电装置宜与低压配电装置分室安装。当高压开关柜数量较少时，也可以和低压柜装设在同一室内，当高压开关柜与低压配电屏为单列布置时，两者的净距不得小于 2m。配电柜或控制屏的排列长度超过 6m 时，其屏后应有两个通向本室或其他房间的出口，如果两个出口间的距离超过 15m 时，应增加出口。

（2）检修安全间距。为了防止人体接近带电体，必须保证有足够的检修距离。

在低压操作中，人体或其所使用的工具与带电体之间的最小距离不应小于 0.1m。高压作业时，各种作业类别所要求的最小距离见表 2—2。

表 2—2 高压作业的最小距离 （单位：m）

类别	电压等级	
	10kV	35kV
无遮拦作业，人体及其所携带工具与带电体之间	0.7	1.0
无遮拦作业，人体及其所携带工具与带电体之间，用绝缘杆操作	0.4	0.6
线路作业，人体及其所携带工具与带电体之间	1.0	2.5
带电水冲洗，小型喷嘴与带电体之间	0.4	0.6
喷灯或气焊火焰与带电体之间	1.5	3.0

（3）导线安全间距。导线与地面和水面的最小距离详见表 2—3，导线与建筑物的最小距离详见表 2—4。

表 2—3 导线与地面和水面的最小距离 （单位：m）

线路经过地区	线路电压		
	≤1kV	10kV	35kV
居民区	6	6.5	7
非居民区	5	5.5	6
不能通航或浮运的河、湖（冬季水面）	5	5	5.5
不能通航或浮运的河、湖（50 年一遇的洪水水面）	3	3	3
交通困难地区	4	4.5	6
步行可以达到的山坡	3	4.5	5
步行不能达到的山坡、峭壁或岩石	1	1.5	3

表 2—4 导线与建筑物的最小距离

线路电压/kV	≤1	10	35
垂直距离/m	2.5	3.0	4.0
水平距离/m	1.0	1.5	3.0

二、间接接触电击防护基本措施

1. IT 系统

IT 系统就是保护接地系统，其构成如图 2—13 所示。图中，L_1、L_2、L_3是相线，N 是中性点，R_p 是人体电阻，R_E是保护接地电阻，I_E是接地电流。

IT 系统的安全原理是将电气设备在故障情况下可能呈现危险电压的金属部位通过低电阻接地，把故障电压限制在安全范围以内。但应注意漏电状态并未因保护接地而消失。

IT 系统的字母 I 表示配电网不接地或经高阻抗接地，字母 T 表示电气设备外壳接地。

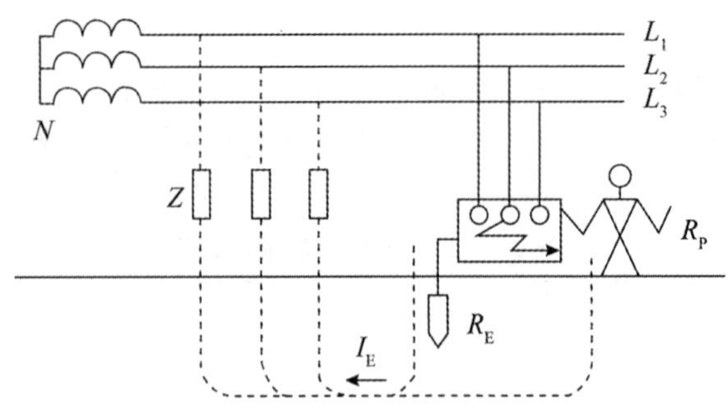

图 2—13　IT 系统示意图

保护接地适用于各种不接地配电网，如某些 1～10kV 配电网，煤矿井下低压配电网等。

在 380V 不接地低压系统中，一般要求保护接地电阻 $R_E \leqslant 4\Omega$。当配电变压器或发电机的容量不超过 100kV·A 时，要求 $R_E \leqslant 10\Omega$。

在不接地的 10kV 配电网中，如果高压设备与低压设备共用接地装置，要求接地电阻不超过 10Ω，并满足下式要求：

$$R_E \leqslant \frac{120}{I_E} \qquad (2-5)$$

2. TT 系统

TT 系统如图 2—14 所示。图中，中性点的接地叫作工作接地，中性点引出的导线叫作中性线（也叫作工作零线）。TT 系统的第一个字母 T 表示配电网直接接地，第二个字母 T 表示电气设备外壳接地。

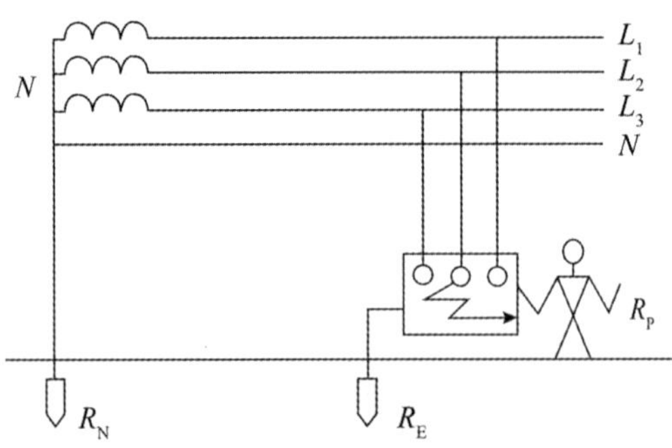

图 2—14　TT 系统示意图

TT 系统的接地 R_E 虽然可以大幅度降低漏电设备上的故障电压，使触电危险性降低，但不能将触电危险性降低到安全范围以内；故障电流不会很大，不足以使保护电器动作，故障得不到迅速切除。因此，采用 TT 系统通常装设剩余电流动作保护装置或过电流保护装置，并优先采用前者。

TT 系统主要用于低压用户，即用于未装备配电变压器，从外面引进低压电源的小型用户。

3. TN 系统（保护接零）

（1）保护原理。TN 系统几乎是国内企业普遍使用的系统。典型的 TN 系统如图 2—15 所示。在 TN 系统中，T 代表系统接地，N 代表系统之中的用电设备外壳接零保护，即电气设备的外壳有一套引线接到了零线，连接点叫作中性点，中性点还有个名称叫作零点，零点引出的一条线也叫作零线，人们经常说火线、零线中的零线就是这么来的。

TN 系统（保护接零）的保护原理：漏电→单相短路→单相短路电流→单相短路保护元件动作→迅速切断电源→实现保护。假设相线漏电碰连设备外壳，形成该相对零线的单相短路，短路电流会促使线路上的保护元件，例如简单的熔断器（俗称保险丝），或者是过流脱扣装置等跳开，切断电源，从而实现断电保护，而且靠的是速断，也就是迅速切断电源。在这里，TN 系统与 IT 系统的工作方式不同，IT 系统不切断电，而 TN 系统会迅速切断电源。

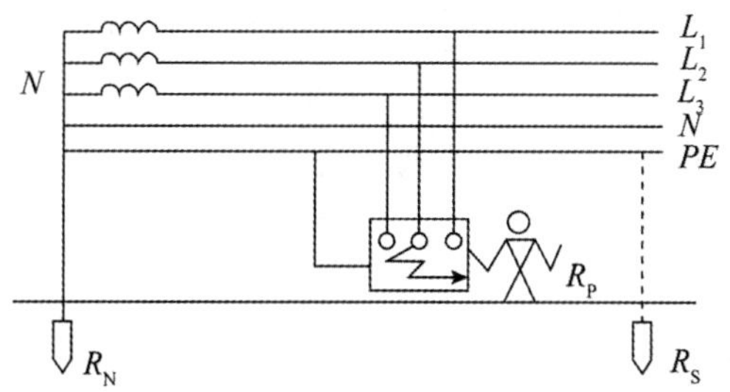

图 2—15　TN 系统示意图

(2) TN 系统三种类型。TN 系统派生出了三种系统，分别是：TN－C、TN－S 和 TN—C—S 系统，其结构如图 2—16 所示。

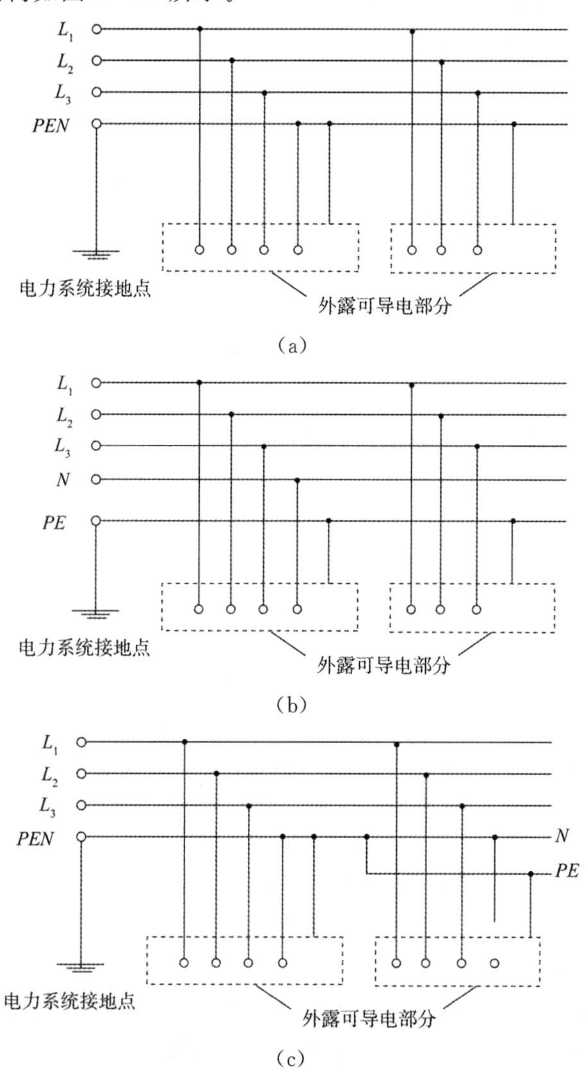

图 2—16　TN 系统三种类型

(a) TN—C 系统；(b) TN—S 系统；(c) TN—C—S 系统

TN—C 系统一共四条线，三相电源火线，或者叫三条相线，零线标的是 PEN，PE 代表着保护线，N 代表着零线，或者叫作工作零线，保护线和工作零线合称 PEN，因此该系统是三相四线，在国内用得很多。这个系统在特定情况下会有问题，例如，在爆炸危险场所、火灾危险场所，由于零线共用，正常工作的时候，这条零线上就会有工作电流，就会使得零线上出现不等位，导致这条线不是一个等位的体，线上的电阻尽管是毫欧数量级，电流流过就分布着电压降，在易爆危险场所有可能形成易燃源。这就是 TN－C 系统的缺陷。

要消除 TN－C 系统的缺陷，就要专门做一条线，让设备的外壳接到一条平时不让它有工作电流的线上，而不和有工作电流的线去接，这条线单独用，叫作 PE 线，上面的是 N 线，于是这个系统中共用线分离变成了两线，整个系统变成了 5 根线，这就是 TN－S 系统，代表着两条零线，工作与保护分开了，就使得电气设备的外壳所接到那条线上永远是一个等位体，只要没有漏电发生，外壳之间相互等位，外壳和中心点等位，也和大地等位，就不会有电流相互流动，这样的系统是最干净的系统，特别是对于干扰比较敏感的设备，一定要用 TN－S 系统，受到的干扰就很少。

介于 TN－C 系统和 TN－S 系统之间的系统叫 TN－C－S 系统，前面开始是 4 根线，到中间分成 5 根了，它的优点也介于两者之间。

（3）保护接零应用范围。保护接零适用于低压中性点直接接地的三相四线配电网。此系统中，凡因绝缘损坏而可能呈现危险对地电压的金属部分均应接零。在 TN 系统中，TN－S 系统保护的方式最好，特别是在爆炸、火灾危险场所，必须要用 TN－S 系统。在 TN－S 系统中，一定要保持 PE 线和 N 线之间的绝缘，也就是这两条线之间不要连起来，一旦这两条线连起来，就会丧失初衷目的，因为电流在返回的时候应当走工作零线，而连起来就会走保护线回去，保护线就出现电流了，PE 线和 N 线的作用就会消失。

具体来说，TN 系统中三种类型，即 TN－S 系统、TN－C－S 系统、TN－C 系统的应用如下：

①TN－S 系统——正常工作条件下，外露导电部分和保护导体呈零，是最“干净”的系统。可用于爆炸、火灾危险性较大或安全要求高的场所，宜用于独立附设变电站的车间，也适用于科研院所、计算机中心、通信局站等。

②TN－C－S 系统——宜用于厂内设有总变电站，厂内低压配电的场所及民用楼房。

③TN－C 系统——可用于爆炸、火灾危险性不大，用电设备较少、用电线路简单且安全条件较好的场所。

（4）应用保护接零的安全要求。

①在同一接零系统中，一般不允许部分或个别设备只接地、不接零的做法；否则，当接地的设备漏电时，该接地设备及其他接零设备都可能带有危险的对地电压。如确有困难，个别设备无法接零而只能接地时，则该设备必须安装漏电保护装置。

②重复接地要合格。重复接地指零线上除工作接地以外的其他点的再次接地。电缆或架空线路引入车间或大型建筑物处，配电线路的最远端及每 1km 处，高低压线路同杆架设时共同敷设的两端应作重复接地。每一重复接地的接地电阻不得超过 10Ω；在低压工作接地的接地电阻允许不超过 10Ω 的场合，每一重复接地的接地电阻允许不超过 30Ω，但不得少于 3 处。

③发生对保护线的单相短路时能迅速切断电源。对于相线对地电压 220V 的 TN 系统，手持式电气设备和移动式电气设备末端线路或插座回路的短路保护元件应保证故障持续时间不超过 0.4s；配电线路或固定式电气设备的末端线路应保证故障持续时间不超过 5s。

④工作接地要合格。工作接地的主要作用是减轻各种过电压的危险。工作接地的接地电阻一般不应超过 4Ω，在高土壤电阻率地区允许放宽至不超过 10Ω。

⑤PE 线和 PEN 线上不得安装单极开关和熔断器；PE 线和 PEN 线应有防机械损伤和化学腐蚀的措施；PE 线支线不得串联连接，即不得用设备的外露导电部分作为保护导体。

⑥保护导体截面面积合格。按照《电力工程电缆设计规范》（GB 50217—2007）的规定，当 PE 线与相线材料相同时，PE 线可以按表 2—5 选取。除应采用电缆芯线或金属护套作保护线者外，有机械防护的 PE 线不得小于 2.5mm²，没有机械防护的不得小于 4mm²。铜质 PEN 线截面积不得小于 10mm²，铝质的不得小于 16mm²，如是电缆芯线，则不得小于 4mm²。

表 2—5　保护零线截面积选择

电缆相芯线截面 S/mm^2	保护零线允许最小截面/mm^2
$S\leqslant16$	S
$16<S\leqslant35$	16
$35<S\leqslant400$	$S/2$
$400<S\leqslant800$	200
$S>800$	$S/4$

⑦注意等电位联结。等电位联结指保护导体与建筑物的金属结构、生产用的金属装备以及允许用作保护线的金属管道等用于其他目的的不带电导体之间的联结。有条件的场所应做等电位联结，以提高 TN 系统的可靠性。

4. 等电位联结

等电位联结是指各外露可导电部分和外部可导电部分的电位实质上相等的电气连接。等电位联结又分为主（总）等电位联结和局部（辅助）等电位联结。等电位连接的目的是构成一个等电位的空间，所谓等电位，是指金属导体两者之间不存在电位差。要形成这样一个等位的空间，必须把所有金属之间连接起来，形成等电位连接。

(1) 主等电位联结（即总等电位联结）。在建筑物的进线处将 PE 干线、设备 PE 干线、进水管、总煤气管、采暖和空调竖管、建筑（构筑）物的金属构件和其他金属管道、装置外露可导电部分等相联结。

(2) 辅助等电位联结。在某一局部将上述管道构件相联结。主等电位联结之外，还要进行辅助等电位联结，辅助等电位联结在局部，即使是一个建筑内用电的小单元内部，也要进行联结，例如卫生间里面的电热水器、照明、采暖、浴霸等，把这些设备的所有外壳和所有的金属管路之间采取等电位联结，一旦漏电，这些设备就不会形成电位差。

三、电气设备的防触电保护分类和外壳防护等级

（一）电气设备的防触电保护分类

1. 0 类设备

指仅靠基本绝缘作为防触电保护的设备。当设备有能触及的可导电部分时，该部分不与设施固定布线中的保护（接地）线相连接，一旦基本绝缘失效，则安全性完全取决于使用环境。0 类设备的保护最差，而且想附加上一些措施也很难，设备外壳一般没有留下任何可连接的端子，这种设备现在已经很少了。

2. 0Ⅰ类设备和Ⅰ类设备

设备的防触电保护不仅靠基本绝缘，还包括一种附加的安全措施，即将能触及的可导电部分与设施固定布线中的保护（接地）线相连接。

实际上采取保护接地、保护接零，在接通电源的同时，保护线也一并被连接上。常见的很多电气设备，例如，三孔的电源插座，一个孔接通火线，一个孔接通工作零线，还有一个孔接通保护线，也就是 PE 线，当电源插到插座里的时候，保护线自动被连通了，即为Ⅰ类设备。一般情况下，PE 线的插头，要略微长于其他两根线的插头，也就是它可优先接通，通过这一

点可以判定它属于Ⅰ类设备。0Ⅰ类设备的金属外壳上有接地端子；Ⅰ类设备的金属外壳上没有接地端子，但是引出带有保护端子的电源插头。

3. Ⅱ类设备

设备的防触电保护不仅靠基本绝缘还具备双重绝缘或加强绝缘这样的附加安全措施。这种设备不采用保护接地的措施，也不依赖于安装条件。

4. Ⅲ类设备

设备的防触电保护依靠安全特低电压（SELV）供电，且设备内可能出现的电压不会高于安全特低电压。Ⅲ类设备是从电源方面就保证了安全，应注意Ⅲ类设备不得具有保护接地手段。

（二）电气设备外壳防护等级

1. 防护内容

电气设备外壳防护等级不同，其防护内容也不同，一般有三种防护内容。

（1）防止人体接近壳内危险部件（如壳内带电部分或运动部分）。电气设备内部会带电，要防止人体接近壳内的带电部分；有的电气设备是旋转的，例如电机，会造成机械伤害，也要防止人接触。这些要靠外壳来实现防护，所以第一点就是防止人体接近壳内的危险部件。

（2）防止固体异物进入壳内设备。电气设备自身要正常工作，也要防止外来的破坏，例如，固体异物进入到壳内，有可能使其发生短路，或者影响其正常运行旋转等。

（3）防止由于水进入壳内，对设备造成有害影响。电气设备怕水，因为水能够导电，水进入了有可能产生短路或不正常。

2. IP 代码组成

外壳防护等级是由 IP（International Protection）代码来表示，其组成如下图 2－17 所示。

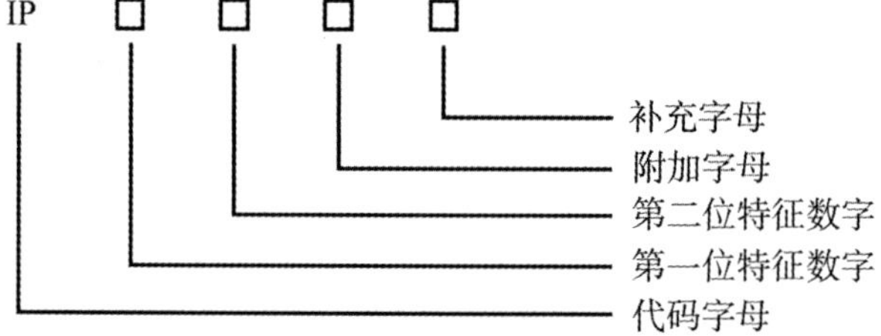

图 2－17 IP 代码组成

第一位特征数字表示外壳防止人体接近壳内危险部件及固体异物进入壳内设备的防护等级，防护等级分为 7 级。参见表 2－6。

表 2－6 第一位特征数字所代表的防护等级简要说明

第一位特征数字	简要说明
0	无防护
1	防止手背接近危险部件；防止直径不小于 50mm 固体异物
2	防止手指接近危险部件；防止直径不小于 12.5mm 固体异物
3	防止工具接近危险部件；防止直径不小于 2.5mm 固体异物
4	防止直径不小于 1.0mm 的金属线接近危险部件；防止直径不小于 1.0mm 固体异物
5	防止直径不小于 1.0mm 的金属线接近危险部件；防尘
6	防止直径不小于 1.0mm 的金属线接近危险部件；尘密

第二位特征数字表示外壳防止由于进水而对设备造成有害影响的防护等级，防护等级分为 9 级。参见表 2－7。

不要求规定特征数字时，该处用“X”代替，附加字母和（或）补充字母可以省略，不需代替。例如，IP65 为尘密、防喷水型电气设备。

表 2—7 第二位特征数字所代表的防护等级简要说明

第二位特征数字	简要说明
0	无防护
1	防止垂直方向滴水
2	防止当外壳在 15°范围内倾斜时垂直方向的滴水
3	防淋水
4	防溅水
5	防喷水
6	防强烈喷水
7	防短时间浸水影响
8	防持续潜水影响

四、双重绝缘和加强绝缘

双重绝缘和加强绝缘是在国际上通用的安全措施，有着量化的标准要求。典型的双重绝缘和加强绝缘的结构如图 2—18 所示。

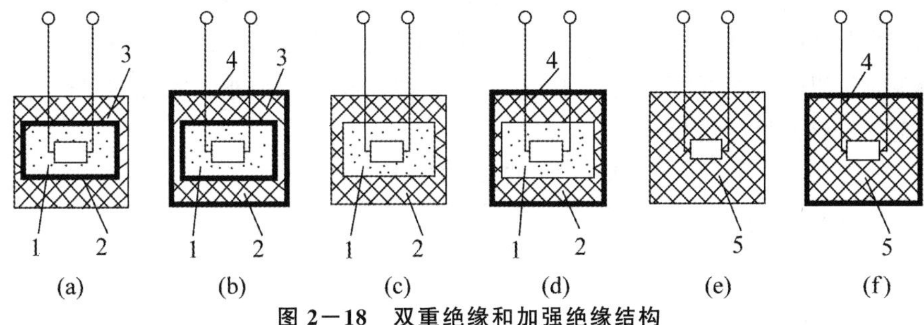

图 2—18 双重绝缘和加强绝缘结构

1—工作绝缘；2—保护绝缘；3—不可触及的金属；4—可触及的金属；5—加强绝缘

(a) ～ (d) 双重绝缘结构；(e)、(f) 加强绝缘的结构

(一) 双重绝缘

双重绝缘，顾名思义，就是由两部分绝缘来构成，即双重绝缘是兼有工作绝缘和保护绝缘的绝缘。

1. 工作绝缘

又称基本绝缘或功能绝缘，是保证电气设备正常工作和防止触电的基本绝缘，位于带电体与不可触及金属件之间。它是电气工程师重点考虑约束电流的路径，有了基本绝缘，人是不能够碰到带电体的。

2. 保护绝缘

又称附加绝缘，是在工作绝缘因机械破损或击穿等而失效的情况下，可防止触电的独立绝缘，位于不可触及金属件与可触及金属件之间。

(二) 加强绝缘

加强绝缘，是基本绝缘经改进，在绝缘强度和机械性能上具备了与双重绝缘同等防触电能力的单一绝缘。在构成上可以包含一层或多层绝缘材料。这样的绝缘在构成上可以是单层绝缘，也可以是多层绝缘。

(三) 双重绝缘和加强绝缘典型结构

图 2—18 中，(a)、(b)、(c)、(d) 所反映的是双重绝缘结构，(e) 和 (f) 是加强绝缘的

结构。(a)、(b)、(c)、(d) 在最中心有一个电阻符号式的矩形符号，代表一个带电体或者用电器带电的部分，两条线代表着电流通过用电器返回，在它周围包以工作绝缘，粗实线框代表不可触及的金属，即附加绝缘，如果基本绝缘 1 遭到了破坏，就会使得粗实线金属带电。如果没有周围的附加绝缘，就意味着暴露在危险之中了，一触及外壳就要带电触电。由于加了附加绝缘，就使得这样一个装置得到了完善的保护。(e) 和 (f) 这两例是加强绝缘，加强绝缘的绝缘电阻要一样，有不带金属壳的，也有带金属壳的。双重和加强绝缘最终是等效的，可以是多层或单层。

（四）双重绝缘和加强绝缘的绝缘电阻

在直流电压为 500V 的条件下进行测试：工作绝缘的绝缘电阻不得低于 2MΩ；保护绝缘的绝缘电阻不得低于 5MΩ；加强绝缘的绝缘电阻不得低于 7MΩ。

（五）识别和选用

具有双重绝缘和加强绝缘的设备属于Ⅱ类设备，Ⅱ类设备无须再采取接地、接零等安全措施。Ⅱ类设备应在明显位置标上作为Ⅱ类设备技术信息一部分的“回”形标志，例如标在额定值标牌上。一般场所使用的手持电动工具应优先选用Ⅱ类设备。在潮湿场所或金属构架上工作时，除选用安全电压的工具之外，也应尽量选用Ⅱ类工具。

Ⅱ类设备的电源连接线应符合加强绝缘要求，电源插头上不得有起导电作用以外的金属件，电源连接线与外壳之间至少应有两层单独的绝缘层。电源线的固定件应使用绝缘材料（如使用金属材料应加以保护绝缘等级的绝缘）。电源线截面积符合要求，参见表 2—8。此外，电源连接线还应有足够的机械强度。

表 2—8　电源连接线截面积

额定电流 I_N/A	电源线截面积/mm^2
$I_N \leqslant 10$	0.75
10	1
13.5	1.5
16	2.5
25	4
32	6

按外壳特征分为以下三类Ⅱ类设备：

第一类，全部绝缘外壳的Ⅱ类设备。此类设备其外壳上除了铭牌、螺钉、铆钉等小金属外，其他金属件都在连接无间断的封闭绝缘外壳内，外壳成为加强绝缘的补充或全部。

第二类，全部金属外壳的Ⅱ类设备。此类设备有一个金属材料制成的无间断的封闭外壳。其外壳与带电体之间应尽量采用双重绝缘，无法采用双重绝缘的部件可采用加强绝缘。

第三类，兼有绝缘外壳和金属外壳两种特征的Ⅱ类设备。

五、安全电压

通过对系统中可能会作用于人体的电压进行限制，从而使触电时流过人体的电流受到抑制，将触电危险性控制在安全的范围内。由特低电压供电的设备属于Ⅲ类设备。

1. 安全电压额定值及选用

我国国家标准对特低电压的限值进行了规定，其额定值（工频有效值）的等级为：42V、36V、24V、12V 和 6V。不同条件下的电压值选择如下：

（1）特别危险环境中使用的手持电动工具应采用42V特低电压。

（2）有电击危险环境中使用的手持照明灯和局部照明灯应采用36V或24V特低电压。

（3）金属容器内、特别潮湿处等特别危险环境中使用的手持照明灯应采用12V特低电压。

（4）水下作业等场所应采用6V特低电压。

2. 特低电压安全条件

（1）安全电源的要求

根据国际电工委员会相关的导则中有关慎用“安全”一词的原则，上述安全电压的说法仅作为特低电压保护型式的表示，即不能认为仅采用了“安全”特低电压电源就能防止电击事故的发生。

需要特别强调的是，特低电压不是电压低就安全，一定要追根寻源电压是由什么电源给出的，不能认为只要电压低就行，必须要由安全电源供电，不是安全电源给出的电压，多低也不能用。

安全特低电压必须由安全电源供电。可以作为安全电源的主要有以下几种情况：安全隔离变压器；蓄电池及独立供电的柴油发电机；即使在故障时仍能够确保输出端子上的电压不超过特低电压值的电子装置电源等。

（2）回路配置要求

①回路的带电部分相互之间、回路与其他回路之间应实行电气隔离，其隔离水平不应低于安全隔离变压器输入与输出回路之间的电气隔离。

②回路的导线应与其他任何回路的导线分开敷设，保持适当的物理上的隔离。

六、漏电保护

（一）漏电保护装置

漏电保护，是指利用漏电保护装置来防止电气事故的一种安全技术措施。漏电保护装置，又称为剩余电流动作保护装置，简称RCD（Residual Current Operated Protective Device），是一种低压安全保护电器。

漏电保护装置严格分为电压型和电流型。由于技术的发展，电压型逐渐被淘汰，现在主要都是电流型，就是剩余电流动作保护装置，常被简称为漏电保护，实际上该说法不太贴切。这种装置是一种低压的安全保护、防止触电电气事故和电气漏电引起火灾的电气装置。

（二）漏电保护装置的组成

图2—19是漏电保护装置组成方框图。其构成主要有三个基本环节，即检测元件、中间环节（包括放大元件和比较元件）和执行机构；此外，还具有辅助电源和试验装置。

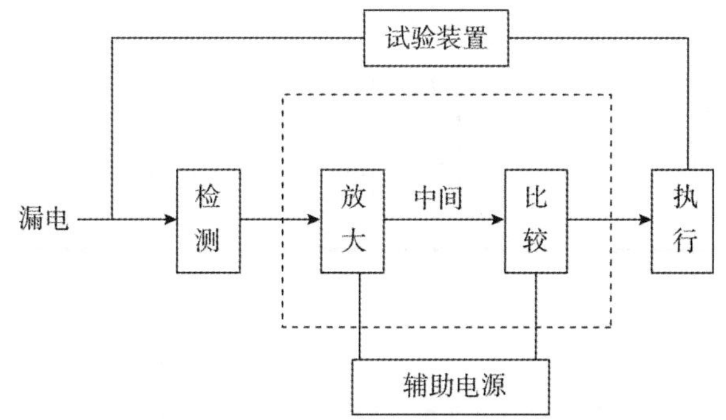

图2—19 漏电保护装置组成方框图

1. 检测元件

它是一个零序电流互感器，如图2—20所示。图中，被保护主电路的相线和中性线穿过环形铁心构成了互感器的一次线圈N_1，均匀缠绕在环形铁心上的绕组构成了互感器的二次线圈

N_2。检测元件的作用是将漏电电流信号转换为电压或功率信号输出给中间环节。

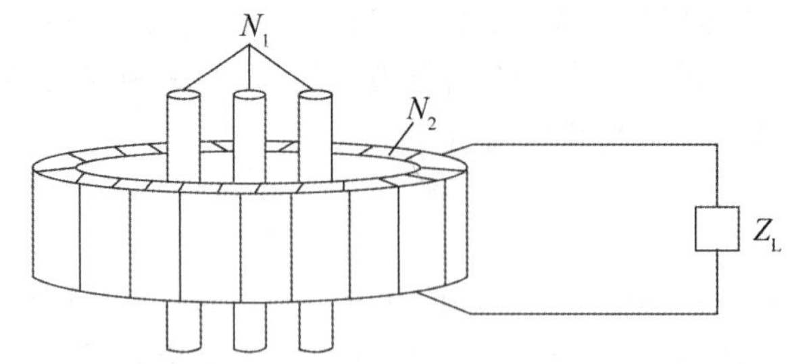

图 2－20 零序电流互感器示意图

N_1——互感器的一次边；N_2——互感器的二次边；Z_L——检测元件；

2. 中间环节

该环节对来自零序电流互感器的漏电信号进行处理。中间环节通常包括放大器、比较器、脱扣器（或继电器）等，不同型式的漏电保护装置在中间环节的具体构成上型式各异。

3. 执行机构

该机构用于接收中间环节的指令信号，实施动作，自动切断故障处的电源。执行机构多为带有分励脱扣器的自动开关或交流接触器。

4. 辅助电源

当中间环节为电子式时，辅助电源的作用是提供电子电路工作所需的低压电源。

5. 试验装置

这是对运行中的漏电保护装置进行定期检查时所使用的装置。通常是用一只限流电阻和检查按钮相串联的支路来模拟漏电的路径，以检验装置能否正常动作。

（三）漏电保护装置的工作原理

图 2－21 是某三相四线制供电系统的漏色保护电气原理图，图中 TA 为零序电流互感器，QF 为主开关，TL 为主开关 QF 的分离脱扣器线圈。

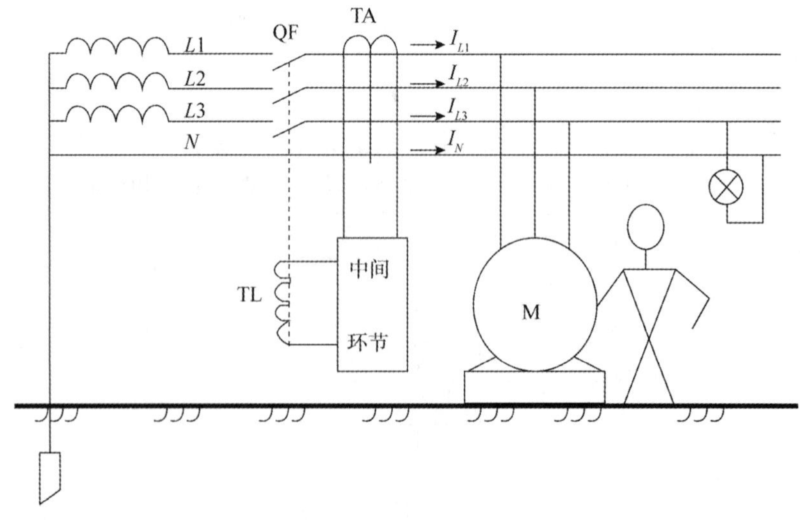

图 2－21 漏电保护装置的工作原理

在被保护电路工作正常、没有发生漏电或触电的情况下，由克希荷夫定律可知，通过 TA 一次侧电流的相量和等于零。这使得 TA 铁心中磁通的相量和也为零。TA 二次侧不产生感应电动势，漏电保护装置不动作，系统保持正常供电。当被保护电路发生漏电或有人触电时，由于漏电电流的存在，通过 TA 一次侧各相负荷电流的相量和不再等于零，即产生了剩余电流。

这就导致了 TA 铁心中磁通的相量和也不再为零，即在铁心中出现了交变磁通。在此交变磁通作用下，TA 二次侧线圈就有感应电动势产生，即得到漏电信号。此漏电信号经中间环节进行处理和比较，当达到预定值时，使主开关分离脱扣器线圈 TL 通电，驱动主开关 QF 自动跳闸，从而迅速切断被保护电路的供电电源，实现保护。

(四) 漏电保护装置的主要技术参数

1. 关于漏电动作性能的技术参数

漏电动作性能的技术参数是漏电保护装置最基本的技术参数，包括漏电动作电流和漏电动作时间。

(1) 额定漏电动作电流（$I_{\Delta n}$）。它是指在规定的条件下，漏电保护装置必须动作的漏电动作电流值。该值反映了漏电保护装置的灵敏度。

我国标准规定的额定漏电动作电流值为：6mA，10mA，(15mA)，30mA，(50mA)，(75mA)，100mA，(200mA)，300mA，500mA，1000mA，3000mA，5000mA，10000mA，20000mA 共 15 个等级（带括号的值不推荐优先采用）。其中，30mA 及其以下者属高灵敏度，主要用于防止各种人身触电事故；30mA 以上至 1000mA 者属中灵敏度，用于防止触电事故和漏电火灾；1000mA 以上者属低灵敏度，用于防止漏电火灾和监视一相接地事故。

(2) 额定漏电不动作电流（$I_{\Delta no}$）。它是指在规定的条件下，漏电保护装置必须不动作的漏电不动作电流值。为了防止误动作，漏电保护装置的额定不动作电流不得低于额定动作电流的 1/2。

(3) 漏电动作分断时间。它是指从突然施加漏电动作电流开始到被保护电路完全被切断为止的全部时间。为适应人身触电保护和分级保护的需要，漏电保护装置有快速型、延时型和反时限型三种。快速型适用于单级保护，用于直接接触电击防护时必须选用快速型的漏电保护装置。延时型漏电保护装置人为地设置了延时，主要用于分级保护的首端；反时限型漏电保护装置是配合人体安全电流—时间曲线而设计的，其特点是漏电电流越大，则对应的动作时间越小，呈现反时限动作特性。

快速型漏电保护装置动作时间与动作电流的乘积不应超过 30mA·s。

我国标准规定漏电保护装置的动作时间见表 2—9，表中额定电流≥40A 的一栏适用于组合型漏电保护装置。

延时型漏电保护装置延时时间的优选值为 0.2s，0.4s，0.8s，1.0s，1.5s，2.0s。

表 2—9　漏电保护装置的动作时间

额定动作电流 $I_{\Delta n}$/mA	额定电流 /A	动作时间/s			
		$I_{\Delta n}$	$2I_{\Delta n}$	0.5A	$5I_{\Delta n}$
≤30	任意值	0.2	0.1	0.04	—
>30	任意值	0.2	0.1	—	0.04
	≥40	0.2	—	—	0.15

2. 接通分断能力

漏电保护装置的接通分断能力应符合表 2—10 的规定。

表 2—10　漏电保护装置的接通分断能力

额定动作电流 $I_{\Delta n}$/mA	接通分断电流/A
$I_{\Delta n}$≤10	≥300
10<$I_{\Delta n}$≤50	≥500

续表

额定动作电流 $I_{\triangle n}$/mA	接通分断电流/A
$50<I_{\triangle n}\leqslant 100$	⩾1000
$100<I_{\triangle n}\leqslant 150$	⩾1500
$150<I_{\triangle n}\leqslant 200$	⩾2000
$200<I_{\triangle n}\leqslant 250$	⩾3000

（四）漏电保护装置的应用

1. 漏电保护装置的选用

选用漏电保护装置应首先根据保护对象的不同要求进行选型，既要保证在技术上有效，还应考虑经济上的合理性。不合理的选型不仅达不到保护目的，还会造成漏电保护装置拒动作或误动作。正确合理地选用漏电保护装置，是实施漏电保护措施的关键。

（1）动作性能参数的选择：

①防止人身触电事故。用于直接接触电击防护时，应选用额定动作电流为 30mA 及其以下的高灵敏度、快速型漏电保护装置。

在浴室、游泳池、隧道等场所，漏电保护装置的额定动作电流不宜超过 10mA。在触电后，可能导致二次事故的场合，应选用额定动作电流为 6mA 的快速型漏电保护装置。

漏电保护装置用于间接接触电击防护时，着眼点在于通过自动切断电源，消除电气设备发生绝缘损坏时因其外露可导电部分持续带有危险电压而产生触电的危险。例如，对于固定式的电机设备、室外架空线路等，应选用额定动作电流为 30mA 及其以上的漏电保护装置。

②防止火灾。对木质灰浆结构的一般住宅和规模小的建筑物，考虑其供电量小、泄漏电流小的特点，并兼顾到电击防护，可选用额定动作电流为 30mA 及其以下的漏电保护装置。

对除住宅以外的中等规模的建筑物，分支回路可选用额定动作电流为 30mA 及其以下的漏电保护装置；主干线可选用额定动作电流为 200mA 以下的漏电保护装置。

对钢筋混凝土类建筑，内装材料为木质时，可选用 200mA 以下的漏电保护装置；内装材料为不燃物时，应区别情况、可选用 200mA 到数安的漏电保护装置。

③防止电气设备烧毁。由于作为额定动作电流选择的上限，选择数安的电流一般不会造成电气设备的烧毁，因此，防止电气设备烧毁所考虑的主要是与防止触电事故的配合和满足电网供电可靠性问题。通常选用 100mA 到数安的漏电保护装置。

（2）其他性能的选择

对于连接户外架空线路的电气设备，应选用冲击电压不动作型漏电保护装置。

对于不允许停转的电动机，应选用漏电报警方式，而不是漏电切断方式的漏电保护装置。

对于照明线路，宜根据泄漏电流的大小和分布，采用分级保护的方式。支线上用高灵敏度的漏电保护装置，干线上选用中灵敏度的漏电保护装置。

漏电保护装置的极线数应根据被保护电气设备的供电方式选择，单相 220V 电源供电的电气设备应选用二极或单极二线式漏电保护装置；三相三线 380V 电源供电的电气设备应选用三极式漏电保护装置；三相四线 220/380V 电源供电的电气设备应选用四极或三极四线式漏电保护装置。

漏电保护装置的额定电压、额定电流、分断能力等性能指标应与线路条件相适应。漏电保护装置的类型应与供电线路、供电方式、系统接地类型和用电设备特征相适应。

2. 漏电保护装置的安装

（1）需要安装漏电保护装置的场所有：

①属于Ⅰ类的移动式电气设备。

②生产用的电气设备。

③施工工地的电气机械设备。

④安装在户外的电气装置。

⑤临时用电的电气设备。

⑥机关、学校、宾馆、饭店、企事业单位和住宅等除壁挂式空调电源插座外的其他电源插座或插座回路。

⑦游泳池、喷水池、浴池的电气设备。

⑧医院中可能直接接触人体的电气医用设备。

⑨其他需要安装剩余电流动作保护装置的场所。

在企业中大量使用拖动的负载，85%以上都是采用电动机来拖动，这意味着生产用电气设备来拖动的设备都得安装漏电保护装置，很多企业由于安装漏电保护装置不到位而引发了许多安全事故。

（2）不需要安装漏电保护装置的设备或场所有：使用安全电压供电的电气设备；一般环境情况下使用的具有双重绝缘或加强绝缘的电气设备；使用隔离变压器供电的电气设备；在采用了不接地的局部等电位联结安全措施的场所中使用的电气设备，以及其他没有间接接触电击危险场所的电气设备。

（3）漏电保护装置的安装要求：漏电保护装置的安装应符合生产厂家产品说明书的要求，应考虑供电线路、供电方式、系统接地类型和用电设备特征等因素。漏电保护装置的额定电压、额定电流、额定分断能力、极数、环境条件以及额定漏电动作电流和分断时间，在满足被保护供电线路和设备的运行要求时，还必须满足安全要求。

安装漏电保护装置之前，应检查电气线路和电气设备的泄漏电流值和绝缘电阻值。所选用漏电保护装置的额定不动作电流应不小于电气线路和设备正常泄漏电流最大值的 2 倍。当电气线路或设备的泄漏电流大于允许值时，必须更换绝缘良好的电气线路或设备。

安装漏电保护装置不得拆除或放弃原有的安全防护措施，漏电保护装置只能作为电气安全防护系统中的附加保护措施。

漏电保护装置标有电源侧和负载侧，安装时必须加以区别，按照规定接线，不得接反。如果接反，会导致电子式漏电保护装置的脱扣线圈无法随电源切断而断电，以致长时间通电而烧毁。

安装漏电保护装置时，必须严格区分中性线和保护线。使用三极四线式和四极四线式漏电保护装置时，中性线应接入漏电保护装置。经过漏电保护装置的中性线不得作为保护线、不得重复接地或连接设备外露可导电部分。

保护线不得接入漏电保护装置。漏电保护装置安装完毕后应操作试验按钮试验 3 次，带负载分合 3 次，确认动作正常后，才能投入使用。

3. 漏电保护装置的运行

对使用中的漏电保护装置应定期用试验按钮试验其可靠性。如果按下按钮不跳闸，就要把它换掉。跳闸之后，在恢复的时候，一定注意有一个恢复按钮，要先按下恢复按钮，才能合得上闸，否则合不上去。

为检验漏电保护装置使用中动作特性的变化，应定期对其动作特性（包括漏电动作电流值、漏电不动作电流值及动作时间）进行试验。

运行中漏电保护器跳闸后，应认真检查其动作原因，排除故障后再合闸送电。

第三节　电气防火防爆技术

一、电气引燃源

可燃物被点燃，可以有两种形式：一种是被明火点燃；另一种是不需要明火，当把物质温度升高到一定程度，物质发生自燃。电气均可形成这两种点燃形式。所以，电气引燃源可以被分为两类：危险温度；电火花和电弧。

（一）电气引燃源种类

1. 危险温度

电气设备及装置在运行中形成危险温度的典型情况包括：

短路；过载；漏电；接触不良；铁芯发热（铁芯内部在有磁通而变化的时候产生涡流现象和感应流发热）；散热不良；机械故障；电压异常；电磁辐射能量；绝缘损坏或绝缘材料本身电阻发热产生高温；电热器具和照明灯具（电炉电阻丝工作温度 800℃，电熨斗 500～600℃，白炽灯灯丝 2000～3000℃，100W 白炽灯泡表面温度可达 170～220℃等）；操作不当、老化等。

电气设备及装置在运行中形成危险温度的分类如图 2—22 所示。

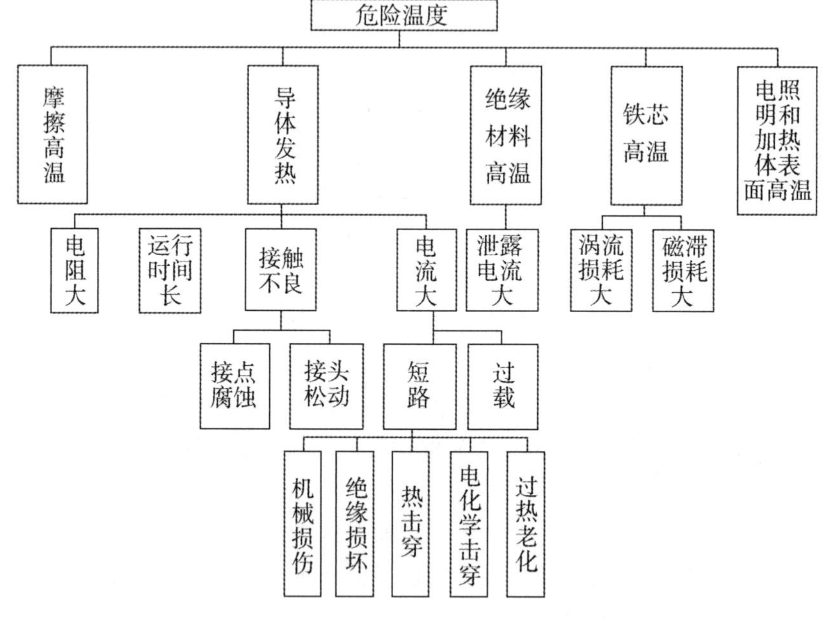

图 2—22　危险温度的分类

2. 电火花及电弧

电火花是电极之间的击穿放电，电弧是大量电火花汇集形成的。在切断感性电路时，断路器触点分开瞬间，在触点之间的高电压形成的电场作用及触点上的高温引起热电子发射，使断开的触点之间形成密度很大的电子流和离子流，形成电弧和电火花，如图 2—23 所示。电弧形成后的弧柱温度可高达 6000～7000℃，甚至 10000℃以上，不仅能引起可燃物燃烧，还能使金属熔化、飞溅，构成危险的火源。在有爆炸危险的场所，电火花和电弧是十分危险的。

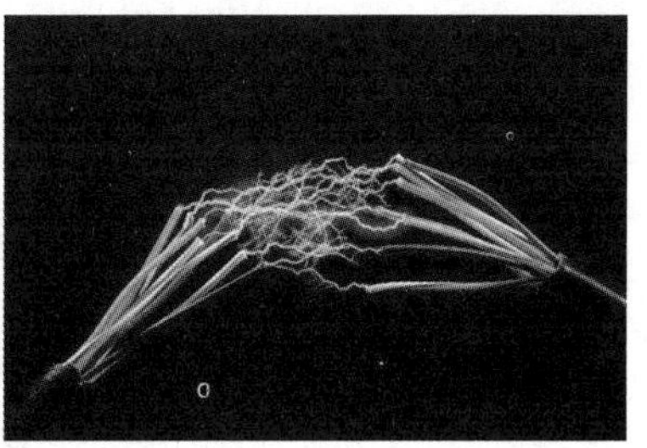

图 2—23　电火花和电弧

电火花及电弧可分为：

（1）工作电火花及电弧。指电气设备正常工作或正常操作过程中所产生的电火花，正常时应无引燃危险，但异常时存在引燃危险，如刀开关、断路器、接触器、控制器接通和断开线路时会产生电火花等。

（2）事故电火花及电弧。包括线路或设备发生故障时出现的火花，如绝缘损坏、导线断线或连接松动导致短路或接地时产生的火花等。

（3）其他电火花及电弧。如雷电、静电、电磁感应等。

（二）电气装置及电气线路发生燃爆

1. 油浸式变压器火灾爆炸

变压器油箱、多油断路器等充油设备内充有大量的用于散热、绝缘、防止内部元件和材料老化以及内部发生故障时熄灭电弧作用的绝缘油。变压器油的闪点在 130～140℃之间。绝缘油在高温电弧作用下气化和分解，喷出大量油雾和可燃气体，如故障持续时间过长，易燃气体越来越多，使变压器内部压力急剧上升，会发生喷油燃烧甚至火灾，还可引起空间爆炸。油浸式变压器如图 2—24 所示。

图 2—24　油浸式变压器

2. 电动机着火

异步电动机的火灾危险性是由于其内部和外部的诸如制造工艺和操作运行等种种原因造成的。异步电动机形成引燃的主要部位是绕组、铁心和轴承以及引线。其原因既有电气方面的原因，也有机械方面的原因。而它们往往不是孤立的，电气原因可能引起机械方面的故障或事故，反之亦然，有时呈互为因果的恶性循环。如大电流长时间作用引起定子绕组过热，导致电动机烧毁。电动机如图 2—25 所示。

图 2—25　电动机

3. 电缆火灾爆炸

当导线电缆发生短路、过载、局部过热、电火花或电弧等故障状态时，所产生的热量将远远超过正常状态。火灾案例表明，有的绝缘材料是直接被电火花或电弧引燃；有的绝缘材料是在高温作用下，发生自燃；有的绝缘材料是在高温作用下，加速了热老化进程，导致热击穿短路，产生的电弧，将其引燃。电缆如图 2—26 所示。

图 2—26　电缆

二、危险物质和危险环境

（一）爆炸性危险物质的分类

爆炸性危险物分以下三类：

①Ⅰ类：矿井甲烷（CH_4）。

②Ⅱ类：爆炸性气体、蒸气。

③Ⅲ类：爆炸性粉尘、纤维或飞絮。

（二）爆炸性危险物质分级、分组

1. 分级分组指标

按爆炸性气体混合物的最大试验安全间隙（MESG）和最小点燃电流比（MICR），可以对爆炸性危险物质进行分级、分组。

（1）最大试验安全间隙（MESG）。爆炸性气体混合物的最大试验安全间隙的测量，是用一个容器，放入爆炸性气体，用另一个容器装同样的爆炸性气体，在这两个容器之间，没有任何的连通，然后把这两个容器贴在一起，两个容器之间开两个小口，两个小口相对，一般小口开高为 25mm，宽度适当，点燃其中一个，观察另一个是否跟着燃烧。

在做试验的时候，逐渐把宽度变窄，窄到一定程度就会发现，另一边的气体不能跟着燃烧。这个小口的宽度大致是一个定值，反映了引燃的容易程度，这个间隙就是最大试验安全间隙。

（2）最小点燃电流比。最小点燃电流比是指在规定试验条件下，气体、蒸气等爆炸性混合物的最小点燃电流与甲烷爆炸性混合物的最小点燃电流之比。如果比出来的数很小，还能点燃，就说明很危险。

通过最小点燃电流比，能够把不同气体的危险引燃程度体现出来。引燃温度分组有高有低，对其进行排序，从 T1 到 T6，T6 最危险。

2. Ⅱ类、Ⅲ类爆炸性物质的分级

按爆炸性气体混合物的最大试验安全间隙（MESG）或最小点燃电流比（MICR）可以将爆炸性危险物质划分为以下几类：

（1）Ⅱ类爆炸性气体、蒸气划分为ⅡA、ⅡB、ⅡC，各类对应的典型气体分别是丙烷、乙烯和氢气。ⅡB危险性大于ⅡA；ⅡC危险性大于前两者，最为危险。

（2）Ⅲ类爆炸性粉尘、纤维划分为：ⅢA、ⅢB、ⅢC。

ⅢA：可燃性飞絮。指正常规格大于 500μm 的固体颗粒包括纤维，可悬浮在空气中，也可依靠自身质量沉淀下来，如人造纤维、棉花、剑麻、黄麻、麻屑、可可纤维、麻絮、废打包木丝绵等。

ⅢB：非导电粉尘。指电阻系数大于 $10^3\Omega\cdot m$ 的可燃性粉尘。

ⅢC：导电粉尘。指电阻系数等于或小于 $10^3\Omega\cdot m$ 的可燃性粉尘。

3. Ⅱ类、Ⅲ类爆炸性物质的分组

Ⅱ类爆炸性气体、蒸气和Ⅲ类爆炸性粉尘、纤维或飞絮按引燃温度（自燃点）分为 6 组：T1、T2、T3、T4、T5、T6。T1 组的引燃温度＞450℃；而 T6 组的引燃温度大于 85℃，但小于等于 100℃。

（三）危险环境（危险区域等级）

1. 气体、蒸气爆炸危险环境

（1）爆炸性气体环境危险场所分区

根据爆炸性气体混合物出现的频繁程度和持续时间，对危险场所分区，分为 0 区、1 区、2 区。

0 区（0 级危险区域）：正常运行时连续或长时间出现或短时间频繁出现爆炸性气体、蒸气或薄雾的区域，例如，油罐内部液面上部空间。

1 区（1 级危险区域）：正常运行时可能出现（预计周期性出现或偶然出现）爆炸性气体、蒸气或薄雾的区域，例如，油罐顶上呼吸阀附近。

2 区（2 级危险区域）：正常运行时不出现，即使出现也只可能是短时间偶然出现爆炸性气体、蒸气或薄雾的区域，例如，油罐外 3m 内。

（2）释放源

释放源和通风条件对于气体、蒸气爆炸危险物有很大的影响，释放源是划分爆炸危险区域的基础。释放源可以分为以下几种：

连续级释放源：连续释放、长时间释放或短时间频繁释放的释放源。

一级释放源：在正常运行时周期或偶尔释放的释放源。

二级释放源：在正常运行时不可能释放，或不经常（罕见地）且短时释放的释放源。

多级释放源：包含上述两种以上特征。

（3）通风条件

通风条件是划分爆炸危险区域的重要因素。IEC 和我国有关标准将通风分为高、中、低三个等级。

高级通风（VH）：能够在释放源处瞬间降低其浓度，使其低于爆炸下限（LEL），区域范围很小甚至可以忽略不计；

中级通风（VM）：能够控制浓度，使得区域界限外部的浓度稳定地低于爆炸下限，虽然释放源正在释放中，并且释放停止后，爆炸性环境持续存在时间不会过长；

低级通风（VL）：在释放源释放过程中，不能控制其浓度，并且在释放源停止释放后，也不能阻止爆炸性环境持续存在。

（4）爆炸性气体场所危险区域划分

首先应按释放源级别划分区域：存在连续级释放源的区域，可划为 0 区；存在第一级释放源区域，可划为 1 区；存在第二级释放源的区域，可划为 2 区。

其次应根据通风条件调整区域划分：当通风良好时，应降低爆炸危险区域等级。良好的通风标志是混合物中危险物质的浓度被稀释到爆炸下限的 25%以下。当通风不良时，应提高爆炸危险区域等级。参见图 2—27 所示。

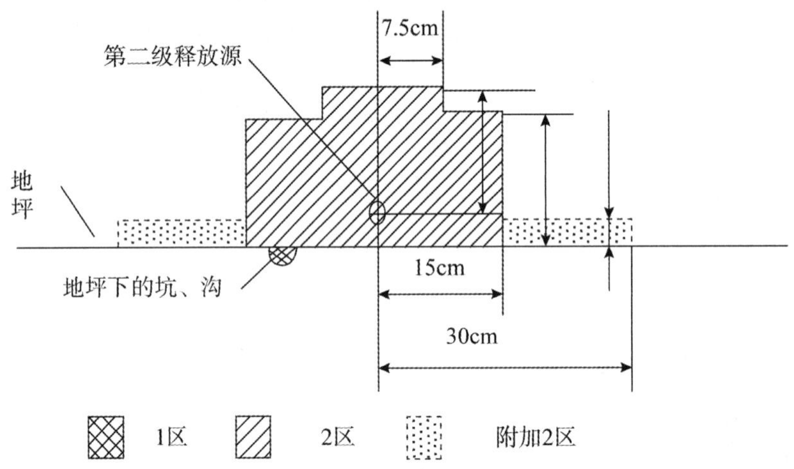

图 2—27　释放源接近地坪时易燃物质重于空气、通风不良的生产装置区图例

2. 粉尘、纤维爆炸危险环境

粉尘、纤维爆炸危险环境是指在一定条件下，粉尘、纤维或飞絮的可燃性物质与空气形成的混合物被点燃后，能够保持燃烧自行传播的环境。

（1）根据粉尘、纤维或飞絮的可燃性物质与空气形成的混合物出现的频率和持续时间及粉尘层厚度，将爆炸性粉尘环境分为 10 区和 11 区。

10 区：指正常运行时连续或长时间或短时间频繁出现爆炸性粉尘、纤维的区域。

11 区：指正常运行时不出现爆炸性粉尘、纤维，仅在不正常运行时短时间偶然出现爆炸性粉尘、纤维的区域。

（2）划分粉尘、纤维爆炸危险环境的等级时，应考虑粉尘量的大小、爆炸极限的高低和通风条件。IEC1241—3 和 GB 12476.1—2000 将粉尘爆炸危险区域划分为以下 3 级（20 区、21 区、22 区）：

20 区：在正常运行过程中，可燃性粉尘连续出现或经常出现，其数量足以形成可燃性粉尘与空气混合物和/或可能形成无法控制和极厚的粉尘层的场所及容器内部。

21 区：在正常运行过程中，可能出现粉尘数量足以形成可燃性粉尘与空气混合物但未划入 20 区的场所。该区域包括，与充入或排放粉尘点直接相邻的场所、出现粉尘和正常操作情况下可能产生可燃浓度的可燃性粉尘与空气混合物的场所。

22 区：在异常条件下，可燃性粉尘云偶尔出现并且只是短时间存在，或可燃性粉尘偶尔堆积或可能存在粉尘层并且产生可燃性粉尘空气混合物的场所。如果不能保证排除可燃性粉尘堆积或粉尘层时，则应划分为 21 区。

3. 火灾危险环境

火灾危险环境按划分为 21 区、22 区和 23 区。

21 区：具有闪点高于环境温度的可燃液体，在数量和配置上能引起火灾危险的环境。

22 区：具有悬浮状、堆积状的可燃粉尘或纤维，虽不可能形成爆炸混合物，但在数量和配置上能引起火灾危险的环境。

23 区：具有固体状可燃物质，在数量和配置上能引起火灾危险的环境。

三、防爆电气设备和防爆电气线路

（一）防爆电气设备类型

1. 防爆电气设备类型

爆炸性环境用电气设备与爆炸危险物质的分类相对应，被分为Ⅰ类、Ⅱ类、Ⅲ类。

（1）Ⅰ类电气设备。用于煤矿瓦斯气体环境。

（2）Ⅱ类电气设备。用于煤矿瓦斯以外的爆炸气体环境。具体分为ⅡA、ⅡB、ⅡC 三类电气设备。ⅡB 类设备适用于ⅡA 类设备的使用条件，ⅡC 类设备适用于ⅡA 或ⅡB 类设备的使用条件。

（3）Ⅲ类电气设备。用于爆炸性粉尘环境。具体分为ⅢA、ⅢB、ⅢC 三类电气设备。ⅢB 类设备适用于ⅢA 类设备的使用条件，ⅢC 类设备适用于ⅢA 或ⅢB 类设备的使用条件。

2. 设备保护等级（EPL）

根据《爆炸性环境第 1 部分：设备通用要求》（GB 3836.1—2010）的规定，引入设备保护等级（EPL）的目的是，指出设备成为点燃源的可能性（固有点燃风险）和爆炸性气体环境、爆炸性粉尘环境及煤矿甲烷爆炸性环境所具有的不同特征即差别。

（1）用于煤矿甲烷爆炸性环境中的Ⅰ类设备，EPL 等级分为：Ma、Mb 两级。Ma 级：具有“很高”的保护级别，具有足够的安全性，使设备在正常运行、出现预期故障或罕见故障，甚至在瓦斯突出时设备带电的情况下均不可能成为点燃源。Mb 级：具有“高”的保护级别，该级别具有足够的安全性，使设备在正常运行中或在瓦斯突出和设备断电之间的时间内出现的预期故障条件下不可能成为点燃源。

（2）用于爆炸性气体环境用的Ⅱ类设备，EPL 等级分为：Ga、Gb、Gc 三级。Ga 级：具有“很高”的保护级别，在正常运行、出现预期故障或罕见故障时不是点燃源。Gb 级：具有“高”的保护级别，在正常运行或出现预期故障条件下不是点燃源。Gc 级：具有“一般”的保护级别，在正常运行过程中不是点燃源，也可采取一些附加保护措施，保证在点燃源预期经常出现的情况下（例如灯具的故障）不会形成有效点燃。

（3）用于爆炸性粉尘环境的Ⅲ类设备，EPL 等级分为：Da、Db、Dc 三级。Da 级：具有“很高”的保护级别，在正常运行、出现预期故障或罕见故障条件下不是点燃源。Db 级：具有“高”的保护级别，在正常运行或出现预期故障条件下不是点燃源。Dc：三级具有“一般”的保护级别，在正常运行过程中不是点燃源，也可采取一些附加保护措施，保证在点燃源预期经常出现的情况下（例如灯具的故障）不会形成有效点燃。

3. 防爆电气设备结构形式

（1）用于爆炸性气体环境的防爆电气设备防爆结构形式及符号分别是：隔爆型（d）；增安型（e）；本质安全型（i，对应不同的保护等级分为 ia、ib、ic）；浇封型（m，对应不同的保护等级分为 ma、mb、mc）；无火花型（nA）；火花保护型（nC）；限制呼吸型（nR）；限能型（nL）；油浸型（o）；正压型（p，对应不同的保护等级分为 px、py、pz）；充砂型（q）。

（2）用于爆炸性粉尘环境的防爆电气设备防爆结构形式及符号分别是：外壳保护型（t，对应不同的保护等级分为 ta、tb、tc）；本质安全型（i，对应不同的保护等级分为 ia、ib、ic）；浇封型（m，对应不同的保护等级分为 ma、mb、mc）；正压型（p）。

（二）防爆电气设备的标志

防爆型电气设备应在设备外部主体部分的明显处设置防爆标志，在设备安装之前防爆标志应能被很容易地看到。

1. 防爆标志基本组成

防爆标志应包括：①符号 Ex，表明电气设备符合标准规定的一个或多个防爆型式；②所使用的各种防爆型式符号；③类别符号；④温度指示（对于Ⅱ类设备为表示温度组别的符号，对于Ⅲ类设备为最高表面温度摄氏度及单位℃，前面加符号 T）；⑤设备保护级别（对于Ⅱ类设备不必须，但对于Ⅲ类设备必须有）；⑥防护等级（对于Ⅲ类设备适用，例如 IP54）。

防爆电气设备的标志示例如图 2－28 所示。

图 2－28　防爆电气设备的标志示例

2. 防爆标志示例

（1）易产生瓦斯的煤矿用隔爆外壳“d”（EPL Mb）：Ex d I Mb 或 Ex db I。

（2）带本质安全型“i”（EPL Ga）输出电路的隔爆外壳 Ex 元件“d”（EPL Gb），用于除易产生煤矿瓦斯气体外的 C 级爆炸性气体环境（防爆合格证编好后加符号“U”）：Ex d [ia Ga] IIC Gb 或 Ex db [ia] IIC。

（3）用于具有导电性粉尘的爆炸性粉尘环境 IIIC 等级“ia”（EPL Da）型电气设备，最高表面温度低于 120℃：Ex ia IIIC T120℃ Da 或 Ex ia IIIC T120℃ IP20。

（三）防爆电气设备的选型

爆炸危险环境中电气设备的选用一般原则是：

（1）应根据电气设备使用环境的区域、电气设备的种类、防护级别和使用条件等选择电气设备。

（2）所选用的防爆电气设备的类别和组别不应低于该危险环境内爆炸性混合物的类别和组别。

防爆电气设备的防护等级 EPL 与爆炸危险环境区域的对应关系见表 2－11。对于爆炸性气体危险环境电气设备选型的典型例子见表 2－12。

表 2－11　Ⅱ类、Ⅲ类防爆电气设备 EPL 与爆炸危险环境区域的对应关系

EPL	Ga	Gb	Gc	Da	Db	Dc
区域	0	1	2	20	21	22

表 2—12　爆炸性气体危险环境电气设备选型

类别 电气设备	爆炸危险环境区别											
	0 区				1 区				2 区			
	本质安全型	本质安全型	隔爆型	正压型	充油型	增安型	本质安全型	隔爆型	正压型	充油型	增安型	无火花型
笼型感应电动机			○	○		△		○	○		○	○
直流电动机			△	△				○	○		○	
变压器（包括启动用）			△	△		×		○	○	○	○	
开关、短路器			○					○				
熔断器			△					○				
控制开关及按钮	○	○	○		○		○	○		○		
操作箱、柜			○	○				○	○			
配电盘			△					○				
固定式灯			○			×		○			○	
携带式电池灯			○					○				
指示灯类			○			×		○			○	
镇流器			○			△		○			○	
信号、报警装置	○	○	○	○		×	○	○	○		○	
插接装置			○					○				
电气测量表计			○	○		×		○	○		○	

注：○表示适用；△表示尽量避免适用；×表示不适用。

（四）防爆电气线路

在爆炸危险环境中，电气线路安装位置的选排、敷设方式的选择、导体材质的选择、连接方法的选择等均应根据环境的危险等级进行。

1. 敷设位置

电气线路一般应敷设在危险性较小的环境或远离存在易燃、易爆物释放源的地方，或沿建筑物、构筑物的墙外敷设。

2. 敷设方式

爆炸危险环境中电气线路主要采用防爆钢管配线和电缆配线，在敷设时的最小截面、接线盒、管子连接要求等方面应满足对应爆炸危险区域的防爆技术要求。

①当爆炸性气体、蒸气比空气重时，电气线路应在高处敷设或埋入地下。架空敷设时宜用电缆桥架。电缆沟敷设时沟内应充砂，并宜设置有效的排水措施。

②当气体、蒸气比空气轻时，电气线路宜在较低处敷设或用电缆沟敷设。

③敷设电气线路的沟道，钢管或电缆，在穿过不同区域之间墙或楼板处的孔洞时，应用非燃性材料严密堵塞。电缆沟通路可填砂切断。

3. 导线材质

爆炸危险环境危险等级 1 区的范围内，配电线路应采用铜芯导线或电缆。在有剧烈振动处应选用多股铜芯软线或多股铜芯电缆。煤矿井下不得采用铝芯电力电缆。

爆炸危险环境危险等级 2 区的范围内，电力线路应采用截面积 $4mm^2$ 及以上铝芯导线或电缆，照明线路可采用截面积 $2.5mm^2$ 及以上的铝芯导线或电缆。

4. 导线允许载流量

1 区、2 区绝缘导线截面和电缆截面的选择，绝缘导线和电缆的允许载流量不应小于熔断器熔体额定电流和断路器长延时过电流脱扣器整定电流的 1.25 倍。

（五）消防供电和电气灭火

1. 消防供电

消防用电设备配电线路应设置单独的供电回路，即要求消防用电设备配电线路与其他动力、照明线路（从低压配电室至最末一级配电箱）分开单独设置，以保证消防设备用电。

消防配电设备应有明显标志。例如，在有众多人员聚集的大厅及疏散出口处、高层建筑的疏散走道和出口处、建筑物内封闭楼梯间、防烟楼梯间及其前室以及消防控制室、消防水泵房等处应设置事故照明。

2. 电气灭火注意事项

（1）触电危险和断电。电气设备或电气线路发生火灾，如果没有及时切断电源，扑救人员身体或所持器械可能接触带电部分而造成触电事故；使用导电的火灾剂，例如水枪射出的直流水柱、泡沫灭火器射出的泡沫等射至带电部分，也可能造成触电事故；火灾发生后，电气设备可能因绝缘损坏而碰壳短路，电气线路可能因电线断落而接地短路，使正常时不带电的金属构架、地面等部位带电，也可能导致接触电压或跨步电压。因此，发现起火后，首先要设法切断电源。

（2）带电灭火安全要求。应按现场特点选择适当的灭火器，例如，二氧化碳灭火器、干粉灭火器的灭火剂都是不导电的，可用于带电灭火；而泡沫灭火器的灭火剂（水溶液）不宜用于带电灭火，因为其有一定的导电性，而且对电气设备的绝缘有影响。

用水枪灭火时宜采用喷雾水枪，带电灭火比较安全。用普通直流水枪灭火时，为防止通过水柱的泄漏电流通过人体，可以将水枪喷嘴接地，也可以让灭火人员穿戴绝缘手套、绝缘靴或穿戴均压服操作，但要注意人体与带电体之间保持必要的安全距离。

第四节　雷电防护技术

雷电是一种自然现象，如图 2－29 所示。雷击是一种自然灾害，雷击房屋、电力线路、电力设备等设施时，会产生极高的过电压（数千 kV）和极大的过电流（数十 kA～数百 kA)，在所波及的范围内，可能造成设施或设备的毁坏、大规模停电、火灾或爆炸，还可能直接伤及人身。有关资料表明，全球平均每年因雷电灾害死亡人数超过 3000 人，直接损失 80 亿元。

一、雷电的种类、参数及危害

带电积云是构成雷电的基本条件。当带不同电荷的积云互相接近到一定程度，或带电积云与大地凸出物接近到一定程度时，发生强烈的放电，发出耀眼的闪光。由于放电时温度高达 20000℃，空气受热急剧膨胀，发出爆炸的轰鸣声，这就是闪电和雷鸣，如图 2－29 所示。

图 2—29 雷电

(一) 雷电的种类

1. 直击雷

带电积云与大地目标之间的一次或多次放电称为对地闪击。闪击直接击于建筑物、其他物体、大地或外部防雷装置上，产生电效应、热效应和机械力者称为直击雷。直击雷的每次放电过程、包括先导放电、主放电、余光三个阶段。大约 50％的直击雷有重复放电特征。每次雷击有三四个冲击至数十个冲击，一次直击雷的全部放电时间一般不超过 500ms。

2. 感应雷

感应雷也称为闪电感应、雷电感应。闪电发生时，在附近导体上产生的静电感应和电磁感应，可能使金属部件之间产生火花放电。因此，它分为静电感应雷和电磁感应雷。

（1）静电感应雷。静电感应雷是由于带电积云接近地面，在架空线路导线或其他导电凸出物顶部，感应出大量与带电积云带电极性相反的电荷引起的。在带电积云与其他客体放电后，感应电荷失去束缚，如没有就近泄入地中就会以大电流、高电压冲击波——雷电波的形式，沿线路导线或导体传播。又称为感应过电压，感应过电压一般为 200～300kV，最高可达400～500kV。雷电侵入波的传播速度在架空线路中约为 300m/μs，在电缆中约为 150m/μs。

（2）电磁感应雷。雷电放电时，迅速变化的雷电流在其周围空间产生瞬变的强电磁场，使附近导体上感应出很高的电动势。例如：开口环状导体，开口处可能产生火花放电；闭合导体环路，环路内将产生很大冲击电流；闭合导体环路某处接触不良，则会产生局部发热，形成危险温度等。

3. 球雷

球雷是雷电放电时形成的发红光、橙光、白光或其他颜色光的火球。从电学角度考虑，球雷应当是一团处在特殊状态下的带电气体。直径多为 20cm 左右，运动速度约为 2m/s，存在时间为数秒钟到数分钟。出现概率约为雷电放电次数的 2％；在雷雨季节，球雷可能从门、窗、烟囱等通道侵入室内。

此外，直击雷和闪电感应都能在架空线路、电缆线路或金属管道上产生沿线路或管道的两个方向迅速传播的闪电电涌（即雷电波）侵入。

(二) 雷电参数

雷电参数主要有：雷暴日；雷电流幅值；雷电流陡度；冲击过电压等。

1. 雷暴日

只要一天之内能听到雷声，就算一个雷暴日。通常用年平均雷暴日数来衡量雷电活动的频繁程度，单位 d/a。

我国广东省的雷州半岛（琼州半岛）和海南岛一带雷暴日在 80d/a 以上，北京、上海约为 40d/a，天津、济南约为 30d/a 等。我国把年平均雷暴日不超过 15d/a 的地区划为少雷区，超过 40d/a 划为多雷区。

2. 雷电流幅值

雷电流幅值指雷云主放电时冲击电流的最大值。雷电流幅值可达数十 kA 至数百 kA。

3. 雷电流陡度

雷电流陡度指雷电流随时间上升的速度。雷电流冲击波波头陡度可达 50kA/s，平均陡度约为 30kA/s。雷电流陡度越大，对电气设备造成的危害也越大。

4. 雷电冲击过电压

直击雷冲击过电压很高，可达数千 kV。

（三）雷电的危害

1. 雷电破坏作用

雷电具有电性质、热性质和机械性质等三方面的破坏作用。

电性质的破坏作用主要表现为雷电能严重破坏电气设备及其绝缘，造成大规模停电事故；引起短路；导致触电事故等。热性质的破坏作用表现为直击雷放电的高温电弧能直接引燃邻近的可燃物；巨大的雷电流通过导体能够烧毁导体；使金属熔化、飞溅引发火灾或爆炸；球雷侵入可引起火灾。机械性质的破坏作用表现为被击物遭到破坏，甚至爆裂成碎片。其原因是巨大的雷电流通过被击物，使被击物缝隙中的气体剧烈膨胀，缝隙中的水分也急剧蒸发汽化为大量气体，导致被击物破坏或发生物理爆炸。

2. 雷电危害的事故后果

雷电危害的事故后果包括四种：火灾和爆炸；触电；设备和设施毁坏；大规模停电。

二、建筑物防雷的分类

建筑物按其重要性、生产性质、遭受雷击的可能性和后果的严重性分为三类。

1. 第一类防雷建筑物

(1) 制造、使用或储存炸药、火药、起爆药、火工品等大量危险物质的建筑物，遇电火花会引起爆炸，从而造成巨大破坏或人身伤亡者。

(2) 具有 0 区或 20 区爆炸危险场所的建筑物。

(3) 具有 1 区或 21 区爆炸危险场所的建筑物，因电火花而引起爆炸，会造成巨大破坏和人身伤亡者。

例如，火药制造车间、乙炔站、电石库、汽油提炼车间等。

2. 第二类防雷建筑物

(1) 国家级重点文物保护的建筑物。

(2) 国家级的会堂、办公建筑物、档案馆、大型展览馆及博览建筑物、大型火车站和机场、国际港口客运站、国宾馆、大型旅游建筑和大型体育场、大型城市的重要给水水泵房等特别重要的建筑物。

(3) 国家级计算中心、通信枢纽等装有大量电子设备、对国民经济有重要意义的建筑物。

(4) 国家特级和甲级大型体育馆。

(5) 制造、使用或储存炸药、火药、起爆药、火工品等大量危险物质的建筑物，且电火花不易引起爆炸或不致造成巨大破坏和人身伤亡者。

(6) 具有 1 区或 21 区爆炸危险场所的建筑物，且电火花不易引起爆炸或不会造成巨大破坏和人身伤亡者。例如，油漆制造车间、氧气站、易燃品库等。

(7) 具有 2 区或 22 区爆炸危险场所的建筑物。

(8) 有爆炸危险的露天钢质封闭气罐。

(9) 预计雷击次数大于 0.05 次/a 的部、省级办公建筑物和其他重要或人员密集的公共建筑物以及火灾危险场所。

(10) 预计雷击次数大于 0.25 次/a 的住宅、办公建筑物等一般性民用建筑物或一般性工业建筑物。

3. 第三类防雷建筑物

(1) 省级重点文物保护的建筑物和省级档案馆。

(2) 预计雷击次数大于或等于 0.01 次/a 且小于或等于 0.05 次/a 的部、省级办公建筑物和其他重要或人员密集的公共建筑物以及火灾危险场所。

(3) 预计雷击次数大于或等于 0.05 次/a 且小于或等于 0.25 次/a 的住宅、办公建筑物等一般性民用建筑物或一般性工业建筑物。

(4) 在年平均雷暴日大于 15d/a 的地区，高度在 15m 及其以上的烟囱、水塔等孤立的高耸建筑物；在年平均雷暴日小于或等于 15d/a 的地区，高度在 20m 及其以上的烟囱、水塔等孤立的高耸建筑物。

三、防雷装置

(一) 防雷技术分类

防雷技术主要分为外部防雷、内部防雷和防雷击电磁脉冲。

外部防雷，即针对直击雷的防护，不包括防止外部防雷装置受到直接雷击时向其他物体的反击。

内部防雷，包括防雷电感应、防反击以及防雷击电涌侵入和防生命危险。

防雷击电磁脉冲，是对建筑物内电气系统和电子系统防雷电流引发的电磁效应，包含防经导体传导的闪电电涌和防辐射脉冲电磁场效应。

(二) 防雷装置

建筑物防雷装置是指用于对建筑物进行雷电防护的整套装置，由外部防雷装置和内部防雷装置组成。

1. 外部防雷装置

外部防雷装置指用于防直击雷的防雷装置，由接闪器、引下线和接地装置组成，如图 2—30 所示。

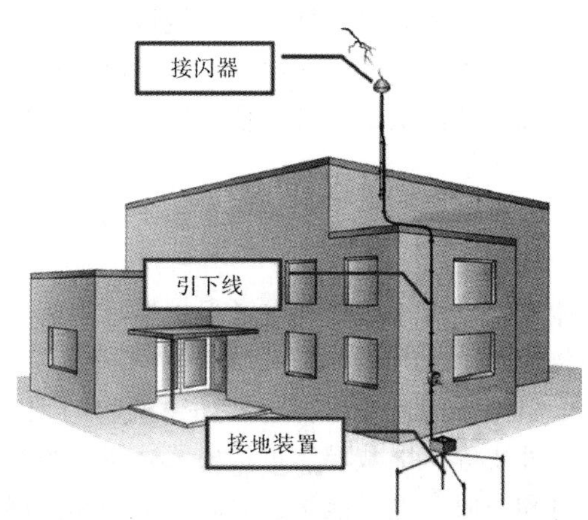

图 2—30　外部防雷装置示意图

(1) 接闪器。接闪器可以利用其高出被保护物的突出地位，把雷电引向自身，然后通过引下线和接地装置，把雷电流泄入大地，以此保护被保护物免受雷击。

一般只要求保护范围内被击中的概率小于 0.1%即可。接闪器的保护范围按滚球法计算

（在日本叫回转球体法）。滚球的半径按建筑物防雷类别确定，一类为 30m、二类为 45m、三类为 60m。如图 2—31 所示。

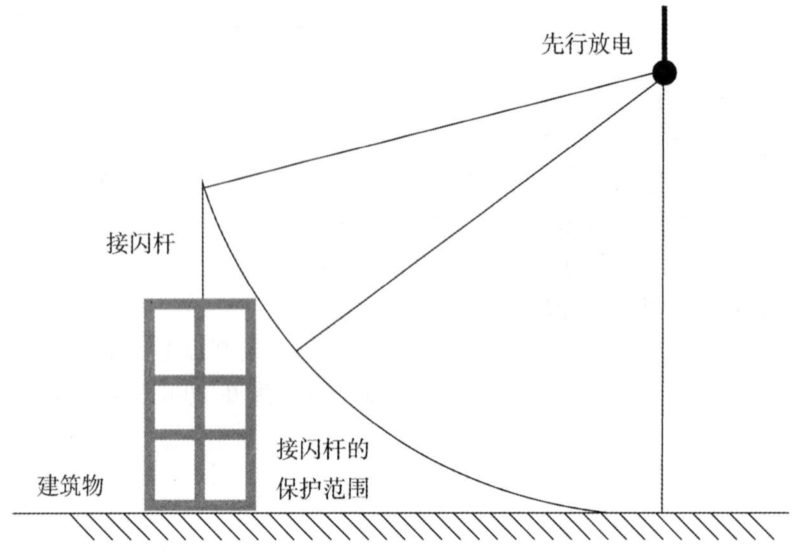

图 2—31　滚球的半径示意图

接闪杆（以前称为避雷针）、接闪带（以前称为避雷带）、接闪线（以前称为避雷线）、接闪网（以前称为避雷网）以及金属屋面、金属构件等均为常用的接闪器。

（2）引下线。是连接接闪器与接地装置的圆钢或扁钢等金属导体，用于将雷电流从接闪器传导至接地装置。防雷装置的引下线应满足机械强度、耐腐蚀和热稳定的要求。引下线尺寸和防腐蚀要求与避雷网、避雷带相同。例如，用钢绞线作引下线，其截面积不得小于 $25mm^2$；用有色金属导线做引下线时，应采用截面积不小于 $16mm^2$ 的铜导线。

防直击雷的专设引下线距建筑物出入口或人行道边沿不宜小于 3m。

（3）防雷接地装置。是接地体和接地线的总合，用于传导雷电流并将其流散入大地。除独立接闪杆外，在接地电阻满足要求的前提下，防雷接地装置可以和其他接地装置共用。

防雷接地电阻通常指冲击接地电阻。冲击接地电阻一般不等于工频接地电阻，通常要小于工频接地电阻。就接地电阻值而言，独立接闪杆的冲击接地电阻不宜大于 10Ω；附设接闪器每根引下线的冲击接地电阻不应大于 10Ω。每年在雨季之前要由有资质的单位对防雷装置进行检测，我国防雷检测单位资质由气象部门认定，各单位每年应在雷雨季节之前进行防雷接地电阻的检测。

为了防止跨步电压伤人，防直击雷的人工接地体距建筑物出入口和人行道不应小于 3m。

2. 内部防雷装置

内部防雷装置由屏蔽导体、等电位连接件和电涌保护器等组成。对于变配电设备常采用避雷器作为防止雷电波侵入的装置。

（1）屏蔽导体。通常指电阻率小的良导体材料，如建筑物的钢筋及金属构件；电气设备、电子装置及线路的金属外壳、外皮等。屏蔽导体可构成屏蔽层，当空间干扰电磁波入射到屏蔽层金属体表面时，会产生反射和吸收，电磁能量被衰减，从而起到屏蔽作用。

（2）等电位连接件。包括等电位连接带、等电位连接导体等。利用其可将分开的装置、诸导电物体连接起来以减小雷电流在它们之间产生的电位差。

（3）电涌保护器（SPD）。指用于限制瞬态过电压和分泄电涌电流的器件。其作用是把窜入电力线、信号传输线的瞬态过电压限制在设备或系统所能承受的电压范围内，或将强大的雷电流泄流入地，防止设备或系统遭受闪电电涌冲击而损坏。

（4）避雷器。避雷器是专门的防雷装置，是用来防护雷电产生的过电压沿线路侵入变配电所或建筑物内以免危及被保护电气设备的绝缘。避雷器并联在被保护设备或设施上，正常时处在不通的状态。出现雷击过电压时，其击穿放电，切断过电压，发挥保护作用。过电压终止后，避雷器迅速恢复不通状态，恢复正常工作。避雷器主要用来保护电力设备和电力线路，也用作防止高电压侵入室内的安全措施。

避雷器有很多种类型，如保护间隙、管型避雷器、阀型避雷器和氧化锌避雷器等。图2—32所示的是电子式避雷器，表2—13给出了它的保护范围。压敏型避雷器是一种新型的避雷器，其没有火花间隙，只有压敏电阻阀片。

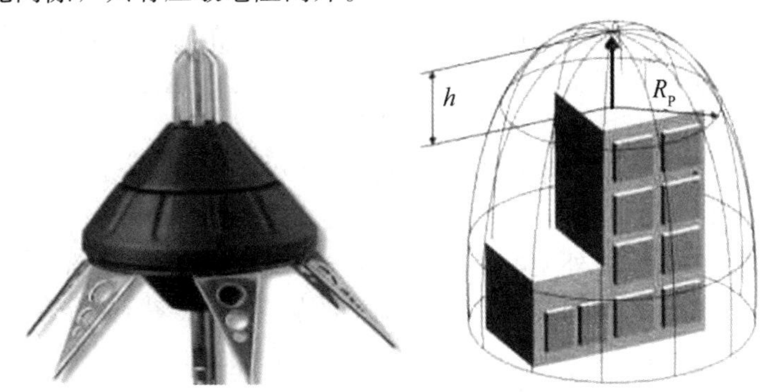

图2—32　电子式避雷器及保护范围

表2—13　电子式避雷器保护范围

设置高度 h/m	2	3	4	5	6	8	10
保护等级Ⅰ	31	47	63	79	79	79	79
保护等级Ⅱ	39	58	78	97	97	98	101
保护等级Ⅲ	43	64	85	107	107	108	113

四、雷电防护措施

1. 直击雷防护

第一类防雷建筑物、第二类防雷建筑物和第三类防雷建筑物的易受雷击部位应设防直击雷的外部防雷装置；高压架空电力线路、发电厂和变电站等也应采取防直击雷的措施；可能遭受雷击，且一旦遭受雷击后果比较严重的设施或堆料，例如，装卸油台、露天油罐、露天储气罐等也应采取防直击雷的措施。

直击雷防护的主要措施是装设接闪杆、架空接闪线或网。接闪杆分独立接闪杆和附设接闪杆。独立接闪杆是离开建筑物单独装设的，接地装置应当单设。

第一类防雷建筑物的直击雷防护，要求装设独立接闪杆、架空接闪线或网。

第二类和第三类防雷建筑物的直击雷防护措施，宜采用装设在建筑物上的接闪网、接闪带或接闪杆，或由其混合组成的接闪器。

2. 感应雷防护措施

第一类防雷建筑物和具有爆炸危险的第二类防雷建筑物均应采取防闪电感应的防护措施。闪电感应的防护主要有静电感应防护和电磁感应防护两方面。

（1）静电感应防护。为了防止静电感应产生的过电压，应将建筑物内的金属设备、金属管道、金属构架、钢屋架、钢窗、电缆金属外皮，以及突出屋面的放散管、风管等金属物件与防雷电感应的接地装置相连。

（2）电磁感应防护。为了防止电磁感应，平行敷设的管道、构架、电缆相距不到100mm时，须用金属线跨接，跨接点之间的距离不应超过30m，交叉相距不到100mm时，交叉处也应用金属线跨接。

3. 雷电侵入波防护

第一类防雷建筑物、第二类防雷建筑物和第三类防雷建筑物均应采取防闪电电涌侵入的防护措施。属于雷电冲击波造成的雷害事故很多，在低压系统，这种事故占总雷害事故的70%以上。防护措施如下：

（1）室外低压配电线路宜全线采用电缆直接埋地敷设，在入户处应将电缆的金属外皮、钢管接到等电位连接带或防闪电感应的接地装置上，在入户处的总配电箱内是否装设电涌保护器应根据具体情况按雷击电磁脉冲防护的有关规定确定。

（2）当难以全线采用电缆时，不得将架空线路直接引入屋内，允许从架空线上换接一段有金属铠装（埋地部分的金属铠装要直接与周围土壤接触）的电缆或护套电缆穿钢管直接埋地引入。这时，电缆首端必须装设户外型电涌保护器并与绝缘子铁脚、金具、电缆金属外皮等共同接地，入户端的电缆金属外皮、钢管必须接到防闪电感应接地装置上。

4. 人身防雷

雷雨天气时，人身雷击防护措施如下：

（1）雷暴时，应尽量减少在户外或野外逗留。如果有条件，可进入有宽大金属构架或有防雷设施的建筑物、汽车或船只内。

（2）在建筑屏蔽的街道或高大树木屏蔽的街道时，要注意离开墙壁或树干8m以外。

（3）雷暴时，应尽量离开小山、小丘、隆起的小道，离开海滨、湖滨、河边、池塘旁，避开铁丝网、金属晒衣绳以及旗杆、烟囱、宝塔、孤独的树木附近，还应尽量离开没有防雷保护的小建筑物或其他设施。

（4）雷暴时人体最好离开可能传来雷电侵入波的线路和设备1.5m以上。

（5）调查资料表明，户内70%以上对人体的二次放电事故发生在与线路或设备相距1m以内的场合，相距1.5m以上者尚未发生死亡事故。

（6）应当注意，仅仅拉开开关对于防止雷击是起不了多大作用的。雷雨天气，还应注意关闭门窗，以防止球雷进入室内造成危害。

5. 防雷击电磁脉冲

雷击电磁脉冲（Lightning Electromagnetic Impulse，LEMP）是一种干扰源，是闪电直接击在建筑物防雷装置和建筑物附近所引起的效应。干扰绝大多数是通过连接导体引入的，例如，雷电流或部分雷电流、被雷击中的装置的电位升高以及电磁辐射干扰。防雷击电磁脉冲措施如下：

（1）屏蔽。建筑物和房间外部设屏蔽措施，以合适的路径敷设线路（合理布线，避免靠近引下线），线路采用屏蔽。

（2）等电位连接。所有与建筑物组合在一起的大尺寸金属件都应与等电位连接在一起。例如，屋顶金属表面、立面金属表面、混凝土内钢筋和金属门窗框架等。当采用屏蔽电缆时，其屏蔽层应至少在两端并在防雷区交界处做等电位连接。当系统要求只在一端做等电位连接时，应采用两层屏蔽，外层屏蔽按上述要求处理。

（3）接地。每幢建筑物本身应采用共用接地系统（其构成详见GB 50057—2000）。

（4）合理选用和安装电涌保护器（SPD，Surge Protective Device）。安装于电源线、信号线进线入口处。

第五节　静电危害防护及电磁辐射防护

一、静电危害防护

静电的危害有：在工艺过程中产生的静电可能引起爆炸和火灾，也可能给人以电击，还可能妨碍生产。其中，爆炸或火灾是最大的危害和危险。静电也可能造成二次事故。据统计，静电灾害目前已占整个事故的10%左右，个别领域高达34%。

（一）静电的产生

1. 静电的起电方式

（1）接触—分离起电。两种物体接触，其间距离小于 25×10^{-8}cm 时，由于不同原子得失电子的能力不同，不同原子外层电子的能级不同，其间即发生电子的转移。因此，界面两侧会出现大小相等、极性相反的两层电荷。这两层电荷称为双电层，其间的电位差称为接触电位差。根据双电层和接触电位差的理论，可以推知两种物质紧密接触再分离时，即可能产生静电。

（2）破断起电。材料破断后能在宏观范围内导致正、负电荷的分离，即产生静电，这种起电称为破断起电。固体粉碎、液体分离过程的起电属于破断起电。

（3）感应起电。举例说明：由于带负电荷的带电体 A，附近有导体 B，在带电体 A 的静电感应下，B 的端部出现正电荷；由于导体 B 与接地体 C 相连，B 对地电位仍然为零；当 B 离开接地体 C 时，B 成为带电体。

（4）电荷迁移。当一个带电体与一个非带电体接触时，电荷将重新分配，即发生电荷迁移而使非带电体带电。比如当带电雾滴或粉尘撞击在导体上时，就会产生电荷迁移；当气体离子流射在不带电的物体上时，也会产生电荷迁移。

2. 固体静电

固体静电可直接用双电层和接触电位差的理论来解释。双电层上的接触电位差是极为有限的，而固体静电电位可高达数万伏以上，其原因在于电容的变化。电容器上的电压 U、电量 Q、电容 C 三者之间的关系是：$U=Q/C$。对于平板电容器，其电容计算公式是：$C=\varepsilon S/d$，ε 是极间电介质的介电常数，S 是极板面积，d 是极间距离。由此可得到 $U=Qd/\varepsilon S$。

将两种相接近的两个带电面看成是电容器的极板。紧密接触时，其间 d 只有 25×10^{-8}cm。若二者分开为 1cm，即 d 增大为 400 万倍。与其对应，如接触电位差为 0.01V，则在不考虑分开时电荷逆流的情况下，二者之间 U 可达 40000V。例如，橡胶、塑料、纤维等行业工艺过程中的静电高达数十 kV，甚至数百 kV，如不采取有效措施，很容易引起火灾。

3. 人体静电

人在活动过程中，人的衣服、鞋以及所携带的用具与其他材料摩擦或接触—分离时，均可能产生静电。例如，人穿混纺衣料的衣服坐在人造革面的椅子上，人和椅子的对地绝缘都很高，则当人起立时，由于衣服与椅面之间的摩擦和接触—分离，人体静电高达 10000V 以上。

4. 粉体静电

粉体只不过是处在特殊状态下的固体，其静电的产生也符合双电层的基本原理。当粉体物料被研磨、搅拌、筛分或处于高速运动时，由于粉体颗粒与颗粒之间及粉体颗粒与管道壁、容器壁或其他器具之间的碰撞、摩擦，或由于破断都会产生有害的静电。例如，塑料粉、药粉、面粉、麻粉、煤粉和金属粉等各种粉体都可能产生静电。粉体静电电压可高达数十 kV。

5. 液体静电

不含水和深度加工的可燃性油品在生产和贮运过程中所产生的静电，是工业生产中最危险和最复杂的问题。液体在流动、过滤、搅拌、喷雾、喷射、飞溅、冲刷、灌注和剧烈晃动等过程中，可能产生十分危险的静电。由于电渗透、电解、电泳等物理过程，液体与固体的接触面上也会出现偶电层（双电层）。

在石油工业中，汽油在金属管道中流动时带负电荷，而管道带正电荷；汽油流经棉制品材料时电位为 2.6kV；槽车装油时，油面电位高达 10kV 以上；在石油精炼过程中，油品经反复加压、加热、喷射、冷却和压送等工序，将使油料带有大量电荷；油罐车在马路上行驶时轮胎摩擦起电，油料本身由于摇晃也起电，油品经过阀门、泵、过滤器和其他截面改变之处也剧烈起电，特别在过滤时起电电位很高；煤油生成静电的能力要比汽油大 6 倍，航空煤油要比汽油大 3 倍。

6. 蒸气和气体静电

蒸气或气体在管道内高速流动，以及由阀门、缝隙高速喷出时也会产生危险的静电。类似液体，蒸气产生静电也是由于接触、分离和分裂等原因产生的。完全纯净的气体即使高速流动或高速喷出也不会产生静电，但由于气体内往往含有灰尘、铁末、液滴、蒸气等固体颗粒或液体颗粒，正是这些颗粒的碰撞、摩擦产生了静电。例如，喷漆的过程实质上是将含有大量杂质的气体高速喷出、分裂等过程，就会伴随比较强的静电产生。

（二）静电的消散

静电的消散有两种主要方式，即中和与泄漏。前者主要是通过空气发生的，后者主要是通过带电体本身及其相连接的其他物体发生的。

1. 静电中和

空气中自然存在的带电粒子极为有限，中和是极为缓慢的，一般不会被觉察到。带电体上的静电通过空气迅速的中和发生在放电时。

2. 静电泄漏

表面泄漏和内部泄漏是绝缘体上静电泄漏的两种途径。静电表面泄漏过程其泄漏电流遇到的是表面电阻；静电内部泄漏过程其泄漏电流遇到的是体积电阻。

（三）静电的影响因素

1. 材质和杂质的影响

一般情况下，杂质有增加静电的趋势。但如杂质能降低原有材料的电阻率，则加入杂质有利于静电的泄漏。例如，液体内含有水分时，在液体流动、搅拌或喷射过程中会产生附加静电。液体内水珠的沉降过程中也会产生静电。如果油罐或油槽底部积水，经搅动后容易因产生静电而引起事故。

液体内含有高分子材料（如橡胶、沥青）的杂质时，会增加静电的产生。

2. 工艺设备和工艺参数的影响

接触面积越大，产生静电越多；接触压力越大或摩擦越强烈，会增加电荷的分离，致使产生较多的静电；工艺速度越高，产生的静电越强。下列是容易产生和积累静电的典型工艺过程：

（1）纸张与辊轴摩擦、传动皮带与皮带轮或辊轴摩擦等；橡胶的碾制、塑料压制、上光等；塑料的挤出、赛璐珞的过滤等。

(2) 固体物质的粉碎、研磨过程；粉体物料的筛分、过滤、输送、干燥过程；悬浮粉尘的高速运动等。

(3) 在混合器中各种高电阻率物质的搅拌。

(4) 高电阻率液体在管道中流动且流速超过 1m/s；液体喷出管口；液体注入容器发生冲击、冲刷和飞溅等。

(5) 液化气体、压缩气体或高压蒸气在管道中流动和由管口喷出，如从气瓶放出压缩气体、喷漆等。

3. 环境条件和时间的影响

空气湿度越大，静电消散越快；导电性地面在很多情况下能加强静电的泄漏，减少静电的积累；周围导体布置，例如，传动皮带刚离开皮带轮时电压并不高，但转到两皮带轮中间位置时，由于距离拉大，电容大大减小，电压则大大升高。

(五) 防静电的措施

1. 环境危险程度的控制

静电引起爆炸和火灾的条件之一是有爆炸性混合物存在。为了防止静电的危害，可采取以下措施控制环境的爆炸和火灾危险性。

(1) 取代易燃介质。例如，用三氯乙烯、四氯化碳、苛性钠或苛性钾代替汽油、煤油作洗涤剂有良好的防爆效果。

(2) 降低爆炸性混合物的浓度。在爆炸和火灾危险环境，采用通风装置或抽气装置及时排出爆炸性混合物。

(3) 减少氧化剂含量。这种方法实质上是充填氮、二氧化碳或其他不活泼的气体，使气体、蒸气或粉尘爆炸性混合物中氧的含量减少。混合物中氧含量不超过 8%时即不会引起燃烧。

2. 工艺控制

工艺控制是从工艺上采取适当的措施，限制和避免静电的产生和积累。

(1) 材料的选用。在存在摩擦而且容易产生静电的场合，生产设备宜使用与生产物料相同的材料。还可以考虑采用位于静电序列中段的金属材料制成生产设备，以减轻静电的危害。

(2) 限制摩擦速度或物料运动速度。为了限制产生危险的静电，烃类燃油在管道内流动时，流速与管径应满足以下关系：$v^2D\leqslant0.64$，其中：v 为流速（m/s）；D 为管径（m）。

灌装铁路罐车时，烃类液体在鹤管内的容许流速按公式 $vD\leqslant0.8$ 计算；灌装汽车罐车时，烃类液体在鹤管内的容许流速则按公式 $vD\leqslant0.5$ 计算。

油罐装油时，注油管出口应尽可能接近油罐底部，最初流速应限制在 1m/s 左右，待注油管出口被浸没以后，流速可增加至 4.5～6m/s，但不得超过 7m/s。

(3) 增强静电消散过程。在输送工艺过程中，在管道的末端加装一个直径较大的松弛容器，可大大降低液体在管道内流动时积累的静电。例如，液体石油产品从精细过滤器出口到储器应留有 30s 的缓和时间。

为了防止静电放电，在液体灌装、循环或搅拌过程中不得进行取样、检测或测温操作。进行上述操作前，应使液体静置一定时间，使静电得到足够的消散或松弛。料斗或其他容器内不得有不接地的孤立导体，同液态一样，取样工作应该在装料停止后进行。

(4) 消除附加静电。工艺过程中产生的附加静电，往往是可以设法防止的。

①为了减少从油罐顶部注油时的冲击产生的静电，应使注油管头（鹤管头）接近罐底；

②为了防止搅动罐底积水或污物产生附加静电，装油前应将罐底的积水和污物清除掉；

③为了降低罐内油面电位，过滤器不应离注油管口太近。

3. 接地和屏蔽

（1）导体接地。接地是消除静电危害最基本的措施，它的目的是将产生在工艺过程的静电泄漏于大地，防止静电的积聚。在静电危险场所，所有属于静电导体的物体必须接地。

凡用来加工、储存、运输各种易燃液体、易燃气体和粉体的设备都必须接地。工厂或车间的氧气、乙炔等管道必须连成一个整体，并接地。可能产生静电的管道两端和每隔 200～300m 处均应接地。平行管道相距 10cm 以内时，每隔 20m 应用连接线互相连接起来。管道与管道或管道与其他金属物件交叉或接近，其间距离小于 10cm 时，也应互相连接起来。

汽车槽车、铁路槽车在装油之前，应与储油设备跨接并接地；装、卸完毕先拆除油管，后拆除跨接线和接地线。

对于静电接地电阻，因为静电泄漏电流很小，所有单纯为了消除导体上静电的接地，其防静电接地电阻原则上不得超过 1MΩ；对于金属导体，为了检测方便，可要求接地电阻不超过 100Ω～1000Ω。

（2）导电性地面。采用导电性地面，实质上也是一种接地措施，有利于泄漏设备及人体上的静电。

4. 增湿

局部环境的相对湿度宜增加至 50%以上。一般来说，相对湿度上升到 70%左右，静电会很快地减少。增湿并非对绝缘体都有效果，关键是要看其能否在表面形成水膜。

5. 抗静电添加剂

抗静电添加剂是化学药剂，具有良好的导电性或较强的吸湿性。加入抗静电添加剂之后，能降低材料的体积电阻率或表面电阻率。对于固体，若能将其体积电阻率降低至 $1\times10^{7}\Omega$ 以下，或将其表面电阻率降低至 $1\times10^{8}\Omega$ 以下，即可消除静电的危险。

6. 静电中和器

静电中和器是指将气体分子进行电离，产生消除静电所必要的离子（一般为正、负离子对）的机器，又叫静电消除器。使用静电中和器，让与带电物体上静电荷极性相反的离子去中和带电物体上的静电，以减少物体上的带电量。

7. 防止人体静电

在气体爆炸危险场所的等级属 0 区及 1 区时，作业人员应穿防静电工作服、防静电工作鞋、袜，佩戴防静电手套，禁止在静电危险场所穿脱衣物、帽子及类似物，并避免剧烈的身体运动。

二、电磁辐射防护

（一）电磁辐射危害

电磁辐射无色无味无形，可以穿透包括人体在内的多种物质。例如，各种家用电器、电子设备、办公自动化设备、移动通信设备等电器装置只要处于操作使用状态，它的周围就会存在电磁辐射。

1. 电磁辐射危害产生的原因

电磁辐射危害是电磁波形式的能量造成的。电磁辐射对人体的影响：

（1）电磁波的热效应：当吸收到一定量时，人就会出现高温生理反应，导致神经衰弱、白细胞减少等病变；

（2）电磁波的非热效应：当电磁波长时间作用于人体时，人体温度没有明显提高，但会出现如心率、血压等的改变和失眠、健忘等生理反应。

2. 长期处于高电磁辐射环境下，可能会对人体健康产生的影响

(1) 对心血管系统的影响，表现为心悸、失眠，部分女性经期紊乱，心动过缓，心搏血量减少，窦性心律不齐，白细胞减少，免疫功能下降等。

(2) 对视觉系统的影响，表现为视力下降，引起白内障等。

(3) 对生殖系统的影响，表现为性功能降低，男子精子质量降低，使孕妇发生自然流产和胎儿畸形等。

(4) 长期处于高电磁辐射的环境中，会使血液、淋巴液和细胞原生质发生改变，影响人体的循环系统、免疫、生殖和代谢功能，严重的还会诱发癌症，并会加速人体的癌细胞增殖。

(5) 装有心脏起搏器的病人处于高电磁辐射的环境中，会影响心脏起搏器的正常使用。

电磁污染、水污染和废气污染被并称为人类的三大污染源，电磁辐射看不见、摸不着，却时刻在威胁着人们的健康。

(二) 电磁辐射的防护对策

1. 主要防护手段

(1) 屏蔽。就是把电磁波屏蔽掉，反射回去、折射回去。

(2) 吸收。就是把电磁波的电磁能量，通过材料本身吸收掉，例如，屏蔽室、屏蔽服，均是利用这个原理。

2. 常见的防护

(1) 电磁屏蔽。电磁屏蔽是最常用的降低电磁辐射的手段。简单地说，就是利用导电性能和导磁性能良好的金属板或金属网，通过反射效应和吸收效应，阻隔电磁波的传播。目前，大部分设备使用金属网来屏蔽电磁波。一般来说，金属网线越粗、网眼越小，屏蔽的效果越好。当电磁波遇到屏蔽体时，大部分被反射回去，其余一小部分在金属内部被吸收衰减。

(2) 距离防护。感应电场强度与辐射源到被照射物体之间的距离的平方成反比，辐射电场强度与辐射源到被照射物体之间的距离成反比。因此，加大辐射源到被照射物体之间的距离，可较大幅度地衰减电磁辐射强度。

(3) 自动化作业。尽量采用机械化和自动化作业，减少作业人员直接进入强电磁场辐射区域的次数和工作时间。

(4) 个体防护。在高频辐射环境内的作业人员要进行防护。常用的防护用品有防护眼镜、防护服、防护头盔等。这些防护用品一般用金属丝布、金属膜布和金属网等制作。

第六节 电气装置安全技术

一、配电柜（箱）

配电柜（箱）分动力配电柜（箱）和照明配电柜（箱），是配电系统的末级设备。

1. 配电柜（箱）安装

(1) 配电柜（箱）应用不可燃材料制作。

(2) 触电危险性小的生产场所和办公室，可安装开启式的配电板。

(3) 触电危险性大或作业环境较差的加工车间、铸造、锻造、热处理、锅炉房、木工房等场所，应安装封闭式箱柜。

(4) 有导电性粉尘或产生易燃易爆气体的危险作业场所，必须安装密闭式或防爆型的电气

设施。

（5）配电柜（箱）各电气元件、仪表、开关和线路应排列整齐、安装牢固、操作方便，柜（箱）内应无积尘、积水和杂物。

（6）落地安装的柜（箱）底面应高出地面 50～100mm，操作手柄中心高度一般为 1.2～1.5m，柜（箱）前方 0.8～1.2m 的范围内无障碍物。

（7）保护线连接可靠。

（8）柜（箱）以外不得有裸带电体外露，装设在柜（箱）外表面或配电板上的电气元件，必须有可靠的屏护。

2. 配电柜（箱）运行

配电柜（箱）内各电气元件及线路应接触良好、连接可靠，不得有严重发热、烧损现象。配电柜（箱）的门应完好，门锁应有专人保管。

二、用电设备和低压电器

1. 单相电气设备通用安全要求

单相电气设备包括照明设备、家用电器、小型电动工具、小电炉及其他小型电气设备。统计资料表明单相设备上的触电事故及其他事故都多，因此，要特别重视单相电气设备的安全措施。

（1）防触电措施。单相电气设备的安装、使用都应保持三相负荷的平衡；单相系统的工作零线应与相线的截面积相同；单相电气设备应装置漏电保护装置；电气设备的安装、维护应由专业人员进行，严禁乱接乱拉。

（2）防火措施。电炉、灯泡、日光灯镇流器等电器应避开易燃物，周围通风良好；各种单相电气设备的温度和温升不得超过允许值；对运行中的单相设备，应经常检查和清扫，不能让单相设备带故障运行；不论是长时使用还是短时使用的单相设备，用完后应及时切断电源；电炉、电熨斗、电烙铁等温度高、热容量大的电器必须静置一段时间，待冷却后再包装收藏；导线接头应始终保持接触紧密，固定连接处不得松动。

2. 电气照明

（1）电气照明的类别。按光源的性质，电气照明分为热辐射光源（如白炽灯、碘钨灯等）和气体放电光源照明（如日光灯、高压汞灯等）。就照明功能而言，电气照明可分为工作照明和事故照明（包括应急照明）。工作照明又分为用于整个场地的一般照明和用于工作场地的局部照明。

在爆炸危险环境、中毒危险环境、火灾危险性较大的环境及手术室之类一旦停电即关系到人身安危的环境、500 人以上的公共环境、一旦停电使生产受到影响会造成大量废品的环境等都应该有事故照明（至少应有应急照明）。事故照明线路不能与动力线路或照明线路合用，而必须有自己的供电线路。

（2）电气照明安装及安全要求。应根据环境条件选用适当防护型式的照明装置；为了安全，应采用带电部分不暴露在外的螺口灯座；为了防止火灾，除敞开式灯具外，凡 100W 及其以上的照明器应采用瓷灯座；从安全角度考虑，灯座不宜带有开关或插座；户内吊灯灯具高度一般不应小于 2.5m；灯具安装应牢固可靠；照明灯具、日光灯镇流器等发热元件不能紧贴可燃物安装；灯具若带金属件、金属吊管和吊链应采取接零（或接地）措施。

每一照明支路上熔断器熔体的额定电流不应超过 15～20A，每一照明支路上所接的灯具，室内原则上不超过 20 盏（插座应按灯计入），室外原则上不超过 10 盏（节日彩灯除外）。照明配线应采用额定电压 500V 的绝缘导线。照明线路应避开暖气管道，其间距离不得小于 30cm。

配电箱内单相照明线路的开关必须采用双极开关；照明器具的单极开关必须装在相线上。照明线路的相线和工作零线上都应装有熔断器。单相插座遵循“上相（L）下零（N）、右相（L）左零（N）”的原则。

3. 手持电动工具和移动式电气设备

手持电动工具包括手电钻、手砂轮、冲击电钻、电锤、手电锯等工具。移动式设备包括蛙夯、振捣器、水磨石磨平机等电气设备，其安全使用条件如下：

(1) Ⅱ类、Ⅲ类设备没有保护接地或保护接零的要求；Ⅰ类设备必须采取保护接地或保护接零措施。设备的保护线应接保护干线。

(2) 移动式电气设备的保护零线（或地线）不应单独敷设，而应当与电源线采取同样的防护措施，即采用带有保护心线的橡皮套软线作为电源线。电源线不得有破损或龟裂，中间不得有接头，电源线与设备之间的防止拉脱的紧固装置应保持完好。设备的软电缆及其插头不得任意接长、拆除或调换。

(3) 移动式电气设备的电源插座和插销应有专用的接零（地）插孔和插头。

(4) 一般场所，手持电动工具应采用Ⅱ类设备；如果使用Ⅰ类工具，则应在电气线路中采用额定剩余动作电流不大于30mA的剩余电流动作保护器、隔离变压器等保护措施。在潮湿或金属构架上等导电性能良好的作业场所，应使用Ⅱ类或Ⅲ类设备。在锅炉内、金属容器内、管道内等狭窄的特别危险场所，应使用Ⅲ类设备。如果使用Ⅱ类设备，则必须装设额定漏电动作电流不大于15mA、动作时间不大于0.1s的漏电保护器，而且，Ⅲ类设备的隔离变压器、Ⅱ类设备的漏电保护器以及Ⅱ、Ⅲ类设备控制箱和电源连接器等必须放在作业场所的外面。在狭窄作业场所操作时，应有人在外监护。

(5) 使用Ⅰ类设备应配用绝缘手套、绝缘鞋、绝缘垫等安全用具。

(6) 设备的电源开关不得失灵、不得破损并应安装牢固，接线不得松动，转动部分应灵活。

(7) 绝缘电阻合格，带电部分与可触及导体之间的绝缘电阻Ⅰ类设备不低于2MΩ，Ⅱ类设备不低于7MΩ。

4. 电焊设备

手工电弧焊应用很广，其危险因素也比较多。其主要安全要求如下：

(1) 电弧熄灭时焊钳电压较高，为了防止触电及其他事故，电焊工人应当戴帆布手套、穿胶底鞋。在金属容器中工作时，还应戴上头盔、护肘等防护用品。电焊工人的防护用品还应能防止烧伤和射线伤害。

(2) 在高度触电危险环境中进行电焊时，可以安装空载自停装置。

(3) 固定使用的弧焊机的电源线与普通配电线路同样要求，移动使用的弧焊机的电源线应按临时线处理。弧焊机的二次线路最好采用两条绝缘线。

(4) 弧焊机的电源线上应装设隔离电器、主开关和短路保护电器。

(5) 电焊机外露导电部分应采取保护接零（或接地）措施。为了防止高压窜入低压造成的危险和危害，交流弧焊机二次侧应当接零（或接地）。但必须注意二次侧接焊钳的一端是不允许接零或接地的，二次侧的另一条线也只能一点接零（或接地），以防止部分焊接电流经其他导体构成回路。

(6) 弧焊机一次绝缘电阻不应低于1MΩ，二次绝缘电阻不应低于0.5MΩ。弧焊机应安装在干燥、通风良好处，不应安装在易燃易爆环境、有腐蚀性气体的环境、有严重尘垢的环境或剧烈振动的环境。室外使用的弧焊机应采取防雨雪措施，工作地点下方有可燃物品时应采取适当的安全措施。

（7）移动焊机时必须停电。

5. 低压保护电器

低压保护电器主要用来获取、转换和传递信号，并通过其他电器对电路实现控制。熔断器和热继电器属于最常见的低压保护电器。

（1）熔断器。熔断器有管式熔断器、插式熔断器、螺塞式熔断器等多种形式，如图2—33所示。管式熔断器有两种：一种是纤维材料管，由纤维材料分解大量气体灭弧；一种是陶瓷管，管内填充石英砂，由石英砂冷却和熄灭电弧。管式熔断器和螺塞式熔断器都是封闭式结构，电弧不容易与外界接触，适用范围较广。管式熔断器多用于大容量的线路。螺塞式熔断器和插式熔断器用于中、小容量线路。

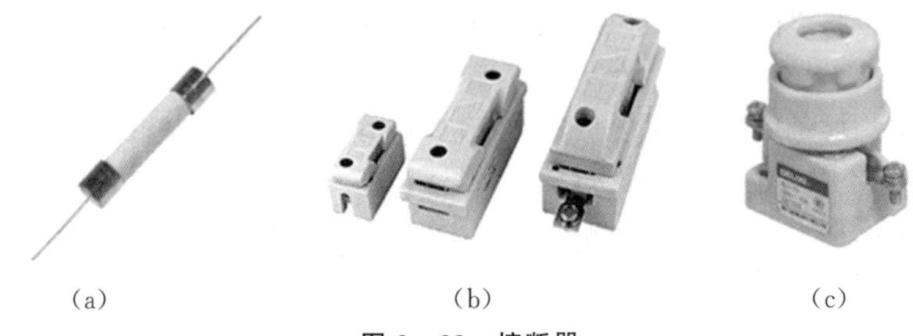

(a) (b) (c)

图 2—33　熔断器

（a）管式熔断器；（b）插式熔断器；（c）螺塞式熔断器

熔断器熔体的热容量很小，动作很快，宜于用作短路保护元件。在照明线路及其他没有冲击载荷的线路中，熔断器也可用作过载保护元件。

熔断器的防护型式应满足生产环境的要求，其额定电压符合线路电压，其额定电流满足安全条件和工作条件的要求，其极限分断电流大于线路上可能出现的最大故障电流。

对于单台笼型电动机，熔体额定电流按 $I_{FU}=(1.5\sim2.5)I_N$ 选取，I_{FU} 为熔体额定电流（A），I_N 为电动机额定电流（A）。对于没有冲击负荷的线路，熔体额定电流按 $I_{FU}=(0.85\sim1)I_w$ 选取，I_w 是线路导线许用电流（A）。

同一熔断器可以配用几种不同规格的熔体，但熔体的额定电流不得超过熔断器的额定电流。熔断器各接触部位应接触良好。爆炸危险的环境不得装设电弧可能与周围介质接触的熔断器，一般环境也必须考虑防止电弧飞出的措施。不得轻易改变熔体的规格，不得使用不明规格的熔体。

（2）热继电器。热继电器也是利用电流的热效应制成的。它主要由热元件、双金属片、控制触头等组成。热继电器的热容量较大，动作不快，只用于过载保护，如图2—34所示。

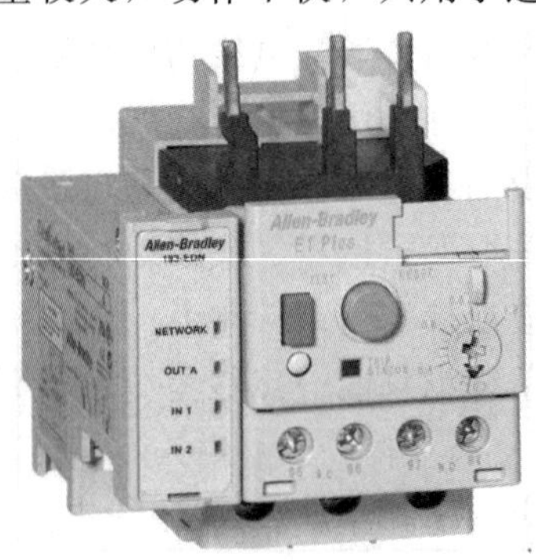

图 2—34　热继电器

热元件的额定电流原则上按电动机的额定电流选取。对于过载能力较低的电动机，如果启动条件允许，可按其额定电流的 60%～80%选取；对于工作繁重的电动机，可按其额定电流的 110%～125%选取；对于照明线路，可按负荷电流的 0.85～1 倍选取。

三、变配电站安全

变配电站是企业的动力枢纽。变配电站装有变压器、互感器、避雷器、电力电容器、高低压开关、高低压母线、电缆等多种高压设备和低压设备。

1. 变配电站位置

变配电站位置应符合供电、建筑、安全的基本原则。从安全角度考虑，变配电站应避开易燃易爆环境；变配电站宜设在企业的上风侧，并不得设在容易沉积粉尘和纤维的环境；变配电站不应设在人员密集的场所。变配电站的选址和建筑应考虑灭火、防蚀、防污、防水、防雨、防雪、防振的要求。地势低洼处不宜建变配电站。变配电站应有足够的消防通道并保持畅通。

2. 建筑结构

高压配电室、低压配电室、油浸电力变压器室、电力电容器室、蓄电池室应为耐火建筑。蓄电池室应隔离。室内油量 600kg 以上的充油设备必须有事故蓄油设施。储油坑应能容纳 100%的油。

变配电站各间隔的门应向外开启；门的两面都有配电装置时，应两边开启。门应为非燃烧体或难燃烧体材料制作的实体门。长度超过 7m 的高压配电室和长度超过 10m 的低压配电室至少应有两个门。

3. 间距、屏护和隔离

变配电站各部间距和屏护应符合专业标准的要求。室外变、配电装置与建筑物应保持规定的防火间距。室内充油设备油量 60kg 以下者允许安装在两侧有隔板的间隔内，油量 60～600kg 者须装在有防爆隔墙的间隔内，600kg 以上者应安装在单独的间隔内。

4. 通道

变配电站室内各通道应符合要求。高压配电装置长度大于 6m 时，通道应设两个出口；低压配电装置两个出口间的距离超过 15m 时，应增加出口。

5. 通风

蓄电池室、变压器室、电力电容器室应有良好的通风。

6. 封堵

门窗及孔洞应设置网孔小于 10mm×10mm 的金属网，防止小动物钻入。通向站外的孔洞、沟道应予封堵。

7. 标志

变配电站的重要部位应设有“止步，高压危险!”等标志。

8. 联锁装置

断路器与隔离开关操动机构之间、电力电容器的开关与其放电负荷之间应装有可靠的联锁装置。

9. 电气设备正常运行

电流、电压、功率因数、油量、油色、温度指示应正常；连接点应无松动、过热迹象；门窗、围栏等辅助设施应完好；声音应正常，应无异常气味；瓷绝缘不得掉瓷、有裂纹和放电痕迹并保持清洁；充油设备不得漏油、渗油。

10. 安全用具和灭火器材

变配电站应备有绝缘杆、绝缘夹钳、绝缘靴、绝缘手套、绝缘垫、绝缘站台、各种标示牌、临时接地线、验电器、脚扣、安全带、梯子等各种安全用具。变配电站应配备可用于带电灭火的灭火器材。

11. 技术资料

变配电站应备有高压系统图、低压系统图、电缆布线图、二次回路接线图、设备使用说明书、试验记录、测量记录、检修记录、运行记录等技术资料。

12. 管理制度

变配电站应建立并执行各项行之有效的规章制度，如工作票制度、操作票制度、工作许可制度、工作监护制度、值班制度、巡视制度、检查制度、检修制度及防火责任制、岗位责任制等规章制度。

四、主要变配电设备安全

除上述变配电站的一般安全要求外，变压器等设备尚需满足以下安全要求。

1. 电力变压器

(1) 变压器的安装。变压器各部件及本体的固定必须牢固。电气连接必须良好，铝导体与变压器的连接应采用铜铝过渡接头。在不接地的 10kV 系统中，变压器的接地一般是其低压绕组中性点、外壳及其阀型避雷器三者共用的接地。接地必须良好，接地线上应有可断开的连接点。变压器防爆管喷口前方不得有可燃物体。位于地下的变压器室的门、变压器室通向配电装置室的门、变压器室之间的门均应为防火门。

居住建筑物内安装的油浸式变压器，单台容量不得超过 400kV·A。10kV 变压器壳体距门不应小于 1m，距墙不应小于 0.8m（装有操作开关时不应小于 1.2m）。采用自然通风时，变压器室地面应高出室外地面 1.1m。

室外变压器容量不超过 315kV·A 者可柱上安装，315kV·A 以上者应在台上安装；一次引线和二次引线均应采用绝缘导线；柱上变压器底部距地面高度不应小于 2.5m，裸导体距地面高度不应小于 3.5m；变压器台高度一般不应低于 0.5m，其围栏高度不应低于 1.7m，变压器壳体距围栏不应小于 1m，变压器操作面距围栏不应小于 2m。变压器室的门和围栏上应有“止步，高压危险!”的明显标志。

(2) 变压器的运行。运行中变压器高压侧电压偏差不得超过额定值的±5%，低压最大不平衡电流不得超过额定电流的 25%。上层油温一般不应超过 85℃；冷却装置应保持正常，呼吸器内吸潮剂的颜色应为淡蓝色；通向气体继电器的阀门和散热器的阀门应在打开状态，防爆管的膜片应完整，变压器室的门窗、通风孔、百叶窗、防护网、照明灯应完好；室外变压器基础不得下沉，电杆应牢固，不得倾斜。

干式变压器的安装场所应有良好的通风，且空气相对湿度不得超过 70%。

2. 高压开关

高压开关主要包括高压断路器、高压负荷开关和高压隔离开关。高压开关用以完成电路的转换，有较大的危险性。

(1) 高压断路器。高压断路器是高压开关设备中最重要、最复杂的开关设备。高压断路器有强力灭弧装置，既能在正常情况下接通和分断负荷电流，又能借助继电保护装置在故障情况下切断过载电流和短路电流，如图 2—35 所示。

断路器分断电路时，如电弧不能及时熄灭，将会迅速发展为弧光短路，导致更为严重的事故。高压断路器可按照灭弧介质和灭弧方式分为少油断路器、多油断路器、真空断路器、六氟化硫断路器、压缩空气断路器、固体产气断路器和磁吹断路器。

高压断路器必须与高压隔离开关或隔离插头串联使用，由断路器接通和分断电流，由隔离开关或隔离插头隔断电源。因此，切断电路时必须先拉开断路器，后拉开隔离开关；接通电路时必须先合上隔离开关，后合上断路器。为确保断路器与隔离开关之间的正确操作顺序，除严格执行操作制度外，10kV 系统中常安装机械式或电磁式联锁装置。

图 2－35　高压断路器

(2) 高压隔离开关。高压隔离开关简称刀闸。隔离开关没有专门的灭弧装置，不能用来接通和分断负荷电流，更不能用来切断短路电流。隔离开关主要用来隔断电源，以保证检修和倒闸操作的安全，如图 2－36 所示。

隔离开关安装应当牢固，电气连接应当紧密、接触良好，与铜、铝导体连接须采用铜铝过渡接头。

隔离开关不能带负荷操作。拉闸、合闸前应检查与之串联安装的断路器是否在分闸位置。运行中的高压隔离开关连接部位温度不得超过 75℃，机构应保持灵活。

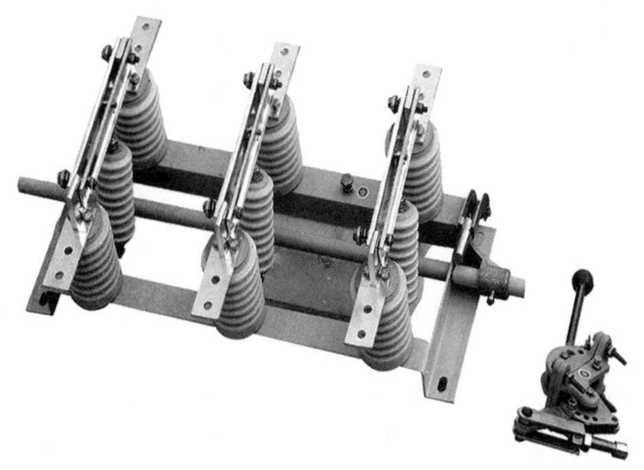

图 2－36　高压隔离开关

(3) 高压负荷开关。高压负荷开关有比较简单的灭弧装置，用来接通和断开负荷电流。负荷开关必须与有高分断能力的高压熔断器配合使用，由熔断器切断短路电流，如图 2－37 所示。

高压负荷开关分断负荷电流时有强电弧产生，因此，其前方不得有可燃物。

图 2—37　高压负荷开关

本章练习

1. 人体阻抗与接触电压、皮肤状态、接触面积等因素有关。下列关于人体阻抗影响因素的说法，正确的是（　　）。

A. 人体阻抗与电流持续的时间无关

B. 人体阻抗与触电者个体特征有关

C. 人体阻抗随接触面积增大而增大

D. 人体阻抗随温度升高而增大

【答案】 B

【解析】 接触面积增大、接触压力增大、温度升高时，人体电阻也会降低。此外，人体电阻还与个体特征有关。

2. 工艺过程中产生的静电可能引起火灾和爆炸，也可能造成电击，还会影响产品质量，应采取静电防护措施。下列防静电措施中，错误的是（　　）。

A. 工艺控制

B. 增湿

C. 接地

D. 屏蔽

【答案】 D

【解析】 静电的防护措施包括环境危险程度控制、工艺控制、接地、增湿、抗静电添加剂、静电消除器。

3. 直接接触电击是触及正常状态下带电的带电体时发生的电击。间接接触电击是触及正常状态下不带电，而在故障状态下带电的带电体时发生的电击。下列触电事故中，属于间接接触电击的是（　　）。

A. 作业人员在使用手电钻时，手电钻漏电发生触电

B. 作业人员在清扫配电箱时，手指触碰电闸发生触电

C. 作业人员在清扫控制柜时，手臂触到接线端子发生触电

D. 作业人员在带电抢修时，绝缘鞋突然被钉子扎破发生触电

【答案】 A

【解析】 间接接触电击是触及正常状态下不带电，而在故障状态下意外带电的带电体时（如触及漏电设备的外壳）发生的电击，也称为故障状态下的电击。接地、接零、等电位连接等属于防止间接接触电击的安全措施。

4. 保护接地和保护接零是防止间接接触电击的基本技术措施，其中保护接零系统称为 TN 系统，包括 TN—S，TN—C—S，TN—C 三种方式，下列电气保护系统图中，属于 TN—C 系统的是（　　）。

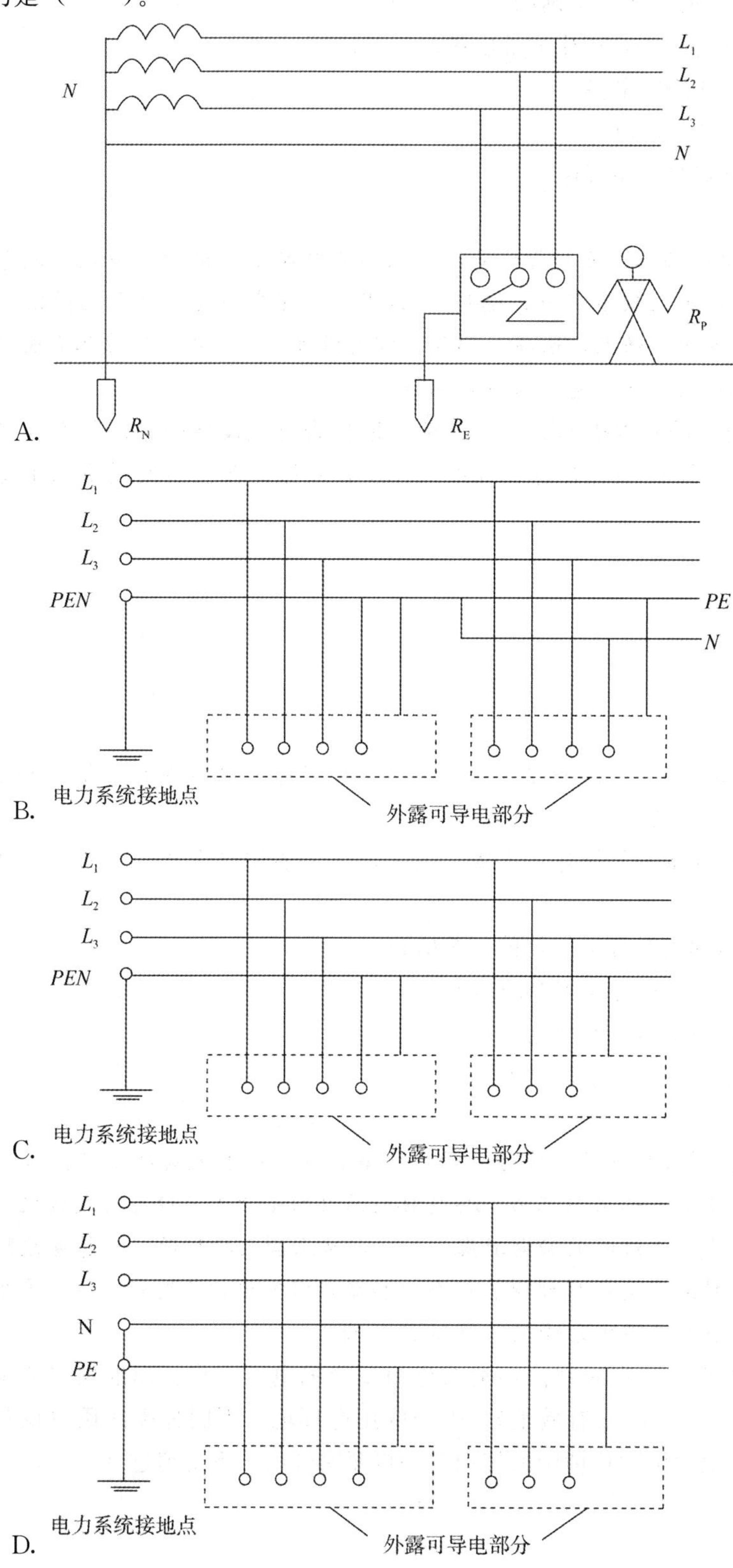

【答案】 C

【解析】TN－C系统是干线部分保护零线与中性线完全共用的系统。

5. 生产过程中产生的静电可能造成人员电击，甚至引起火灾和爆炸。静电的产生受多种因素的影响。下列关于产生静电的说法，正确的是（　　）。

A. 接触面积越大，接触压力越小，产生的静电越多

B. 三角皮带比平皮带产生的静电更多

C. 空气湿度越大，越容易产生静电

D. 材料的电阻率越高，越容易产生静电

【答案】D

【解析】接触面积越大，双电层正、负电荷越多，产生的静电越多。接触压力越大或摩擦越强烈，会增加电荷分离程度，产生较多静电，选项A错误。平皮带与皮带轮之间的滑动位移比三角皮带大，产生的静电也比较强烈，选项B错误。空气湿度降低，很多绝缘体表面电阻率升高，泄漏变慢，从而容易积累危险静电，选项C错误。

6. 绝缘是预防直接接触电击的基本措施之一，必须定期检查电气设备的绝缘状态并测量绝缘电阻，电气设备的绝缘电阻除必须符合专业标准外，还必须保证在任何情况下均不得低于（　　）。

A. 每伏工作电压100Ω

B. 每伏工作电压1000Ω

C. 每伏工作电压10kΩ

D. 每伏工作电压1MΩ

【答案】B

【解析】本题考查的是直接接触电击防护措施。任何情况下绝缘电阻不得低于每伏工作电压1000Ω，并应符合专业标准的规定。

7. 工艺过程中产生的静电可能引起爆炸、火灾、电击，还可能妨碍生产。下列关于静电防护的说法，错误的是（　　）。

A. 限制管道内物料的运行速度是静电防护的工艺措施

B. 增湿的方法不宜用于消除高温绝缘体上的静电

C. 接地的主要作用是消除绝缘体上的静电

D. 静电消除器主要用来消除非导体上的静电

【答案】C

【解析】增湿的作用主要是增强静电沿绝缘体表面的泄漏，其是否有效关键要看能否在表面形成水膜，不适用于高温绝缘体，选项B正确。静电接地的目的是使工艺设备与大地之间构成电气上的泄漏通路，将产生在工艺过程的静电泄露于大地，防止静电的积聚。在静电危险场所，所有静电导体的物体必须接地，选项C错误。静电中和器是将气体分子进行电离，产生消除静电所必要的离子的机器，也称为静电消除器，选项D正确。

8. 安全电压是在一定条件下、一定时间内不危及生命安全的电压。我国标准规定的工频安全电压等级有42V、36V、24V、6V（有效值）。不同的用电环境、不同种类的用电设备应选用不同的安全电压。在有触电危险的环境中所使用的手持照明灯电压不得超过（　　）V。

A. 12　　　　B. 24

C. 36　　　　D. 42

【答案】C

【解析】在有电击危险环境中使用手持照明灯和局部照明灯应采用 36V 或 24V 特低电压。

9. 重复接地指 PE 线或 PEN 线上除工作接地外的其他点再次接地。下列关于重复接地作用的说法，正确的是（　　）。

A. 减小零线断开的故障率

B. 加速线路保护装置的动作

C. 提高漏电设备的对地电压

D. 不影响架空线路的防雷性能

【答案】B

【解析】重复接地的作用：①减轻零线断开或接触不良时电击的危险性。接零系统中，当 PE 线或 PEN 线断开（含接触不良）时，在断开点后方有设备漏电或者没有设备漏电但接有不平衡负荷的情况下，重复接地虽然不一定能消除人身伤亡及设备损坏的危险性，但危险程度必然降低。②降低漏电设备的对地电压。接零也有降低故障对地电压的作用。如果接零设备有重复接地，则故障电压进一步降低。③改善架空线路的防雷性能。架空线路零线上的重复接地对雷电流有分流作用，有利于限制雷电过电压。④缩短漏电故障持续时间。因为重复接地和工作接地构成零线的并联分支，所以当发生短路时能增大单相短路电流，而且线路越长，效果越显著。这就加速了线路保护装置的动作，缩短了漏电故障持续时间。

10. 电气装置内部短路时可能引起爆炸，有的还可能本身直接引发空间爆炸。下列电气设备中，爆炸危险性最大、而且可能酿成空间爆炸的是（　　）。

A. 直流电动机　　B. 低压断路器

C. 油浸式变压器　　D. 干式变压器

【答案】C

【解析】油浸式变压器中含有变压器油（易燃易爆物品）。对比四个选项，选项 C 更符合题意。

11. 在触电引发的伤亡事故中，85%以上的死亡事故是电击造成的，电击可分为单相电击、两相电击和跨步电压电击。下列人员的行为中，可能发生跨步电压电击的是（　　）。

A. 甲站在泥地里，左手和右脚同时接触带电体

B. 乙左右手同时触及不同电位的两个导体

C. 丙在打雷下雨时跑向大树下面避雨

D. 丁站在水泥地面上，身体某一部位触及带电体

【答案】C

【解析】当架空线路的一根带电导线断落在地上时，落地点与带电导线的电势相同，电流就会从导线的落地点向大地流散，于是地面上以导线落地点为中心，形成了一个电势分布区域，离落地点越远，电流越分散，地面电势也越低。如果人或牲畜站在距离电线落地点 8～10m 以内，就可能发生跨步电压触电事故。选项 A、B、D 属于直接触电。

12. 建筑物的防雷分类按其火灾和爆炸的危险性、人身伤害的危险性、政治经济价值可分为第一类防雷建筑物、第二类防雷建筑物、第三类防雷建筑物。下列建筑物防雷分类中，错误的是（　　）。

A. 具有 0 区爆炸危险场所的建筑物是第一类防雷建筑物

B. 有爆炸危险的露天气罐和油罐是第二类防雷建筑物

C. 省级档案馆是第三类防雷建筑物

D. 大型国际机场航站楼是第一类防雷建筑物

【答案】 D

【解析】 大型国际机场航站楼是第二类防雷建筑物。

13. 雷电是大气中的一种放电现象，具有电性质、热性质和机械性质三方面的破坏作用。下列雷击导致的破坏现象中，属于电性质破坏作用的是（　　）。

A. 直击雷引燃可燃物

B. 雷击导致被击物破坏

C. 毁坏发电机的绝缘

D. 球雷侵入引起火灾

【答案】 C

【解析】 雷电具有电性质、热性质和机械性质三方面的破坏作用。选项 A、D 属于热性质破坏，选项 B 属于机械性质破坏，选项 C 属于电性质破坏。

14. 剩余电流动作保护装置由检测元件、中间环节、执行机构三个基本环节及辅助电源和试验装置构成。下列关于剩余电流动作保护装置功能的说法，错误的是（　　）。

A. 剩余电流动作保护装置的主要功能是预防间接接触电击保护，也可作为直接接触电击的补充保护

B. 剩余电流动作保护装置的保护功能包括对相与相、相与 N 线局部形成的直接接触电击事故的防护

C. 间接接触电击事故防护时需要依赖剩余电流动作保护装置的动作来切断电源，实现保护

D. 剩余电流动作保护装置用于间接接触电击事故防护时，应与电网的系统接地形式相配合

【答案】 B

【解析】 在直接接触电击事故防护中，剩余电流保护装置只作为直接接触电击事故基本防护措施的补充保护措施。从剩余电流动作保护的机理可知，其保护并不包括对相与相、相与线之间形成的直接接触电击事故的防护。

15. 所有电气装置都必须具备防止电气伤害的直接接触防护和间接接触防护。下列防护措施中，属于防止直接接触电击的防护措施是（　　）。

A. 利用避雷器防止雷电伤害

B. 利用绝缘体对带电体进行封闭和隔离

C. TT 系统

D. TN 系统

【答案】 B

【解析】 绝缘、屏护和间距是直接接触电击的基本防护措施。利用绝缘体对带电体进行封闭和隔离属于屏护的一种，选项 B 正确。

16. 危险温度、电火花和电弧是导致电气火灾爆炸的三大要因，电气设备或线路短路是形成危险温度的主要原因之一。下列电气运行或作业情景中，不会造成短路的是（　　）。

A. 电气设备安装和检修中发生接线错误

B. 运行中的电气设备或线路发生绝缘老化

C. 导电性粉尘进入电气设备内部

D. TT 系统中，三相负载不平衡

【答案】D

【解析】三相负载不平衡的影响有：①增加线路的电能损耗；②增加配电变压器的电能损耗；③配变产生零序电流；④影响用电设备的安全运行；⑤电动机效率降低。综上，TT 系统中，三相负载不平衡并不会导致短路，选项 D 正确。

17. 防爆电气设备有隔爆型和增安型等各种类型，可以采取不同的型式和标志来区分。某防爆电气设备上有“Exd ⅡB T3 Gb”标志，下列关于该标志的说法，正确的是（　　）。

A. 该设备为隔爆型。用于ⅡB 类 T3 爆炸性气体环境，保护级别 Gb

B. 该设备为隔爆型。用于ⅡB 类 T3 爆炸性粉尘环境，保护级别 Gb

C. 该设备为增安型。用于 Gb 类 T3 组爆炸性气体环境，保护级别ⅡB

D. 该没备为增安型。用于 Gb 类 T3 组爆炸性粉尘环境，保护级别ⅡB

【答案】A

【解析】Ex d IIB T3 Gb，表示该设备为隔爆型“d”，保护级别（EPL）为 Gb，用于 IIB 类 T3 组爆炸性气体环境的防爆电气设备。

18. 下列关于使用手持电动工具盒移动式电气设备的说法中，错误的是（　　）。

A. Ⅰ类设备必须采取保护接地或保护接零措施

B. 一般场所，手持电动工具采用Ⅱ类设备

C. Ⅱ类设备带电部分与可触及导体之间的绝缘电阻不低于 2MΩ

D. 在潮湿或金属构架等导电性能好的作业场所，主要应使用Ⅱ类或Ⅲ类设备

【答案】C

【解析】带电部分与可触及导体之间的绝缘电阻：Ⅰ类设备不低于 2MΩ，Ⅱ类设备不低于 7MΩ，Ⅲ类设备不低于 1MΩ，选项 C 错误。

19. Ⅱ类设备是带有双重绝缘结构和加强绝缘结构的设备。下列电气设备中，属于Ⅱ类设备的是（　　）。

A. 冲击电钻　　　　B. 蛙夯

C. 低压开关　　　　D. 电焊机

【答案】A

【解析】Ⅱ类设备没有保护接地或保护接零的要求。一般场所，手持电动工具应优先选用Ⅱ类设备。冲击电钻属于手持电动工具，选项 A 正确。

20. 高压开关种类很多，其中既能在正常情况下接通和分断负荷电流，又能借助继电保护装置在故障情况下切断短路电流的高压开关是（　　）。

A. 高压隔离开关

B. 高压连锁装置

C. 高压断路器

D. 高压负荷开关

【答案】C

【解析】高压断路器是高压开关设备中最重要、最复杂的开关设备。高压断路器有强力灭弧装置，既能在正常情况下接通和分断负荷电流，又能借助继电保护装置在故障情况下切断过载电流和短路电流。

第三章　特种设备安全技术

【重点知识导学】

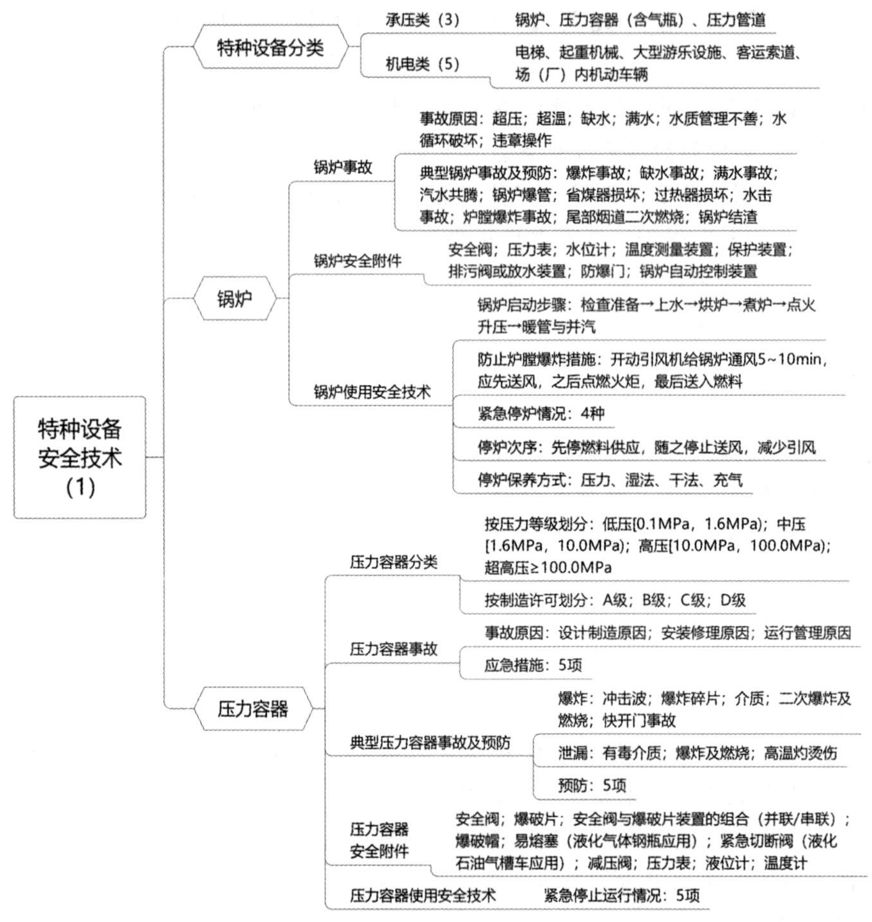

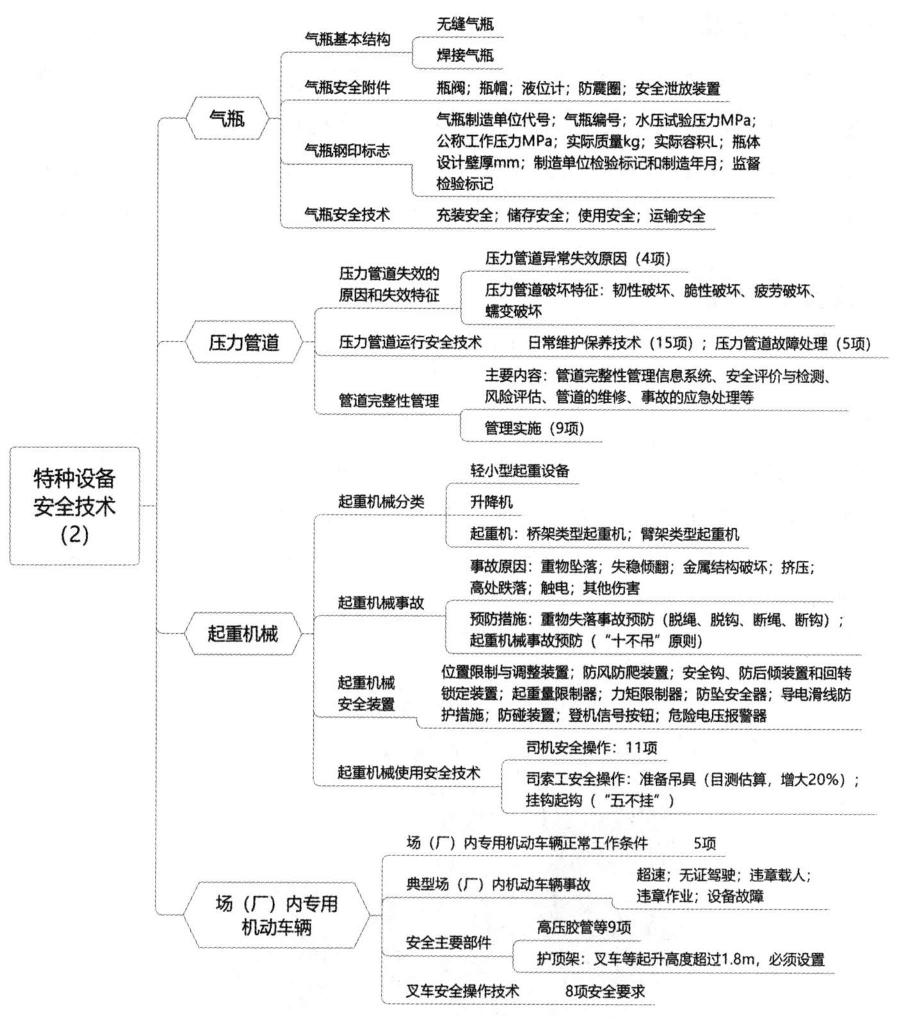
特种设备安全技术（2）
气瓶
气瓶基本结构
无缝气瓶
焊接气瓶
气瓶安全附件
瓶阀；瓶帽；液位计；防震圈；安全泄放装置
气瓶钢印标志
气瓶制造单位代号；气瓶编号；水压试验压力MPa；公称工作压力MPa；实际质量kg；实际容积L；瓶体设计壁厚mm；制造单位检验标记和制造年月；监督检验标记
气瓶安全技术
充装安全；储存安全；使用安全；运输安全
压力管道
压力管道失效的原因和失效特征
压力管道异常失效原因（4项）
压力管道破坏特征：韧性破坏、脆性破坏、疲劳破坏、蠕变破坏
压力管道运行安全技术
日常维护保养技术（15项）；压力管道故障处理（5项）
管道完整性管理
主要内容：管道完整性管理信息系统、安全评价与检测、风险评估、管道的维修、事故的应急处理等
管理实施（9项）
起重机械
起重机械分类
轻小型起重设备
升降机
起重机：桥架类型起重机；臂架类型起重机
起重机械事故
事故原因：重物坠落；失稳倾翻；金属结构破坏；挤压；高处跌落；触电；其他伤害
预防措施：重物失落事故预防（脱绳、脱钩、断绳、断钩）；起重机械事故预防（“十不吊”原则）
起重机械安全装置
位置限制与调整装置；防风防爬装置；安全钩、防后倾装置和回转锁定装置；起重量限制器；力矩限制器；防坠安全器；导电滑线防护措施；防碰装置；登机信号按钮；危险电压报警器
起重机械使用安全技术
司机安全操作：11项
司索工安全操作：准备吊具（目测估算，增大20%）；挂钩起钩（“五不挂”）
场（厂）内专用机动车辆
场（厂）内专用机动车辆正常工作条件
5项
典型场（厂）内机动车辆事故
超速；无证驾驶；违章载人；违章作业；设备故障
安全主要部件
高压胶管等9项
护顶架：叉车等起升高度超过1.8m，必须设置
叉车安全操作技术
8项安全要求

第一节　特种设备安全基础知识概述

一、特种设备的概念及分类

根据《特种设备安全监察条例》的规定，特种设备是指涉及生命安全、危险性较大的锅炉、压力容器（含气瓶，下同）、压力管道、电梯、起重机械、客运索道、大型游乐设施和场（厂）内专用机动车辆。特种设备依据其主要工作特点，可分为承压类特种设备和机电类特种设备。特种设备包括其所用的材料、附属的安全附件、安全保护装置和与安全保护装置相关的设施。

（一）承压类特种设备

承压类特种设备指承载一定压力的密闭设备或管状设备，包括锅炉、压力容器（含气瓶）、压力管道。

1. 锅炉

锅炉指利用各种燃料、电能或者其他能源，将所盛装的液体加热到一定的参数，并对外输出热能的设备，其范围规定为：容积大于或者等于 30L 的承压蒸汽锅炉；出口水压大于或者等于 0.1MPa（表压），且额定功率大于或者等于 0.1MW 的承压热水锅炉；有机热载体锅炉。锅炉如图 3—1 所示。

图 3—1　锅炉

2. 压力容器

压力容器指盛装气体或者液体，承载一定压力的密闭设备，其范围规定为：最高工作压力大于或者等于 0.1MPa（表压），且压力与容积的乘积大于或者等于 2.5MPa·L 的气体、液化气体和最高工作温度高于或者等于标准沸点的液体的固定式容器和移动式容器；盛装公称工作压力大于或者等于 0.2MPa（表压），且压力与容积的乘积大于或者等于 1.0MPa·L 的气体、液化气体和标准沸点等于或者低于 60℃ 液体的气瓶；氧舱等。压力容器（含气瓶）如图 3—2所示。

图 3—2 压力容器（含气瓶）

3. 压力管道

压力管道指利用一定的压力，用于输送气体或者液体的管状设备，其范围规定为：最高工作压力大于或者等于 0.1MPa（表压）的气体、液化气体、蒸汽介质或者可燃、易爆、有毒、有腐蚀性、最高工作温度高于或者等于标准沸点的液体介质，且公称直径大于 25mm 的管道，如图 3—3 所示。

图 3—3 压力管道

（二）机电类特种设备

机电类特种设备指必须由电力牵引或驱动的设备，包括电梯、起重机械、客运索道、大型游乐设施、场（厂）内专用机动车辆。

1. 电梯

电梯指动力驱动，利用沿刚性导轨运行的箱体或者沿固定线路运行的梯级（踏步），进行升降或者平行运送人、货物的机电设备，包括载人（货）电梯、自动扶梯、自动人行道等，如图 3—4 所示。

图 3—4 电梯

2. 起重机械

起重机械指用于垂直升降或者垂直升降并水平移动重物的机电设备，其范围规定为：额定起重量大于或者等于 0.5t 的升降机；额定起重量大于或者等于 1t，且提升高度大于或者等于 2m 的起重机和承重形式固定的电动葫芦等。起重机械如图 3－5 所示

图 3－5　起重机械

3. 客运索道

客运索道指动力驱动，利用柔性绳索牵引箱体等运载工具运送人员的机电设备，包括客运架空索道、客运缆车、客运拖牵索道等，如图 3－6 所示。

图 3－6　客运索道

4. 大型游乐设施

大型游乐设施指用于经营目的，承载乘客游乐的设施，其范围规定为：设计最大运行线速度大于或者等于 2m/s，或者运行高度距地面高于或者等于 2m 的载人大型游乐设施，如图 3－7 所示。

图 3－7　大型游乐设施

5. 场（厂）内专用机动车辆

场（厂）内专用机动车辆指除道路交通、农用车辆以外仅在工厂厂区、旅游景区、游乐场所等特定区域使用的专用机动车辆，如图 3－8 所示。

图 3—8　场（厂）内专用机动车辆

二、锅炉基础知识

（一）锅炉工作原理及工作特性

锅炉是指利用燃料燃烧释放的热能或其他热能加热水或其他工质，以生产规定参数（温度、压力）和品质的蒸汽、热水或其他工质的设备，是一种生产、生活中常见的热能设备。

1. 锅炉工作原理

锅炉由“锅”和“炉”以及相配套的附件、自控装置、附属设备组成。“锅”是指锅炉接受热量，并将热量传给水、汽、导热油等工质的受热面系统，是锅炉中储存或输送水或蒸汽的密闭受压部分。“锅”主要包括锅筒（或锅壳）、水冷壁、过热器、再热器、省煤器、对流管束及集箱等。“炉”是指燃料燃烧产生高温烟气，将化学能转化为热能的空间和烟气流通的通道——炉膛和烟道。“炉”主要包括燃烧设备和炉墙等。锅炉结构及工作原理如图 3—9 所示。

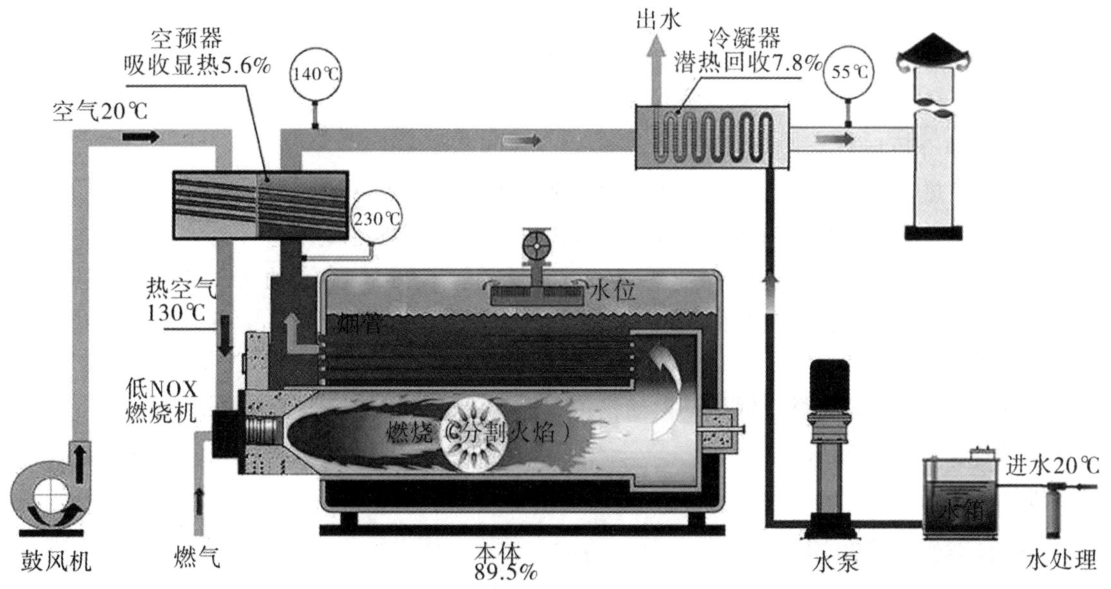

图 3—9　锅炉结构及工作原理

2. 工作特性

（1）爆炸危害性。锅炉具有爆炸性。锅炉在使用中发生破裂，使内部压力瞬时降至等于外界大气压的现象叫爆炸。

（2）易于损坏性。锅炉由于长期运行在高温高压的恶劣工况下，因而经常受到局部损坏，如不能及时发现处理，会进一步导致重要部件和整个系统的全面受损。

（3）使用的广泛性。由于锅炉为整个社会生产提供了能源和动力，因而其应用范围极其广泛。

（4）连续运行性。锅炉一旦投用，一般要求连续运行，而不能随便停炉，否则会影响一条生产线、一个厂甚至一个地区的生产、生活，其间接经济损失巨大，有时还会造成恶劣的后果。

（二）锅炉的分类

1. 按用途划分

锅炉按用途分为电站锅炉、工业锅炉。用锅炉产生的蒸汽带动汽轮机发电用的锅炉称为电站锅炉。产生的蒸汽或热水主要用于工业生产和/或民用的锅炉称为工业锅炉。

2. 按锅炉产生的蒸汽压力划分

锅炉按锅炉产生的蒸汽压力分为超临界压力锅炉、亚临界压力锅炉、超高压锅炉、高压锅炉、中压锅炉、低压锅炉。

（1）出口蒸汽压力超过水蒸气的临界压力（22.1MPa）的锅炉为超临界压力锅炉。

（2）出口蒸汽压力低于但接近于临界压力，一般为 15.7～19.6MPa 的锅炉为亚临界压力锅炉。

（3）出口蒸汽压力一般为 11.8～14.7MPa 的锅炉为超高压锅炉。

（4）出口蒸汽压力一般为 7.84～10.8MPa 的锅炉为高压锅炉。

（5）出口蒸汽压力一般为 2.45～4.90MPa 的锅炉为中压锅炉。

（6）出口蒸汽压力一般不大于 2.45MPa 的锅炉为低压锅炉。

3. 按锅炉的蒸发量划分

锅炉按锅炉的蒸发量分为大型、中型、小型锅炉。

（1）蒸发量大于 75t/h 的锅炉称为大型锅炉。

（2）蒸发量为 20～75t/h 的锅炉称为中型锅炉。

（3）蒸发量小于 20t/h 的锅炉称为小型锅炉。

4. 按载热介质划分

锅炉按载热介质分为蒸汽锅炉、热水锅炉和有机热载体锅炉。

（1）锅炉出口介质为饱和蒸汽或者过热蒸汽的锅炉称为蒸汽锅炉。

（2）锅炉出口介质为高温水（120℃以上）或者低温水（120℃以下）的锅炉称为热水锅炉。

（3）以有机质液体作为热载体工质的锅炉称为有机热载体锅炉。

5. 按热能来源划分

锅炉按热能来源分为燃煤锅炉、燃油锅炉、燃气锅炉、废热锅炉、电热锅炉。

6. 按锅炉结构划分

锅炉按锅炉结构分为锅壳锅炉、水管锅炉。

三、压力容器基础知识

（一）压力容器工作特性

压力容器，一般泛指在工业生产中盛装用于完成反应、传质、传热、分离和储存等生产工艺过程的气体或液体，并能承载一定压力的密闭设备。它被广泛用于石油、化工、能源、冶金、机械、轻纺、医药、国防等工业领域。

1. 结构特点

压力容器一般由筒体（又称壳体）、封头（又称端盖）、法兰、密封元件、开孔与接管（人孔、手孔、视镜孔、物料进出口接管）、附件（液位计、流量计、测温管、安全阀等）和支座等所组成。

2. 压力

压力容器的压力可以来自两个方面，一是在容器外产生（增大）的，二是在容器内产生（增大）的。

（1）最高工作压力，多指在正常操作情况下，容器顶部可能出现的最高压力。

（2）设计压力，指在相应设计温度下用以确定容器壳体厚度及其元件尺寸的压力，即标注在容器铭牌上的设计压力。压力容器的设计压力值不得低于最高工作压力。

3. 温度

（1）工作温度，指容器内部工作介质在正常操作过程中的温度，即介质温度。

（2）金属温度，指容器受压元件沿截面厚度的平均温度。任何情况下，元件金属的表面温度不得超过钢材的允许使用温度。

（3）设计温度，指容器在正常操作时，在相应设计压力下，壳壁或元件金属可能达到的最高或最低温度。当壳壁或元件金属的温度低于-20℃，按最低温度确定设计温度；除此之外，设计温度一律按最高温度选取。

4. 介质

生产过程所涉及的介质品种繁多，分类方法也有多种。按物质状态分类，有气体、液体、液化气体、单质和混合物等；按化学特性分类，则有可燃、易燃、惰性和助燃 4 种；按它们对人类毒害程度，又可分为极度危害（Ⅰ）、高度危害（Ⅱ）、中度危害（Ⅲ）、轻度危害（Ⅳ）4 级；按它们对容器材料的腐蚀性可分为强腐蚀性、弱腐蚀性和非腐蚀性。

（二）压力容器的分类

压力容器有众多分类方法，可以按压力等级分、按在生产中的作用分、按安装方式分、按制造许可分、按安全技术管理（基于危险性）分类等。

1. 按压力等级划分

按承压方式分类，压力容器可以分为内压容器和外压容器，内压容器按设计压力（P）可以划分为低压、中压、高压和超高压四个压力等级。

（1）低压容器（L），$0.1\text{MPa} \leqslant P < 1.6\text{MPa}$。

（2）中压容器（M），$1.6\text{MPa} \leqslant P < 10.0\text{MPa}$。

（3）高压容器（H），$10.0\text{MPa} \leqslant P < 100.0\text{MPa}$。

（4）超高压容器（U），$P \geqslant 100.0\text{MPa}$。

外压容器中，当容器的内压力小于一个绝对大气压（约 0.1MPa）时，又称为真空容器。

2. 按容器在生产中的作用划分

（1）反应压力容器（R），主要是用于完成介质的物理、化学反应的压力容器，如各种反应器、反应釜、聚合釜、合成塔、变换炉、煤气发生炉等。

（2）换热压力容器（E），主要是用于完成介质的热量交换的压力容器，如各种热交换器、冷却器、冷凝器、蒸发器等。

（3）分离压力容器（S），主要是用于完成介质的流体压力平衡缓冲和气体净化分离的压力容器，如各种分离器、过滤器、集油器、洗涤器、吸收塔、干燥塔、汽提塔、分汽缸、除氧器等。

（4）储存压力容器（C，球罐代号 B），主要是用于储存和盛装气体、液体、液化气体等介质的压力容器，如各种型式的储罐、缓冲罐、消毒锅、印染机、烘缸、蒸锅等。

3. 按安装方式划分

（1）固定式压力容器，指安装在固定位置使用的压力容器，如生产车间内的储罐、球罐、塔器、反应釜等。

（2）移动式压力容器，指单个或多个压力容器罐体与行走装置、定型汽车底盘或者无动力半挂行走机构或框架组成，采用永久性连接，适用于铁路、公路、水路的运输装备，包括汽车罐车、铁路罐车、罐式集装箱、长管拖车等。这类压力容器使用时不仅承受内压或外压载荷，搬运过程中还会受到由于内部介质晃动引起的冲击力，以及运输过程中带来的外部撞击和振动载荷，因而在结构、使用和安全方面均有特殊的要求。

4. 按制造许可划分

国家质量监督检验检疫总局颁布的《锅炉压力容器制造监督管理办法》中，以制造难度、结构特点、设备能力、工艺水平、人员条件等为基础，将压力容器划分为 A、B、C、D 共 4 个许可级别。

（1）制造许可 A 级：超高压容器、高压容器（A1），第三类低、中压容器（A2），球形储罐现场组焊或球壳板制造（A3），非金属压力容器（A4），医用氧舱（A5）。

（2）制造许可 B 级：无缝气瓶（B1），焊接气瓶（B2），特种气瓶（B3）。

（3）制造许可 C 级：铁路罐车（C1），汽车罐车或长管拖车（C2），罐式集装箱（C3）。

（4）制造许可 D 级：第一类压力容器（D1），第二类低、中压容器（D2）。

5. 安全监察检验检测及使用管理上的分类（适用于固定式压力容器）

为便于安全监察、使用管理和检验检测，《固定式压力容器安全技术监察规程》将压力容器划分为三类（Ⅰ、Ⅱ、Ⅲ类）。划分办法如下：

（1）首先将压力容器的介质分为两组。

第一组介质：毒性程度为极度危害、高度危害的化学介质（综合考虑急性毒性、最高容许浓度和职业性慢性危害等因素：极度危害最高容许浓度小于 0.1mg/m³，高度危害最高容许浓度 0.1～1.0mg/m³，中度危害最高容许浓度 1.0～10.0mg/m³，轻度危害最高容许浓度大于或者等于 10.0mg/m³）；易爆介质（指气体或者液体的蒸汽、薄雾与空气混合形成的爆炸混合物，并且其爆炸下限小于 10%，或者爆炸上限和爆炸下限的差值大于或者等于 20%的介质）；液化气体，见图 3－10。

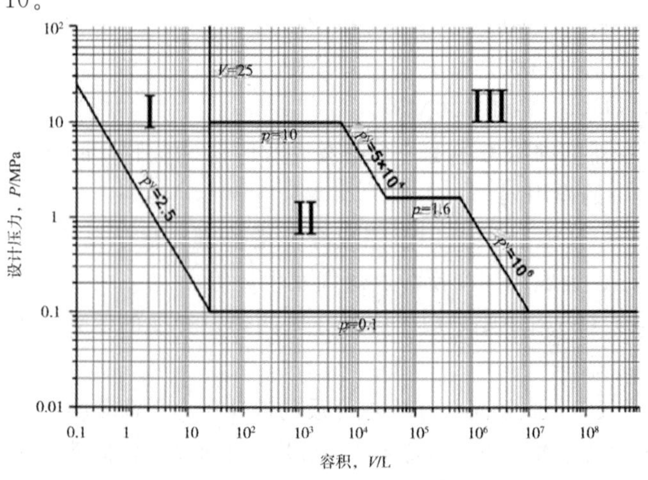

图 3－10　压力容器类别划分图——第一组介质

第二组介质：由除第一组以外的介质组成，如毒性程度为中度危害以下的化学介质，包括水蒸气、氮气等，见图3—11。

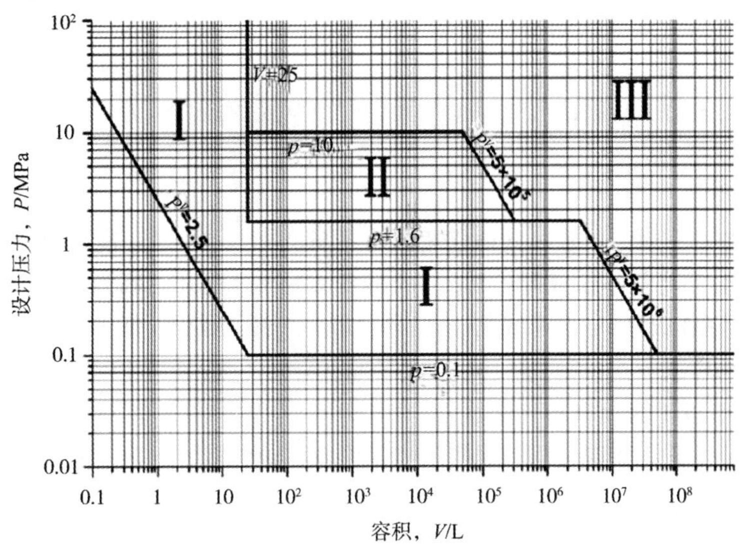

图3—11 压力容器类别划分图——第二组介质

（2）按照介质特性分组后选择分类图，再根据设计压力 P（单位MPa）和容积 V（单位L），标出坐标点，确定容器类别。

（三）气瓶工作特性和分类

1. 气瓶工作特性

（1）气瓶的范围。气瓶是储运式压力容器。它在生产中使用日益广泛。对压力容器的安全要求，一般讲对气瓶也是适用的。但由于气瓶在使用方面有它的特殊性，因此为保证安全，气瓶除符合压力容器的安全要求外，还有一些特殊要求。

根据《气瓶安全监察规定》（2003年6月1日起施行），其适用范围是：正常环境温度（—40～60℃）下使用的、公称工作压力大于或等于0.2MPa（表压）且压力与容积的乘积大于或等于1.0MPa·L的盛装气体、液化气体和标准沸点等于或低于60℃的液体的气瓶（不含仅在灭火时承受压力、储存时不承受压力的灭火用气瓶）；不包括军事装备、核设施、航空航天器、铁路机车、船舶和海上设施使用的气瓶。

《气瓶安全监察规程》（自2001年7月1日开始生效）明确，气瓶是指正常环境温度（—40～60℃）下使用的、公称工作压力为1.0～30Mpa（表压，下同）、公称容积为0.4～3000L、盛装永久气体、液化气体或混合气体的无缝、焊接和特种气瓶（“特种气瓶”指车用气瓶、低温绝热气瓶、纤维缠绕气瓶和非重复充装气瓶等，其中低温绝热气瓶的公称工作压力的下限为0.2MPa）。但不包括盛装溶解气体、吸附气体的气瓶，以及机器设备上附属的瓶式压力容器。

（2）气瓶工作特点。气瓶是移动式小型盛装容器，单瓶容积一般不大于1000L。其基本工作特点是：工作场所、工作条件经常变化；介质单口进出，充装和使用不同时进行；多次反复充装介质。

2. 有关气瓶的技术参数

（1）临界温度。使物质由气相变为液相的最高温度叫临界温度。每种物质都有一个特定的温度，在这个温度以上，无论怎样增大压强，气态物质都不会液化，这个温度就是临界温度。

（2）气瓶的公称工作压力。对于盛装永久气体的气瓶，系指在基准温度时（一般为20℃），所盛装气体的限定充装压力；对于盛装液化气体的气瓶，系指温度为60℃时瓶内气体压力的上限值。盛装高压液化气体的气瓶，其公称工作压力不得小于 8MPa。盛装有毒和剧毒危害的液化气体的气瓶，其公称工作压力的选用应适当提高。

（3）气瓶最高工作温度。指考虑日晒，瓶内介质可能达到的最高温度。我国标准规定为 60℃。

（4）气瓶许用压力。指保证气瓶安全，允许气瓶承受的最高压力，它应不小于瓶内介质温度为 60℃时的介质压力。

3. 气瓶的分类

（1）按照充装的介质分：永久气体气瓶（临界温度小于-10℃）；高压液化气体气瓶（临界温度大于或等于-10℃，且小于或等于 70℃）；低压液化气体气瓶（临界温度大于 70℃）。

（2）按照公称工作压力分：高压气瓶（30、20、15、12.5、8MPa）；低压气瓶（5、3、2、1MPa）。

（3）按照公称容积分：12L（含 12L）以下为小容积气瓶；12L 以上至 100L（含 100L）为中容积气瓶；100L 以上为大容积气瓶。

（4）按构造分类分：无缝气瓶；焊接气瓶；溶解乙炔气瓶；吸附气瓶；玻璃钢气瓶。

四、压力管道基础知识

（一）压力管道的定义和主要特点

管道运输是与铁路、公路、水运、航空并列的五大运输方式之一。压力管道广泛用于石油化工、冶金、电力等行业生产及城市燃气和供热系统等公众生活之中。

1. 压力管道的定义

（1）管道的定义。管道是由管道组成件、管道支吊架等组成，用以输送、分配、混合、分离、排放、计量、控制和制止流体流动的管子、管件、法兰、螺栓连接、垫片、阀门和其他组成件或受压部件的装配总成。

（2）压力管道的定义。压力管道是指利用一定的压力，用于输送气体或者液体的管状设备，其范围规定为最高工作压力大于或者等于 0.1MPa（表压）的气体、液化气体、蒸汽介质或者可燃、易爆、有毒、有腐蚀性、最高工作温度高于或者等于标准沸点的液体介质，且公称直径大于 25mm 的管道。其设计、制造、安装、使用、检验、修理、改造等环节要受到政府特种设备安全监督管理部门的严格监管。

2. 压力管道基本构成

管道是指由管道组成件和管道支承件组成。

（1）管道组成件包括：管子、管件、法兰、垫片、紧固件、阀门以及膨胀接头、挠性接头、耐压软管、安全保护装置、疏水器、过滤器和分离器等。

（2）管道支承件包括：吊杆、弹簧支吊架、斜拉杆、平衡锤、松紧螺栓、支承杆、链条、导轨、锚固件、鞍座、垫板、滚柱、托座和滑动支架等安装件，管吊、吊（支）耳、圆环、夹子、吊夹、紧固夹板和群式管座等附着件。

3. 压力管道的工作特点

（1）管道相互联系、牵扯和影响，且长细比大，易于失稳，受力情况更复杂。

（2）压力管道设计除了要考虑常规因素外，还需考虑柔性、振动、支撑等特殊因素。

（3）管内流体流动状态复杂，缓冲余地小，工作条件变化频率大。

（4）管道的组成件种类繁多，各有各的特点和技术要求，选材和总成困难。

（5）管道上的可能泄漏点多。

（6）管道在布置、安装和检验方面比较复杂。

（7）管道几乎与所有专业都有条件关系。

（二）压力管道分类

1. 根据管道的用途和地域特性分类

压力管道分工业管道、公用管道和长输管道三类。

（1）工业管道。企业、事业单位所属的用于输送工艺介质的工艺管道、公用工程管道及其他辅助管道。其地域特性是一个企业或事业单位内使用的管道。

（2）公用管道。城市或乡镇范围内用于公用事业或民用的燃气管道和热力管道。其地域特性是一个城市或乡镇范围内使用的管道。

（3）长输管道。产地、储存库、使用单位间用于输送商品介质的管道。其地域特性是跨地区（跨省、跨地市）使用的管道。

2. 根据管道承受内压情况分类

压力管道分为：真空管道（$P<0.1MPa$）；低压管道（$0.1MPa\leqslant P<1.6MPa$）；中压管道（$1.6MPa\leqslant P<10MPa$）；高压管道（$10MPa\leqslant P<100MPa$）；超高压管（$P\geqslant 100MPa$）。

3. 根据压力管道输送的介质分类

压力管道可以分为工艺管道、燃气管道、蒸汽管道等。

4. 根据管道的材料分类

压力管道可以分为碳钢管道、不锈钢管道、合金钢管道、有色金属管道、非金属管道、复合材料管道、特种材料管道等。

5. 按管壁厚度分类

压力管道可以分为厚壁管道和薄壁管道。

6. 按管道的操作温度分类

压力管道可分为高温管道、常温管道、低温管道等。

五、起重机械基础知识

（一）起重机械工作原理和特性

1. 起重机械工作原理

起重机械，是指用于垂直升降或者垂直升降并水平移动重物的机电设备。作为特种设备的起重机械包括：额定起重量大于或者等于 0.5t 的升降机；额定起重量大于或者等于 1t，且提升高度大于或者等于 2m 的起重机和承重形式固定的电动葫芦等。

2. 起重机械工作特点

（1）起重机械通常具有庞大的结构和比较复杂的机构，作业过程中常常是几个不同方向的运动同时操作，操作技术难度较大。

（2）能吊运的重物多种多样，载荷是变化的。有的重物重达上百吨，体积大且不规则，还有散粒、热融和易燃易爆危险品等，使吊运过程复杂而危险。

（3）需要在较大的范围内运行，活动空间较大，一旦造成事故，影响的面积也较大。

（4）有些起重机械需要直接载运人员做升降运动，其可靠性直接影响人身安全。

（5）暴露的、活动的零部件较多，且常与吊运作业人员直接接触（如吊钩、钢丝绳等），潜在许多偶发的危险因素。

（6）作业环境复杂，如涉及企业、港口、工地等场所，涉及高温、高压、易燃易爆等环境危险因素，对设备和作业人员形成威胁。

（7）作业中常常需要多人配合，共同完成一项操作。

上述诸多危险因素的存在，决定了起重伤害事故较多。

3. 起重机械安全正常工作的条件

（1）金属结构和机械零部件应具有足够的强度、刚性和抗屈曲能力。

（2）整机必须具有必要的抗倾覆稳定性。

（3）原动机具有满足作业性能要求的功率，制动装置提供必需的制动力矩。

（二）起重机械分类

1. 轻小型起重设备

轻小型起重设备一般只有一个升降机构，常见的有千斤顶、电动或手拉葫芦、绞车、滑车等。有的电动葫芦配有可以沿单轨运动的运行机构。

2. 升降机

常见的升降机有垂直升降机、电梯等。它虽然也只有一个升降机构，但由于配有完善的安全装置及其他附属装置，其复杂程度是轻小起重设备不能比拟的，故列为单独一类。

3. 起重机

起重机是指除了起升机构以外还有其他运动机构的起重设备。根据水平运动形式的不同，分为桥架类型起重机和臂架类型起重机两大类别。此外，还有桥架与臂架类型综合的起重机，例如，在装卸桥上装有可旋转臂架的起重机，在冶金桥式起重机上装有可旋转小车等。

（1）桥架类型起重机。其特点是以桥形结构作为主要承载构件，取物装置悬挂在可以沿主梁运行的起重小车上。桥架类型起重机通过起升机构的升降运动、小车运行机构和大车运行机构的水平运动，这三个工作机构的组合运动，在矩形三维空间内完成物料搬运作业。这类起重机应用于车间、仓库、露天堆场等处。桥架类型起重机根据结构型式不同还可以分为桥式起重机、门式起重机和缆索起重机。

①桥式起重机。其使用广泛的有单主梁或双主梁桥式起重机，它的主梁和两个端梁组成桥架，整个起重机直接运行在建筑物高架结构的轨道上。最简单的是梁式起重机，采用电动葫芦在工字钢梁或其他简单梁上运行，如图 3－12 所示。

图 3－12　梁式起重机

②门式起重机。又被称为带腿的桥式起重机，其主梁通过支撑在地面轨道上的两个刚性支腿或刚性—柔性支腿，形成一个可横跨铁路轨道或货场的门架，外伸到支腿外侧的主梁悬臂部分可扩大作业面积，如图 3－13 所示。门式起重机有时制造成单支腿的半门式起重机。装卸桥是专门用于装卸作业的门式起重机，供货站、港口等部门进行散粒物料的堆取，其特点是小车运行速度大、跨度大（一般为 60～90m 以上），生产率高（可达 500～1000t/h 或更高）。

图 3—13 门式起重机

③绳索起重机。它适用于跨度大、地形复杂的货场、水库或工地作业。由于跨度大，固定在两个塔架顶部的缆索取代了桥形主梁。悬挂在起重小车上的取物装置被牵引索高速牵引，沿承载索往返运行，两塔架分别在相距较远的两岸轨道上，可以低速运行。

(2) 臂架类型起重机。其结构都有一个悬伸、可旋转的臂架作为主要受力构件，除了起升机构外，通常还有旋转机构和变幅机构，通过起升机构、变幅机构、旋转机构和运行机构四大机构的组合运动，可以实现在圆形或长圆形空间的装卸作业。臂架式起重机可装设在车辆或其他运输工具上，构成了常见的各种运行臂架式起重机，例如，门座起重机、塔式起重机、铁路起重机、流动式起重机。

①流动式起重机。它包括汽车起重机、轮胎起重机、履带起重机，采用充气轮胎或履带作运行装置，可以在无轨路面长距离移动。最常见的汽车起重机安装在汽车底盘上，其优点是机动性好，可与汽车一起编队运行，如图 3—14 所示。

图 3—14 汽车起重机

②塔式起重机。其结构特点是悬架长（服务范围大）、塔身高（增加升降高度）、设计精巧，可以快速安装、拆卸，如图 3—15 所示。轨道临时铺设在工地上，以适应经常搬迁的需要。

图 3—15 塔式起重机

③门座式起重机。它是回转臂架安装在门形座架上的起重机，沿地面轨道运行的门座架下可通过铁路车辆或其他车辆，如图 3－16 所示。门座式起重机多用于港口装卸作业，或造船厂进行船体与设备装配。

图 3－16　门座式起重机

六、特种设备使用安全管理基本要求

根据我国有关特种设备的法律、法规、规章的规定，特种设备使用的安全管理应满足下列基本要求：

1. 使用许可厂家的合格产品

国家对特种设备的设计制造有严格的要求，实行许可定点生产制度。特种设备的制造单位，必须具备保证产品质量所必需的加工设备、技术力量、检验手段和管理水平。购置、选用的特种设备应是许可定点厂家的合格产品，并有齐全的技术文件、产品质量合格证明书和产品竣工图等技术资料。

2. 登记建档和安全技术档案

特种设备在正式使用前，必须到当地特种设备安全监察机构登记，经审查批准入户建档、取得使用证方可使用。使用单位自己也应建立特种设备安全技术档案，保存特种设备的设计、制造、安装、使用、修理、改造和检验等过程的技术资料。

3. 专责管理

使用特种设备的单位，应对特种设备进行专责管理，并设置专门机构、责成专门的领导和技术人员负责管理特种设备。

4. 持证上岗

特种设备操作人员，如锅炉司炉、水质化验人员、压力容器操作人员、起重机司机及司索工等，应分别接受专业安全技术培训并考试合格，持证上岗。

5. 建立健全安全管理制度、照章运行

特种设备使用单位必须建立健全特种设备安全管理制度，严格依照操作规程及其他法规操作运行，任何人在任何情况下不得违章作业。

6. 定期检验

定期检验是指在设备的设计使用期限内，每隔一定的时间对其承压部件和安全装置等关键元件进行检查，或做必要的试验。实行定期检验是及早发现缺陷、消除隐患、保证设备安全运行的一项行之有效的措施。实施特种设备法定检验的单位须取得国家质量监督检验检疫总局的核准资格。

如锅炉使用单位对水质的监控就属于定期检验的内容。水中杂质使锅炉结垢、腐蚀及产生汽水共腾，降低锅炉效率、寿命及供汽质量。必须严格监督、控制锅炉给水及锅水水质，使之符合锅炉水质标准。

7. 报告事故

特种设备在运行和适用中发生事故，除紧急妥善处理外，应按规定及时、如实上报主管部门及当地特种设备安全监察部门。

第二节　锅炉安全技术

一、锅炉的安全附件

1. 安全阀

安全阀每年至少校验一次，检验的项目为整定压力和密封性能，有条件时可以校验回座压力。对新安装锅炉的安全阀及检修后的安全阀，也应检验其整定压力和密封性能。安全阀经校验后，应加锁或铅封。安全阀及其结构如图 3－17 所示。

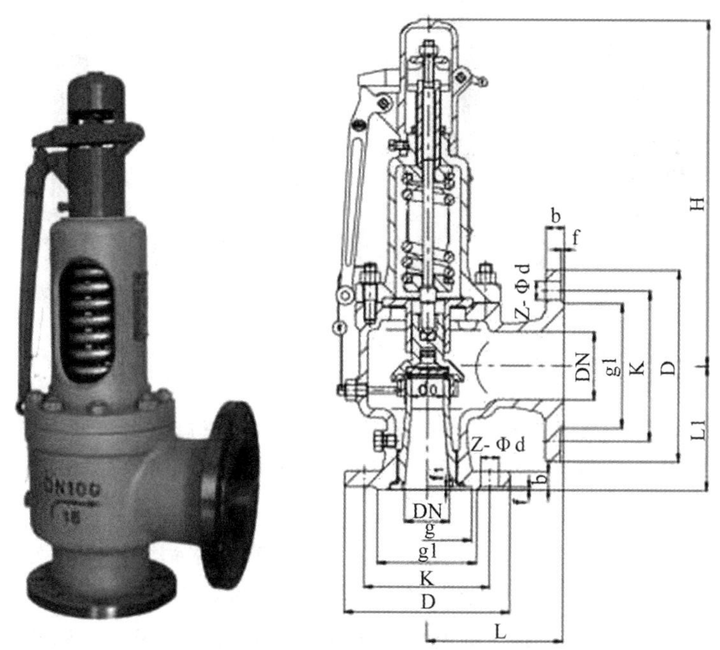

图 3－17　安全阀及其结构

2. 压力表

压力表用于准确地测量锅炉上所需测量部位压力的大小，如图 3－18 所示。

（1）锅炉必须装有与锅筒（锅壳）蒸汽空间直接相连接的压力表。

（2）根据工作压力选用压力表的量程范围，一般应在工作压力的 1.5～3 倍。

（3）表盘直径不应小于 100mm，表的刻盘上应划有最高工作压力红线标志。

（4）压力表装置齐全（压力表、存水弯管、三通旋塞）。应每半年对其校验一次，并铅封完好。

图 3—18 压力表

3. 水位计

水位计用于显示锅炉内水位的高低，如图 3—19 所示。水位计应安装合理，便于观察，且灵敏可靠。每台锅炉至少应装两只独立的水位计，额定蒸发量小于等于 0.2t/h 的锅炉可只装一只。水位计应设置放水管并接至安全点。玻璃管式水位计应有防护装置。

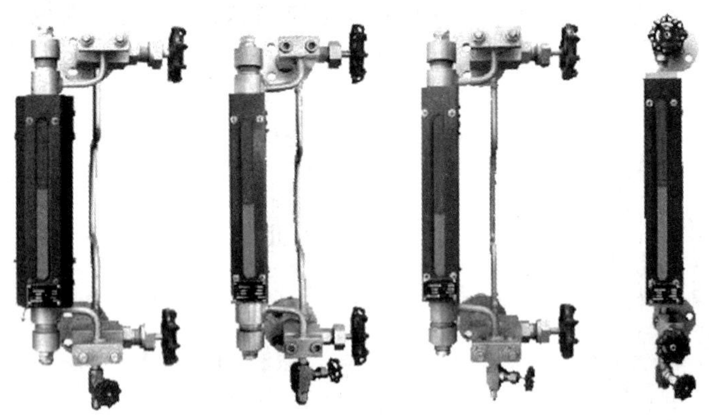

图 3—19 水位计

4. 温度测量装置

温度是锅炉热力系统的重要参数之一，为了掌握锅炉的运行状况，确保锅炉的安全、经济运行，在锅炉热力系统中，锅炉的给水、蒸汽、烟气等介质均需依靠温度测量装置进行测量监视。

5. 保护装置

（1）超温报警和联锁保护装置。超温报警装置安装在热水锅炉的出口处，当锅炉的水温超过规定的水温时，自动报警，提醒司炉人员采取措施减弱燃烧。超温报警和联锁保护装置联锁后，还能在超温报警的同时，自动切断燃料的供应和停止鼓、引风，以防止热水锅炉发生超温而导致锅炉损坏或爆炸。

（2）高低水位警报和低水位联锁保护装置。当锅炉内的水位高于最高安全水位或低于最低安全水位时，水位警报器就自动发出警报，提醒司炉人员采取措施防止事故发生。

（3）超压报警装置。当锅炉出现超压现象时，能发出警报，并通过联锁装置控制燃烧，如停止供应燃料、停止通风，使司炉人员能及时采取措施，以免造成锅炉超压爆炸事故。

（4）锅炉熄火保护装置。当锅炉炉膛熄火时，锅炉熄火保护装置作用，切断燃料供应，并发出相应信号。

6. 排污阀或放水装置

排污阀或放水装置的作用是排放锅水蒸发而残留下的水垢、泥渣及其他有害物质，将锅水的水质控制在允许的范围内，使受热面保持清洁，以确保锅炉的安全、经济运行。

7. 防爆门

为防止炉膛和尾部烟道再次燃烧造成破坏，常在炉膛和烟道易爆处装设防爆门。

8. 锅炉自动控制装置

通过工业自动化仪表对温度、压力、流量、物位、成分等参数进行测量和调节，达到监视、控制、调节生产的目的，使锅炉在最安全、经济的条件下运行。

二、锅炉使用安全技术

（一）锅炉启动步骤

1. 检查准备

对新装、移装和检修后的锅炉，启动之前要进行全面检查。主要内容有：检查受热面、承压部件的内外部，看其是否处于可投入运行的良好状态；检查燃烧系统各个环节是否处于完好状态；检查各类门孔、挡板是否正常，使之处于启动所要求的位置；检查安全附件和测量仪表是否齐全、完好并使之处于启动所要求的状态；检查锅炉架、楼梯、平台等钢结构部分是否完好；检查各种辅机特别是转动机械是否完好。

2. 上水

从防止产生过大热应力出发，上水温度最高不超过 90℃，水温与筒壁温差不超过 50℃。对水管锅炉，全部上水时间在夏季不小于 1h，在冬季不小于 2h。冷炉上水至最低安全水位时应停止上水，以防止受热膨胀后水位过高。

3. 烘炉

新装、移装、大修或长期停用的锅炉，其炉膛和烟道的墙壁非常潮湿，一旦骤然接触高温烟气，将会产生裂纹、变形，甚至发生倒塌事故。为防止此种情况发生，此类锅炉在上水后，启动前要进行烘炉。

4. 煮炉

对新装、移装、大修或长期停用的锅炉，在正式启动前必须煮炉。煮炉的目的是清除蒸发受热面中的铁锈、油污和其他污物，减少受热面腐蚀，提高锅水和蒸汽品质。

5. 点火升压

一般锅炉上水后即可点火升压。点火方法因燃烧方式和燃烧设备而异。层燃炉一般用木材引火，严禁用挥发性强烈的油类或易燃物引火，以免造成爆炸事故。

对于自然循环锅炉来说，其升压过程与日常的压力锅升压相似，即锅内压力是由烧火加热产生的，升压过程与受热过程紧紧地联系在一起。

6. 暖管与并汽

暖管，即用蒸汽慢慢加热管道、阀门、法兰等部件，使其温度缓慢上升，避免向冷态或较低温度的管道突然供入蒸汽，以防止热应力过大而损坏管道、阀门等部件；同时将管道中的冷凝水驱出，防止在供汽时发生水击。并汽也叫并炉、并列，即新投入运行锅炉向共用的蒸汽母管供汽。并汽前应减弱燃烧，打开蒸汽管道上的所有疏水阀，充分疏水以防水击；冲洗水位表，并使水位维持在正常水位线以下；使锅炉的蒸汽压力稍低于蒸汽母管内气压，缓慢打开主汽阀及隔绝阀，使新启动锅炉与蒸汽母管连通。

（二）点火升压阶段的安全注意事项

1. 防止炉膛爆炸

（1）锅炉点火时需防止炉膛爆炸。燃气锅炉、燃油锅炉、煤粉锅炉等点火时必须特别注意防止炉膛爆炸。锅炉点火前，锅炉炉膛中可能残存有可燃气体或其他可燃物，也可能预先送入可燃物，如不注意清除，这些可燃物与空气的混合物遇明火即可能爆炸，这就是炉膛爆炸。

（2）防止炉膛爆炸的措施。点火前，开动引风机给锅炉通风 5～10min，没有风机的可自然通风 5～10min，以清除炉膛及烟道中的可燃物质。点燃气、油、煤粉炉时，应先送风，之后投入点燃火炬，最后送入燃料。一次点火未成功需重新点燃火炬时，一定要在点火前给炉膛烟道重新通风，待充分清除可燃物之后再进行点火操作。

2. 控制升温升压速度

升压过程也就是锅水饱和温度不断升高的过程。由于锅水温度的升高，锅筒和蒸发受热面的金属壁温也随之升高，金属壁面中存在不稳定的热传导，需要注意热膨胀和热应力问题。

为防止产生过大的热应力，锅炉的升压过程一定要缓慢进行。点火过程中，应对各热承压部件的膨胀情况进行监督。发现有卡住现象应停止升压，待排除故障后再继续升压。发现膨胀不均匀时也应采取措施消除。

3. 严密监视和调整仪表

点火升压过程中，锅炉的蒸汽参数、水位及各部件的工作状况在不断地变化，为了防止异常情况及事故的出现，必须严密监视各种指示仪表，将锅炉压力、温度和水位控制在合理的范围之内。同时，各种指示仪表本身也要经历从冷态到热态、从不承压到承压的过程，也要产生热膨胀，在某些情况下甚至会产生卡住、堵塞、转动或开关不灵等，使得无法投入运行或工作不可靠的故障。因此点火升压过程中，保证指示仪表的准确可靠十分重要。

在一定的时间内压力表上的指针应离开原点。如锅炉内已有压力而压力表指针不动，则须将火力减弱或停息，校验压力表并清洗压力表管道，待压力表正常后，方可继续升压。

4. 保证强制流动受热面的可靠冷却

自然循环锅炉的蒸发面在锅炉点火后开始受热，即产生循环流动。由于启动过程加热比较缓慢，蒸发受热面中产生的蒸汽量较少，水循环还不正常，各水冷壁受热不均匀的情况也比较严重，但蒸发受热面一般不至于在启动过程中烧坏。

由于锅炉在启动中不向用户提供蒸汽及不连续经省煤器上水，省煤器、过热器等强制流动受热面中没有连续流动的水汽介质冷却，因而可能被外部连续流过的烟气烧坏。所以，必须采取可靠措施，保证强制流动受热面在启动过程中不致过热损坏。

对过热器的保护措施是：在升压过程中，开启过热器出口集箱疏水阀、对空排气阀，使一部分蒸汽流经过热器后被排除，从而使过热器得到足够的冷却。

对省煤器的保护措施是：对钢管省煤器，在省煤器与锅筒间连接再循环管，在点火升压期间，将再循环管上的阀门打开，使省煤器中的水经锅筒、再循环管（不受热）重回省煤器，进行循环流动。但在上水时应将再循环管上的阀门关闭。

（三）锅炉正常运行中的监督调节

1. 锅炉水位的监督调节

锅炉运行中，运行人员应不间断地通过水位表监视锅内的水位。锅炉水位应经常保持在正常水位线处，并允许在正常水位线上下 50mm 内波动。

由于水位的变化与负荷、蒸发量和气压的变化密切相关，因此水位的调节常常不是孤立地进行，而是与气压、蒸发量的调节联系在一起的。

为了使水位保持正常，锅炉在低负荷运行时，水位应稍高于正常水位，以防负荷增加时水位降得过低；锅炉在高负荷运行时，水位应稍低于正常水位，以免负荷降低时水位升得过高。

2. 锅炉气压的监督调节

在锅炉运行中，蒸汽压力应基本上保持稳定。锅炉气压的变动通常是由负荷变动引起的，当锅炉蒸发量和负荷不相等时，气压就要变动。若负荷小于蒸发量，气压就上升；负荷大于蒸发量，气压就下降。所以，调节锅炉气压就是调节其蒸发量，而蒸发量的调节是通过燃烧调节和给水调节来实现的。运行人员根据负荷变化，相应增减锅炉的燃料量、风量、给水量来改变锅炉蒸发量，使气压保持相对稳定。

对于间断上水的锅炉，为了保持气压稳定，要注意上水均匀。上水间隔的时间不宜过长，一次上水不宜过多。在燃烧减弱时不宜上水，人工烧炉在投煤、扒渣时也不宜上水。

3. 气温的调节

锅炉负荷、燃料及给水温度的改变，都会造成过热气温的改变。过热器本身的传热特性不同，上述因素改变时气温变化的规律也不相同。

4. 燃烧的监督调节

燃烧调节的任务是：使燃料燃烧供热适应负荷的要求，维持气压稳定；使燃烧完好正常，尽量减少未完全燃烧损失，减轻金属腐蚀和大气污染；对负压燃烧锅炉，维持引风和鼓风的均衡，保持炉膛一定的负压，以保证操作安全和减少排烟损失。

5. 排污和吹灰

锅炉运行中，为了保持受热面内部清洁，避免锅水发生汽水共腾及蒸汽品质恶化，除了对给水进行必要而有效的处理外，还必须坚持排污。

燃煤锅炉的烟气中含有许多飞灰微粒，在烟气流经蒸发受热面、过热器、省煤器及空气预热器时，一部分烟灰就积沉到受热面上，不及时吹扫清理，往往越积越多。由于烟灰的导热能力很差，受热面上积灰会严重影响锅炉传热，降低锅炉效率，影响锅炉运行工况特别是蒸汽温度，对锅炉安全也造成不利影响。因此，应定期吹灰。

（四）停炉及停炉保养

1. 停炉

正常停炉是预先计划内的停炉。停炉中应注意的主要问题是防止降压降温过快，以避免锅炉部件因降温收缩不均匀而产生过大的热应力。

（1）停炉操作应按规程规定的次序进行。锅炉正常停炉的次序应该是先停燃料供应，随之停止送风，减少引风；与此同时，逐渐降低锅炉负荷，相应地减少锅炉上水，但应维持锅炉水位稍高于正常水位。对于燃气、燃油锅炉，炉膛停火后，引风机至少要继续引风 5min 以上。锅炉停止供汽后，应隔断与蒸汽母管的连接，排气降压。为保护过热器，防止其金属超温，可打开过热器出口集箱疏水阀适当放气。降压过程中，司炉人员应连续监视锅炉，待锅内无气压时，开启空气阀，以免锅内因降温形成真空。

停炉时应打开省煤器旁通烟道，关闭省煤器烟道挡板，但锅炉进水仍需经省煤器。对钢管省煤器，锅炉停止进水后，应开启省煤器再循环管；对无旁通烟道的可分式省煤器，应密切监视其出口水温，并连续经省煤器上水、放水至水箱中，使省煤器出口水温低于锅筒压力下饱和温度 20℃。

为防止锅炉降温过快，在正常停炉的 4～6h 内，应紧闭炉门和烟道挡板。之后打开烟道挡板，缓慢加强通风，适当放水。停炉 18～24h，在锅水温度降至 70℃以下时，方可全部放水。

（2）锅炉遇有下列情况之一者，应紧急停炉。锅炉水位低于水位表的下部可见边缘；不断加大向锅炉进水及采取其他措施，但水位仍继续下降；锅炉水位超过最高可见水位（满水），经放水仍不能见到水位；给水泵全部失效或给水系统故障，不能向锅炉进水；水位表或安全阀全部失效；设置在汽空间的压力表全部失效；锅炉元件损坏，危及操作人员安全；燃烧设备损坏、炉墙倒塌或锅炉构件被烧红等，严重威胁锅炉安全运行；其他异常情况危及锅炉安全运行。

紧急停炉的操作次序是：立即停止添加燃料和送风，减弱引风；与此同时，设法熄灭炉膛内的燃料，对于一般层燃炉可以用砂土或湿灰灭火，链条炉可以开快挡使炉排快速运转，把红火送入灰坑；灭火后即把炉门、灰门及烟道挡板打开，以加强通风冷却；锅内可以较快降压并更换锅水，锅水冷却至 70℃左右允许排水。因缺水紧急停炉时，严禁给锅炉上水，并不得开启空气阀及安全阀快速降压。

紧急停炉是为防止事故扩大，不得不采用的非常停炉方式，有缺陷的锅炉应尽量避免紧急停炉。

2. 停炉保养

锅炉停炉以后，本来容纳水汽的受热面及整个汽水系统，依旧是潮湿的或者残存有剩水。由于受热面及其他部件置于大气之中，空气中的氧有充分的条件与潮湿的金属接触或者更多地溶解于水，使金属的电化学腐蚀加剧。另外，受热面的烟气侧在运行中常常黏附有灰粒及可燃质，停炉后在潮湿的气氛下，也会加剧对金属的腐蚀。实践表明，停炉期的腐蚀往往比运行中的腐蚀更为严重。

停炉保养主要指锅内保养，即汽水系统内部为避免或减轻腐蚀而进行的防护保养。常用的保养方式有压力保养、湿法保养、干法保养和充气保养。

三、锅炉事故及预防

（一）锅炉事故特点

（1）锅炉在运行中受高温、压力和腐蚀等的影响，容易造成事故，且事故种类呈现出多种多样的形式。

（2）锅炉一旦发生故障，将造成停电、停产、设备损坏，其损失非常严重。

（3）锅炉是一种密闭的压力容器，在高温和高压下工作，一旦发生爆炸，将摧毁设备和建筑物，造成人身伤亡。

（二）锅炉事故发生原因分析

1. 超压运行

如安全阀、压力表等安全装置失灵，或者在水循环系统发生故障，造成锅炉压力超过许用压力，严重时会发生锅炉爆炸。

2. 超温运行

由于烟气流差或燃烧工况不稳定等原因，使锅炉出口气温过高、受热面温度过高，造成金属烧损或发生爆管事故。

3. 水位过低

锅炉水位过低会引起严重缺水事故；锅炉水位过高会引起满水事故，长时间高水位运行，还容易使压力表管口结垢而堵塞，使压力表失灵而导致锅炉超压事故。

4. 水质管理不善

锅炉水垢太厚，又未定期排污，会使受热面水侧积存泥垢和水垢，热阻增大，而使受热面金属烧坏；给水中带有油质或给水呈酸性，会使金属壁过热或腐蚀；碱性过高，会使钢板产生苛性脆化。

5. 水循环被破坏

结垢会造成水循环被破坏；锅炉碱度过高，锅筒水面起泡沫、汽水共腾易使水循环遭到破坏。水循环被破坏，锅内的水况紊乱，有的受热面管子将发生倒流或停滞，或者造成“汽塞”，在停滞水流的管子内产生泥垢和水垢堵塞，从而烧坏受热面管子或发生爆炸事故。

6. 违章操作

锅炉工的误操作，错误的检修方法和不对锅炉进行定期检查等都可能导致事故的发生。

（三）锅炉事故应急措施

1. 锅炉一旦发生事故，司炉人员一定要保持清醒的头脑，不要惊慌失措，应立即判断和查明事故原因，并及时进行事故处理。发生重大事故和爆炸事故时应启动应急预案，保护现场，并及时报告有关领导和监察机构。

2. 发生锅炉爆炸事故时，必须设法躲避爆炸物和高温水、汽，在可能的情况下尽快将人员撤离现场；爆炸停止后立即查看是否有伤亡人员，并进行救助。

3. 发生锅炉重大事故时，要停止供给燃料和送风，减弱引风；熄灭和清除炉膛内的燃料（指火床燃烧锅炉），注意不能用向炉膛浇水的方法灭火，而用黄砂或湿煤灰将红火压灭；打开炉门、灰门，烟风道闸门等，以冷却炉子；切断锅炉同蒸汽总管的联系，打开锅筒上放空排放或安全阀以及过热器出口集箱和疏水阀；向锅炉内进水，放水，以加速锅炉的冷却；但是发生严重缺水事故时，切勿向锅炉内进水。

（四）典型锅炉事故及预防

1. 锅炉爆炸事故

（1）水蒸气爆炸。锅炉中容纳水及水蒸气较多的大型部件，如锅筒及水冷壁集箱等，在正常工作时，或者处于水汽两相共存的饱和状态，或者是充满了饱和水，容器内的压力则等于或接近锅炉的工作压力，水的温度则是该压力对应的饱和温度。一旦该容器破裂，容器内液面上的压力瞬间下降为大气压力，与大气压力相对应的水的饱和温度是100℃。原工作压力下高于100℃的饱和水此时成了极不稳定、在大气压力下难于存在的“过饱和水”，其中的一部分即瞬时汽化，体积骤然膨胀许多倍，在空间形成爆炸。

（2）超压爆炸。超压爆炸指由于安全阀、压力表不齐全、损坏或装设错误，操作人员擅离岗位或放弃监视责任，关闭或关小出汽通道，无承压能力的生活锅炉改作承压蒸汽锅炉等原因，致使锅炉主要承压部件筒体、封头、管板、炉胆等承受的压力超过其承载能力而造成的锅炉爆炸。超压爆炸是小型锅炉最常见的爆炸情况之一。预防这类爆炸的主要措施是加强运行管理。

（3）缺陷导致爆炸。缺陷导致爆炸指锅炉承受的压力并未超过额定压力，但因锅炉主要承压部件出现裂纹、严重变形、腐蚀、组织变化等情况，导致主要承压部件丧失承载能力，突然大面积破裂爆炸。缺陷导致的爆炸也是锅炉常见的爆炸情况之一。预防这类爆炸，除加强锅炉的设计、制造、安装、运行中的质量控制和安全监察外，还应加强锅炉检验，发现锅炉缺陷及时处理，避免锅炉主要承压部件带缺陷运行。

（4）严重缺水导致爆炸。锅炉的主要承压部件如锅筒、封头、管板、炉胆等，不少是直接受火焰加热的。锅炉一旦严重缺水，上述主要受压部件得不到正常冷却，甚至被烧，金属温度急剧上升甚至被烧红。这样的缺水情况是严禁加水的，应立即停炉。如给严重缺水的锅炉上水，往往酿成爆炸事故。长时间缺水干烧的锅炉也会爆炸。防止这类爆炸的主要措施也是加强运行管理。

2. 缺水事故

（1）锅炉缺水的后果。当锅炉水位低于水位表最低安全水位刻度线时，即形成了锅炉缺水事故。锅炉缺水时，水位表内往往看不到水位，表内发白发亮。缺水发生后，低水位警报器动作并发出警报，过热蒸汽温度升高，给水流量不正常地小于蒸汽流量。锅炉缺水是锅炉运行中最常见的事故之一，常常造成严重后果。严重缺水会使锅炉蒸发受热面管子过热变形甚至烧塌，胀口渗漏，胀管脱落，受热面钢材过热或过烧，降低或丧失承载能力，管子爆破，炉墙损坏。如锅炉缺水处理不当，甚至会导致锅炉爆炸。

（2）常见的锅炉缺水原因：

①运行人员疏忽大意，对水位监视不严；或者操作人员擅离职守，放弃了对水位及其他仪表的监视。

②水位表故障造成假水位，而操作人员未及时发现。

③水位报警器或给水自动调节器失灵而又未及时发现。

④给水设备或给水管路故障，无法给水或水量不足。

⑤操作人员排污后忘记关排污阀，或者排污阀泄漏。

⑥水冷壁、对流管束或省煤器管子爆破漏水。

（3）锅炉缺水的处理。发现锅炉缺水时，应首先判断是轻微缺水还是严重缺水，然后酌情予以不同的处理。通常判断缺水程度的方法是“叫水”。“叫水”的操作方法是：打开水位表的放水旋塞冲洗汽连管及水连管，关闭水位表的汽连接管旋塞，关闭放水旋塞。如果此时水位表中有水位出现，则为轻微缺水。如果通过“叫水”水位表内仍无水位出现，说明水位已降到水连管以下甚至更严重，属于严重缺水。

轻微缺水时，可以立即向锅炉上水，使水位恢复正常。如果上水后水位仍不能恢复正常，应立即停炉检查。严重缺水时，必须紧急停炉。在未判定缺水程度或者已判定属于严重缺水的情况下，严禁给锅炉上水，以免造成锅炉爆炸事故。“叫水”操作一般只适用于相对容水量较大的小型锅炉，不适用于相对容水量很小的电站锅炉或其他锅炉。对相对容水量小的电站锅炉或其他锅炉，以及最高水界在水连管以上的锅壳锅炉，一旦发现缺水，应立即停炉。

3. 满水事故

（1）锅炉满水的后果。锅炉水位高于水位表最高安全水位刻度线的现象，称为锅炉满水。锅炉满水时，水位表内也往往看不到水位，但表内发暗，这是满水与缺水的重要区别。满水发生后，高水位报警器动作并发出警报，过热蒸汽温度降低，给水流量不正常地大于蒸汽流量。严重满水时，锅水可进入蒸汽管道和过热器，造成水击及过热器结垢。因而满水的主要危害是降低蒸汽品质，损害以致破坏过热器。

（2）常见的满水原因：

①运行人员疏忽大意，对水位监视不严；或者运行人员擅离职守，放弃了对水位及其他仪表的监视。

②水位表故障造成假水位，而运行人员未及时发现。

③水位报警器及给水自动调节器失灵而又未能及时发现，等等。

（3）锅炉满水的处理。发现锅炉满水后，应冲洗水位表，检查水位表有无故障；一旦确认满水，应立即关闭给水阀停止向锅炉上水，启用省煤器再循环管路，减弱燃烧，开启排污阀及过热器、蒸汽管道上的疏水阀；待水位恢复正常后，关闭排污阀及各疏水阀；查清事故原因并予以消除，恢复正常运行。如果满水时出现水击，则在恢复正常水位后，还须检查蒸汽管道、附件、支架等，确定无异常情况，才可恢复正常运行。

4. 汽水共腾

（1）汽水共腾的后果。锅炉蒸发表面（水面）汽水共同升起，产生大量泡沫并上下波动翻腾的现象，叫汽水共腾。发生汽水共腾时，水位表内也出现泡沫，水位急剧波动，汽水界线难以分清；过热蒸汽温度急剧下降；严重时，蒸汽管道内发生水冲击。汽水共腾与满水一样，会使蒸汽带水，降低蒸汽品质，造成过热器结垢及水击振动，损坏过热器或影响用汽设备的安全运行。

（2）形成汽水共腾的原因：

①锅水品质太差。由于给水品质差、排污不当等原因，造成锅水中悬浮物或含盐量太高，碱度过高。由于汽水分离，锅水表面层附近含盐浓度更高，锅水黏度很大，气泡上升阻力增大。在负荷增加、汽化加剧时，大量气泡被黏阻在锅水表面层附近来不及分离出去，形成大量泡沫，使锅水表面上下翻腾。

②负荷增加和压力降低过快。当水位高、负荷增加过快、压力降低过速时，会使水面汽化加剧，造成水面波动及蒸汽带水。

（3）汽水共腾的处理。发现汽水共腾时，应减弱燃烧力度，降低负荷，关小主汽阀；加强蒸汽管道和过热器的疏水；全开连续排污阀，并打开定期排污阀放水，同时上水，以改善锅水品质；待水质改善、水位清晰时，可逐渐恢复正常运行。

5. 锅炉爆管

（1）爆管后果。炉管爆破指锅炉蒸发受热面管子在运行中爆破，包括水冷壁、对流管束管子爆破及烟管爆破。炉管爆破时，往往能听到爆破声，随之水位降低，蒸汽及给水压力下降，炉膛或烟道中有汽水喷出的声响，负压减小，燃烧不稳定，给水流量明显地大于蒸汽流量，有时还有其他比较明显的症状。

（2）爆管原因：①水质不良、管子结垢并超温爆破；②水循环故障；③严重缺水；④制造、运输、安装中管内落入异物，如钢球、木塞等；⑤烟气磨损导致管壁减薄；⑥运行或停炉的管壁因腐蚀而减薄；⑦管子膨胀受阻碍，由于热应力造成裂纹；⑧吹灰不当造成管壁减薄；⑨管路缺陷或焊接缺陷在运行中发展扩大。

（3）爆管处理。炉管爆破时，通常必须紧急停炉修理。由于导致炉管爆破的原因很多，有时往往是几方面的因素共同影响而造成事故，因而防止炉管爆破必须从搞好锅炉设计、制造、安装、运行管理、检验等各个环节人手。

6. 省煤器损坏

（1）省煤器损坏的后果。省煤器损坏指由于省煤器管子破裂或省煤器其他零件损坏所造成的事故。省煤器损坏时，给水流量不正常地大于蒸汽流量；严重时，锅炉水位下降，过热蒸汽温度上升；省煤器烟道内有异常声响，烟道潮湿或漏水，排烟温度下降，烟气阻力增大，引风机电流增大。省煤器损坏会造成锅炉缺水而被迫停炉。

（2）省煤器损坏原因。①烟速过高或烟气含灰量过大，飞灰磨损严重；②给水品质不符合要求，特别是未进行除氧，管子水侧被严重腐蚀；③省煤器出口烟气温度低于其酸露点，在省煤器出口段烟气侧产生酸性腐蚀；④材质缺陷或制造安装时的缺陷导致破裂；⑤水击或炉膛、烟道爆炸剧烈振动省煤器并使之损坏等。

（3）省煤器损坏处理。省煤器损坏时，如能经直接上水管给锅炉上水，并使烟气经旁通烟道流出，则可不停炉进行省煤器修理，否则必须停炉进行修理。

7. 过热器损坏

（1）过热器损坏的后果。过热器损坏主要指过热器爆管。这种事故发生后，蒸汽流量明显下降，且不正常地小于给水流量；过热蒸汽温度上升，压力下降；过热器附近有明显声响，炉膛负压减小，过热器后的烟气温度降低。

（2）过热器损坏的原因：①锅炉满水、汽水共腾或汽水分离效果差而造成过热器内进水结垢，导致过热爆管；②受热偏差或流量偏差使个别过热器管子超温而爆管；③启动、停炉时对过热器保护不善而导致过热爆管；④工况变动（负荷变化、给水温度变化、燃料变化等）使过热蒸汽温度上升，造成金属超温爆管；⑤材质缺陷或材质错用（如在需要用合金钢的过热器上错用了碳素钢）；⑥制造或安装时的质量问题，特别是焊接缺陷；⑦管内异物堵塞；⑧被烟气中的飞灰严重磨损；⑨吹灰不当，损坏管壁等。

由于在锅炉受热面中过热器的使用温度最高，致使过热蒸汽温度变化的因素很多，相应造成过热器超温的因素也很多。因此过热器损坏的原因比较复杂，往往和温度工况有关，在分析问题时需要综合各方面的因素考虑。

（3）过热器损坏处理。过热器损坏通常需要停炉修理。

8. 水击事故

（1）水击事故的后果。水在管道中流动时，因速度突然变化导致压力突然变化，形成压力波并在管道中传播的现象，叫水击。发生水击时管道承受的压力骤然升高，发生猛烈振动并发出巨大声响，常常造成管道、法兰、阀门等的损坏。

（2）水击事故原因。锅炉中易于产生水击的部位有：①给水管道、省煤器、过热器、锅筒等。给水管道的水击常常是由于管道阀门关闭或开启过快造成的。比如阀门突然关闭，高速流动的水突然受阻，其动压在瞬间转变为静压，造成对内门、管道的强烈冲击。②省煤器管道的水击分两种情况：一种是省煤器内部分水变成了蒸汽，蒸汽与温度较低的（未饱和）水相遇时，水将蒸汽冷凝，原蒸汽区压力降低，使水速突然发生变化并造成水击；另一种则和给水管道的水击相同，是由阀门的突然开闭造成的。③过热器管道的水击常发生在满水或汽水共腾事故中，在暖管时也可能出现。造成水击的原因是蒸汽管道中出现了水，水使部分蒸汽降温甚至冷凝，形成压力降低区，蒸汽携水向压力降低区流动，使水速突然变化而产生水击。④锅筒的水击也有两种情况：一是上锅筒内水位低于给水管出口而给水温度又较低时，大量低温进水造成蒸汽凝结，使压力降低而导致水击；二是下锅筒内采用蒸汽加热时，进汽速度太快，蒸汽迅速冷凝形成低压区，造成水击。

（3）水击事故的预防与处理。为了预防水击事故，给水管道和省煤器管道的阀门启闭不应过于频繁，开闭速度要缓慢；对可分式省煤器的出口水温要严格控制，使之低于同压力下的饱和温度40℃；防止满水和汽水共腾事故，暖管之前应彻底疏水；上锅筒进水速度应缓慢，下锅筒进汽速度也应缓慢。发生水击时，除立即采取措施使之消除外，还应认真检查管道、阀门、法兰、支撑等，如无异常情况，才能使锅炉继续运行。

9. 炉膛爆炸事故

（1）炉膛爆炸事故。炉膛爆炸是指炉膛内积存的可燃性混合物瞬间同时爆燃，从而使炉膛烟气侧压力突然升高，超过了设计允许值而造成水冷壁、刚性梁及炉顶、炉墙破坏的现象，即正压爆炸。此外还有负压爆炸，即在送风机突然停转时，引风机继续运转，烟气侧压力急降，造成炉膛、刚性梁及炉墙破坏的现象。

炉膛爆炸（外爆）要同时具备三个条件：一是燃料必须以游离状态存在于炉膛中，二是燃料和空气的混合物达到爆燃的浓度，三是有足够的点火能源。炉膛爆炸常发生于燃油、燃气、燃煤粉的锅炉。不同可燃物的爆炸极限和爆炸范围各不相同。

由于爆炸过程中火焰传播速度非常快，每秒达数百米甚至数千米，火焰激波以球面向各方向传播，邻近燃料同时被点燃，烟气容积突然增大，因来不及泄压而使炉膛内压力陡增而发生爆炸。

（2）引起炉膛爆炸的主要原因：①在设计上缺乏可靠的点火装置、可靠的熄火保护装置及联锁、报警和跳闸系统，炉膛及刚性梁结构抗爆能力差，制粉系统及燃油雾化系统有缺陷；②在运行过程中操作人员误判断、误操作，此类事故占炉膛爆炸事故总数的90%以上。有时因采用“爆燃法”点火而发生爆炸。此外，还有因烟道闸板关闭而发生炉膛爆炸事故。

(3) 炉膛爆炸事故预防。为防止炉膛爆炸事故的发生，应根据锅炉的容量和大小，装设可靠的炉膛安全保护装置，如防爆门、炉膛火焰和压力检测装置，联锁、报警和跳闸系统及点火程序，熄火程序控制系统。同时，尽量提高炉膛及刚性梁的抗爆能力。此外应加强使用管理，提高司炉工人技术水平。在启动锅炉点火时要认真按操作规程进行点火，严禁采用“爆燃法”，点火失败后先通风吹扫5～10min后才能重新点火；在燃烧不稳，炉膛负压波动较大时，如除大灰，燃料变更，制粉系统及雾化系统发生故障，低负荷运行时应精心控制燃烧，严格控制负压。

10. 尾部烟道二次燃烧

(1) 尾部烟道二次燃烧事故结果。尾部烟道二次燃烧主要发生在燃油锅炉上。当锅炉运行中燃烧不完好时，部分可燃物随着烟气进入尾部烟道，积存于烟道内或黏附在尾部受热面上，在一定条件下这些可燃物自行着火燃烧。尾部烟道二次燃烧常将空气预热器、省煤器破坏。引起尾部烟道二次燃烧的条件是：在锅炉尾部烟道上有可燃物堆积下来，并达到一定的温度，有一定量的空气可供燃烧。这三个条件同时满足时，可燃物就有可能自燃或被引燃着火。

(2) 尾部烟道二次燃烧事故原因。尾部烟道二次燃烧易在停炉之后不久发生。

①可燃物在尾部烟道积存。锅炉启动或停炉时燃烧不稳定、不完全，可燃物随烟气进入尾部烟道，积存在尾部烟道；燃油雾化不良，来不及在炉膛完全燃烧而随烟气进入尾部烟道；鼓风机停转后炉膛内负压过大，引风机有可能将尚未燃烧的可燃物吸引到尾部烟道上。

②可燃物着火的温度条件是：刚停炉时尾部烟道上尚有烟气存在，烟气流速很低甚至不流动，受热面上沉积有可燃物，传热系数差，难以向周围散热；在较高温度的情况下，可燃物自氧化加剧放出一定能量，从而使温度更进一步上升。

③保持一定空气量。尾部烟道门孔和挡板关闭不严密；空气预热器密封不严，空气泄漏。

(3) 尾部烟道二次燃烧的预防。为防止产生尾部二次燃烧，要提高燃烧效率，尽可能减少不完全燃烧损失，减少锅炉的启停次数；加强尾部受热面的吹灰；保证烟道各种门孔及烟气挡板的密封良好；应在燃油锅炉的尾部烟道上装设灭火装置。

11. 锅炉结渣

(1) 锅炉结渣结果。锅炉结渣，指灰渣在高温下黏结于受热面、炉墙、炉排之上并越积越多的现象。燃煤锅炉结渣是个普遍性的问题，层燃炉、沸腾炉、煤粉炉都有可能结渣。由于煤粉炉炉膛温度较高，煤粉燃烧后的细灰呈飞腾状态，因而更易在受热面上结渣。结渣使受热面吸热能力减弱，降低锅炉的出力和效率；局部水冷壁管结渣会影响和破坏水循环，甚至造成水循环故障；结渣会造成过热蒸汽温度的变化，使过热器金属超温；严重的结渣会妨碍燃烧设备的正常运行，甚至造成被迫停炉。结渣对锅炉的经济性、安全性都有不利影响。

(2) 锅炉结渣原因。产生结渣的原因主要是：煤的灰渣熔点低，燃烧设备设计不合理，运行操作不当等。

(3) 锅炉结渣预防。预防结渣的主要措施有：①在设计上要控制炉膛燃烧热负荷，在炉膛中布置足够的受热面，控制炉膛出口温度，使之不超过灰渣变形温度；合理设计炉膛形状，正确设置燃烧器，在燃烧器结构性能设计中充分考虑结渣问题；控制水冷壁间距不要太大，而要把炉膛出口处受热面管间距拉开；炉排两侧装设防焦集箱等。②在运行上要避免超负荷运行；控制火焰中心位置，避免火焰偏斜和火焰冲墙；合理控制过量空气系数和减少漏风。③对沸腾炉和层燃炉，要控制送煤量，均匀送煤，及时调整燃料层和煤层厚度。④现锅炉结渣要及时清除。清渣应在负荷较低、燃烧稳定时进行，操作人员应注意防护和安全。

第三节　压力容器与压力管道安全技术

一、压力容器安全技术

（一）压力容器安全附件

1. 安全泄放装置

（1）安全阀。安全阀是一种由进口静压开启的自动泄压阀门，它依靠介质自身的压力排出一定数量的流体介质，以防止容器或系统内的压力超过预定的安全值。当容器内的压力恢复正常后，阀门自行关闭，并阻止介质继续排出。安全阀分全启式安全阀和微启式安全阀。根据安全阀的整体结构和加载方式可以分为静重式、杠杆式、弹簧式和先导式 4 种。安全阀如果出现故障，尤其是不能开启时，有可能会造成压力容器失效甚至爆炸的严重后果。安全阀的主要故障有：

①泄漏。在压力容器正常工作压力下，阀瓣与阀座密封面之间发生超过允许程度的泄漏。

②到规定压力时不开启。安全阀锈死、阀瓣与阀座黏住、杠杆被卡住等都会造成安全阀不开启；如果安全阀定压不准，也会造成到规定压力时不开启。

③不到规定压力时开启。安全阀定压不准，或者弹簧老化。

④排气后压力继续上升。选用的安全阀排量太小，或者排气管截面积太小，不能满足压力容器的安全泄放量要求。

⑤排放泄压后阀瓣不回座。阀杆、阀瓣安装位置不正或者被卡住。

（2）爆破片。爆破片装置是一种非重闭式泄压装置，由进口静压使爆破片受压爆破而泄放出介质，以防止容器或系统内的压力超过预定的安全值，如图 3－20 所示。

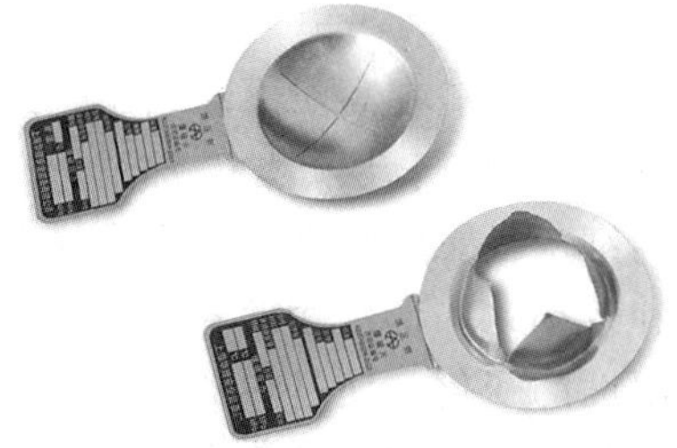

图 3－20　爆破片

爆破片又称为爆破膜或防爆膜，是一种断裂型安全泄放装置。与安全阀相比，它具有结构简单、泄压反应快、密封性能好、适应性强等特点。

（3）安全阀与爆破片装置的组合。安全阀与爆破片装置并联组合时，爆破片的标定爆破压力不得超过容器的设计压力。安全阀的开启压力应略低于爆破片的标定爆破压力。

当安全阀进口和容器之间串联安装爆破片装置时，应满足下列条件：安全阀和爆破片装置组合的泄放能力应满足要求；爆破片破裂后的泄放面积应不小于安全阀进口面积，同时应保证爆破片破裂的碎片不影响安全阀的正常动作；爆破片装置与安全阀之间应装设压力表、旋塞、排气孔或报警指示器，以检查爆破片是否破裂或渗漏。

当安全阀出口侧串联安装爆破片装置时，应满足下列条件：容器内的介质应是洁净的，不含有胶着物质或阻塞物质；安全阀的泄放能力应满足要求；当安全阀与爆破片之间存在背压时，阀仍能在开启压力下准确开启；爆破片的泄放面积不得小于安全阀的进口面积；安全阀与爆破片装置之间应设置放空管或排污管，以防止该空间的压力累积。

（4）爆破帽。爆破帽为一端封闭，中间有一薄弱层面的厚壁短管，爆破压力误差较小，泄放面积较小，多用于超高压容器。超压时其断裂的薄弱层面在开槽处。由于其工作时通常还有温度影响，因此，一般均选用热处理性能稳定，且随温度变化较小的高强度材料（如 $34CrNi_3Mo$ 等）制造，其破爆压力与材料强度之比一般为 0.2～0.5。

（5）易熔塞。易熔塞属于"熔化型"（"温度型"）安全泄放装置，它的动作取决于容器壁的温度，主要用于中、低压的小型压力容器，在盛装液化气体的钢瓶中应用更为广泛，如图 3－21 所示。

图 3－21　易熔塞

2. 紧急切断阀

紧急切断阀是一种特殊结构和特殊用途的阀门，它通常与截止阀串联安装在紧靠容器的介质出口管道上，如图 3－22 所示。其作用是在管道发生大量泄漏时紧急止漏，一般还具有过流闭止及超温闭止的性能，并能在近程和远程独立进行操作。紧急切断阀根据操作方式的不同，可分为机械（或手动）牵引式、油压操纵式、气压操纵式和电动操纵式等多种，前两种目前在液化石油气槽车上应用非常广泛。

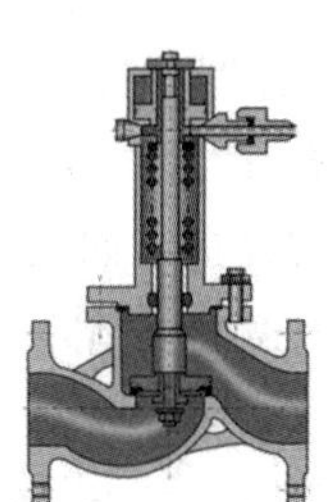

图 3－22　紧急切断阀

3. 减压阀

减压阀的工作原理是利用膜片、弹簧、活塞等敏感元件改变阀瓣与阀座之间的间隙，在介质通过时产生节流，因而压力下降而使其减压的阀门。

4. 压力表

压力表是指示容器内介质压力的仪表，是压力容器的重要安全装置。按其结构和作用原理，压力表可分为液柱式、弹性元件式、活塞式和电量式四大类。活塞式压力计通常用作校验用的标准仪表，液柱式压力计一般只用于测量很低的压力，压力容器广泛采用的是各种类型的弹性元件式压力计。

5. 液位计

液位计又称液面计，是用来观察和测量容器内液体位置变化情况的仪表。特别是对于盛装液化气体的容器，液位计是一个必不可少的安全装置。

6. 温度计

温度计是用来测量物质冷热程度的仪表，可用来测量压力容器介质的温度。对于需要控制壁温的容器，还必须装设测试壁温的温度计。

（二）压力容器安全使用与管理

1. 压力容器安全操作基本要求

（1）平稳操作。加载和卸载应缓慢，并保持运行期间载荷的相对稳定。压力容器开始加载时，速度不宜过快，尤其要防止压力的突然升高。过高的加载速度会降低材料的断裂韧性，可能使存在微小缺陷的容器在压力的快速冲击下发生脆性断裂。高温容器或工作壁温在0℃以下的容器，加热和冷却都应缓慢进行，以减小壳壁中的热应力。操作中压力频繁和大幅度地波动，对容器的抗疲劳强度是不利的，应尽可能避免，保持操作压力平稳。

（2）防止超载。防止压力容器过载主要是防止超压。压力来自外部（如气体压缩机、蒸汽锅炉等）的容器，超压大多是由于操作失误而引起的。为了防止操作失误，除了装设联锁装置外，可实行安全操作挂牌制度。在一些关键性的操作装置上挂牌，牌上用明显标记或文字注明阀门等的开闭方向、开闭状态、注意事项等。对于通过减压阀降低压力后才进气的容器，要密切注意减压装置的工作情况，并装设灵敏可靠的安全泄压装置。

由于内部物料的化学反应而产生压力的容器，往往因加料过量或原料中混入杂质，使反应后生成的气体密度增大或反应过速而造成超压。要预防这类容器超压，必须严格控制每次投料的数量及原料中杂质的含量，并有防止超量投料的严密措施。储装液化气体的容器，为了防止液体受热膨胀而超压，一定要严格计量。对于液化气体储罐和槽车，除了密切监视液位外，还应防止容器意外受热，造成超压。如果容器内的介质是容易聚合的单体，则应在物料中加入阻聚剂，并防止混入可促进聚合的杂质。物料储存的时间也不宜过长。

除了防止超压以外，压力容器的操作温度也应严格控制在设计规定的范围内，长期的超温运行也可以直接或间接地导致容器的破坏。

2. 压力容器运行期间的检查

压力容器专职操作人员在容器运行期间应经常检查容器的工作状况，以便及时发现设备上的不正常状态，采取相应的措施进行调整或消除，防止异常情况的扩大或延续，保证容器安全运行。

对运行中的容器进行检查，包括工艺条件、设备状况以及安全装置等方面。在工艺条件方面，主要检查操作压力、操作温度、液位是否在安全操作规程规定的范围内，容器工作介质的化学组成，特别是那些影响容器安全（如产生应力腐蚀、使压力升高等）的成分是否符合要求。

在设备状况方面，主要检查各连接部位有无泄漏、渗漏现象，容器的部件和附件有无塑性变形、腐蚀以及其他缺陷或可疑迹象，容器及其连接道有无振动、磨损等现象。在安全装置方面，主要检查安全装置以及与安全有关的计量器具是否保持完好状态。

3. 压力容器的紧急停止运行

压力容器在运行中出现下列情况时，应立即停止运行：容器的操作压力或壁温超过安全操作规程规定的极限值，而且采取措施仍无法控制，并有继续恶化的趋势；容器的承压部件出现裂纹、鼓包变形、焊缝或可拆连接处泄漏等危及容器安全的迹象；安全装置全部失效，连接管件断裂，紧固件损坏等，难以保证安全操作；操作岗位发生火灾，威胁到容器的安全操作；高压容器的信号孔或警报孔泄漏。

4. 压力容器的维护保养

做好压力容器的维护保养工作，可以使容器经常保持完好状态，提高工作效率，延长容器使用寿命。容器的维护保养主要包括以下几方面的内容：

（1）保持完好的防腐层。工作介质对材料有腐蚀作用的容器，常采用防腐层来防止介质对器壁的腐蚀，如涂漆、喷镀或电镀、衬里等。如果防腐层损坏，工作介质将直接接触器壁而产生腐蚀，所以要常检查，保持防腐层完好无损。若发现防腐层损坏，即使是局部的，也应该先经修补等妥善处理以后再继续使用。

（2）消除产生腐蚀的因素。有些工作介质只有在某种特定条件下才会对容器的材料产生腐蚀。因此要尽力消除这种能引起腐蚀的、特别是应力腐蚀的条件。例如，一氧化碳气体只有在含有水分的情况下才可能对钢制容器产生应力腐蚀，应尽量采取干燥、过滤等措施；碳钢容器的碱脆需要具备温度、拉伸应力和较高的碱液浓度等条件，介质中含有稀碱液的容器，必须采取措施消除使稀液浓缩的条件，如接缝渗漏，器壁粗糙或存在铁锈等多孔性物质等；盛装氧气的容器，常因底部积水造成水和氧气交界面的严重腐蚀，要防止这种腐蚀，最好使氧气经过干燥，或在使用中经常排放容器中的积水。

（3）消灭容器的“跑、冒、滴、漏”，经常保持容器的完好状态。“跑、冒、滴、漏”不仅浪费原料和能源，污染工作环境，还常常造成设备的腐蚀，严重时还会引起容器的破坏事故。

（4）加强容器在停用期间的维护。对于长期或临时停用的容器，应加强维护。停用的容器，必须将内部的介质排除干净，腐蚀性介质要经过排放、置换、清洗等技术处理。要注意防止容器的“死角”积存腐蚀性介质。要经常保持容器的干燥和清洁，防止大气腐蚀。试验证明，在潮湿的情况下，钢材表面有灰尘、污物时，大气对钢材才有腐蚀作用。

（5）经常保持容器的完好状态。容器上所有的安全装置和计量仪表，应定期进行调整校正，使其始终保持灵敏、准确；容器的附件、零件必须保持齐全和完好无损，连接紧固件残缺不全的容器，禁止投入运行。

（三）压力容器事故及预防

1. 压力容器爆炸事故及危害

（1）压力容器爆炸。压力容器爆炸分为物理爆炸现象和化学爆炸现象。物理爆炸现象是容器内高压气体迅速膨胀并以高速释放内在能量。化学爆炸现象是容器内的介质发生化学反应，释放能量生成高压、高温，其爆炸危害程度往往比物理爆炸现象严重。

（2）压力容器爆炸的危害

①冲击波及其破坏作用。冲击波超压会造成人员伤亡和建筑物的破坏。压力容器因严重超压而爆炸时，其爆炸能量远大于按工作压力估算的爆炸能量，破坏和伤害情况也严重得多。

②爆破碎片的破坏作用。压力容器破裂爆炸时，高速喷出的气流可将壳体反向推出，有些壳体破裂成块或片向四周飞散。这些具有较高速度或较大质量的碎片，在飞出过程中具有较大的动能，会造成较大的危害。碎片还可能损坏附近的设备和管道，引起连续爆炸或火灾，造成更大危害。

③介质伤害。主要是有毒介质的毒害和高温蒸汽的烫伤。在压力容器所盛装的液化气体中有很多是毒性介质，如液氨、液氯、二氧化硫、二氧化氮、氢氟酸等。盛装这些介质的容器破裂时，大量液体瞬间气化并向周围大气扩散，会造成大面积的毒害，不但造成人员中毒，致死致病，也严重破坏生态环境，危及中毒区的动植物。其他高温介质泄放气化会灼烫伤害现场人员。

④二次爆炸及燃烧危害。当容器所盛装的介质为可燃液化气体时，容器破裂爆炸在现场形成大量可燃蒸气，并迅即与空气混合形成可爆性混合气，在扩散中遇明火即形成二次爆炸。可燃液化气体容器的这种燃烧爆炸，常使现场附近变成一片火海，造成严重的后果。

⑤压力容器快开门事故危害。快开门式压力容器开关盖频繁，在容器泄压未尽前或带压下打开端盖，以及端盖未完全闭合就升压，极易造成快开门式压力容器产生爆炸事故。

2. 压力容器泄漏事故及危害

（1）压力容器泄漏。压力容器的元件开裂、穿孔、密封失效等造成容器内的介质泄漏的现象。

（2）压力容器泄漏的危害：

①有毒介质伤害。压力容器盛装的是毒性介质时，这些介质会从容器破裂处泄漏，大量液体瞬间气化并扩散，会造成大面积的毒害，造成人员中毒，破坏生态环境。有毒介质由容器泄放气化后，体积增大 100～250 倍。所形成的毒害区的大小及毒害程度，取决于容器内有毒介质的质量、容器破裂前的介质温度和压力、介质毒性。

②爆炸及燃烧危害。容器盛装的是可燃介质时，这些介质会从容器破裂处泄漏，液化气会瞬间气化，在现场形成大量可燃气体，并迅即与空气混合，达到爆炸极限时，遇明火即会造成空间爆炸。未达到爆炸极限，遇明火即会形成燃烧，此时的燃烧往往会造成周边的容器产生爆炸，进而造成严重的后果。

③高温灼烫伤。主要是高温介质泄放气化灼烫伤害现场人员，如高温蒸汽的烫伤等。

3. 压力容器事故特点

（1）压力容器在运行中由于超压、过热，而超出受压元件可以承受的压力，或腐蚀、磨损，而造成受压元件承受能力下降到不能承受正常压力的程度，发生爆炸、撕裂等事故。

（2）压力容器发生爆炸事故后，不但事故设备被毁，而且还波及周围的设备、建筑和人群。其爆炸所直接产生的碎片能飞出数百米远，并能产生巨大的冲击波，其破坏力与杀伤力极大。

（3）压力容器发生爆炸、撕裂等重大事故后，有毒物质的大量外溢会造成人畜中毒的恶性事故；而可燃性物质的大量泄漏，还会引起重大的火灾和二次爆炸事故，后果也十分严重。

4. 压力容器事故应急措施

（1）压力容器发生超压超温时要马上切断进汽阀门；对于反应容器停止进料；对于无毒非易燃介质，要打开放空管排气；对于有毒易燃易爆介质要打开放空管，将介质通过接管排至安全地点。

（2）如果属超温引起的超压，除采取上述措施外，还要通过水喷淋冷却以降温。

（3）压力容器发生泄漏时，要马上切断进料阀门及泄漏处前端阀门。

（4）压力容器本体泄漏或第一道阀门泄漏时，要根据容器、介质不同使用专用堵漏技术和堵漏工具进行堵漏。

（5）易燃易爆介质泄漏时，要对周边明火进行控制，切断电源，严禁一切用电设备运行，并防止静电产生。

5. 压力容器事故发生原因分析

（1）结构不合理、材质不符合要求、焊接质量不好、受压元件强度不够以及其他设计制造方面的原因。

（2）安装不符合技术要求，安全附件规格不对、质量不好，以及其他安装、改造或修理方面的原因。

（3）在运行中超压、超负荷、超温，违反劳动纪律、违章作业、超过检验期限没有进行定期检验、操作人员不懂技术，以及其他运行管理不善方面的原因。

6. 压力容器爆炸、泄漏事故的预防措施

（1）在设计上，应采用合理的结构，如采用全焊透结构，能自由膨胀等，避免应力集中、几何突变。针对设备使用工况，选用塑性、韧性较好的材料。强度计算及安全阀排量计算符合标准。

（2）制造、修理、安装、改造时，加强焊接管理，提高焊接质量并按规范要求进行热处理和探伤；加强材料管理，避免采用有缺陷的材料或用错钢材、焊接材料。

（3）在压力容器的使用过程中，加强管理，避免操作失误、超温、超压、超负荷运行、失检、失修、安全装置失灵等。

（4）加强检验工作，及时发现缺陷并采取有效措施。

（5）在压力容器的使用过程中，发生下列异常现象时，应立即采取紧急措施，停止容器的运行：

①超温、超压、超负荷时，采取措施后仍不能得到有效控制。

②压力容器主要受压元件发生裂纹、鼓包、变形等现象。

③安全附件失效。

④接管、紧固件损坏，难以保证安全运行。

⑤发生火灾、撞击等直接威胁压力容器安全运行的情况。

⑥充装过量。

⑦压力容器液位超过规定，采取措施仍不能得到有效控制。

⑧压力容器与管道发生严重振动，危及安全运行。

二、气瓶安全技术

（一）气瓶基本结构和安全附件

1. 气瓶基本结构

（1）无缝气瓶。指瓶体无焊缝的高压气瓶，用于盛装永久气体或高压液化气体。按坯料和制造方式又可分为两种：冲拔拉伸气瓶，是将棒状钢坯加热冲孔制成杯形，再经拔伸和收口而成的气瓶，其底部多呈凹形，是我国无缝气瓶的主要形式；管子收口气瓶，以无缝钢管为坯料，经加热旋压收口制成的气瓶，其底部有的呈凸形，有的呈凹形，呈凸形时需再加底座以便立置。参见图 3—23。

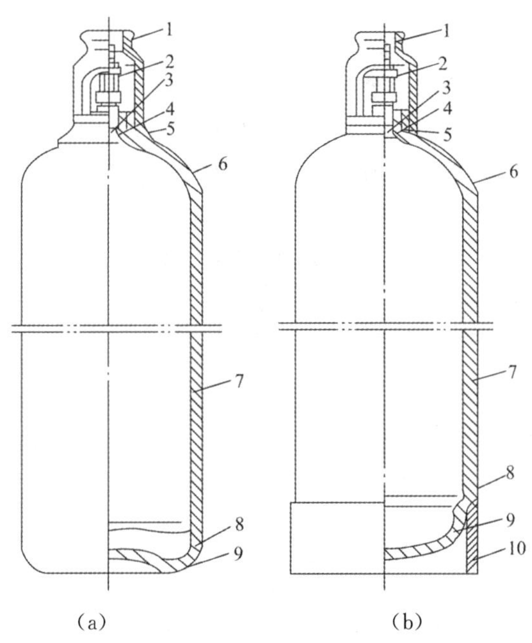

图 3—23　无缝气瓶

1—瓶帽；2—瓶阀；3—瓶口；4—瓶颈；5—颈圈；
6—瓶肩；7—筒体；8—瓶根；9—瓶底；10—底座
（a）凹型底无缝气瓶；（b）凸型底无缝气瓶

（2）焊接气瓶。指瓶体有焊缝，用于盛装低压液化气体或溶解气体的气瓶。容积较小的焊接气瓶由带直边的两封头对焊而成，仅有一条环焊缝；容积较大的焊接气瓶由两端封头与中部圆筒体焊接而成，除两条环焊缝外，圆筒体还有一纵焊缝。参见图3－24。

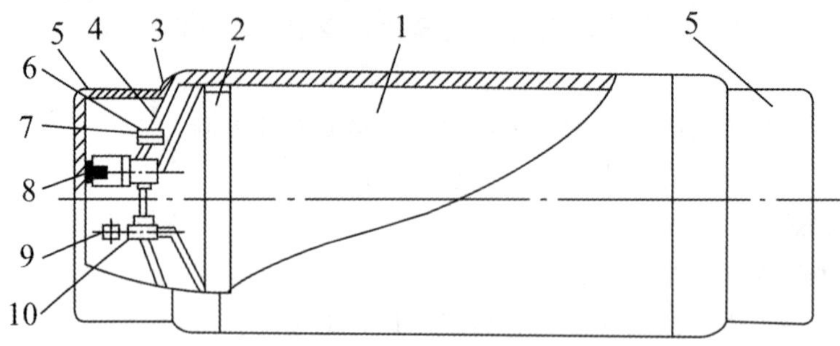

图3－24　焊接气瓶

1－瓶体；2－垫板；3－导管；4－封头；5－护罩；

6、7－易熔塞和易熔塞座；8－瓶帽；9－瓶阀；10－阀座

2. 气瓶安全附件

气瓶安全附件主要包括瓶阀、瓶帽、液位计、防震圈、安全泄压装置等。

（1）瓶阀。是装置于气瓶上端瓶颈或阀座上，用以控制气体进出气瓶的阀门。瓶阀出气口的螺纹有左右旋之分，左旋螺纹用于可燃气体气瓶，右旋螺纹用于不可燃气体气瓶。

（2）瓶帽。是用于保护瓶阀防止其被碰坏的帽罩式装置，分固定式和拆卸式两种。

（3）防震圈。是套装在气瓶瓶体上使其免受直接冲撞的橡胶圈，用于高压气瓶。

（4）安全泄压装置。包括易熔塞、爆破片、安全阀或其组合装置，主要用于无毒及不燃气体气瓶，且多装置在瓶阀部位。盛装有毒或剧毒气体的气瓶上，禁止装配各种安全泄压装置。

3. 气瓶的颜色标记和钢印标志

（1）气瓶的颜色是指喷涂（或印制）在气瓶外表的不同颜色；气瓶标记是指喷涂（或印制）在气瓶外表的不同颜色的字样、色环和图案（包括粘贴的）。气瓶喷涂颜色标记的目的主要是：可以从颜色上迅速地辨别出盛装某种气体的气瓶和瓶内气体的性质（可燃性、毒性），避免错装和错用的可能性；防止气瓶外表面生锈、反射阳光和热量。气瓶的喷色刷字，新制造的气瓶由制造厂负责，使用的气瓶由专业检查单位负责。几种常用介质的气瓶颜色标记参见表3－1。

表3－1　几种常用介质的气瓶颜色标记

序号	介质名称	化学式	瓶色	字样	字色	色环
1	氢	H_2	深绿色	氢	红色	P＝14.7MPa，不加色环 P＝19.6MPa，黄色环一道 P＝29.4MPa，黄色环二道
2	氧	O_2	天蓝色	氧	黑色	P＝14.7MPa，不加色环 P＝19.6MPa，白色环一道 P＝29.4MPa，白色环二道
3	氨	NH_3	黄色	液氨	黑色	
4	氯	Cl_2	草绿色	液氯	白色	

续表

序号	介质名称	化学式	瓶色	字样	字色	色环
5	空气		黑色	空气	白色	P=14.7MPa，不加色环 P=19.6MPa，黄色环一道 P=29.4MPa，黄色环二道
6	氮	N_2	黑色	氮	黄色	
7	硫化氢	H_2S	白色	液化硫化氢	红色	
8	二氧化碳	CO_2	铝白色	液化二氧化碳	黑色	P=14.7MPa，不加色环 P=19.6MPa，黑色环一道
9	溶解乙炔	C_2H_2	白色	乙炔不可近火	红色	
10	甲烷	CH_4	棕色	甲烷	白色	P=14.7MPa，不加色环 P=19.6MPa，浅黄色环一道 P=29.4MPa，淡黄色环二道

（2）气瓶上的钢印标志如图 3—25、图 3—26、图 3—27 所示。

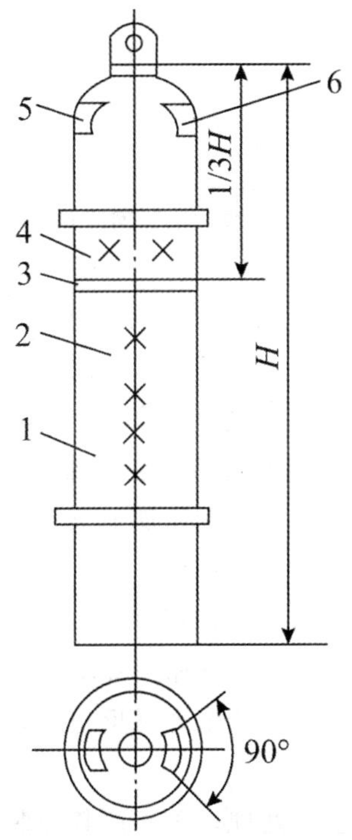

图 3—25　气瓶上的颜色标记和钢印标志

1—整体漆色（包括瓶帽）；2—所属单位名称；3—色环；

4—气体名称；5—制造钢印标志（涂清漆）；6—检验钢印标志（涂清漆）

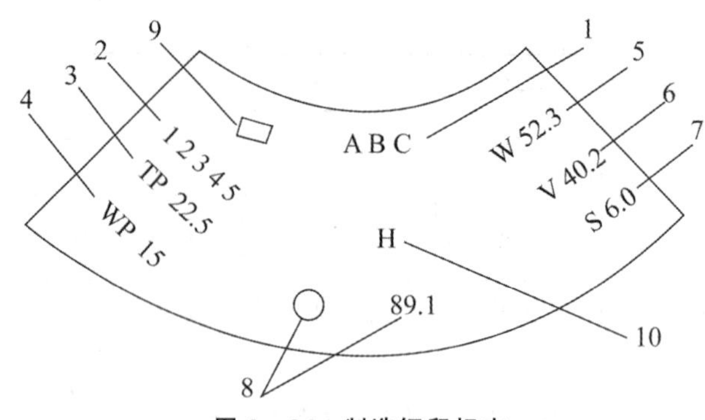

图 3－26 制造钢印标志

1－气瓶制造单位代号；2－气瓶编号；3－水压试验压力（MPa）；4－公称工作压力（MPa）；5－实际质量（kg）；6－实际容积（L）；7－瓶体设计壁厚（mm）；8－制造单位检验标记和制造年月；9－监督检验标记；10－寒冷地区用

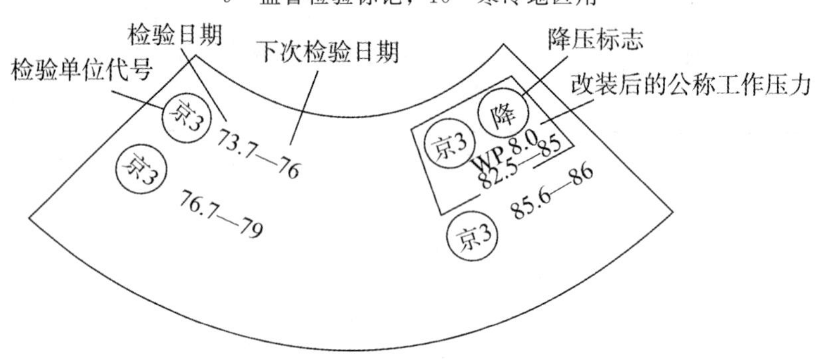

图 3－27 检验钢印标志

（二）气瓶安全技术

1. 气瓶充装安全

（1）气瓶充装过量，是气瓶破裂爆炸的常见原因之一。因此必须加强管理，严格执行《气瓶安全监察规程》的安全要求，防止充装过量。必须严格按规定的充装系数充装，不得超量，过量时，瓶内气相空间减少或消失，当温度升高液体膨胀，就会出现瓶内空间全部充满液体(满液)，由于液体的压缩系数小而膨胀系数大，加上满液或温度升高，导致瓶内压力急剧上升发生超压破裂事故。

（2）防止不同性质气体混装。气体混装是指在同一气瓶内灌装两种气体（或液体）。如果这两种介质在瓶内发生化学反应，将会造成气瓶爆炸事故。例如，还有一定量余气，又灌装氧气，结果瓶内氢气与氧气发生化学反应，产生大量反应热，瓶内压力急剧升高，气瓶爆炸，酿成严重事故。

（3）属下列情况之一的，应先进行处理，否则严禁充装：

①钢印标记、颜色标记不符规定及无法判定瓶内气体的。

②附件不全、损坏或不符合规定的。

③瓶内无剩余压力的。

④超过检验期的。

⑤外观检查存在明显损伤，需进一步进行检查的。

⑥氧化或强氧化性气体气瓶沾有油脂的。

⑦易燃气体气瓶的首次充装，事先未经置换和抽空的。

2. 气瓶储存安全

（1）气瓶应置于专用仓库储存，气瓶仓库应符合《建筑设计防火规范》（GB 500016—2006）的有关规定。

（2）仓库内不得有地沟、暗道，严禁明火和其他热源，仓库内应通风、干燥，避免阳光直射。

（3）盛装易起聚合反应或分解反应气体的气瓶，必须根据气体的性质控制仓库内的最高温度、规定储存期限，并应避开放射线源。

（4）空瓶与实瓶应分开放置，并有明显标志，毒性气体和瓶内气体相互接触能引起燃烧、爆炸、产生毒物的气瓶，应分室存放，并在附近设置防毒用具或灭火器材。

（5）气瓶放置应整齐，盖好瓶帽。立放时，要妥善固定；横放时，头部朝同一方向。

3. 气瓶使用安全

（1）采购和使用有制造许可证的企业的合格产品，不使用超期未检的气瓶。

（2）使用者必须到已办理充装注册的单位或经销注册的单位购气。

（3）气瓶使用前应进行安全状况检查，对盛装气体进行确认，不符合安全技术要求的气瓶严禁入库和使用；使用时必须严格按照使用说明书的要求使用气瓶。

（4）气瓶的放置地点，不得靠近热源和明火（不得小于 10m），应保持气体气瓶瓶体干燥清洁，严禁沾染油脂、腐蚀性介质、灰尘等；盛装易起聚合反应或分解反应的气体的气瓶，应避开射线、电磁波、振动源。

（5）气瓶立放时，应采取防止倾倒的措施。

（6）应防止暴晒、雨淋、水浸。

（7）严禁敲击、碰撞。

（8）严禁在气瓶上进行电焊引弧。

（9）严禁用温度超过 40℃热源对气瓶加热。

（10）瓶内气体不得用尽，必须留有剩余压力或重量。

（11）在可能造成回流的使用场合，使用设备上必须配置防止倒灌的装置，如单向阀、止回阀、缓冲罐等。

（12）移动气瓶可采用手扳瓶肩转动瓶底的滚动方式；移动距离较远时可用轻便小车运送，严禁抛、滚、滑、翻和肩抗、脚踹。

（13）注意操作顺序：开启瓶阀应轻缓，操作者应站在瓶阀出口的侧后；关闭瓶阀应轻而严，不能用力过大，避免关得太紧、太死。

（14）液化石油气瓶用户及经销者，严禁将气瓶内的气体向其他气瓶倒装，严禁自行处理气瓶内的残液。

（15）气瓶投入使用后，不得对瓶体进行挖补、焊接修理。

（16）严禁擅自更改气瓶的钢印、颜色和用途。

4. 气瓶运输安全

气瓶在运输或搬运过程中发生事故也是常见的。因为气瓶在运输过程中易受到冲击和震动，使原有的缺陷发生破裂或瓶阀被撞断，引起大量可燃气体喷出，发生火灾及人身伤亡事故。有时候还会发生粉碎性爆炸。运输过程必须特别注意以下各点：

（1）防止气瓶受剧烈震动或碰撞冲击。

（2）防止气瓶受热或着火。

（3）乙炔气瓶不得和氯气瓶同车运输，以防两种气体混合，在日光作用下爆炸。

三、压力管道安全技术

（一）压力管道失效的原因和失效特征

1. 压力管道失效

压力管道失效一般是指压力管道不能发挥原有效能的现象，可分为自然失效和异常失效两种。由于压力管道运行在内部介质和周围环境的影响之下，不可避免地会产生温度和压力循环、腐蚀、振动以及材料金相组织变化等影响材料性能和连接接头密封性能的问题，因此任何管道都有一定的使用寿命，自然失效就是在压力管道达到使用寿命时发生的失效现象。自然失效可以通过定期检验或失效分析进行事先控制，以防止事故的发生。但是，在用压力管道由于在设计、制造、安装和运行中存在各种问题会导致异常失效，造成突发性破坏事故的发生。

2. 压力管道异常失效原因

（1）职工素质差，违反操作规程运行，致使运行条件恶化，包括超压、超温、腐蚀性介质超标、压力温度异常脉动等。在反复交变载荷的作用下，管道将发生疲劳破坏，主要是金属的低周疲劳，其特点是应力较大而交变频率较低。在几何结构不连续的地方和焊缝附近存在应力集中，有可能达到和超过材料的屈服极限。这些应力如果交变地加载和卸载，将使受力最大的晶粒产生塑性变形并逐渐发展为细微的裂纹。随着应力周期变化，裂纹也会逐步扩展，最后导致破坏。交变载荷也会导致管道组成件和焊缝内部原有缺陷的扩大和管道连接接头的泄漏。

（2）设计、制造、施工存在缺陷，如管道柔性不符合要求，材料选用不当或用材错误，存在焊接或冶金超标缺陷，焊接或组装不合理造成应力过大，管道支承系统不合理等；管道在投用前存在的原始缺陷会造成材料的低应力脆断。介质和环境的侵害、操作不当、维护不力等原因，往往会引起材料性能恶化、材料损伤或破裂，或使管道连接接头发生介质泄漏，最终使压力管道失效，导致火灾、爆炸和中毒、窒息等人身事故的发生。

（3）维修失误，管道上的严重缺陷或损伤未能被检测发现，或缺少科学评价，以及不合理的维修工艺造成新的缺陷和损伤等。

（4）外来损伤造成破坏，如地震、大风、洪水、雷击和其他机械损伤和人为破坏等。

3. 压力管道的破坏型式

（1）压力管道的破坏型式很多。按破坏时的宏观变形量可分为韧性破坏（延性破坏）和脆性破坏两大类。按破坏时材料的微观断裂机制可分为韧窝断裂、解理断裂、沿晶断裂和疲劳断裂等型式。通常，在现场采用宏观分类和断裂特征相结合的方法进行分类，有韧性破坏、脆性破坏、腐蚀破坏、疲劳破坏、蠕变破坏等。

（2）腐蚀破坏压力管道的腐蚀是由于受到内部介质及外部环境介质的化学或电化学作用而发生的破坏，也包括机械等原因的共同作用结果。不合理的操作会导致介质浓度的变化，加剧腐蚀破坏。

压力管道的腐蚀破坏的形态有全面腐蚀、局部腐蚀、应力腐蚀、腐蚀疲劳和氢损伤等。其中应力腐蚀往往在没有先兆的情况下突然发生，故其危害性更大。

4. 压力管道破坏特征

（1）韧性破坏是材料不存在明显的缺陷或脆化，而是由于超压导致的破坏。

（2）脆性破坏是管道破坏时没有发生宏观变形，破坏时的管壁应力也远未达到材料的强度极限，甚至低于屈服极限的破坏现象。通常是由于材料的脆性或严重的缺陷引起，如材料的焊接和热处理工艺不当，焊缝存在缺陷以及低温引起的冷脆等。脆性破坏往往是瞬间发生，并以极快的速度扩展。因为其是在低应力下发生的破坏，故也称低应力破坏。脆性破坏的特征是：①无明显的塑性变形；②破坏时的应力较低；③材料脆化形成的脆性破坏，其断口平齐，呈金属光泽的结晶状态；④因材料缺陷形成的脆性破坏，其断口不呈结晶状，而出现原始缺陷区、稳定扩展的纤维区、快速扩展的放射纹和人字纹区以及内外表面边缘的剪切唇区。如原始缺陷是表面裂纹，则会出现深色的锈蚀状态；如原始缺陷是内部气孔、夹渣、未焊透等，也会在断口上观察到。

（3）疲劳破坏是材料在长期承受大小和方向都随时间而周期变化的交变载荷作用下发生疲劳裂纹核心，并逐渐扩展最后形成断裂的破坏形式。其特征是：①破坏部位集中在几何不连续处或有裂纹类原始缺陷的焊缝处，整体上无塑性变形；②疲劳破坏的基本形式有爆破或泄漏两种，前者易发生在强度高而韧性差的材料中，后者则易发生在强度较低而韧性较好的材料中；③断口上有明显的裂纹产生区、扩展区和最终断裂区。在扩展区，宏观上有明显的贝壳状树纹，且断口平齐、光亮。最终断裂区一般有放射状的花纹或人字纹；④电镜下观察疲劳断口的裂纹扩展区时，可见到独特的疲劳辉纹。

（4）蠕变破坏是钢材在高温下低于材料屈服强度时发生的缓慢持续的伸长，最后产生破坏的现象。材料发生蠕变的过程有减速、恒速和加速三个阶段。恒速阶段是控制材料高温使用寿命的阶段。蠕变断裂是沿晶断裂，其特征是：①宏观断口呈粗糙的颗粒状，无金属光泽；②表面为氧化层或其他腐蚀物覆盖；③管道在直径方向有宏观变形，并有沿径向方向的小蠕变裂纹，甚至出现表面龟裂或穿透管壁而泄漏；④断口与壁面垂直，壁厚无减薄，边缘无剪切唇。

（二）压力管道的生产制造安全管理

1. 压力管道设计和安装采用许可证制度

GC1 级（含 GA 类＋GB 类，GC 级＋GB 类，GA 类＋GC 类，GA 类＋GB 类＋GC 类等）压力管道设计许可证和安装许可证，由国家质检总局批准、颁发。GB 类、GC2 级压力管道设计许可证和安装许可证，由省级质量技术监督部门批准、颁发。许可证的有效期均为 4 年，有效期满当年，持证单位必须按有关规定办理换证手续。逾期不办或未被批准换证，取消设计和安装资格。

2. 压力管道元件制造

国质检特〔2006〕148 号《关于加强压力管道安全监察工作的意见》文件要求，自 2006 年 9 月 1 日起，凡未取得压力管道制造许可的单位，不得从事压力管道元件的制造，严格禁止边取证、边制造，压力管道元件未经监督检验合格的不得出厂。

制造单位应当保证产品安全性能符合有关压力管道安全技术规范的要求。首次取证和增项的制造单位，应当通过试制的产品证明其具有生产符合要求产品的能力。对于安全技术规范要求进行型式试验的产品，应当经型式试验测试合格。制造单位应当具备生产符合要求的压力管道元件产品的能力，其厂房设施、技术人员、生产设备、生产工序等资源条件应当符合《压力管道元件制造许可规则》（TSG D2001—2006）的基本要求。

（三）压力管道使用安全管理

1. 使用登记

使用压力管道的单位和个人，应当按照《压力管道使用登记管理规则》（试行）的规定办理压力管道使用登记。压力管道使用登记分为登记注册和登记发证两种形式。使用登记证有效期为 6 年。

2. 使用安全管理要求

（1）使用单位应当贯彻执行有关压力管道安全的法律、法规、国家安全技术规范和国家现行标准；配备满足压力管道安全所需求的资源条件，建立健全压力管道安全管理体系，在管理层设有 1 名人员负责压力管道安全管理工作；派遣具备相应资格的人员从事压力管道的安全管理、操作和维修工作。

（2）压力管道安全管理人员和操作人员应当经安全技术培训和考核。

（3）使用单位应建立安全管理制度，对压力管道的安全管理内容作出明确规定并有效实施。

（4）使用单位应建立压力管道技术档案和压力管道标识管理办法。

（5）使用单位的压力管道安全管理人员和操作人员要严格遵守有关安全法律、法规、技术规程、标准和企业的安全生产制度。

（6）长输管道和公用管道使用单位必须制订公共安全教育计划并组织实施，以使用户、居民和从事相关作业的人员了解压力管道安全知识，提高公共安全意识。

（7）输送可燃、易爆或者有毒介质压力管道的使用单位应制定事故预防方案（包括应急措施和救援方案），建立巡线检查制度；根据需要建立抢险队伍，并且定期演练。

在管理制度中应当对下列事项作出明确规定：

①在用压力管道需要进行一般修理、改造时，其修理、改造方案由使用单位技术负责人批准。

②在用压力管道需要进行重大修理、改造时，向负责使用登记部门的安全监察机构申报，并由经核准的监检机构进行监督检验。

③使用有安全标记的压力管道元件。

④按期进行定期检验。

（四）压力管道运行安全技术

1. 压力管道的日常维护保养技术

（1）压力管道的日常维护保养是保证和延长使用寿命的重要基础。压力管道的操作人员必须认真做好压力管道的日常维护保养工作。

（2）经常检查压力管道的防护措施，保证其完好无损，减少管道表面腐蚀。

（3）阀门的操作机构要经常除锈上油，定期进行操作，保证其操纵灵活。

（4）安全阀和压力表要经常擦拭，确保其灵敏准确，并按时进行校验。

（5）定期检查紧固螺栓的完好状况，做到齐全、不锈蚀、丝扣完整、连接可靠。

（6）注意管道的振动情况，发现异常振动应采取隔断振源，加强支撑等减振措施，发现摩擦应及时采取措施。

（7）静电跨接、接地装置要保持良好完整，发现损坏及时修复。

（8）停用的压力管道应排除内部介质，并进行置换、清洗和干燥，必要时作惰性气体保护。外表面应进行油漆防护，有保温的管道注意保温材料完好。

（9）检查管道和支架接触处等容易发生腐蚀和磨损的部位，发现问题及时采取措施。

（10）及时消除管道系统存在的跑、冒、滴、漏现象。

（11）对高温管道，在开工升温过程中需对管道法兰连接螺栓进行热紧；对低温管道，在降温过程中进行冷紧。

（12）禁止将管道及支架作为电焊零线和其他工具的锚点、撬抬重物的支撑点。

（13）配合压力管道检验人员对管道进行定期检验。

（14）对生产流程的重要部位的压力管道，穿越公路、桥梁、铁路、河流、居民点的压力管道，输送易燃、易爆、有毒和腐蚀性介质的压力管道，工作条件苛刻的管道和存在交变载荷的管道应重点进行维护和检查。

(15) 当操作中遇到下列情况时，应立即采取紧急措施并及时报告有关管理部门和管理人员：

①介质压力、温度超过允许的范围且采取措施后仍不见效。

②管道及组成件发生裂纹、鼓瘪变形、泄漏。

③压力管道发生冻堵。

④压力管道发生异常振动、响声，危及安全运行。

⑤安全保护装置失效。

⑥发生火灾事故且直接威胁正常安全运行。

⑦压力管道的阀门及监控装置失灵，危及安全运行。

2. 压力管道运行检查和监测技术

压力管道运行中的检查和监测包括运行初期检查、在线监测、末期检查及寿命评估 3 部分。

(1) 运行初期检查。由于可能存在的设计、制造、施工等问题，当管道初期升温和升压后，这些问题都会暴露出来。此时，操作人员应会同设计、施工等技术人员，有必要对运行的管道进行全面系统的检查，以便及时发现问题，及时解决。在对管道进行全面系统检查的过程中，应着重从管道的位移情况、振动情况、支承情况、阀门及法兰的严密性等方面进行检查。

(2) 巡线检查及在线检测。在装置运行过程中，由于操作波动等其他因素的影响，或压力管道及其附件在使用一段时期后因遭受腐蚀、磨损、疲劳、蠕变等损伤，随时都有可能发生压力管道的破坏，故对在用压力管道进行定期或不定期的巡检，及时发现可能产生事故的苗头，并采取措施，以免造成较大的危害。

压力管道的巡线检查内容除全面检查外，还可着重从管道的位移、振动情况、支承情况和阀门及法兰的严密性等方面检查。

除了进行巡线检查外，对于重要管道或管道的重点部位还可利用现代检测技术进行在线检测，即可利用工业电视系统、声发射检漏技术、红外线成像技术等对在用管道的运行状态、裂纹扩展动态、泄漏等进行不间断监测，并判断管道的安定性和可靠性，从而保证压力管道的安全运行。

(3) 末期检查及寿命评估。一些管道经过长时期运行，因遭受介质腐蚀、磨损、疲劳、老化、蠕变等损伤，已处于不稳定状态或临近寿命终点，因此更应加强在线监测，并制定好应急措施和救援方案。

在做好在线监测和抢险救灾准备的同时，还应加强在用压力管道的寿命评估，从而变被动安全管理为主动安全管理。压力管道寿命的评估应根据压力管道的损伤情况和检测数据进行。总体来说，主要是针对管道材料已发生的蠕变、疲劳、相变、均匀腐蚀和裂纹等几方面进行评估。

3. 压力管道故障处理

压力管道日常运行中发生的故障主要有接头和密封填料处泄漏，管道异常振动和摩擦，安全阀动作失灵，管道内部堵塞和仪表失灵等。

(1) 可拆卸接头和密封填料处泄漏是管道系统常见故障，焊接接头有时也会因内部缺陷发展而发生泄漏。操作维修人员在可拆卸接头和密封填料处发现问题后，一般可采取紧固措施消除泄漏，但不得带压紧固连接件。

(2) 管道发生异常振动和摩擦时，应采取隔断振源、调整支承、使相互摩擦的部位隔离等措施。

（3）安全阀动作失灵时，应停车或泄压后对安全阀进行检查和调试，如发现阀座处有异物、密封副损坏、弹簧锈死或损坏等情况，应进行修理。

（4）工业管道内部堵塞往往是由于操作条件控制不当造成介质的黏度过大而引发的，应停车进行清理。

（5）仪表失灵可能是仪表本身质量问题或由于操作条件超出仪表的最大测量能力而发生的，应由专业人员进行检查和更换。

四、管道完整性管理

压力管道完整性管理是近年来的一门新兴的前沿科学，目前全世界主要采用的是美国标准，国内也正在逐步引入完整性管理的概念。

1. 管道完整性的含义

管道完整性含义包括四个方面：

（1）管道始终处于安全可靠的工作状态。

（2）管道在物理上和功能上是完整的，管道处于受控状态。

（3）管道运营单位不断采取行动防止管道事故的发生。

（4）管道完整性与管道的设计、施工、运行、维护、检修和管理的各个过程密切相关。

2. 管道完整性管理的概念

管道完整性管理可定义为，管道运营单位根据不断变化的管道因素，对管道运营中面临的风险因素识别和技术评价，制定相应的风险控制对策，不断改善识别的不利影响因素，从而将管道运营的风险水平控制在合理的、可接受的范围内；建立通过监测、检测、检验等各种方式，获取与专业管理相结合的管道完整性的信息，对可能使管道失效的主要威胁因素进行检测、检验，据此对管道的适应性进行评估，最终达到持续改进、减少和预防管道事故发生、经济合理地保障管道安全运行的目的。

3. 管道完整性管理的主要内容

完整性管理的主要内容包括管道完整性管理信息系统、安全评价与检测、风险评估、管道的维修、事故的应急处理等。

4. 管道完整性管理实施

（1）建立和运行完整性管理信息系统。

（2）识别高后果区。高后果区是指管道泄漏和事故会对人口、环境、经济运行造成很大影响的地区。

（3）数据采集。完整性管理的关键在于采集数据，首先是识别管道完整性管理所需的数据来源。常见数据来源有：设计、材料、施工记录；管道建设占地记录；运行、维护、检测和修复记录；用来确定高后果区管道的记录；事故和风险报告等；还包括依靠专家或社会对某事件达成的共识所量化的经验值。

（4）风险评估。通过对收集的信息和数据的综合评价，风险评估的过程可以识别可能诱发管道事故的具体事件的位置和状况，了解事件发生的可能性后果。风险评估的结果应包括管道可能发生的最大风险的性质和位置。

（5）完整性评价。在风险评估的基础上，可选择和进行相应的完整性评价。完整性评价是一项综合评价过程，包含的内容很多，根据已识别的危险因素选择完整性评价的方法。如果需要确定某一管段的所有危险因素，可能需要采取多种评价方法。

（6）建立可接受风险标准。人们往往认为风险越小越好，实际上这是一个错误的概念。减小风险是要付出代价的，无论减小风险发生的概率还是采取防范措施使风险发生造成的损失降到最小，都要投入资金、技术和劳务。通常做法是将风险限定在一个合理的、可接受的水平，根据影响风险的因素，经过优化，寻求最佳的投资方案。

（7）风险控制和减缓。得出有效的风险评估结论后，要求检测管道上最严重的风险，并对检测发现的缺陷确定维修措施。通过管道维修、运行工况调整和预防措施来消除或减缓发现的安全隐患，提高管道的安全性。

（8）定期风险评估。再评价周期主要根据维修标准、维修数量和预防措施有效性来确定，其基本原则是，经过本次维修后，残余缺陷到下个周期的完整性检测中不会发展成危险性缺陷。

（9）完整性管理体系的变更与管理。在进行完上述工作后，应将获得的有关管道系统状况的信息补充到数据库中，对完整性管理体系进行改善和更新，以供以后风险评估和完整性评价所用。一旦管道完整性体系建立起来，应该能够识别由于管道可能的变化所影响管道完整性体系中的任何一个风险因素的变化，修订管道完整性体系中影响的部分，不断进行监测和改进。

第四节 起重机械安全技术

一、起重机械使用的两项安全管理措施

1. 建立健全安全管理制度

起重机械使用单位应建立健全安全管理规章制度，具体包括：司机守则和起重机械安全操作规程；起重机械维护、保养、检查和检验制度；起重机械安全技术档案管理制度；起重机械作业和维修人员安全培训、考核制度；起重机械使用单位应按期向所在地的主管部门申请在用起重机械安全技术检验及更换起重机械准用证的管理等。

2. 使用单位安全检查

使用单位应对起重机进行严格的自我检查，主要包括每日检查、每月检查和年度检查。

（1）年度检查。每年对所有在用的起重机械至少进行 1 次全面检查。停用 1 年以上、遇 4 级以上地震或发生重大设备事故、露天作业的起重机械经受 9 级以上的风力后的起重机，使用前都应做全面检查。

（2）每月检查。检查项目包括：安全装置、制动器、离合器等有无异常，可靠性和精度；重要零部件（如吊具、钢丝绳滑轮组、制动器、吊索及辅具等）的状态，有无损伤，是否应报废等；电气、液压系统及其部件的泄漏情况及工作性能；动力系统和控制器等。

停用 1 个月以上的起重机构，使用前也应做上述检查。

（3）每日检查。在每天作业前进行，应检查各类安全装置、制动器、操纵控制装置、紧急报警装置；轨道的安全状况；钢丝绳的安全状况。检查发现有异常情况时，必须及时处理。严禁带病运行。

二、起重机械安全装置

（一）位置限制与调整装置

位置限制装置是用来限制机构在一定空间范围内运行的安全防护装置。这类安全防护装置

有的是通过机构运行到极限位置时触发一个电气开关，切断机构的动力电源，使电动机停止运行，同时机构的制动装置动作，使机构停止在安全位置中。

1. 上升极限位置限制器

凡是动力驱动的起重机，其起升机构（包括主副起升机构）均应装设上升极限位置限制器。

2. 运行极限位置限制器

凡是动力驱动的起重机，其运行极限位置都应装设运行极限位置限制器。

3. 偏斜调整和显示装置

跨度等于或超过 40m 的装卸桥和门式起重机，应装偏斜调整和显示装置。

4. 缓冲器

桥式、门式起重机和装卸桥，以及门座起重机或升降机等都要装设缓冲器。

（二）防风防爬装置

露天工作于轨道上运行的起重机，如门式起重机、装卸桥、塔式起重机和门座起重机，均应装设防风防爬装置。

此外，在露天跨工作的桥式或门式起重机受环境因素的影响，可能出现地形风。它持续时间较短，但风力很强，足以吹动起重机做较长距离的滑行，并可能撞毁轨道端部止挡，造成脱轨或跌落。因此，在露天跨工作的桥式起重机也宜装设防风夹轨器和锚定装置或铁鞋。

起重机防风防爬装置主要有三类：夹轨器、锚定装置和铁鞋。按照防风装置的作用方式不同，可分为自动作用与非自动作用两类。

（三）安全钩、防后倾装置和回转锁定装置

1. 安全钩

单主梁起重机，由于起吊重物是在主梁的一侧进行，重物等对小车产生一个倾翻力矩，由垂直反轨轮或水平反轨轮产生的抗倾翻力矩使小车保持平衡，不能倾翻。但是，只靠这种方式不能保证在风灾、意外冲击、车轮破碎、检修等情况时的安全。因此，这种类型的起重机应安装安全钩。安全钩根据小车和轨轮形式的不同，也设计成不同的结构。

2. 防后倾装置

用柔性钢丝绳牵引吊臂进行变幅的起重机，当遇到突然卸载等情况时，会产生使吊臂后倾的力，从而造成吊臂超过最小幅度，发生吊臂后倾的事故。因此，这类起重机应安装防后倾装置。吊臂后倾主要由几种原因造成：起升用的吊具、索具或起升用钢丝绳存在缺陷，在起吊过程中突然断裂，使重物突然坠落；或者由于起重工绑挂不当，起吊过程中重物散落、脱钩。这些情况都会形成突然卸载，造成吊臂反弹后倾事故。为了防止这类事故，流动式起重机和动臂式塔式起重机上应安装防后倾装置（液压变幅除外）。

3. 回转锁定装置

回转锁定装置是指臂架起重机处于运输、行驶或非工作状态时，锁住回转部分，使之不能转动的装置。

回转锁定器常见形式有机械锁定器和液压锁定器两种。其结构比较简单，通常是用锁销插入方法、压板顶压方法或螺栓紧定方法等。液压式锁定器通常用双作用活塞式油缸对转台进行锁定。回转锁定装置的原理基本相同。

（四）起重量限制器

1. 工作原理

起重量限制器也称超载限制器，它是用来限制起重机的起升机构起吊起重量的安全防护装

置。它的工作原理是：当起升机构吊起的质量超过预警质量时，装置能发出报警信号；当吊起的质量超过允许的起重量时，能切断起升机构的工作电源，使起重机停止运行。

2. 超载限制器类型

超载限制器按其功能形式可以分为自动停止型、报警型、综合型三大类型。按结构形式可以分为机械式、电子式和液压式等。综合型超载保护装置是在起升质量超过额定起重量时，能停止起重机向不安全方向继续动作，并发出声光报警信号，同时能允许起重机向安全方向动作。

（五）力矩限制器

常用的起重力矩限制器有机械式和电子式等。臂架式起重机的工作特点是它的工作幅度可以改变，工作幅度是臂架式起重机的一个重要参数。起重量与工作幅度的乘积称为起重力矩。当起重力矩大于允许的极限力矩时，会造成臂架折弯或折断，甚至还会造成起重机整机失稳而倾覆或倾翻。臂架式起重机在设计时，已为其起重量与工作幅度之间求出了一条力矩极限关系曲线，即起重机特性曲线。起重量与工作幅度的对应点在该曲线以下时该点为安全点；对应点在该曲线以上时该点为超载点；对应点在该曲线上时该点为极限点。起重机械设置力矩限制器后，应根据其性能和精良情况进行调整或标定，当载荷力矩达到额定起重力矩时，能自动切断起升动力源，并发出禁止性报警信号，其综合误差不应大于额定力矩的10%。

小车变幅式塔式起重机常用的是全力矩法机械式起重力矩限制器。全力矩法机械式起重力矩限制器并不直接控制起重力矩，而是测取和限制吊臂上所有载荷对臂根铰点力矩的大小。此时，被控制的起重力矩要符合臂根铰点力矩的要求。

（六）防坠安全器

防坠安全器是非电气、气动和手动控制的防止吊笼或对重坠落的机械式安全保护装置，主要用于施工升降机等起重设备上，其作用是限制吊笼的运行速度，防止吊笼坠落，保证人员设备安全。安全器在使用过程中必须按规定进行定期坠落实验及周期检定。设备正常工作时，防坠安全器不应动作。当吊笼超速运行，其速度达到防坠安全器的动作速度时，防坠安全器应立即动作，并可靠地制停吊笼。在安全器发生作用的同时切断传动装置的电源。

（七）导电滑线防护措施

桥式起重机采用裸露导电滑线供电时，在以下部位应设置导电滑线防护板。

（1）司机室位于起重机电源引入滑线端时，通向起重机的梯子和走台与滑线间应设防护板，以防司机通过时发生触电事故。

（2）起重机导电滑线端的端梁上应设置防护板（通常称为挡电架），以防止吊具或钢丝绳等摆动与导电滑线接触而发生意外触电事故。

（3）多层布置的桥式起重机，下层起重机应在导电滑线全长设置防电保护设施。其他使用滑线引入电源的起重机，对于易发生触电危险的部位都应设置防护装置。

（八）防碰装置

同层多台起重机同时作业比较普遍，还有两层、甚至三层起重机共同作业的场所。在这种工况环境中，单凭行程开关、安全尺，或者单凭起重机操作员目测等传统方式来防止碰撞，已经不能保证安全。目前，在上述环境使用的起重机上要求安装防撞装置，用来防止上述起重机在交会时发生碰撞事故。防撞装置通常采用红外线、超声波、微波等无触点式开关与起重机电气控制系统相配合，当某台起重机运行到距离另一台起重机达到一定长度时，防撞装置的无触点式开关会及时发出警号或直接切断运行机构的动力源，由起重机的操作员操作或由机构自动停止工作，达到确保起重机安全运行的目的。这些防撞装置具有可同时设定多个报警距离、精度高、功能全、环境适应能力强的特点。

防碰装置的结构形式主要有：

(1) 反射型。由发射器、接收器、控制器和反射板组成。

(2) 直射型。检测波不经过反射板反射的产品统称为直射型。

(九) 登机信号按钮

对于司机室设置在运动部分（与起重机自身有相对运动的部位）的起重机，应在起重机上容易触及的安全位置安装登机信号按钮，对于司机室安装在塔式起重机上部，司机室安装架设在有相对运动部位的门座起重机及特大型桥式起重机必要时也应安装登机信号按钮。其作用是用于司机和维修人员在登机时，按钮按动后在司机室明显部位显示信号，使司机能注意到有人登机，防止意外事故发生。

(十) 危险电压报警器

臂架式起重机在输电线附近作业时，由于操作不当，臂架、钢丝绳等过于接近甚至碰触电线，都会造成感电或触电事故。为了防止这类事故，东欧各国和日本等国从 20 世纪 70 年代起研制危险电压报警器，目前已进入系列化生产阶段。

三、起重机使用安全技术

(一) 吊运前的准备工作

1. 正确佩戴个人防护用品，包括安全帽、工作服、工作鞋和手套，高处作业还必须佩戴安全带和工具包。

2. 检查清理作业场地，确定搬运路线，清除障碍物；室外作业要了解当天的天气预报；使用流动式起重机，要将支撑地面垫实垫平，防止作业中地基沉陷。

3. 对使用的起重机和吊装工具、辅件进行安全检查；不使用报废元件，不留安全隐患；熟悉被吊物品的种类、数量、包装状况以及周围联系。

4. 根据有关技术数据（如质量、几何尺寸、精密程度、变形要求），进行最大受力计算，确定吊点位置和捆绑方式。

5. 编制作业方案（对于大型、重要的物件的吊运或多台起重机共同作业的吊装，事先要在有关人员参与下，由指挥、起重机司机和司索工共同讨论，编制作业方案，必要时报请有关部门审查批准）。

6. 预测可能出现的事故，采取有效的预防措施，选择安全通道，制定应急对策。

(二) 起重机司机安全操作技术

起重机司机应认真交接班，对吊钩、钢丝绳、制动器、安全防护装置的可靠性进行认真检查，发现异常情况及时报告。

1. 开机作业前，应确认处于安全状态方可开机。所有控制器是否置于零位；起重机上和作业区内是否有无关人员，作业人员是否撤离到安全区；起重机运行范围内是否有未清除的障碍物；起重机与其他设备或固定建筑物的最小距离是否在 0.5m 以上；电源断路装置是否加锁或有警示标牌；流动式起重机是否按要求平整好场地，支脚是否牢固可靠。

2. 开车前，必须鸣铃或示警；操作中接近人时，应给断续铃声或示警。

3. 司机在正常操作过程中，不得利用极限位置限制器停车；不得利用打反车进行制动；不得在起重作业过程中进行检查和维修；不得带载调整起升、变幅机构的制动器，或带载增大作业幅度；吊物不得从人头顶上通过，吊物和起重臂下不得站人。

4. 严格按指挥信号操作，对紧急停止信号，无论何人发出，都必须立即执行。

5. 吊载接近或达到额定值，或起吊危险物品（液态金属、有害物、易燃易爆物）时，吊运前认真检查制动器，并用小高度、短行程试吊，确认没有问题后再吊运。

6. 起重机各部位、吊载及辅助用具与输电线的最小距离应满足安全要求。

7. 有下述情况时，司机不应操作：起重机结构或零部件（如吊钩、钢丝绳、制动器、安全防护装置等）有影响安全工作的缺陷和损伤；吊物超载或有超载可能，吊物质量不清；吊物被埋置或冻结在地下、被其他物挤压；吊物捆绑不牢，或吊挂不稳，被吊重物棱角与吊索之间未加衬垫；被吊物上有人或浮置物；作业场地昏暗，看不清场地、吊物情况或指挥信号。在操作中不得歪拉斜吊。

8. 工作中突然断电时，应将所有控制器置零，关闭总电源。重新工作前，应先检查起重机工作是否正常，确认安全后方可正常操作。

9. 有主、副两套起升机构的，不允许同时利用主、副钩工作（设计允许的专用起重机除外）。

10. 用两台或多台起重机吊运同一重物时，每台起重机都不得超载。吊运过程应保持钢丝绳垂直，保持运行同步。吊运时，有关负责人员和安全技术人员应在场指导。

11. 露天作业的轨道起重机，当风力大于6级时，应停止作业；当工作结束时，应锚定起重机。

（三）司索工安全操作技术

司索工主要从事地面工作，例如准备吊具、捆绑挂钩、摘钩卸载等，多数情况还担任指挥任务。司索工的工作质量与整个搬运作业安全关系极大。其操作工序要求如下：

1. 准备吊具

对吊物的质量和重心估计要准确，如果是目测估算，应增大20%来选择吊具；每次吊装都要对吊具进行认真的安全检查，如果是旧吊索应根据情况降级使用，绝不可侥幸超载或使用已报废的吊具。

2. 捆绑吊物

对吊物进行必要的归类、清理和检查，吊物不能被其他物体挤压，被埋或被冻的物体要完全挖出。切断与周围管、线的一切联系，防止造成超载；清除吊物表面或空腔内的杂物，将可移动的零件锁紧或捆牢，形状或尺寸不同的物品不经特殊捆绑不得混吊，防止坠落伤人；吊物捆扎部位的毛刺要打磨平滑，尖棱利角应加垫物，防止起吊吃力后损坏吊索；表面光滑的吊物应采取措施来防止起吊后吊索滑动或吊物滑脱；吊运大而重的物体应加诱导绳，诱导绳长应能使司索工既可握住绳头，同时又能避开吊物正下方，以便发生意外时司索工可利用该绳控制吊物。

3. 挂钩起钩

吊钩要位于被吊物重心的正上方，不准斜拉吊钩硬挂，防止提升后吊物翻转、摆动；吊物高大需要垫物攀高挂钩、摘钩时，脚踏物一定要稳固垫实，禁止使用易滚动物体（如圆木、管子、滚筒等）做脚踏物；攀高必须佩戴安全带，防止人员坠落跌伤。

挂钩要坚持“五不挂”，即起重或吊物质量不明不挂，重心位置不清楚不挂，尖棱利角和易滑工件无衬垫物不挂，吊具及配套工具不合格或报废不挂，包装松散捆绑不良不挂，将安全隐患消除在挂钩前。

当多人吊挂同一吊物时，应由一个人专门负责指挥，在确认吊挂完备，所有人员都离开站在安全位置以后，才可发起钩信号；起钩时地面人员不应站在吊物倾翻、坠落可波及的地方；如果作业场地为斜面，则应站在斜面上方（不可在死角），防止吊物坠落后继续沿斜面滚移伤人。

4. 摘钩卸载

吊物运输到位前，应选择好安置位置，卸载不要挤压电气线路和其他管线，不要阻塞通道；针对不同吊物种类应采取不同措施加以支撑、垫稳、归类摆放，不得混码、互相挤压、悬空摆放，防止吊物滚落、侧倒、塌垛；摘钩时应等所有吊索完全松弛再进行，确认所有绳索从钩上卸下再起钩，不允许抖绳摘索，更不许利用起重机抽索。

5. 搬运过程的指挥

无论采用何种指挥信号，必须规范、准确、明了；指挥者所处位置应能全面观察作业现场，并使司机、司索工都可清楚看到；在作业进行的整个过程中（特别是重物悬挂在空中时），指挥者和司索工都不得擅离职守，应密切注意观察吊物及周围情况，发现问题，及时发出指挥信号。

（四）高处作业的安全防护

起重机金属结构高大，司机室往往设在高处，很多设备也安装在高处结构上，因此，起重司机正常操作、高处设备的维护和检修以及安全检查，都需要登高作业。为防止人员从高处坠落，防止高处坠落的物体对下面人员造成打击伤害，在起重机上，凡是高度不低于 2m 的一切合理作业点，包括进入作业点的配套设施，如高处的通行走台、休息平台、转向用的中间平台，以及高处作业平台等，都应予以防护。安全防护的结构和尺寸应根据人体参数确定。其强度、刚度要求应根据走道、平台、楼梯和栏杆可能受到的最不利载荷考虑。

四、起重机械事故及预防

（一）典型起重机械事故

1. 重物失落事故

起重机械重物失落事故是指起重作业中，吊载、吊具等重物从空中坠落所造成的人身伤亡和设备毁坏的事故，简称失落事故。常见的失落事故有以下几种类型：

（1）脱绳事故。脱绳事故是指重物从捆绑的吊装绳索中脱落溃散发生的伤亡毁坏事故。造成脱绳事故的主要原因有：重物的捆绑方法与要领不当，造成重物滑脱；吊装重心选择不当，造成偏载起吊或吊装中心不稳，使重物脱落；吊载遭到碰撞、冲击而摇摆不定，造成重物失落等。

（2）脱钩事故。脱钩事故是指重物、吊装绳或专用吊具从吊钩口脱出而引起的重物失落事故。造成脱钩事故的主要原因有：吊钩缺少护钩装置；护钩保护装置机能失效；吊装方法不当，吊钩钩口变形引起开口过大等。

（3）断绳事故。断绳事故是指起升绳和吊装绳因破断造成的重物失落事故。造成起升绳破断的主要原因有：超载起吊拉断钢丝绳；起升限位开关失灵造成过卷拉断钢丝绳；斜吊、斜拉造成乱绳挤伤切断钢丝绳；钢丝绳因长期使用又缺乏维护保养，造成疲劳变形、磨损损伤；达到或超过报废标准仍然使用等。

造成吊装绳破断的主要原因有：吊钩上吊装绳夹角太大（$>120°$），使吊装绳上的拉力超过极限值而拉断；吊装钢丝绳品种规格选择不当，或仍使用已达到报废标准的钢丝绳捆绑吊装重物，造成吊装绳破断；吊装绳与重物之间接触处无垫片等保护措施，造成棱角割断钢丝绳。

（4）吊钩断裂事故。吊钩断裂事故是指吊钩断裂造成的重物失落事故。造成吊钩断裂事故的原因有：吊钩材质有缺陷；吊钩因长期磨损，使断面减小；已达到报废极限标准却仍然使用或经常超载使用，造成疲劳断裂。

起重机械失落事故主要是发生在起升机构取物缠绕系统中，如脱绳、脱钩、断绳和断钩。每根起升钢丝绳两端的固定也十分重要，如钢丝绳在卷筒上的极限安全圈是否能保证在两圈以上，是否有下降限位保护，钢丝绳在卷筒装置上的压板固定及楔块固定是否安全可靠。另外钢丝绳脱槽（脱离卷筒绳槽）或脱轮（脱离滑轮），也会造成失落事故。

2. 挤伤事故

挤伤事故是指在起重作业中，作业人员被挤压在两个物体之间，造成挤伤、压伤、击伤等人身伤亡事故。造成此类事故的主要原因有：起重作业现场缺少安全监督指挥管理人员；现场从事吊装作业和其他作业人员缺乏安全意识和自我保护措施；野蛮操作等。挤伤事故多发生在吊装作业人员和检修维护人员上。挤伤事故主要有以下几种：

（1）吊具或吊载与地面物体间的挤伤事故。在车间、仓库等室内场所，地面作业人员处于大型吊具或吊载与机器设备、土建墙壁、牛腿立柱等障碍物之间的狭窄地带，在进行吊装、指挥、操作或从事其他作业时，由于指挥失误或误操作，作业人员躲闪不及被挤压在大型吊具（吊载）与各种障碍物之间，造成挤伤事故。或者由于吊装不合理，造成吊载剧烈摆动，冲撞作业人员致伤。

（2）升降设备的挤伤事故。电梯、升降货梯、建筑升降机的维修人员或操作人员，不遵守操作规程，被挤压在轿箱、吊笼与井壁、井架之间而造成挤伤的事故也时有发生。

（3）机体与建筑物间的挤伤事故。这类事故多发生在高空桥式起重机维护检修作业中，维护检修人员被挤在起重机端梁与支承、承轨梁的立柱或墙壁之间，或在高空承轨梁侧通道通过时被运行的起重机击伤。

（4）机体回转挤伤事故。这类事故多发生在野外作业的汽车、轮胎和履带起重机作业中，往往由于此类作业的起重机回转时配重部分将吊装、指挥和其他作业人员撞伤，或上述人员被挤压在起重机配重与建筑物之间而致伤。

（5）翻转作业中的挤伤事故。从事吊装、翻转、倒个作业时，由于吊装方法不合理、装卡不牢、吊具选择不当、重物倾斜下坠、吊装选位不佳、指挥及操作人员站位不好，引起吊载失稳、吊载摆动冲击，造成翻转作业中的砸、撞、碰、挤、压等各种伤亡事故。

3. 坠落事故

坠落事故主要是指从事起重作业的人员，从起重机机体等高空处坠落至地面的摔伤事故。也包括工具、零部件等从高空坠落，使地面作业人员受伤的事故。

（1）机体上滑落摔伤事故。这类事故多发生于高空起重机上进行的维护检修作业中。一些检修作业人员缺乏安全意识，作业时不戴安全带，由于脚下滑动、障碍物绊倒或起重机突然启动造成晃动，使作业人员失稳从高空坠落于地面而受伤。

（2）机体撞击坠落事故。这类事故多发生在检修作业中，因缺乏严格的现场安全监督制度，检修人员遭到其他作业的起重机端梁或悬臂撞击，从高空坠落受伤。

（3）轿箱坠落摔伤事故。这类事故多发生在载客电梯、货梯或建筑升降机升降运转中，由于起升钢丝绳破断、钢丝绳固定端脱落，使乘客及操作者随轿箱、货箱一起坠落，造成人员伤亡事故。

（4）维修工具零部件坠落砸伤事故。在高空起重机上从事检修作业时，操作人员常常因不小心，使维修更换的零部件或维护检修工具从起重机机体上滑落，造成砸伤地面作业人员和机器设备等事故。

（5）振动坠落事故。这类事故不经常发生。起重机个别零部件因安装连接不牢，如螺栓未能按要求拧入一定的深度，螺母锁紧装置失效，或因年久失修个别连接环节松动，当起重机遇到冲击或振动时，就会出现因连接松动造成某一零部件从机体脱落，造成砸伤地面作业人员或砸伤机器设备的事故。

（6）制动下滑坠落事故。这类事故产生的主要原因是起升机构的制动器性能失效，多为制动器制动环或制动衬料磨损严重而未能及时调整或更换，导致刹车失灵，或制动轴断裂，造成重物急速下滑坠落于地面，砸伤地面作业人员或机器设备。坠落事故形式较多，近些年发生的严重事故大多是吊笼、简易客货梯的坠落事故。

4. 触电事故

触电事故是指从事起重操作和检修作业的人员，因触电而导致人身伤亡的事故。触电事故可以按作业场所分为以下两大类型：

（1）室内作业的触电事故。室内起重机的动力电源是电击事故的根源，遭受触电电击伤害者多为操作人员和电气检修作业人员。产生触电事故的原因，从人的因素分析，多为缺乏起重机基本安全操作规程知识、起重机基本电气控制原理知识、起重机电气安全检查要领，不重视必要的安全保护措施，如不穿绝缘鞋、不带试电笔进行电气检修等；从起重机自身的电气设施角度看，发生触电事故多为起重机电气系统及周围相应环境缺乏必要的触电安全保护。

（2）室外作业的触电事故。随着土木建筑工程的发展，在室外施工现场从事起重运输作业的自行式起重机，如汽车起重机、轮胎起重机和履带起重机越来越多，虽然这些起重机的动力源非电力，但出现触电事故并不少见。这主要是在作业现场往往有裸露的高压输电线，由于现场安全指挥监督混乱，常有自行起重机的臂架或起升钢丝绳摆动触及高压输电线，使机体连电，进而造成操作人员或吊装作业人员间接遭到高压电线中的高压电击伤。近些年，我国和日本连续发生过数起野外施工作业中自行式起重机悬臂触及高压电线，造成操作人员触电致死的事故。

（3）触电安全防护措施：①保证安全电压；②保证绝缘的可靠性；③加强屏护保护；④严格保证配电最小安全净距；⑤保证接地与接零的可靠性；⑥加强漏电触电保护。

5. 机体毁坏事故

机体毁坏事故是指起重机因超载失稳等产生结构断裂、倾翻造成结构严重损坏及人身伤亡的事故。常见机体毁坏事故有以下几种类型：

（1）断臂事故。各种类型的悬臂起重机，由于悬臂设计不合理、制造装配有缺陷或者长期使用已有疲劳损坏隐患，一旦超载起吊就易造成断臂或悬臂严重变形等毁机事故。

（2）倾翻事故。倾翻事故是自行式起重机的常见事故，自行式起重机倾翻事故大多是由起重机作业前支承不当引发，如野外作业场地支承地基松软，起重机支腿未能全部伸出等。起重量限制器或起重力矩限制器等安全装置动作失灵、悬臂伸长与规定起重量不符、超载起吊等因素也都会造成自行式起重机倾翻事故。

（3）机体摔伤事故。在室外作业的门式起重机、门座起重机、塔式起重机等，由于无防风夹轨器，无车轮止垫或无固定锚链等，或者上述安全设施机能失效，一当遇到强风吹击时，可能会倾倒、移位，甚至从栈轿上翻落，造成严重的机体摔伤事故。

（4）相互撞毁事故。在同一跨中的多台桥式类型起重机由于相互之间无缓冲碰撞保护措施，或缓冲碰撞保护设施毁坏失效，易因起重机相互碰撞致伤。在野外作业的多台悬臂起重机群中，悬臂回转作业中也难免相互撞击而出现碰撞事故。

（二）起重机械事故应急措施

1. 由于台风、超载等非正常载荷造成起重机械倾翻事故时，应及时通知有关部门和起重机械制造、维修单位维保人员到达现场，进行施救。当有人员被压埋在倾倒起重机下面时，应先切断电源，采取千斤顶、起吊设备、切割等措施，将被压人员救出。在实施处置时，必须指定1名有经验的人员进行现场指挥，并采取警戒措施，防止起重机倒塌、挤压事故的再次发生。

2. 发生火灾时，应采取措施施救被困在高处无法逃生的人员，并应立即切断起重机械的电源开关，防止电气火灾的蔓延扩大；灭火时，应防止二氧化碳等中毒窒息事故的发生。

3. 发生触电事故时，应及时切断电源，对触电人员应进行现场救护，预防因电气而引发火灾。

4. 发生从起重机械高处坠落事故时，应采取相应措施，防止再次发生高处坠落事故。

5. 发生载货升降机故障，致使货物被困轿厢内，操作员或安全管理员应立即通知维保单位，由维保单位专业维修人员进行处置。维保单位不能很快到达的，由经过培训取得特种设备作业人员证书的作业人员，依照规定步骤释放货物。

（三）起重机械事故特点及原因分析

1. 起重机械事故特点

（1）事故大型化、群体化，一起事故有时涉及多人，并可能伴随大面积设备设施的损坏。

（2）事故类型集中，一台设备可能发生多起不同性质的事故。

（3）事故后果严重，只要是伤及人，往往是恶性事故，一般不是重伤就是死亡。

（4）伤害涉及的人员可能是司机、司索工和作业范围内的其他人员，其中司索工被伤害的比例最高。

（5）在安装、维修和正常起重作业中都可能发生事故，其中，起重作业中发生的事故最多。

（6）事故高发行业中，建筑、冶金、机械制造和交通运输等行业较多，与这些行业起重设备数量多、使用频率高、作业条件复杂有关。

（7）重物坠落是各种起重机共同的易发事故；汽车起重机易发生倾翻事故；塔式起重机易发生倒塔折臂事故；室外轨道起重机在风载作用下易发生脱轨翻倒事故；大型起重机易发生安装事故等。

2. 起重机械事故发生原因分析

起重机机械事故的发生原因主要包括人的因素、设备因素和环境因素等几个方面，其中人的因素主要是由于管理者或使用者心存侥幸、省事和逆反等心理原因从而产生非理智行为；物的因素主要是由于设备未按要求进行设计、制造、安装、维修和保养，特别是未按要求进行检验，带“病”运行，从而埋下安全隐患。占比例较大的起重机械事故起因主要有：

（1）重物坠落。吊具或吊装容器损坏、物件捆绑不牢、挂钩不当、电磁吸盘突然失电、起升机构的零件故障（特别是制动器失灵，钢丝绳断裂）等都会引发重物坠落。上吨重的吊载意外坠落，或起重机的金属结构件破坏、坠落，都可能造成严重后果。

（2）起重机失稳倾翻。起重机失稳有两种类型：一是由于操作不当（例如超载、臂架变幅或旋转过快等）、支腿未找平或地基沉陷等原因使倾翻力矩增大，导致起重机倾翻；二是由于坡度或风载荷作用，使起重机沿路面或轨道滑动，导致脱轨翻倒。

（3）金属结构的破坏。庞大的金属结构是各类桥架起重机、塔式起重机和门座起重机的重要构成部分，作为整台起重机的骨架，不仅承载起重机的自重和吊重，而且构架了起重作业的立体空间。金属结构的破坏常常会导致严重伤害，甚至群死群伤的恶果。

（4）挤压。起重机轨道两侧缺乏良好的安全通道或与建筑结构之间缺少足够的安全距离，使运行或回转的金属结构机体对人员造成夹挤伤害；运行机构的操作失误或制动器失灵引起溜车，造成碾压伤害等。

（5）高处跌落。人员在离地面大于2m的高度进行起重机的安装、拆卸、检查、维修或操作等作业时，从高处跌落造成的伤害。

（6）触电。起重机在输电线附近作业时，其任何组成部分或吊物与高压带电体距离过近，感应带电或触碰带电物体，都可以引发触电伤害。

（7）其他伤害。其他伤害是指人体与运动零部件接触引起的绞、碾、戳等伤害；液压起重机的液压元件破坏造成高压液体的喷射伤害；飞出物件的打击伤害；装卸高温液体金属、易燃易爆、有毒、腐蚀等危险品，由于坠落或包装捆绑不牢破损引起的伤害等。

（四）起重机械事故的预防措施

1. 加强对起重机械的管理。认真执行起重机械各项管理制度和安全检查制度，做好起重机械的定期检查、维护、保养，及时消除隐患，使起重机械始终处于良好的工作状态。

2. 加强对起重机械操作人员的教育和培训，严格执行安全操作规程，提高操作技术能力和处理紧急情况的能力。

3. 起重机械操作过程中要坚持“十不吊”原则，即：①指挥信号不明或乱指挥不吊；②物体质量不清或超负荷不吊；③斜拉物体不吊；④重物上站人或有浮置物不吊；⑤工作场地昏暗，无法看清场地、被吊物及指挥信号不吊；⑥遇有拉力不清的埋置物时不吊；⑦工件捆绑、吊挂不牢不吊；⑧重物棱角处与吊绳之间未加衬垫不吊；⑨结构或零部件有影响安全工作的缺陷或损伤时不吊；⑩钢（铁）水装得过满不吊。

第五节　特种设备检验检修安全技术

一、特种设备定期检验要求

（一）锅炉定期检验要求

1. 锅炉定期检验类别

按照《锅炉定期检验规则》（TSG G7002—2015），锅炉定期检验工作包括外部检验、内部检验和水压试验三种：

（1）外部检验是指锅炉在运行状态下对锅炉安全状况进行的检验。

（2）内部检验是指锅炉在停炉状态下对锅炉安全状况进行的检验。

（3）水压试验是指以水为介质，以规定的试验压力对锅炉受压部件强度和严密性进行的检验。

2. 锅炉定期检验周期

锅炉的外部检验一般每年进行一次；内部检验一般每2年进行一次；水压试验一般每6年进行一次。

3. 非常规检验

除进行正常的定期检验外，遇到特殊情况还应进行非常规检验。

（1）锅炉有下列情况之一时，应进行外部检验：①移装锅炉开始投运时；②锅炉停止运行一年以上恢复运行时；③锅炉的燃烧方式和安全自控系统有改动后。

（2）锅炉有下列情况之一时，应进行内部检验：①新安装的锅炉在运行一年后；②移装锅炉投运前；③锅炉停止运行一年以上恢复运行前；④受压元件经重大修理或改造后及重新运行一年后；⑤根据上次内部检验结果和锅炉运行情况，对设备安全可靠性有怀疑时；⑥根据外部检验结果和锅炉运行情况，对设备安全可靠性有怀疑时。

(3) 锅炉有下列情况之一时，应进行水压试验：①移装锅炉投运前；②受压元件经重大修理或改造后。

4. 锅炉定期检验内容

(1) 内部检验内容。①检验锅炉承压部件是否在运行中出现裂纹、起槽、过热、变形、泄漏、腐蚀、磨损、水垢等影响安全的缺陷。承压部件包括锅筒（壳）、封头、管板、炉胆、回燃室、水冷壁、烟管、对流管束、集箱、过热器、省煤器、外置式汽水分离器、导汽管、下降管、下脚圈、冲天管和锅炉范围内的管道等部件。对于高温承压部件还应进行金属监测，检验材质劣化情况。②检验承受锅炉本身质量的主要支撑件是否有过热、过烧、变形等现象。③检验燃烧设备（如燃烧器、炉排等）是否有烧损、变形；炉拱、保温是否有脱落；炉排是否有卡死；燃油、燃气锅炉是否有漏油、气现象。④检验成型件和阀体（如，水位示控装置、安全阀、排污阀、主蒸汽阀等）的外部件是否有明显缺陷。⑤检验安全附件是否有明显缺陷。

(2) 外部检验内容。外部检验包括锅炉管理检查、锅炉本体检验、安全附件、自控调节及保护装置检验、辅机和附件检验、水质管理和水处理设备检验等方面；检验方法以宏观检验为主，并配合对一些安全装置、设备的功能确认。

(3) 水压试验内容。缓慢升压至工作压力，检查是否有泄漏或异常现象；继续升压至试验压力，至少保持 20min，再缓慢降压至工作压力，检查所有参加水压试验的承压部件表面、焊缝、胀口等处是否有渗漏、变形，以及管道、阀门、仪表等连接部位是否有渗漏。

5. 锅炉定期检验结论

(1) 内部检验结论

①允许运行：内部检验合格，未发现缺陷或只有轻度不影响安全的缺陷。

②整改后运行：发现影响锅炉安全运行的缺陷，必须对缺陷部位进行处理。

③限制条件运行：不能保证锅炉在原额定参数下安全运行，或需缩短检验周期。

④停止运行：锅炉损坏严重，不能保证锅炉安全运行。

(2) 外部检验结论

①允许运行：未发现或只有轻度不影响安全的缺陷问题。

②监督运行：发现一般缺陷问题，经使用单位采取措施后能保证锅炉安全运行。

③停止运行：发现严重的缺陷问题，不能保证锅炉安全运行。

(3) 水压试验结论

检查结果符合下列情况时判定为合格：

①在受压元件金属壁和焊缝上没有水珠和水雾。

②当降到工作压力后胀口处不滴水珠。

③铸铁锅炉锅片的密封处在到额定出水压力后不滴水珠。

④水压试验后，没有明显残余变形。

如果出现不符合上述结果的情况，水压试验为不合格。水压试验不合格的锅炉不得投入运行。

（二）压力容器定期检验要求

压力容器定期检验分为年度检查和全面检验。年度检查，是指为了确保压力容器在检验周期内的安全而实施的运行过程中的在线检查，每年至少一次。全面检验是指压力容器停机时的检验。

1. 压力容器定期检验周期

（1）全面检验的检验周期。压力容器一般应当于投用满 3 年时进行首次全面检验。下次的全面检验周期，由检验机构根据本次全面检验结果按照下列规定确定：①安全状况等级为 1、2 级的，一般每 6 年一次；②安全状况等级为 3 级的，一般 3～6 年一次；③安全状况等级为 4 级的，应当监控使用，其检验周期由检验机构确定，累计监控使用时间不得超过 3 年。

（2）有以下情况之一的压力容器，全面检验周期应当适当缩短：

①介质对压力容器材料的腐蚀情况不明或者介质对材料的腐蚀速率每年大于 0.25mm，以及设计者所确定的腐蚀数据与实际不符的。

②材料表面质量差或者内部有缺陷的。

③使用条件恶劣或者使用中发现应力腐蚀现象的。

④使用超过 20 年，经过技术鉴定或者由检验人员确认按正常检验周期不能保证安全使用的。

⑤停止使用时间超过 2 年的。

⑥改变使用介质并且可能造成腐蚀现象恶化的。

⑦设计图样注明无法进行耐压试验的。

⑧检验中对其他影响安全的因素有怀疑的。

⑨介质为液化石油气且有应力腐蚀现象的，每年或根据需要进行全面检验。

⑩采用“亚铵法”造纸工艺，且无防腐措施的蒸球根据需要每年至少进行一次全面检验。

⑪球形储罐（使用标准抗拉强度下限大于等于 540MPa 材料制造的，投用一年后应当开罐检验）。

⑫搪玻璃设备。

2. 压力容器定期检验内容

（1）年度检查内容。压力容器年度检查包括对使用单位压力容器安全管理情况检查、压力容器本体及运行状况检查和压力容器安全附件检查等。检查方法以宏观检查为主，必要时进行测厚、壁温检查和腐蚀介质含量测定、真空度测试等。

安全附件的检验包括对压力表、液位计、测温仪表、爆破片装置、安全阀的检查和校验，安全阀一般每年至少校验一次。

（2）全面检验内容。检验的具体项目包括宏观（外观、结构以及几何尺寸）、保温层隔热层衬里、壁厚、表面缺陷、埋藏缺陷、材质、紧固件、强度、安全附件以及其他必要的项目。

检验压力容器的筒体、封头（端盖）、人孔盖、人孔法兰、人孔接管、膨胀节、开孔压强圈、设备法兰，球罐的球壳板，换热器的管板和换热管，M36 以上的设备主螺栓及公称直径大于等于 250mm 的接管和法兰等主要受压元件，是否在运行中出现裂纹、过热、变形、泄漏、腐蚀、磨损等影响安全的缺陷，是否存在明显的应力腐蚀、晶间腐蚀、表面脱碳、渗碳、石墨化、蠕变、氢损伤等材质劣化倾向，甚至已产生不可修复的缺陷或者损伤，是否存在有不合理结构。

检验安全附件是否有明显缺陷，是否在校验有效期内。定期检验的方法以宏观检查、壁厚测定、表面无损检测为主，必要时可以采用超声检测、射线检测、硬度测定、金相检验、材质分析、涡流检测、强度校核或者应力测定、耐压试验、声发射检测、气密性试验等。

(3) 耐压试验。有以下情况之一的压力容器，定期检验时应当进行耐压试验：①用焊接方法更换主要受压元件的；②主要受压元件补焊深度大于二分之一厚度的；③改变使用条件，超过原设计参数并且经过强度校核合格的；④需要更换衬里的（耐压试验在更换衬里前进行）；⑤停止使用 2 年后重新复用的；⑥从外单位移装或者本单位移装的；⑦使用单位或者检验机构对压力容器的安全状况有怀疑，认为应当进行耐压试验的。

3. 压力容器定期检验结论

(1) 年度检查结论

①允许运行，系指未发现或者只有轻度不影响安全的缺陷。

②监督运行，系指发现一般缺陷，经过使用单位采取措施后能保证安全运行，结论中应当注明监督运行需解决的问题及完成期限。

③暂停运行，仅指安全附件的问题逾期仍未解决的情况。问题解决并且经过确认后，允许恢复运行。

④停止运行，系指发现严重缺陷，不能保证压力容器安全运行的情况，应当停止运行或者由检验机构持证的压力容器检验人员做进一步检验。

年度检查一般不对压力容器安全状况等级进行评定，但如果发现严重问题，应当由检验机构持证的检验人员按规定进行评定，适当降低压力容器安全状况等级。

(2) 全面检验结论。全面检验工作完成后，检验人员根据实际检验情况，结合耐压试验结果，按相关规定评定压力容器的安全状况等级，出具检验报告，给出允许运行的参数及下次全面检验的日期。

(3) 压力容器的安全状况等级划分。按照《锅炉压力容器使用登记管理办法》的规定，根据压力容器的安全状况，将新压力容器划分为 1、2、3 级三个等级，在用压力容器划分为 2、3、4、5 四个等级，每个等级划分原则如下：

①新压力容器

1 级：压力容器出厂技术资料齐全；设计、制造质量符合有关法规和标准的要求；在规定的定期检验周期内，在设计条件下能安全使用。

2 级：出厂技术资料齐全；设计、制造质量基本符合有关法规和要求，但存在某些不危及安全且难以纠正的缺陷，出厂时已取得设计单位、使用单位和使用单位所在地安全监察机构同意；在规定的定期检验周期内，在设计规定的操作条件下能安全使用。

3 级：出厂技术资料基本齐全；主体材料、强度、结构基本符合有关法规和标准的要求；但制造时存在的某些不符合法规和标准的问题或缺陷，出厂时已取得设计单位、使用单位和使用单位所在地安全监察机构同意；在规定的定期检验周期内，在设计规定的操作条件下能安全使用。

②在用压力容器

2 级：技术资料基本齐全；设计制造质量基本符合有关法规和标准的要求；根据检验报告，存在某些不危及安全且不易修复的一般性缺陷；在规定的定期检验周期内，在规定的操作条件下能安全使用。

3 级：技术资料不够齐全；主体材料、强度、结构基本符合有关法规和标准的要求；制造时存在的某些不符合法规和标准的问题或缺陷，焊缝存在超标的体积性缺陷，根据检验报告，未发现缺陷发展或扩大；其检验报告确定在规定的定期检验周期内，在规定的操作条件下能安全使用。

4 级：主体材料不符合有关规定，或材料不明，或虽属选用正确，但已有老化倾向；主体结构有较严重的不符合有关法规和标准的缺陷，强度经校核尚能满足要求；焊接质量存在线性缺陷；根据检验报告，未发现缺陷由于使用因素而发展或扩大；使用过程中产生了腐蚀、磨损、损伤、变形等缺陷，其检验报告确定为不能在规定的操作条件下或在正常的检验周期内安全使用。必须采取相应措施进行修复和处理，提高安全状况等级，否则只能在限定的条件下短期监控使用。

5 级：无制造许可证的企业或无法证明原制造单位具备制造许可证的企业制造的压力容器；缺陷严重、无法修复或难于修复、无返修价值或修复后仍不能保证安全使用的压力容器，应予以判废，不得继续作承压设备使用。

（三）气瓶定期检验要求

盛装腐蚀性气体的气瓶，每 2 年检验一次；盛装一般气体的气瓶，每 3 年检验一次；液化石油气气瓶，使用未超过 20 年的，每 5 年检验一次，超过 20 年的，每 2 年检验一次；盛装惰性气体的气瓶，每 5 年检验一次。

（四）压力管道检验检测和监督检查

1. 压力管道安装、改造修理改造监督检验

新建、扩建、改建的压力管道应由有资格的检验单位对其安装质量进行监督检验，对压力管道进行重大改造时，其技术和管理要求应与新建压力管道的要求一致。

压力管道安全性能监督检验的重点是在压力管道安装过程中对安全质量有影响的活动及其结果。主要内容应包括：

①管道元件及焊接材料的材质确认。

②管道焊接或其他固定连接和可拆卸连接装配质量。

③影响管道热补偿和热传导的支承件安装质量。

④管道防腐质量。

⑤管道焊接、防腐质量检验检测质量。

⑥管道附属设施和设备安装质量。

⑦管道穿跨越、隐蔽工程等重要项目安装质量。

⑧管道强度试验、严密性试验（工业管道为压力试验、泄漏性试验，下同）。

⑨管道通球、扫线、干燥。

⑩管道的单体试验及整体试运行。

⑪管道安全保护装置及密封性能测试。

上述所列内容是对压力管道安装监督检验的基本要求，如不能满足实际需要时，可根据现场实际情况进行适当的调整，经监督检验单位技术负责人批准后实施。

2. 定期检验

在用工业管道定期检验分为在线检验和全面检验。

（1）在线检验。在线检验是在运行条件下对在用工业管道进行的检验，在线检验每年至少一次。在线检验一般以宏观检查和安全保护装置检验为主，必要时进行测厚检查和电阻值测量。

管道的下述部位一般为重点检查部位：

①压缩机、泵的出口部位。

②补偿器、三通、弯头（弯管）、大小头、支管连接及介质流动的死角等部位。

③支吊架损坏部位附近的管道组成件以及焊接接头。

④曾经出现过影响管道安全运行的问题的部位。

⑤处于生产流程要害部位的管段以及与重要装置或设备相连接的管段。

⑥工作条件苛刻及承受交变载荷的管段。

（2）全面检验。全面检验是按一定的检验周期在在用工业管道停车期间进行的较为全面的检验。安全状况等级为 1 级和 2 级的在用工业管道，其检验周期一般不超过 6 年；安全状况等级为 3 级的在用工业管道，其检验周期一般不超过 3 年。管道检验周期可根据下述情况适当延长或缩短：

1）经使用经验和检验证明可以超出上述规定期限安全运行的管道，使用单位向省级或其委托的地（市）级质量技术监督部门安全监察机构提出申请，经受理申请的安全监察机构委托的检验单位确认，检验周期可适当延长，但最长不得超过 9 年。

2）属于下列情况之一的管道，应适当缩短检验周期：

①新投用的管道（首次检验周期）。

②发现应力腐蚀或严重局部腐蚀的管道。

③承受交变载荷，可能导致疲劳失效的管道。

④材料产生劣化的管道。

⑤在线检验中发现存在严重问题的管道。

⑥检验人员和使用单位认为应该缩短检验周期的管道。

全面检验内容：

①外部宏观检查。

②材质检查。

③厚度的抽查测定。

④表面无损检测。

⑤金相和硬度检验抽查。

⑥安全保护装置检验。

⑦耐压强度校验和应力分析。

⑧压力试验。

（五）起重机械定期检验要求

1. 检验类别

按照起重机械定期检验规则的规定，检验类别分为首次检验和定期检验。首次检验是指设备投入使用前的检验。定期检验是指在使用单位进行经常性日常维护保养和自行监察的基础上，由检验机构定期进行的检验。

2. 起重机械检验周期

在用起重机械定期检验周期如下：

（1）塔式起重机、升降机、流动式起重机每年 1 次。

（2）轻小型起重设备、桥式起重机、门式起重机、门座起重机、缆索起重机、桅杆起重机、铁路起重机、旋臂起重机、机械式停车设备每 2 年 1 次。其中吊运熔融金属和炽热金属的起重机每年 1 次。

（3）性能试验中的额定载荷试验、静载荷试验、动载荷试验项目，首检和首次定期检验时必须进行，额定载荷试验项目，以后每间隔 1 个检验周期进行 1 次。

3. 检验内容

（1）定期检验的内容

①技术文件审查作业环境和外观检查，司机室检查。

②金属结构检查：主要受力构件（如主梁、端梁、吊具横梁等）无明显变形，金属结构的连接焊缝无明显可见的焊接缺陷，螺栓和销轴等连接无松动，无缺件、损坏等缺陷，箱型起重臂（伸缩式）侧向单面调整间隙符合相关标准的规定。

③检查起重机械大车、小车轨道是否存在明显松动，是否影响其运行；检查电气与控制系统，液压系统，主要零部件（主要零部件包括吊钩、钢丝绳、滑轮、减速器、开式齿轮、车轮、联轴器、卷筒、环链等)。

④安全保护和防护装置检查：包括制动器，超速保护装置，起升高度（下降深度）限位器，料斗限位器，运行机构行程限位器，起重量限制器，力矩限制器，防风防滑装置，防倾翻安全钩，缓冲器和止挡装置，应急断电开关，扫轨板下端（距轨道)，偏斜显示（限制）装置，联锁保护装置，防后翻装置和自动锁紧装置，断绳（链）保护装置，强迫换速装置，回转限制装置，防脱轨装置，起重量起升速度转换联锁保护装置，专项安全保护和防护装置等。

⑤性能试验：空载试验，额定载荷试验。

(2）首次检验的内容。除了上述定期检验内容外，还应附加下列检验项目：

①产品技术文件：起重机械设计文件，包括总图、主要受力结构件图、机械传动图和电气、液压系统原理图；产品质量合格证明、安装使用维修说明等；安全保护装置型式试验合格证明；产品制造监督检验证明。

②性能试验：静载荷试验；动载荷试验。

4. 检验结论

检验结论分为合格、复检合格、不合格和复检不合格四种。

(1）检验项目全部合格，综合判定为合格。检验项目有不合格项，不能满足使用要求的，综合判定为不合格。

(2）对于检验结论为不合格的起重机械，使用单位对不合格项目进行整改后，由检验机构对该起重机械进行复检，原不合格项目全部合格，综合判定为复检合格；原不合格项目仍有不合格项，不能满足使用要求的，综合判定为复检不合格。

二、锅炉压力容器检验检修安全技术

（一）锅炉检验检修前的准备工作

(1）锅炉检修前，要让锅炉按正常停炉程序停炉，缓慢冷却，用锅水循环和炉内通风等方式，逐步把锅内和炉膛内的温度降低下来。当锅水温度降到80℃以下时，把被检验锅炉上的各种门孔打开。打开门孔时注意防止被蒸汽、热水或烟气烫伤。

(2）风、烟、水、汽、电和燃料系统必须可靠隔断；将被检验锅炉上蒸汽、给水、排污等管道，与热力系统和其他运行中锅炉相应管道的通路隔断，并切断电源。被检验锅炉的燃烧室和烟道，要与总烟道或其他运行锅炉相通的烟道隔断。烟道闸门要关严密，并于隔断后进行通风。隔断用的盲板要有足够的强度，以免被运行中的高压介质鼓破。隔断位置要明确指示出来。对于燃油、燃气的锅炉还须可靠地隔断油、气来源，并进行通风置换。

(3）检验部位的人孔门、手孔盖全部打开，并经通风换气冷却。

(4）拆除妨碍检查的汽水挡板、分离装置及给水、排污装置等锅筒内件，炉膛及后部受热面清理干净，露出金属表面。

(5）清理锅炉内的垢渣、炉渣、烟灰等污物；拆除受检部位的保温材料。

（6）根据检验检修需要搭设必要的脚手架。

（7）准备好安全照明和工作电源。

（二）压力容器检验检修前的准备工作

（1）影响全面检验的附属部件或者其他物件，应当按检验要求进行清理或者拆除。

（2）为检验而搭设的脚手架、轻便梯等设施必须安全牢固（对离地面 3m 以上的脚手架设置安全护栏）。

（3）需要进行检验的表面，特别是腐蚀部位和可能产生裂纹性缺陷的部位，必须彻底清理干净，母材表面应当露出金属本体，进行磁粉、渗透检测的表面应当露出金属光泽。

（4）被检容器内部介质必须排放、清理干净，用盲板从被检容器的第一道法兰处隔断所有液体、气体或者蒸汽的来源，同时设置明显的隔离标志。禁止用关闭阀门代替盲板隔断。

（5）盛装易燃、助燃、毒性或者窒息性介质的，使用单位必须进行置换、中和、消毒、清洗，取样分析，分析结果必须符合有关规范、标准的规定。取样分析的间隔时间，应当在使用单位的有关制度中做出规定。盛装易燃介质的，严禁用空气置换。

（6）人孔和检查孔打开后，必须清除所有可能滞留的易燃、有毒、有害气体。压力容器内部空间的气体含氧量应当在 18%～23%（体积比）之间。必要时，还应当配备通风、安全救护等设施。

（7）高温或者低温条件下运行的压力容器，按照操作规程的要求缓慢地降温或者升温，使之达到可以进行检验工作的程度，防止造成伤害。

（8）能够转动的或者其中有可动部件的压力容器，应当锁住开关，固定牢靠。移动式压力容器检验时，应当采取措施防止移动。

（9）切断与压力容器有关的电源，设置明显的安全标志。检验照明用电不超过 24V，引入容器内的电缆应当绝缘良好，接地可靠。

（10）如果需现场射线检测时，应当隔离出透照区，设置警示标志。

（三）锅炉压力容器检验检修中的安全注意事项

1. 注意通风和监护

进入锅筒、炉膛、烟道、压力容器进行检验前，必须将人孔、集箱上的手孔全部打开，使空气对流一定时间，充分通风。在进入烟道或燃烧室检查前，也必须进行通风。外部必须有人监护，并且有可靠的联络措施。

2. 注意用电安全

在锅筒、潮湿的烟道、容器内检验而用电灯照明时，照明电压不应超过 24V。在比较干燥的烟道内，在有妥善的安全措施情况下，可采用不高于 36V 的照明电压。检验仪器和修理工具的电源电压超过 36V 时，必须采用绝缘良好的软线和可靠的接地线。锅炉、容器内严禁采用明火照明。

3. 禁止带压拆装连接部件

检验检修锅炉压力容器时，如需要卸下或上紧承压部件的紧固件，必须将压力全部泄放以后方能进行，不能在锅炉容器内有压力的情况下卸下或上紧螺栓或其他紧固件，以防发生意外事故。

4. 安全监护

检验时，使用单位锅炉压力容器管理人员和相关人员到场配合，协助检验工作，负责安全监护。

三、起重机械检验检修安全技术

（一）起重机械检验前的准备工作

1. 检验人员到达检验现场，应当首先确认使用单位的检验准备工作是否符合要求。

2. 检验人员应要求使用单位的起重机械安全管理人员和相关人员到场配合、协助检验工作，负责现场安全监护。

3. 检验人员在检验现场，应当认真执行使用单位有关动火、用电、高空作业、安全防护、安全监护等规定，配备和穿戴检验必需的个体防护用品，确保检验工作安全。

（二）起重机械检修前的准备工作

1. 检修作业方案

作业方案应制定设备检修作业方案，落实人员、组织和安全措施。

2. 人员安全教育培训

对参加检修作业的人员进行安全教育，主要包括：检修作业必须遵守的有关安全规章制度，作业现场和施工过程中可能存在或出现的不安全因素及对策，作业过程中个体防护用具和用品的正确佩戴和使用，施工项目、任务、方案和安全措施等。

3. 检修作业工器具、设施及器材设备检查

检修作业使用的各种工器具（脚手架、起重机械、电气焊用具、手持电动工具、扳手、管钳、锤子等）、设施（爬梯、栏杆、平台、铁篦子、盖板等）、器材设备（气体防护器材、消防器材、通信设备、照明设备等）应经专人检查，保证完好可靠，并合理放置。凡不符合作业安全要求的不得使用。

4. 检修现场环境安全检查及治理

（1）对检修现场的坑、井、洼、沟、陡坡等应填平或铺设与地面平齐的盖板，也可设置围栏和警告标志，并设夜间警示红灯；需夜间检修的作业场所，应设有足够亮度的照明装置。

（2）将检修现场的易燃易爆物品、障碍物、油污、冰雪、积水、废弃物等影响检修安全的杂物清理干净。

（3）检查、清理检修现场的消防通道、行车通道，保证畅通无阻。

5. 检修作业个体防护装备要求

检修作业时，作业人员必须按要求配置和正确穿戴相应的个体防护装备，如工作服、工作鞋、手套、安全帽、安全带、保护面罩、保护眼镜等；不得戴戒指及其他饰物。

（三）起重机械检修作业中的安全要求

1. 机械设备检修的安全要求

（1）检修人员应熟悉相关的图样、资料和工艺，必须严格执行各项安全制度和操作规程。

（2）检修设备时，严格执行设备检修操作牌制度，确保设备的安全防护、信号和联锁装置齐全、灵敏、可靠。在检修机械设备前，应在切断的动力开关处设置“有人工作，严禁合闸”的警示牌；必要时应设专人监护或采取防止电源意外接通的技术措施；非工作人员禁止摘牌合闸；一切动力开关在合闸前应细心检查，确认无人员检修时方准合闸。

（3）检修中应按规定方案拆除安全装置，并有安全防护措施。检修完毕，安全装置应及时恢复。安全防护装置的变更应经安全部门同意，并作好记录、及时归档。

（4）电、气焊割之前，应清除工作场所的易燃物，并保证作业场所通风良好。

（5）高处作业，应佩戴安全带、安全帽，设置好护栏和盖板，架设好脚手架等登高所必需

的设施。

（6）不准跨越正在运转的设备；不准横跨运转部位传递物件；不准触及运转部位；不准站在旋转工件或可能爆裂飞出物件、碎屑部位的正前方进行操作、调整、检查设备；不准超限使用设备机具；禁止在起吊物下行走。

（7）出现紧急情况和事故状态时，按有关抢险规程和应急预案处置。

2. 电气设备检修的安全要求

（1）保证安全距离。在10kV及其以下电气线路检修时，操作人员及其所携带的工具等与带电体之间的距离不应小于1m。

（2）清理作业现场。清理检修现场妨碍作业的障碍物，以利检修人员的现场操作和进出活动。

（3）断电防护。采取可靠的断电措施，切断需检修设备上的电源，并经启动复查确认无电后，在电源开关处挂上“禁止启动”的安全标志并加锁。

（4）防止外来侵害。检修现场情况十分复杂，在检修作业前，应巡视一下周围，看有无可能出现外来侵害，如带电线路的有效安全距离如何，检修现场建筑物拆旧施工防护如何等。如果存在外来侵害，应在检修前做好安全防护。

（5）集中精力。检修作业中不做与检修作业无关的事，不谈论与检修作业无关的话题，特别是进行紧急抢修作业时更是如此。

（6）谨慎登高。如果在高处作业，使用的脚手架要牢固可靠，并且人员要站稳。在2m以上的脚手架上检修作业，要使用安全带及其他保护措施。

（7）防火措施。检修过程中，若需要用火时，要检查一下动火现场有无禁火标志，有无可燃气体或燃油类。当确认没有火灾隐患时，方能动火。如果用火时间长、温度高、范围大，还应预先准备好灭火器具，以防不测。

（8）防止群体作业相互伤害。如果确需多人共同作业，要预先分析一下可能发生危险的位置和方向，并采取相应的对策后再进行作业。多人作业时，相互之间要保持一定的距离，以防相互碰伤。如果作业人员手中持有利器进行作业，其受力方向应引向体外，并且在作业前看一下周围，提醒他人不得靠近。

四、锅炉压力容器检验检测技术

锅炉压力容器的种类、结构、类型繁多，其设计参数和使用条件各不相同，压力容器所盛装的介质可能具有不同程度的腐蚀或磨损性。因此，对它们进行检验时，必须采用各种不同的检验方法，这样才能对特种设备的安全使用性能作出全面、正确的评价。

（一）宏观检查

直观检查和量具检查通常称为宏观检查，是对在用承压类特种设备进行内、外部检验常用的检验方法。宏观检查的方法简单易行，可以直接发现和检验容器内、外表面比较明显的缺陷，为进一步利用其他方法做详细的检验提供线索和依据。

1. 直观检查

直观检查是承压类特种设备最基本的检验方法，通常在采用其他检验方法之前进行，是进一步检验的基础。它主要是凭借检验人员的感觉器官，对容器的内、外表面进行检查，以判别其是否有缺陷。

（1）检查内容。直观检查要求检查容器的本体和受压元件的结构是否合理，承压类特种设备的连接部位、焊缝、胀口、衬里等部位是否存在渗漏，承压类特种设备表面是否存在腐蚀的深坑或斑点、明显的裂纹、重皮折叠、磨损的沟槽、凹陷、鼓包等局部变形和过热的痕迹，焊缝是否有表面气孔、弧坑、咬边等缺陷，容器内、外壁的防腐层、保温层、耐火隔热层或衬里等是否完好等。

（2）检查工具。用于直观检查的检查工具有手电筒、5～10倍放大镜、反光镜、内窥镜等。

（3）检查方法：①通常采用肉眼检查，肉眼能够迅速扫视大面积范围，并且能够察觉细微的颜色和结构的变化；②当被检查的部位比较狭窄（例如长度较长的管壳式容器，以及气瓶等），无法直接观察时，可以利用反光镜或内窥镜伸入容器内进行检查；③当怀疑设备表面有裂纹时，可用砂布将被检部位打磨干净，然后用浓度为10%的硝酸酒精溶液将其浸湿，擦净后用放大镜观察；④对具有手孔或较大接管而人又无法进到内部用肉眼检查的小型设备，可将手从手孔或接管口伸入，触摸内表面，检查内壁是否光滑，有无凹坑、鼓包。直观检查时，往往会在锅炉、压力容器表面发现各种形态的缺陷，检验人员应予以综合判断，并分别予以适当的处置。

2. 量具检查

采用简单的工具和量具对直观检查所发现的缺陷进行测量，以确定缺陷的严重程度，是直观检查的补充手段。

（1）检查内容。量具检查，要求检查设备表面腐蚀的面积和深度，变形程度，沟槽和裂纹的长度，以及设备本体和受压元件的结构尺寸（如容器的平直度、管板的不平度等）是否符合要求等。

（2）检查工具。主要有直尺、样板、游标卡尺、塞尺等。

（3）检查方法：①用拉线或量具检查设备的结构尺寸。例如，用钢卷尺围出筒体的周长，用计算圆周长的公式和筒体的实际壁厚值算出筒体的平均内直径，以求得筒体的内径偏差；测量筒体同一断面的不圆度等。②用平直尺紧靠设备、管板等的表面，用游标卡尺或塞尺检查设备的平直度，腐蚀、磨损、鼓包的深度（高度），管板的不平度等。③用预先按受压元件的某部分做成的样板紧靠其表面，检查它们的形状、尺寸是否符合设计要求（例如角焊缝的焊脚高度、封头的曲率尺寸等），或测量变形、腐蚀的程度。④在器壁发生均匀腐蚀、片状腐蚀或密集斑点腐蚀的部位，目前通常采用超声波测厚仪测量容器的剩余壁厚。

（二）无损检测

在承压类特种设备构件的内部，常常存在着不易发现的缺陷，如焊缝中的未熔合、未焊透、夹渣、气孔、裂纹等。要想知道这些缺陷的位置、大小、性质，对每一台设备进行破坏性检查是不可能的，为此出现了无损探伤法，它是在不损伤被检工件的情况下，利用材料和材料中缺陷所具有的物理特性探查其内部是否存在缺陷的方法。

1. 射线检测

（1）射线检测原理。射线照射在工件上，透射后的射线强度根据物质的种类、厚度和密度而变化，利用射线的照相作用、荧光作用等特性，将这个变化记录在胶片上，经显影后形成底片的黑度变化，根据底片的黑度变化可了解工件内部结构状态，达到检查出缺陷的目的。常用射线检测方法有X射线和γ射线两种。

（2）射线检测的特点。用这种检查方法可以获得缺陷直观图像，定性准确，对长度、宽度尺寸的定量也较准确；检测结果有直接记录，可以长期保存；对体积型缺陷（气孔、夹渣类）检出率高，对面积性缺陷（裂纹、未熔合类）如果照相角度不适当，容易漏检；适宜检验厚度较薄的工件，不适宜检验较厚的工件；适宜检验对接焊缝，不适宜检验角焊缝以及板材、棒材和锻件等；对缺陷在工件中厚度方向的位置、尺寸（高度）的确定较困难；检测成本高、速度慢；射线对人体有害。

（3）射线的安全防护。射线的安全防护主要是采用时间防护、距离防护和屏蔽防护 3 大技术。时间防护，即尽量缩短人体与射线接触的时间。如果到射线源的距离增大 2 倍，射线的强度会降低 3/4。利用这一原理，我们可以采用机械手、远距射线源操作等方法进行距离防护。还可在人体与射线源之间隔上一层屏蔽物，以阻挡射线，即为屏蔽防护。

2. 超声波检测

（1）超声波检测原理。超声波是一种超出人听觉范围的高频率机械振动波。超声波在同一均匀介质中传播时速度不变，传播方向也不变，如果传播过程中遇到另一种介质，就会发生反射、折射或绕射的现象。锅炉压力容器使用的钢材可视为均匀介质，如果内部存在缺陷，则缺陷会使超声波产生反射现象，根据反射波幅的大小、方位，就能判断和测定缺陷的存在。

（2）超声波检测特点。超声波检测对面积性缺陷的检出率较高，而体积性缺陷检出率较低；适宜检验厚度较大的工件；适用于各种试件，包括对接焊缝、角焊缝、板材、管材、棒材、锻件以及复合材料等；检验成本低、速度快，检测仪器体积小、质量轻，现场使用方便；检测结果无直接见证记录；对位于工件厚度方向上的缺陷定位较准确；材质、晶粒度对检测有影响。

3. 磁粉检测

（1）磁粉检测原理。铁磁性材料被磁化后，其内部产生很强的磁感应强度，磁力线密度增大几百倍到几千倍。如果材料中存在不连续，磁力线会发生畸变，部分磁力线有可能逸出材料表面，从空间穿过，形成漏磁场。因空气的磁导率远低于零件的磁导率，使磁力线受阻，一部分磁力线挤到缺陷的底部，一部分穿过裂纹，一部分排挤出工件的表面后再进入工件。这后两部分磁力线形成磁性较强的漏磁场。如果这时在工件上撒上磁粉，漏磁场就会吸附磁粉，形成与缺陷形状相近的磁粉堆积从而显示缺陷。我们称这种堆积为磁痕。

（2）磁粉检测特点。磁粉检测适宜铁磁材料探伤，不能用于非铁磁材料；可以检出表面和近表面缺陷，不能用于检测内部缺陷；检测灵敏度很高，可以发现极细小的裂纹以及其他缺陷；检测成本很低，速度快；工件的形状和尺寸有时因难以磁化而对探伤有影响。

4. 渗透检测

（1）渗透检测原理。渗透检测的原理是零件表面被施涂含有荧光染料或着色染料的渗透液后，在毛细管作用下，经过一定的时间，渗透液可以渗进表面开口的缺陷中；除去零件表面多余的渗透液后，再在零件表面施涂显像剂，同样在毛细管的作用下，显像剂将吸引缺陷中保留的渗透液，渗透液渗到显像剂中，在一定的光源下，缺陷中的渗透液痕迹被显示，从而探出缺陷的形貌及分布状态。

（2）渗透检测特点。除了疏松多孔性材料外任何种类的材料，如钢铁材料、有色金属、陶瓷材料和塑料等材料的表面开口缺陷都可用渗透检测；形状复杂的部件也可用渗透检测，并一次操作就可大致做到全面检测；同时存在几个方向的缺陷，用一次操作就可完成检测；形状复杂的缺陷也可容易地观察到显示的痕迹；不需大型设备，携带式喷罐着色渗透检测不需水、电，十分方便现场检测；试件表面粗糙度对检测结果影响大，探伤结果往往易受操作人员技术水平的影响；可以检出表面张口的缺陷，但对埋藏缺陷或闭口型的表面缺陷无法检出；检测程序多，速度慢；较磁粉检测而言，检测灵敏度低，材料较贵，成本高；有些材料易燃、有毒。

5. 涡流检测

（1）涡流检测原理。在工件中的涡流方向与给试件加交流电磁场的线圈（称为初级线圈或激励线圈）的电流方向相反。而涡流产生的交流磁场又使得激励线圈中的电流增加。假如涡流变化，这个增加的部分（反作用电流）也变化，测定这个变化，可得到工件表面的信息。

（2）涡流检测的特点。检测时与工件不接触，所以检测速度很快，易于实现自动化检测；涡流检测不仅可以探伤，而且可以揭示尺寸变化和材料特性，例如电导率和磁导率的变化，利用这个特点可综合评价容器消除应力热处理的效果，检测材料的质量以及测量尺寸；受集肤效应的限制，很难发现工件深处的缺陷；缺陷的类型、位置、形状不易估计，需辅以其他无损检测的方法来进行缺陷的定位和定性；不能用于绝缘材料的检测。

6. 声发射探伤法

（1）声发射探伤法原理。声发射技术是根据设备受力时材料内部发出的应力波，判断容器内部结构损伤程度的一种新的无损检测方法。

（2）声发射探伤特点。它与射线、超声波等常规检测方法的主要区别在于声发射技术是一种动态无损检测方法。它能连续监视容器内部缺陷发展的全过程。

7. 磁记忆检测

磁记忆检测的原理是处于地磁环境下的铁制工件受工作载荷的作用，其内部会发生具有磁致伸缩性质的磁畴组织定向的和不可逆转的重新取向，并在应力与变形集中区形成最大的漏磁场的变化。这种磁状态的不可逆变化在工作载荷消除后继续保留。从而通过漏磁场法向分量的测定，便可以准确地推断工件的应力集中区。

（三）测厚

厚度测量是承压类特种设备检验中常见的检测项目。由于锅炉压力容器是闭合和壳体，测厚只能从一面进行，所以需要采用特殊的物理方法，最常用的是超声波。

（四）化学成分分析

钢铁材料元素分析的方法有原子发射光谱分析法和化学分析法两种。在用锅炉压力容器检验中进行化学成分分析的目的，主要在于复核和验证材料的元素含量是否符合材料的技术标准，或者在焊接或返修补焊时借此制定焊接工艺，或者用于鉴定在用锅炉压力容器壳体材质在运行一段时间后是否发生变化。

（五）金相检验

金相检验的目的主要是为了检查设备运行后受温度、介质和应力等因素的影响，其材质的金相组织是否发生了变化，是否存在裂纹、过烧、疏松、应力腐蚀、晶间腐蚀、表面脱碳、渗碳、石墨化、蠕变、氢损伤等缺陷。

金相检验可以观察到设备的局部金相组织。对于材料的金相检验，根据有关标准，可以判定钢材脱碳层深度，测定低碳钢的游离渗碳体，亚共析钢的带状组织和魏式组织，以及晶粒度等。断口金相检验，还可以帮助我们判定腐蚀、断裂的类型，分析造成锅炉压力容器失效的原因。

（六）硬度测试

材料硬度值与强度存在一定的比例关系。材料化学成分中，大多数合金元素都会使材料的硬度升高，其中碳的影响最直接，材料中含碳量越大，其硬度越高，因此硬度测试有时用来判断材料强度等级或鉴别材质；材料中不同金属组织具有不同的硬度，故通过硬度值可大致了解材料的金相组织，以及材料在加工过程中的组织变化和热处理效果。

（七）断口分析

断口分析是指人们通过肉眼或使用仪器观察与分析金属材料或金属构件损坏后的断裂截面，来探讨与材料或构件损坏有关的各种问题的一种技术。

断口是构件破坏后两个偶合断裂截面的通称。人们通过对断口形态的观察、研究和分析，去寻求断裂的起因、断裂方式、断裂性质、断裂机制、断裂韧性以及裂纹扩展速率等各种断裂基本问题，以使人们正确地判断引起断裂的真实原因究竟是起源于材料质量、构件的制造工艺、构件使用的环境因素影响，还是构件使用的操作因素等。

（八）耐压试验

承压类特种设备的耐压试验即通常所说的液压试验（水压试验）和气压试验，是一种验证性的综合检验。它不仅是产品竣工验收时必须进行的试验项目，也是定期进行锅炉压力容器全面检验的主要检验项目。耐压试验主要用于检验设备承受静压强度的能力。

（九）气密试验

气密试验又称为致密性试验或泄漏试验。介质毒性程度为极度、高度危害或设计上不允许有微量泄漏的压力容器，必须进行气密试验。气密试验应在液压试验合格后进行。容器致密性的检查方法：

（1）在被检查的部位涂（喷）刷肥皂水，检查肥皂水是否鼓泡。

（2）检查试验系统和容器上装设的压力表，其指示数字是否下降。

（3）在试验介质中加入体积分数为1%的氨气，将被检查部位表面用5%硝酸汞溶液浸过的纸带覆盖，如果有不致密的地方，氨气就会透过而使纸带的相应部位形成黑色的痕迹，此法较为灵敏方便。

（4）在试验介质中充入氦气，如果有不致密的地方，就可利用氦气检漏仪在被检查部位表面检测出氦气。目前的氦气检漏仪可以发现气体中含有千万分之一的氦气存在，相当于在标准状态下漏氦气率为1cm^3/a，因此，其灵敏度较高。

（5）小型容器可浸入水中检查，被检部位在水面下约20～40mm深处，检查是否有气泡逸出。

（十）爆破试验

爆破试验是对压力容器的设计与制造质量，以及其安全性和经济性进行综合考核的一项破坏性验证试验。通常气瓶在制造过程中按批抽查进行爆破试验。

（十一）力学性能试验

力学性能试验的目的是检测材料及焊接接头的力学性能。检测方法有拉力试验、弯曲试验、常温和低温冲击试验、压扁试验等。

（十二）应力应变测试

应力应变测试的目的是测出构件受载后表面的或内部各点的真实应力状态。应力应变测试的方法主要有电阻应变测量法（简称“电测法”）、光弹性方法、应变脆性涂层法和密栅云纹法等，每种测试方法都有各自的特点和适用范围。

电测法是将作为传感元件的电阻应变片粘贴或安装在被测的承压设备表面上，然后将其接入测量电路，当设备受载变形时，应变片的敏感栅相应变形并将应变转换成电阻改变量，再通过电阻应变仪直接得到所测量的应变值。根据应力与应变关系的物理方程，即可将测得的应变值换算成被测点的实际应力值。电测法可以进行大规模的多点应变测量，准确测定承压设备构件表面上任一点的静态到500kHz的动态应变，还可测得平面应力状态下某些点的主应力大小和方向。但是，此法只能测试承压设备表面的应力，不能显示容器表面整体应力场中应力梯度的情况。

（十三）应力分析

分析构件在载荷的作用下，各应力分量。如分析一次总体薄膜应力、一次局部薄膜应力、一次弯曲应力、二次应力、峰值应力等。

（十四）合于使用评价（安全评定）

大型关键性在用压力容器，经定期检验，发现难于修复的超标缺陷。使用单位因生产急需，无法立即进行缺陷修复时，可以通过缺陷安全评定来判定能否监控使用到下一检验周期。

合于使用评价（也可称作安全评定、完整性和适用性评价）是指根据合理的失效准则，依据有关标准规定，对带超标缺陷的压力容器进行符合使用条件的安全性评定，是研究具体结构或构件中原有缺陷、使用中新产生的或扩展缺陷对可靠性的影响，判断结构是否适合于继续使用，或是按预测的剩余寿命监控使用，或是降级使用，或是返修或报废的定量评价。合于使用评价所评定的缺陷都是不满足法规标准要求的所谓“超标缺陷”，安全评定的目的是科学分析带超标缺陷压力容器的安全性能。

（十五）基于风险的检验（Risk-Based Inspection）

目前，企业为了增加核心竞争力，压力容器必须长周期运行，并且维护和检验成本必须最小化。基于风险的检验（RBI）就是为了兼顾压力容器的安全性和经济性，在追求系统安全性与经济性统一的理念基础上建立起来的一种优化检验策略的方法，其实质就是对危险事件发生的可能性（概率）和事故后果造成的严重程度（经济损失）进行分析与排序综合考虑，发现主要问题与薄弱环节，确保本质安全，将设备划分成不同的风险等级，并依据风险等级，确定经济合理的检验策略，减少检验和维护费用，达到安全性与经济性统一。

第六节　其他特种设备安全技术

一、电梯安全技术

（一）电梯安全基础知识

1. 电梯工作原理和特性

（1）电梯工作原理。电梯作为建筑物内的垂直交通工具，是用来运送乘客和载货的，其安全可靠性直接关系到人的生命安全。所以必须将电梯的安全运行放在首位。为保证电梯安全运行，从设计、制造、安装等各个环节都要充分考虑到防止危险的发生，并针对各种可能发生的危险，设置专门的完全装置。现代电梯都设有完善的安全保护系统，包括一系列的机械安全装置和电气安全装置。

（2）电梯工作特性。在电梯运行中，无论何种原因使轿厢发生超速甚至坠落的危险状况，在所有其他安全保护装置均未起作用的情况下，应能靠限速器、安全钳（轿厢在运行途中）和缓冲器（轿厢到达终端位置）的作用使轿厢停住而不致使乘客受到伤害和设备受到损害。现代电梯均设有这些机械安全装置。电梯机械安全装置的结构和设计取决于电梯的速度，电梯速度越高，则要求这些机械安全装置的性能越可靠，结构越完善。

2. 电梯的分类和组成

（1）电梯的分类方法有多种。按用途分为乘客电梯、载货电梯、客货两用梯、病床电梯（俗称医梯）、杂物电梯、消防电梯、观光电梯、船舶电梯、汽车电梯、建筑施工电梯及其他特殊用途的电梯（如防爆电梯，矿井电梯，电站电梯等）。按驱动系统分为交流电梯、直流电梯、液压电梯、直线电机驱动电梯。按曳引机有无减速箱分为有齿轮电梯、无齿轮电梯。按操纵控制方法分为手柄开关操纵电梯、按钮控制电梯、信号控制电梯、集选控制电梯、并联控制电梯、群控电梯。

（2）电梯基本组成。电梯一般由电气控制系统、电力拖动系统、曳引系统、导向系统、门系统、轿厢系统、重量平衡系统及安全保护系统组成。

（二）电梯危险及事故类型

电梯可能发生的危险一般有：人员被挤压、撞击、电击发生坠落和剪切；轿厢超越极限行程发生撞击，轿厢超速或因断绳造成坠落；由于材料失效、强度丧失而造成结构破坏等。

（三）电梯的安全装置

电梯的安全性除了充分考虑结构的合理性、可靠性与电气控制和拖动的可靠性等方面以外，还针对各种可能发生的危险，设置专门的安全装置。电梯有一整套机械和电气保护系统，可确保电梯安全使用。

1. 限速器和安全钳

限速器和安全钳是十分重要的机械安全保护装置。它们的作用是机械或电气的某种原因，如断绳或失控，使电梯超速下降，当下降速度达到一定值时，将轿厢掣停在导轨上。

不论是限速器还是安全钳都不能单独完成上述任务。上述任务的完成靠它们的配合来实现的。

2. 缓冲器

缓冲器一般有弹簧和液压两种结构类型。弹簧缓冲器，是蓄能型缓冲器。适合于额定速度在 1m/s 或以下的电梯。液压缓冲器，是耗能型缓冲器，适合于任何速度的电梯。

缓冲器的作用是当电梯运行到井道下部，因曳引钢丝绳打滑或超载等各种原因，使电梯超越底层层站继续下降，在下部限位和极限开关不起作用的情况下，设置在底坑中的轿厢缓冲器，可以减缓轿厢对底坑的冲击。同样，当轿厢超越最高层站，而上限位上极限不起作用，则对重缓冲器可减缓对重对底坑的冲击。

3. 极限开关

极限开关是为了防止因电气失灵或电梯超载等原因使得电梯到达顶层或底层后仍继续运行而设置的。它是电梯中除去端站减速及限位开关以外的最后一道保护装置。极限开关有机械极限与电气极限之分。

一般交流双速梯和型号较老的电梯基本采用机械式极限开关。杂物电梯也采用机械极限开关。

在轿厢未接触缓冲器之前，轿厢上的撞弓先与极限开关的碰轮接触，牵动与极限开关相连的钢丝绳，然后迫使极限开关动作，从而切断主回路电源，迫使轿厢停止运动，防止轿厢冲顶或蹲底。

一般电梯的电力拖动系统采用电气极限开关。电气极限开关的作用与机械极限开关相同。但电气极限开关切断的，不是主回路的三相电源，而是电梯的安全控制回路使电梯抱闸失电，迫使轿厢停止运动，防止轿厢冲顶或蹲底。

4. 超速保护开关

在额定速度大于 1m/s 的电梯限速器上都有超速保护开关，在限速器机械动作之前，开关先动作切断控制回路，使电梯停止运行。有的限速器上安装 2 个超速保护开关，第一个开关动作使电梯自动减速，第二个开关动作才切断控制回路。

5. 门入口的保护

常见的门入口保护有接触式保护和非接触式保护。

接触式保护也称为安全板。平时触板在自重的作用下，凸出轿厢门 300mm 左右，当门在关闭过程中触及人和物品时，触板被推入，电气微动开关动作，使电机反转，门重新打开。

非接触式保护有光电式保护装置、电磁感应式保护装置及超声波监控保护装置等。在关门过程中，当非接触式保护装置检测到在门区内有人或物欲进轿厢，则门就重新打开，待人或物进入轿厢后再关闭。

6. 层门锁闭装置的电气联锁保护

电梯正常运行的必要条件之一是，电梯层门、轿厢门必须锁闭关好。只有门关好、门锁钩中啮合 7mm 以上，电气接点方能接通，电梯才能正常运行。

7. 端站强迫减速和限位保护

强迫减速开关通常在正常换速点相应位置动作，使电梯有足够的换速距离。若强迫减速开关未能减速停止，则限位开关动作，迫使电梯停止。限位开关动作，仅断电梯相应的运行方向，电梯仍能应答相反方向的召唤。最后一道保护是极限开关。

8. 断相、错相保护

当供电系统因某种原因造成三相动力线的相序与原相序有所不同，就可使电梯原定的运行方向变更为相反的方向，这就给电梯运行造成极大的危险性。同时为了保护电梯曳引电动机，防止在电源缺相下不正常运转而导致电机烧坏，在控制系统中设置“断错相保护继电器”。

9. 控制系统的短路保护

在电梯控制系统中有不同容量的熔断器进行短路保护，且选用恰当也会起过载保护作用，但一般熔断器仅仅作为短路保护之用。

10. 曳引电动机的过载保护

一般常用的是热继电器保护。当电机长期过载，电动机的电流大于额定电流，热继电器中的双金属片经过一定时间后变形，断开串接在安全回路中的触点，保护电机不因长期过载而烧坏。

现在也有将热敏电阻埋藏在电机绕组中，当过载发热引起阻值变化，经放大器放大使微型继电器吸合，断开串接在安全回路中的触点，令电梯停止运行。

11. 急停安全保护

急停开关有时也安装在轿厢内，当电梯出现异常情况或紧急情况时，可按此开关，使电梯立即停止运行。急停开关在轿厢顶和底坑各设一个，专为检修电梯和检查电梯时使用。

12. 断绳断带保护

电梯的限速器钢丝绳，测速发电机的传动皮带和选层及信号反馈装置的钢带都设有断绳及断带开关。一旦发生断绳或断带情况，此开关立刻动作，可切断安全控制回路，迫使电梯停止运行。

13. 轿厢的超载保护

为了防止电梯因超载引起种种事故，一般可将轿底做成活动轿底，轿底下设置一套利用杠杆或别的原理组成的超载装置，或设置若干支电子传感器配以电器开关来完成动作，当电梯达到其载重限量时，电器开关动作并发出信号，切断控制电路，使电梯不能关门启动。

14. 其他安全装置

其他安全装置有：安全钳的轿顶联动开关、安全窗的电气开关保护、直流发电机的励磁保护、直流电动机的过电流和欠电流保护以及耗能型缓冲器上的电气开关等。将这些保护装置科学地、合理地组合起来使用，就能充分保护电梯的安全使用。

（四）对电梯紧急状态的处置

电梯因某种原因失去控制或发生超速而无法控制，在已按下急停按钮亦无法制动时，司机和乘客应保持镇静，切勿盲目行动打开轿厢，应借助各种安全装置自动发生作用将轿厢停止；电梯在行驶中发生停车时，轿厢内人员应先用警铃、电话等通知维修人员，由维修人员在机房设法移动轿厢至附近楼层门口，再由专职人员打开层门，使人员撤离轿厢；如果轿厢因超越行程或突然中途停驶，而必须在机房内用人力驱动飞轮转动曳引机，使轿厢作短程升降时，必须先将电动机的电源开关断开，同时在转动曳引机时，制动器应该是处于张开状态。

（五）电梯监督检验和定期检验

在用各类电梯定期检验周期均为1年，具体执行《电梯监督检验和定期检验规则——液压电梯》（TSG T7004—2012）、《电梯监督检验和定期检验规则——自动扶梯与自动人行道》（TSG T7005—2012）、《电梯监督检验和定期检验规则——杂物电梯》（TSG T7006—2012）3个特种设备安全技术规范。

二、场（厂）内专用机动车辆安全技术

（一）场（厂）内专用机动车辆基础知识

（1）范围和类别。作为特种设备的场（厂）内专用机动车辆是指利用动力装置驱动或牵引的，最大行驶速度（设计值）超过5km/h的或者具有起升、回转、翻转、搬运等功能的，除道路交通、农用车辆以外仅在工厂厂区、旅游景区、游乐场所等特定区域使用的专用机动车辆。具体包括以下两大类：场（厂）内专用机动工业车辆，如叉车、搬运车、牵引车、推顶车等；场（厂）内专用旅游观光车辆，如内燃观光车、蓄电池观光车等。

装载机、挖掘机、推土机、压路机等不属于特种设备。

（2）场（厂）内专用机动车辆正常工作条件

①车辆的技术性能、动力性能、制动性能、承载能力、运行方向的控制能力和产品标识符合要求。

②满载作业时的纵向、横向稳定性，满载运行时的纵向稳定性，空载运行时的横向稳定性满足要求。

③车辆的动力输出能力、工作装置的控制和标识符合要求。

④车辆的各种安全保护装置，监测、指示、仪表、报警等自动报警、信号装置应完好齐全。

⑤操作人员能够正确操作和维护车辆。

（二）场（厂）内专用机动车辆使用安全管理

场（厂）内专用机动车辆使用安全管理基本要求与锅炉压力容器等特种设备的一致，主要包括：

（1）使用许可厂家的合格产品，维修保养、改造业务发包给许可的维修保养、改造单位。

（2）登记建档，建立健全技术档案。

（3）建立健全场（厂）内专用机动车辆使用安全管理制度。

（4）司机必须经过专门考核并取得特种设备作业人员操作证，方可独立操作。

（5）在用场（厂）内机动车辆安全定期检验周期为1年。

（6）使用单位还应进行场（厂）内机动车辆的自我检查、每日检查、每月检查和年度检查。

①年度检查。每年对所有在用的场（厂）内机动车辆至少进行1次全面检查。停用1年以上、发生重大车辆事故等的场（厂）内机动车辆，使用前都应做全面检查。

②每月检查。检查项目包括安全装置、制动器、离合器等有无异常，可靠性和精度；重要零部件（如吊具、货叉、制动器、铲、斗及辅具等）的状态，有无损伤，是否应报废等；电气、液压系统及其部件的泄漏情况及工作性能；动力系统和控制器等。停用一个月以上的场（厂）内机动车辆，使用前也应做上述检查。

③每日检查。在每天作业前进行，应检查各类安全装置、制动器、操纵控制装置、紧急报警装置的安全状况，检查发现有异常情况时，必须及时处理。严禁带病作业。

（三）叉车涉及安全的主要部件

1. 高压胶管

叉车等车辆的液压系统，一般都使用中高压供油，高压油管的可靠性不仅关系车辆的正常工作，而且一旦发生破裂将会危害人身安全。因此高压胶管必须符合相关标准，并通过耐压试验、长度变化试验、爆破试验、脉冲试验、泄漏试验等试验检测。

2. 货叉

安装在叉车货叉梁上的L形承载装置，也称取物装置。货叉必须符合相关标准，并通过重复加载的载荷试验检测。

3. 链条

起升货叉架的链条，主要有板式链和套筒滚子链两种。需进行极限拉伸载荷和检验载荷试验。

4. 转向器

转向器是控制车辆行驶方向的部件。当左右转动方向盘时，转向力通过转向器传递到转向传动机构使车辆改变行驶方向。

5. 制动器

制动器是产生阻止车辆运动或运动趋势的力的部件。分为行车制动器和停车制动器。

6. 轮胎

轮胎是支撑车辆，实现车辆行驶，减小地面冲击、震动的部件。表面的花纹能提高车辆行驶附着能力。分为充气轮胎和实心轮胎。

7. 安全阀

液压系统中，可能由于超载或者油缸到达终点油路仍未切断，以及油路堵塞引起压力突然升高，造成液压系统破坏。因此系统中必须设置安全阀，用于控制系统最高压力。最常用的是溢流安全阀。

8. 护顶架

对于叉车等起升高度超过1.8m的工业车辆，必须设置护顶架，以保护司机免受重物落下造成伤害。护顶架一般都是由型钢焊接而成，必须能够遮掩司机的上方，还应保证司机有良好的视野。护顶架应进行静态和动态两种载荷试验检测。

9. 其他

挡货架，为防止货物向后坠落而设置的框架。货物稳定器，压住货叉上的货物，以防货物倒塌、滑落的属具。（翻）料斗锁定装置，使料斗锁定在运料位置的装置。前倾自锁阀，当油泵停止工作或发生其他故障时，自动锁闭门架倾斜油路的阀。下降限速阀，控制下降速度的阀。稳定支腿，装卸作业时，为保证和增加车辆的稳定性而设置的辅助支腿。

（四）场（厂）内专用机动车辆使用安全技术

1. 作业前的准备

（1）正确佩戴个人防护用品，包括安全帽、工作服、工作鞋和手套，高处作业还必须佩戴安全带和工具包。

（2）检查清理作业场地，确定搬运路线，清除障碍物；室外作业要了解天气情况。

（3）对使用的场（厂）内专用机动车辆和辅助工具、辅件进行安全检查；不使用报废元件，不留安全隐患；熟悉物品的种类、数量、包装状况以及周围环境。

（4）场（厂）内专用机动车辆必须按照出厂使用说明书规定的技术性能、承载能力和使用条件，正确操作，合理使用，严禁超载作业或任意扩大使用范围。

（5）场（厂）内专用机动车辆上的各种安全防护装置及监测、指示、仪表、报警等自动报警、信号装置应完好齐全，有缺损时应及时修复。安全防护装置不完整或已失效的场（厂）内专用机动车辆不得使用。

（6）预测可能出现的事故，采取有效的预防措施，选择安全通道，制定应急对策。

（7）启动前应进行重点检查。灯光、喇叭、指示仪表等应齐全完整；燃油、润滑油、冷却水等应添加充足；各连接件不得松动；轮胎气压应符合要求，确认无误后，方可启动。

（8）起步前，车旁及车下应无障碍物及人员。

2. 叉车安全操作技术

（1）叉装物件时，被装物件质量应在该机允许载荷范围内。当物件质量不明时，应将该物件叉起离地 100mm 后检查机械的稳定性，确认无超载现象后，方可运送。

（2）叉装时，物件应靠近起落架，其重心应在起落架中间，确认无误，方可提升。

（3）物件提升离地后，应将起落架后仰，方可行驶。

（4）两辆叉车同时装卸一辆货车时，应有专人指挥联系，保证安全作业。

（5）不得单叉作业和使用货叉顶货或拉货。

（6）叉车在叉取易碎品、贵重品或装载不稳的货物时，应采用安全绳加固，必要时，应有专人引导，方可行驶。

（7）以内燃机为动力的叉车，进入仓库作业时，应有良好的通风设施。严禁在易燃、易爆的仓库内作业。

（8）货叉上严禁载人。除规定的操作人员外，严禁其他任何人进入驾驶室或在室外搭乘。

3. 蓄电池车辆

（1）行驶前要检查蓄电池壳体有否裂纹，极板是否提起，电解质是否渗漏，电解液密度是否合适。

（2）叉车的蓄电池一般为铅酸蓄电池，电解质为硫酸和水溶液，其为酸性、有毒物质，因此，在蓄电池周围工作时，应穿防护服，戴防护镜。

（3）不要把蓄电池暴露在火花和明火中，以免引起爆炸。

（五）典型场（厂）内专用机动车辆事故及预防

1. 场（厂）内专用机动车辆事故的种类

（1）按车辆事故的事态分为碰撞、碾轧、刮擦、翻车、坠车、爆炸、失火、出轨和搬运、装卸中的坠落及物体打击等。

（2）按厂区道路分为交叉路口、弯道、直行、坡道、铁路道口、狭窄路面、仓库、车间等行车事故。

（3）按伤害程度分为车损事故、轻伤事故、重伤事故、死亡事故。

2. 典型（厂）内机动车辆事故

（1）超速造成事故。装载机在码头超速行驶，为躲避前方情况操作不当，坠入海中；叉车转弯不减速，车辆侧翻、倾翻造成事故；汽车载货高速转弯，货物甩出。

（2）无证驾驶造成事故。搬运工无证驾驶电瓶车，由于对车辆性能不熟，车辆启动过猛，将旁人挤压造成事故；无证驾驶铲车，违章指挥自翻伤亡。

（3）违章载人造成事故。人站在货车脚踏板上违章乘车，行驶途中掉下，或车未停稳人就跳下车，造成伤亡；前翻斗车载人，车厢翻起人落，造成事故；货车车厢中同时载物载人，行驶途中货物挤压人，或者转弯时将人甩出。

（4）违章作业造成事故。汽车起重机臂杆触电，造成事故。检修时，自动倾卸车不落斗，货斗坠落造成事故。装载机司机误操作，升降臂下降造成事故；货车不关车帮，造成事故；履带拖拉机自溜，造成事故；履带起重机超载倾翻事故。

（5）设备故障造成事故。叉车货叉断裂，造成事故；刹车失灵，造成事故。

3. 场（厂）内机动车辆事故的预防措施

（1）加强对场（厂）内机动车辆的管理。认真执行场（厂）内机动车辆各项管理刷度和安全检查制度，做好场（厂）内机动车辆的定期检查、维护、保养，及时消除隐患，使场（厂）内机动车辆始终处于良好的工作状态。

（2）加强对场（厂）内机动车辆操作人员的教育和培训，学习和掌握安全操作规程，提高操作技术能力和处理紧急情况的能力。

（3）各种场（厂）内机动车辆操作过程中要严格遵守安全操作规程。

（4）加强厂区直路行车、企业内交叉路口、企业内倒车、装卸过程、夜间行车、信号灯和交通标识等环节的管理。

三、客运索道安全技术

1. 客运索道的日常检查

客运索道每天开始运行之前，应彻底检查全线设备是否处于完好状态，在运送乘客之前应进行一次试车，确认安全无误并经值班站长或授权负责人签字后方可运送乘客。

司机除按运转维护规程操作外，还应对驱动机、操作台每班至少检查一次，对当班所发生的故障是否排除，应交代清楚，并填写在运行日记中。交接班时按规定的检查次序进行，并查看前一班正在操作运转的情况。对发现的重要问题，即难以自行处理或不是职责范围内可以处理的问题，应立即报告。

值班电工、钳工对专责设备每班至少检查一次，线路润滑巡视工每班至少全线巡视一周（线路长的索道，可分段分工检查）。

若设备停运期间遇到恶劣天气（风暴、暴雪、冰雹），应对线路进行彻底的检查，证明一切正常后方可运送乘客。如果是事故停车造成运行中断，只有在排除了故障或采取了有关安全措施，且必须经值班站长同意后，方可重新运送乘客。紧急情况下运转，索道站长或其代表一定要在场，才能允许在事故状态下再开车以便将乘客运回站房。

索道每天停止运营前，操作人员应检查并确认索道线路上或上车区域是否仍有乘客，并关闭索道的入口。

2. 客运索道的检查和维修

对架空索道的机电设备进行定期检查和合理的维修，能够保证索道的安全运转，并充分发挥设备的效能，延长使用年限。

钢丝绳和抱索器是客运索道重要部件，一旦出现问题，必定会造成人身伤害，如图 3－28 所示。因此，应在规定的时期内对钢丝绳和抱索器进行无损探伤。对于单线循环式索道上运载工具间隔相等的固定抱索器，应按规定的时间间隔移位。

图 3－28 钢丝绳与抱索器

运营后每 1～2 年应对支架各相关位置（如中心点、托压索轮及支架横担水平度、垂直度、支架形变等）进行检测，以防止发生脱索等重大事故。客运索道支架如图 3－29 所示。

图 3－29 客运索道支架

四、大型游乐设施安全技术

1. 大型游乐设施的安全装置

(1) 乘人安全束缚装置（安全带、安全杠和挡杆）。

(2) 锁紧装置（锁具）。

(3) 吊挂乘坐的保险装置。

(4) 止逆行装置（止逆装置）。

(5) 制动装置。

(6) 超速限制装置（限速装置）。

(7) 运动限制装置（限位装置）。

(8) 防碰撞及缓冲装置。

2. 大型游乐设施使用安全技术

游乐设施在运营前按规程做好安全检查。检查内容包括：

(1) 安全带、安全杠、把手是否牢固可靠，有无损坏情况。

(2) 座舱门开关是否灵活、关牢，保险装置是否起作用。

(3) 关键位置的销轴和焊缝有无明显变形、开裂或其他异常情况。

(4) 螺栓卡板等紧固件有无松动及脱落现象。

（5）限位开关有无失灵情况。

（6）各润滑点是否润滑良好。

（7）电线有无断头裸露现象。

（8）接地板连接是否良好。

（9）制动装置是否起作用。

本章练习

1. 一台正在运行的蒸汽锅炉，运行人员发现锅炉水位表内出现泡沫。汽水界限难以区分，过热蒸汽温度下降，过热蒸汽带水。下列针对该故障采取的处理措施中，正确的是（　　）。

A. 减少给水，同时开启排污阀放水，打开过热器和蒸汽管道上的疏水阀，加强疏水

B. 降低负荷，关闭给水阀，停止给水，打开省煤器疏水阀，启用省煤器再循环管路

C. 减少给水，降低负荷，开启省煤器再循环管路，开启排污阀放水

D. 降低负荷，调小主汽阀，开启过热器和蒸汽管道上的疏水阀，开启排污阀放水，同时给水

【答案】 D

【解析】 发现汽水共腾时，应减弱燃烧力度，降低负荷，调小主汽阀；加强蒸汽管道和过热器的疏水；全开连续排污阀，并定期打开排污阀放水，同时上水，以改善锅水品质；待水质改善、水位清晰时，可逐渐恢复正常运行。

2. 为防止发生炉膛爆炸事故，锅炉点火应严格遵守安全操作规程。下列关于锅炉点火操作过程的说法中，正确的是（　　）。

A. 燃气锅炉点火前应先自然通风 5～10min，送风之后投入点燃火炬，最后送入燃料

B. 煤粉锅炉点火前应先开动引风机 5～10min，送入燃料后投入点燃火炬

C. 燃油锅炉点火前应先自然通风 5～10min，送入燃料后投入点燃火炬

D. 燃气锅炉点火前应先开动引风机 5～10min，送入燃料后迅速投入点燃火炬

【答案】 A

【解析】 本题考查的是特种设备事故的类型。防止炉膛爆炸的措施是：点火前，开动引风机给炉膛通风 5～10min，没有风机的可自然通风 5～10min，以清除炉膛及烟道中的可燃物质。点燃气、油炉、煤粉炉时，应先送风，之后投入点燃火炬，最后送入燃料。

3. 锅炉通常装设防爆门防止再次燃烧造成破坏。当作用在防爆门上的总压力超过其本身的质量或强度时，防爆门就会被冲开或冲破，达到泄压的目的。下列锅炉部件中，防爆门通常装设在（　　）易爆处。

A. 过热器和再热器　　　　B. 高压蒸汽管道

C. 锅筒和锅壳　　　　　　D. 烟道和炉膛

【答案】 D

【解析】 为防止炉膛和尾部烟道再次燃烧造成破坏，常采用在炉膛和烟道易爆处装设防爆门的措施。

4. 盛装易燃易爆介质的压力容器发生超压超温情况，应采取应急措施予以处置。下列措施中，错误的是（　　）。

A. 对于反应容器应立即停止进料

B. 打开放空管，紧急就地放空

C. 通过水喷淋冷却降温

D. 马上切断进气阀门

【答案】B

【解析】对于无毒非易燃介质，要打开放空管排汽；对于有毒易燃易爆介质要打开放空管，将介质通过接管排到安全地点。

5. 气瓶充装作业安全是气瓶使用安全的重要环节之一。下列气瓶充装安全要求中，错误的是（　　）。

A. 气瓶充装单位应当按照规定，取得气瓶充装许可

B. 重装高（低）压液化气体，应当对其充装量逐瓶复查

C. 除特殊情况外，应当充装本单位自有并已办理使用登记的气瓶

D. 气瓶充装单位不得对气瓶充装混合气体

【答案】D

【解析】气瓶充装单位遵守操作规程，可以对气瓶充装混合气体。

6. 起重机械的位置限制与调整装置是用来限制机构在一定空间范围内运行的安全防护装置。下列装置中，不属于位置限制与调整装置的是（　　）。

A. 上升极限位置限制器

B. 运行极限位置限制器

C. 偏斜调整和显示装置

D. 回转锁定装置

【答案】D

【解析】起重机位置限制与调整装置包括上升极限位置限制器、运行极限位置限制器、偏斜调整和显示装置、缓冲器。选项 A、B、C 属于位置限制与调整装置。

7. 在盛装危险介质的压力容器上，经常进行安全阀和爆破片的组合设置。下列关于安全阀和爆破片组合设置的说法中，正确的是（　　）。

A. 并联设置时，爆破片的标定爆破压力不得小于容器的设计压力

B. 并联设置时，安全阀的开启压力应略高于爆破片的标定爆破压力

C. 安全阀出口侧串联安装爆破片时，爆破片的泄放面积不得小于安全阀的进口面积

D. 安全阀进口侧串联安装爆破片时，爆破片的泄放面积应不大于安全阀的进口面积

【答案】C

【解析】本题考查的是锅炉压力容器安全附件。安全阀与爆破片装置并联组合时，爆破片的标定爆破压力不得超过容器的设计压力。安全阀的开启压力应略低于爆破片的标定爆破压力。当安全阀出口侧串联安装爆破片装置时，爆破片的泄放面积不得小于安全阀的进口面积。

8. 水在锅炉管道内流动，因速度突然发生变化导致压力突然变化，形成压力波在管道内传播的现象叫水击。水击现象常发生在给水管道、省煤器、过热器、锅筒等部位，会造成管道、法兰、阀门等的损坏。下列关于预防水击事故的措施中，正确的是（　　）。

A. 快速开闭阀门

B. 使可分式省煤器的出口水温高于同压力下饱和温度 40℃

C. 暖管前彻底疏水

D. 上锅筒快速进水，下锅筒慢速进汽

【答案】C

【解析】选项 A 错误，给水管道和省煤器管道的阀门开闭不应过于频繁，开闭速度要缓慢。选项 B 错误，对可分式省煤器的出口水温要严格控制，使之低于同压力下的饱和温度 40℃。选项 D 错误，上锅筒进水速度应缓慢，下锅筒进汽速度也应缓慢。

9. 压力容器专职操作人员在容器运行期间应经常检查容器的工作状况，以便及时发现设备上的不正常状态，采取相应的措施进行调整或消除，保证容器安全运行。压力容器运行中出现下列异常情况时，应立即停止运行的是（　　）。

A. 操作压力达到规定的标称值　　B. 运行温度达到规定的标称值

C. 安全阀起跳　　D. 承压部件鼓包变形

【答案】D

【解析】本题考查的是锅炉压力容器使用安全技术。压力容器在运行中出现下列情况时，应立即停止运行：①容器的操作压力或壁温超过安全操作规程规定的极限值，而且采取措施仍无法控制，并有继续恶化的趋势；②容器的承压部件出现裂纹、鼓包变形、焊缝或可拆连接处泄漏等危及容器安全的迹象；③安全装置全部失效，连接管件断裂，紧固件损坏等，难以保证安全操作；④操作岗位发生火灾，威胁到容器的安全操作；⑤高压容器的信号孔或警报孔泄漏。

10. 做好压力容器的维护保养工作，可以使容器经常保持完好状态，提高工作效率，延长容器使用寿命。下列关于压力容器维护保养的做法，正确的是（　　）。

A. 如只是局部防腐层损坏，可以继续使用压力容器

B. 防止氧气罐腐蚀，最好使氧气经过干燥，或在使用中经常排放容器中的积水

C. 对于临时停用的压力容器，可不清除内部的存储介质

D. 压力容器上的安全装置和计量仪表应定期进行维护，根据需要进行校正

【答案】B

【解析】保持有完好的防腐层的压力容器可以继续使用，选项 A 错误。停用的容器，必须将内部的介质排除干净，腐蚀性介质要经过排放、置换、清洗等技术处理，选项 C 错误。容器上所有的安全装置和计量仪表应定期进行调整校正，选项 D 错误。

11. 安全附件是为了使压力容器安全运行而安装在设备上的一种安全装置，应根据压力容器自身的特点安装不同的安全附件。在盛装液化气体的钢瓶上，应用最广泛的安全附件是（　　）。

A. 爆破片　　B. 易熔塞

C. 紧急切断阀　　D. 减压阀

【答案】B

【解析】易熔塞属于“温度型”安全泄放装置，它的动作取决于容器壁的温度，主要用于中、低压的小型压力容器，在盛装液化气体的钢瓶中应用更为广泛。

12. 锅炉正常停炉时，为避免锅炉部件因高温收缩不均匀产生过大的热应力，必须控制降温速度。下列关于停炉操作的说法中，正确的是（　　）。

A. 对燃油、燃气锅炉，炉膛停火后，引风机应停止引风

B. 打开无旁通烟道的可分式省煤器

C. 在正常停炉的 4～6h 内，应紧闭炉门和烟道挡板

D. 当锅炉降到 90℃时，方可全部放水

【答案】C

【解析】对于燃油、燃气锅炉，炉膛停火后，引风机至少要继续引风 5min 以上。停炉时应

打开省煤器旁通烟道，关闭省煤器烟道挡板，但锅炉进水仍需经省煤器。在正常停炉的4～6h内，应紧闭炉门和烟道挡板。在锅水温度降至70℃以下时，方可全部放水，选项C正确。

13. 锅炉缺水是锅炉运行中最常见的事故之一，尤其当出现严重缺水时，常常会造成严重后果。如果对锅炉缺水处理不当，可能导致锅炉爆炸。当锅炉出现严重缺水时，正确的处理方法是（ ）。

A. 立即给锅炉上水　　B. 立即停炉

C. 进行“叫水”操作　　D. 加强水循环

【答案】B

【解析】发现锅炉缺水时，应首先判断是轻微缺水还是严重缺水，然后酌情予以不同的处理。通常判断缺水程度的方法是“叫水”。轻微缺水时，可以立即向锅炉上水，使水位恢复正常。严重缺水时，必须紧急停炉。在未判定缺水程度或者已判定属于严重缺水的情况下，严禁给锅炉上水，以免造成锅炉爆炸事故。

14. 起重机司索工在吊装作业前，应估算吊物的质量和重心，以免吊装过程中吊具失效导致事故。根据安全操作要求，如果目测估算，所选吊具的承载能力应为估算吊物质量的（ ）。

A. 1.1倍以上　　B. 1.3倍以上

C. 1.5倍以上　　D. 1.2倍以上

【答案】D

【解析】对吊物的质量和重心估计要准确，如果是目测估算，应增大20%来选择吊具；每次吊装都要对吊具进行认真的安全检查，如果是旧吊索应根据情况降级使用，绝不可侥幸超载或使用已报废的吊具。

15. 起重作业的安全操作是防止起重伤害的重要保证，起重作业人员应严格按照安全操作规程进行作业。关于起重安全操作技术的说法，正确的是（ ）。

A. 不得用多台起重机吊运同一重物

B. 对紧急停止信号，无论何人发出，都必须立即执行

C. 摘钩时可以抖绳摘索，但不允许利用起重机抽索

D. 起升、变幅机构的制动器可以带载调整

【答案】B

【解析】用两台或多台起重机吊运同一重物时，每台起重机都不得超载。吊运过程应保持钢丝绳垂直，保持运行同步。吊运时，有关负责人员和安全技术人员应在场指导，选项A错误。严格按指挥信号操作，对紧急停止信号，无论何人发出，都必须立即执行，选项B正确。摘钩时应等所有吊索完全松弛再进行，确认所有绳索从钩上卸下再起钩，不允许抖绳摘索，更不允许利用起重机抽索，选项C错误。不得带载调整起升、变幅机构的制动器，或带载增大作业幅度，选项D错误。

16. 起重作业必须严格遵守安全操作规程，下列关于起重作业安全要求的说法中，正确的是（ ）。

A. 严格按指挥信号操作，对紧急停止信号，无论何人发出，都必须立即执行

B. 司索工主要从事地面工作，如准备吊具、捆绑、挂钩、掉钩等，不得担任指挥任务

C. 作业场地为斜面时，地面人员应站在斜面的下方

D. 有主、副两套起升机构的，在采取相应保证措施的情况下，可以同时利用主、副钩工作

【答案】A

【解析】起重机司机安全操作技术规程要求严格按指挥信号操作，对紧急停止信号，无论何人发出，都必须立即执行，选项 A 正确。

17. 司索工是指在起重机械作业中从事地面工作的人员，负责吊具准备、捆绑、挂钩、摘钩、卸载等工作，其工作关乎整个吊装作业安全。下列关于司索工安全操作要求的说法，错误的是（　　）。

A. 捆绑吊物前必须清除吊物表面或空腔内的杂物

B. 可按照吊物质量的 120％来准备吊具

C. 如果作业场地是斜面，必须站在斜面上方作业

D. 摘索时，应使用起重机抽索

【答案】D

【解析】摘钩时应等所有吊索完全松弛再进行，确认所有绳索从钩上卸下再起钩，不允许抖绳摘索，更不允许利用起重机抽索，选项 D 错误。

18. 叉车是一种对成件托盘货物进行装卸、堆垛和短距离搬运的轮式车辆。下列关于叉车安全使用要求的说法，正确的是（　　）。

A. 严禁用叉车装卸重量不明物件　　B. 特殊作业环境下可以单叉作业

C. 运输物件行驶过程中应保持起落架水平　　D. 叉运大型货物影响司机视线时可倒开叉车

【答案】D

【解析】当物件质量不明时，应将该物件叉起离地 100mm 后检查机械的稳定性，确认无超载现象后，方可运送，选项 A 错误。不得单叉作业和使用货叉顶货或拉货，选项 B 错误。物件提升离地后，应将起落架后仰，方可行驶，选项 C 错误。

19. 电动叉车的安全检查分为每日检查、每月检查和年度检查。下列电动叉车检查项目中，属于每日检查的项目是（　　）。

A. 货叉、离合器、制动器　　B. 制动器、紧急报警器、离合器

C. 货叉、制动器、紧急报警器　　D. 货叉、操控控制装置、离合器

【答案】B

【解析】场（厂）内专用机动车辆使用安全管理每日检查：在每天作业前进行，应检查各类安全装置、制动器、操纵控制装置、紧急报警装置的安全状况，检查发现有异常情况时，必须及时处理，严禁带病作业。选项 A、C、D 中，货叉属于每月检查的内容。

20. 管道带压堵漏技术广泛应用于冶金、化工、电力、石油等行业，但因为带压堵漏的特殊性，有些紧急情况下不能采取带压堵漏技术进行处理。下列泄漏情形中，不能采取带压堵漏技术措施处理的是（　　）。

A. 受压元件因裂纹而产生泄漏　　B. 密封面和密封元件失效而产生泄漏

C. 管道穿孔而产生泄漏　　D. 焊口有砂眼而产生泄漏

【答案】A

【解析】有下列情况之一的，不能进行带压堵漏作业：①毒性程度为极度的介质；②主要受压元件因裂纹而产生的泄漏部位；③原设计法兰密封垫采用透镜式垫片的泄漏点；④管道腐蚀、冲刷减薄情况不清楚的泄漏点；⑤由于介质泄漏，使螺栓承受高于原来设计使用温度的泄漏点；⑥一个泄漏点当量直径大于 10mm，且不符合堵漏施工要求；⑦堵漏现场安全措施不符合企业安全规定；⑧堵漏含颗粒的泄露介质其成功率较低。

第四章　防火防爆安全技术

【重点知识导学】

第一节　火灾爆炸事故机理

一、燃烧与火灾

（一）燃烧和火灾的定义、条件

1. 燃烧的定义

燃烧是物质与氧化剂之间的放热反应，它通常同时释放出火焰或可见光。只有同时发光发热的氧化反应才被界定为燃烧。

可燃物质（一切可氧化的物质）、助燃物质（氧化剂）和火源（能够提供一定的温度或热量），是可燃物质燃烧的三个基本要素。缺少三个要素中的任何一个，燃烧便不会发生。对于正在进行的燃烧，只要充分控制三个要素中的任何一个，燃烧就会终止。所以，防火防爆安全技术可以归结为这三个要素的控制问题。

2. 火灾定义

火灾定义为：在时间和空间上失去控制的燃烧所造成的灾害。

3. 燃烧和火灾发生的必要条件

同时具备氧化剂、可燃物、点火源，即火的三要素，如图 4－1 所示。这三个要素中缺少任何一个，燃烧都不能发生或持续。获得三要素是燃烧的必要条件。在火灾防治中，阻断三要素的任何一个要素就可以扑灭火灾。

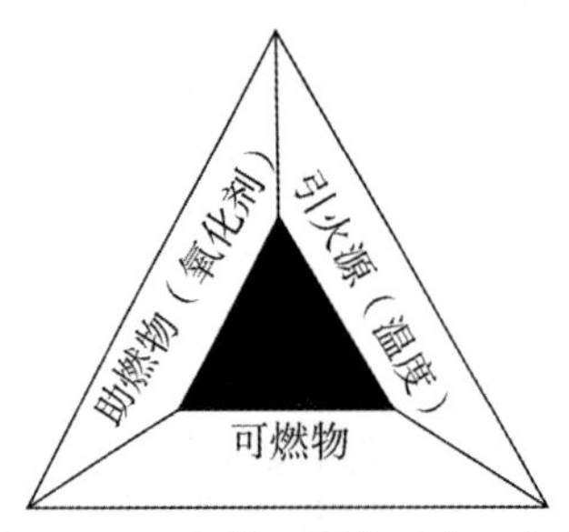

图 4－1　火的三要素（火三角）

（二）燃烧和火灾过程和形式

1. 燃烧过程

可燃物质的聚集状态不同，其受热后所发生的燃烧过程也不同。除结构简单的可燃气体（如氢气）外，大多数可燃物质的燃烧并非是物质本身在燃烧，而是物质受热分解出的气体或液体蒸气在气相中的燃烧。

可燃物质的燃烧过程包括许多吸热、放热的化学过程和传热的物理过程。在燃烧发生的整个过程中，热量通过热传导、热辐射和热对流三种方式进行传播。在凝聚相中，主要是吸热过程，而在气相燃烧中则是放热过程。大多数情况下，凝聚相中发生的过程是靠气相燃烧放出的热量来实现的，在所有反应区域内，若放热量大于吸热量，燃烧则持续进行，反之燃烧则中断。

可燃物质燃烧过程中，温度变化是很复杂的，如图 4－2 所示。最初一段时间，加热的大部分热量用于对燃烧物质的熔化、蒸发或分解，可燃物质的温度上升缓慢。当温度达到氧化开始温度时，可燃物质开始进行氧化反应。此时由于温度尚低，氧化反应速度不快，氧化所产生的热量还不足以抵消系统向外界的散热，此时停止加热，可燃物质温度会降低，不会发生燃烧。继续加热，温度的上升则很快，到氧化产生的热量和系统向外界散失的热量相等，温度再稍升高一点，则打破了这种平衡状态，这时即使停止加热，可燃物质温度亦会自行升高，达到某个温度，就会出现火焰并燃烧起来。因此，这个温度可视为可燃物质理论上的自燃点，是开始出现火焰的温度，即通常实际测得的自燃点。

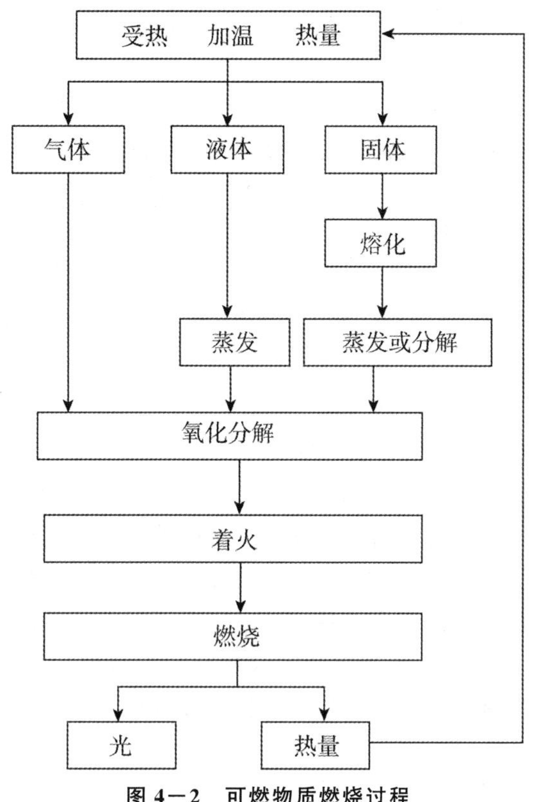

图 4－2　可燃物质燃烧过程

2. 燃烧形式

气态可燃物通常为扩散燃烧，即可燃物和氧气边混合边燃烧；液态可燃物（包括受热后先液化后燃烧的固态可燃物）通常先蒸发为可燃蒸气，可燃蒸气与氧化剂发生燃烧；固态可燃物先是通过热解等过程产生可燃气体，可燃气体与氧化剂再发生燃烧。根据可燃物质的聚集状态不同，燃烧可分为以下 4 种形式：

（1）扩散燃烧。可燃气体（氢、甲烷、乙炔以及苯、酒精、汽油蒸气等）从管道、容器的裂缝流向空气时，可燃气体分子与空气分子互相扩散、混合，混合浓度达到爆炸极限范围内的可燃气体遇到火源即着火并能形成稳定火焰的燃烧，称为扩散燃烧。

（2）混合燃烧。可燃气体和助燃气体在管道、容器和空间扩散混合，混合气体的浓度在爆炸范围内，遇到火源即发生燃烧。在混合气体分布的空间快速进行的燃烧，称为混合燃烧。煤气、液化石油气泄漏后遇到明火发生的燃烧爆炸即是混合燃烧，失去控制的混合燃烧往往能造成重大的经济损失和人员伤亡。

（3）蒸发燃烧。可燃液体在火源和热源的作用下，蒸发出的蒸气发生氧化分解而进行的燃烧，称为蒸发燃烧。

（4）分解燃烧。可燃物质在燃烧过程中首先遇热分解出可燃性气体，分解出的可燃性气体再与氧进行的燃烧，称为分解燃烧。

（三）火灾的分类

《火灾分类》（GB/T 4968—2008）按物质的燃烧特性将火灾分为6类：

A类火灾：指固体物质火灾，这种物质通常具有有机物质，一般在燃烧时能产生灼热灰烬。如木材、棉、毛、麻、纸张火灾等；

B类火灾：指液体火灾和可熔化的固体物质火灾，如汽油、煤油、柴油、原油、甲醇、乙醇、沥青、石蜡火灾等；

C类火灾：指气体火灾，如煤气、天然气、甲烷、乙烷、丙烷、氢气火灾等；

D类火灾：指金属火灾，如钾、钠、镁、钛、锂、铝镁合金火灾等；

E类火灾：指带电火灾，是物体带电燃烧的火灾，如发电机、电缆、家用电器等；

F类火灾：指烹饪器具内烹饪物火灾，如动植物油脂等。

（四）火灾基本概念及参数

1. 闪燃。可燃物表面或可燃液体上方在很短时间内重复出现火焰一闪即灭的现象。闪燃往往是持续燃烧的先兆。

2. 阴燃。没有火焰和可见光的燃烧。

3. 爆燃。伴随爆炸的燃烧波，以亚音速传播。

4. 自燃。是指可燃物在空气中没有外来火源的作用下，靠自热或外热而发生燃烧的现象。根据热源的不同，物质内燃分为自热自燃和受热自燃两种。

5. 闪点。在规定条件下，材料或制品加热到释放出的气体瞬间着火并出现火焰的最低温度。闪点是衡量物质火灾危险性的重要参数。一般情况下闪点越低，火灾危险性越大。

6. 燃点。在规定的条件下，可燃物质产生自燃的最低温度。燃点对可燃固体和闪点较高的液体具有重要意义，在控制燃烧时，需将可燃物的温度降至其燃点以下。一般情况下燃点越低，火灾危险性越大。

7. 自燃点。在规定条件下，不用任何辅助引燃能源而达到引燃的最低温度。液体和固体可燃物受热分解并析出来的可燃气体挥发物越多，其自燃点越低。固体可燃物粉碎得越细，其自燃点越低。一般情况下，密度越大，闪点越高而自燃点越低。比如、下列油品的密度：汽油＜煤油＜轻柴油＜重柴油＜蜡油＜渣油，而其闪点依次升高，自燃点则依次降低。

8. 引燃能、最小点火能。引燃能是指释放能够触发初始燃烧化学反应的能量，也叫最小点火能，影响其反应发生的因素包括温度、释放的能量、热量和加热时间。

9. 着火延滞期（诱导期）。对着火延滞期时间一般有下列2种描述：着火延滞期时间指可燃性物质和助燃气体的混合物在高温下从开始暴露到起火的时间；混合气着火前自动加热的时间称为诱导期，在燃烧过程中又称为着火延滞期或着火落后期，单位用ms表示。

（五）典型火灾的发展规律

通过对大量的火灾事故的研究分析得出，典型火灾事故的发展分为初起期、发展期、最盛期、减弱期和熄灭期。初起期是火灾开始发生的阶段，这一阶段可燃物的热解过程至关重要，主要特征是冒烟、阴燃；发展期是火势由小到大发展的阶段，一般采用T平方特征火灾模型来简化描述该阶段非稳态火灾热释放速率随时间的变化，即假定火灾热释放速率与时间的平方成正比，轰燃就发生在这一阶段；最盛期的火灾燃烧方式是通风控制火灾，火势的大小由建筑物的通风情况决定；熄灭期是火灾由最盛期开始消减直至熄灭的阶段，熄灭的原因可以是燃料不足、灭火系统的作用等。由于建筑物内可燃物、通风等条件的不同，建筑火灾有可能达不到最盛期，而是缓慢发展后就熄灭了。典型的火灾发展过程如图4—3所示。

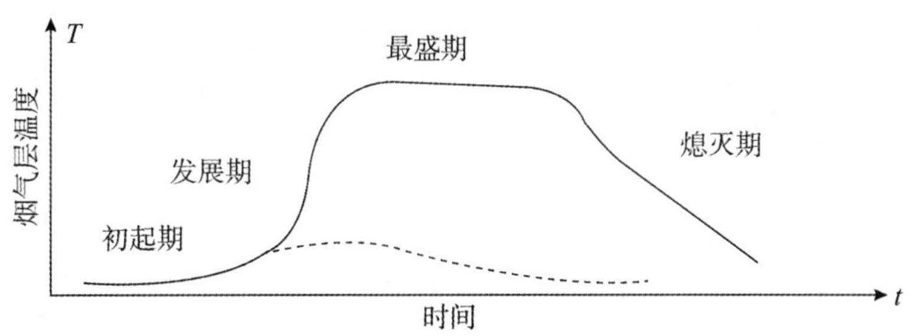

图 4—3　火灾的发展过程

（六）燃烧机理

燃烧作为一种化学反应，对反应物的组分浓度、引燃能的大小及反应的温度和压力均有一定的要求。在这些情况下，若可燃物没有达到一定浓度，或氧化剂的量不足，或引燃能不够大、燃烧反应也不会发生。例如，氢气在空气中的浓度低于 4%时便不能点燃，当空气中氧气含量低于 14%时常见可燃物不会燃烧，而一根火柴的能量不足以点燃大煤块。

实际上，当可燃物和氧化剂开始发生燃烧后，为了使化学反应能够持续下去，反应区内还必须能够不断生成活性基团。因为可燃物与氧化剂之间的反应不是直接发生的，而是经过生成活性基团和原子等中间物质，通过链反应进行。如果除去活性基团，链反应中断，连续的燃烧也会停止。

1. 活化能理论

物质分子间发生化学反应。首要的条件是相互碰撞。在标准状态下，单位时间、单位体积内气体分子相互碰撞约 10^{28} 次。但相互碰撞的分子不一定发生反应，而只有少数具有一定能量的分子相互碰撞才会发生反应，这种分子称为活化分子。活化分子所具有的能量要比普通分子高，这一能量超出值可使分子活化并参加反应。使普通分子变为活化分子所必需的能量称为活化能。

气体分子总是按直线轨迹不断地运动，其运动速度取决于温度；温度越高，气体分子运动越快，反之，温度越低，气体分子运动也越慢。在任一气流中，都有大量的气体分子，当它们进行无规律运动时，许多分子会互相碰撞、弹开和改变方向，随着气体温度和能级的提高，这些碰撞会变得更加频繁和剧烈。

2. 过氧化物理论

气体分子在各种能量（例如热能、辐射能、电能、化学反应能等）作用下可被活化。在燃烧反应中，首先是氧分子在热能作用下活化，被活化的氧分子形成过氧键-O-O-，这种基团加在被氧化物的分子上成为过氧化物。此种过氧化物是强氧化剂，不仅能氧化形成过氧化物的物质，而且也能氧化其他较难氧化的物质。

3. 链反应理论

根据上述原理，一个活化分子（基）只能与一个分子起作用。但为什么在制造氯化氢的反应过程中，引入一个光子能生成十万个氯化氢分子呢？这就是连锁反应（链反应）的结果。链反应理论也称连锁反应理论。该理论认为：气态分子之间的作用，不是两个分子直接作用生成最后产物，而是活性分子先离解成自由基（游离基），然后自由基与另一分子作用产生一个新的自由基，新基又与分子反应生成另一新基……如此延续下去形成一系列的反应，直至反应物耗尽或因某种因素使链中断而造成反应终止。

链反应通常分直链反应与支链反应两种。直链反应的基本特点是：每个自由基与其他分子反应后只生成一个新自由基。氯与氢的反应就是典型的直链反应。支链反应是指在反应中一个游离基能生成一个以上的新的游离基，如氢和氧的连锁反应属于此类反应。链反应一般可以分为链的引发，链的发展（含链的传递）及链的终止三个阶段。

（1）引发阶段，需有外界能量（如本例中的光子，其他加热、催化、射线照射等）使分子键破坏生成第一批自由基，使链反应开始。

（2）发展阶段，自由基很不稳定，易与反应物分子作用生成燃烧产物分子和新的自由基，使链反应得以持续下去。

（3）终止阶段，自由基减少、消失，使链反应终止。造成自由基消失的原因有：自由基相互碰撞生成分子；自由基撞击器壁将能量散失或被吸附等。在压力较高时，以前者为主；压力较低时，则以后者为主。

二、爆炸

（一）爆炸及其分类

广义地讲，爆炸是物质系统的一种极为迅速的物理的或化学的能量释放或转化过程，是系统蕴藏的或瞬间形成的大量能量在有限的体积和极短的时间内，骤然释放或转化的现象。在这种释放和转化的过程中，系统的能量将转化为机械功以及光和热的辐射等。

一般说来，爆炸现象具有以下特征：爆炸过程高速进行；爆炸点附近压力急剧升高，多数爆炸伴有温度升高；发出或大或小的响声；周围介质发生震动或邻近的物质遭到破坏。爆炸最主要的特征是爆炸点及其周围压力急剧升高。

爆炸可以由不同的原因引起，但不管是何种原因引起的爆炸，归根结底必须有一定的能量。按照能量的来源，爆炸可分为3类：物理爆炸、化学爆炸和核爆炸。按照爆炸反应相的不同，爆炸可分为以下3类。

1. 气相爆炸

气相爆炸包括可燃性气体和助燃性气体混合物的爆炸；气体的分解爆炸；液体被喷成雾状物在剧烈燃烧时引起的爆炸，称喷雾爆炸；飞扬悬浮于空气中的可燃粉尘引起的爆炸等。气相爆炸的分类见表4—1。

表4—1　气相爆炸类别

类别	爆炸机理	举例
混合气体爆炸	可燃性气体和助燃性气体以适当的浓度混合，由于燃烧波或爆炸的传播而引起的爆炸	空气和氢气、丙烷、乙醚等混合气的爆炸
气体的分解爆炸	单一气体由于分解反应产生大量的反应热引起的爆炸	乙炔、乙烯、氯乙烯等在分解时引起的爆炸
粉尘爆炸	空气中飞散的易燃性粉尘，由于剧烈燃烧引起的爆炸	空气中飞散的铝粉、镁粉、亚麻、玉米淀粉等引起的爆炸
喷雾爆炸	空气中易燃液体被喷成雾状物，在剧烈的燃烧时引起的爆炸	油压机喷出的油雾、喷漆作业引起的爆炸

2. 液相爆炸

液相爆炸包括聚合爆炸、蒸发爆炸以及由不同液体混合所引起的爆炸。例如硝酸和油脂、液氧和煤粉等混合时引起的爆炸；熔融的矿渣与水接触或钢水包与水接触时，由于过热发生快速蒸发引起的蒸气爆炸等。液相爆炸举例见表4—2。

3. 固相爆炸

固相爆炸包括爆炸性化合物及其他爆炸性物质的爆炸（如乙炔铜的爆炸）；导线因电流过载而过热，金属迅速气化而引起的爆炸等。固相爆炸举例见表4—2。

表4—2 液相、固相爆炸类别

类别	爆炸机理	举例
混合危险物的爆炸	氧化性物质与还原性物质或其他物质混合引起爆炸	硝酸和油脂、液氧和煤粉、高锰酸钾和浓酸、无水顺丁烯二酸和烧碱等混合时引起的爆炸
易爆化合物的爆炸	有机过氧化物、硝基化合物、硝酸酯等燃烧引起爆炸和某些化合物的分解反应引起爆炸	丁酮过氧化物、三硝基甲苯、硝基甘油等的爆炸；偶氮化铅、乙炔铜的爆炸
导线爆炸	在有过载电流流动时，使导线过热，金属迅速气化而引起爆炸	导线因电流过载而引起的爆炸
蒸气爆炸	由于过热，发生快速蒸发而引起爆炸	熔融的矿渣与水接触，钢水与水混合产生蒸气爆炸
固相转化时造成的爆炸	固相相互转化时放出热量，造成空气急速膨胀而引起爆炸	无定形锑转化成结晶锑时，由于放热而造成爆炸

爆炸过程表现为两个阶段：在第一阶段中，物质的（或系统的）潜在能以一定的方式转化为强烈的压缩能；第二阶段，压缩物质急剧膨胀，对外做功，从而引起周围介质的变化和破坏。不管由何种能源引起的爆炸，它们都同时具备两个特征，即能源具有极大的密度和极大的能量释放速度。

（二）爆炸破坏作用

1. 冲击波

爆炸形成的高温、高压、高能量密度的气体产物，以极高的速度向周围膨胀，强烈压缩周围的静止空气，使其压力、密度和温度突跃升高、像活塞运动一样推向前进，产生波状气压向四周扩散冲击。这种冲击波能造成附近建筑物的破坏，其破坏程度与冲击波能量的大小有关，与建筑物的坚固程度及其与产生冲击波的中心距离有关。

2. 碎片冲击

爆炸的机械破坏效应会使容器、设备、装置以及建筑材料等的碎片，在相当大的范围内飞散而造成伤害。碎片的四处飞散距离一般可达数十米到数百米。

3. 震荡作用

爆炸发生时，特别是较猛烈的爆炸往往会引起短暂的地震波。例如，某市的亚麻发生麻尘爆炸时，有连续三次爆炸，结果在该市地震局的地震检测仪，记录的7s之内的曲线上出现了三次高峰。在爆炸波及的范围内，这种地震波会造成建筑物的震荡、开裂、松散倒塌等危害。

4. 次生事故

发生爆炸时，如果车间、库房（如制氢车间、汽油库或其他建筑物）里存放有可燃物，会造成火灾；高空作业人员受冲击波或震荡作用，会造成高处坠落事故；粉尘作业场所轻微的爆炸冲击波会使积存在地面上的粉尘扬起，造成更大范围的二次爆炸等。

（三）可燃气体爆炸

1. 分解爆炸性气体爆炸

某些气体如乙炔、乙烯、环氧乙烷等，即使在没有氧气的条件下，也能被点燃爆炸，其实质是一种分解爆炸。除上述气体外，分解爆炸性气体还有臭氧、联氨、丙二烯、甲基乙炔、乙烯基乙炔、一氧化氯、二氧化氮、氰化氢、四氟乙烯等。

分解爆炸性气体在温度和压力的作用下发生分解反应时，可产生相当数量的分解热，这为爆炸提供了能量。一般说来，分解热在 80kJ·mol^{-1} 以上的气体，在一定条件（温度和压力）下遇火源即会发生爆炸。分解热是引起气体爆炸的内因，一定的温度和压力则是外因。分解爆炸的敏感性与压力有关。分解爆炸所需的能量，随压力升高而降低。在高压下较小的点火能量就能引起分解爆炸，而压力较低时则需要较高的点火能量才能引起分解爆炸，当压力低于某值时，就不再产生分解爆炸，此压力值称为分解爆炸的极限压力（临界压力）。

以乙炔为例，当乙炔受热或受压时，容易发生聚合、加成、取代或爆炸性分解等反应。当温度达到 200～300℃时，乙炔分子开始发生聚合反应，形成较为复杂的化合物（如苯）并放出热量，参见下式：

$$3C_2H_2 = C_6H_6 + 630J \cdot mol^{-1}$$

放出的热量使乙炔温度升高，又加速了聚合反应，放出更多的热量……如此循环下去，当温度达到 700℃时，未聚合的乙炔就会发生爆炸性分解，碳与氢元素化合为乙炔时需要吸收大量热量，当乙炔分解时则放出这部分热量，分解时生成细微固体碳及氢气，参见下式：

$$C_2H_2 = 2C + H_2 + 226.04J \cdot mol^{-1}$$

如果乙炔分解是在密闭容器（如乙炔储罐、乙炔发生器或乙炔瓶等）内发生的。则由于温度的升高，使压力急剧增大 10～13 倍而引起爆炸。由此可知，如果在此过程中能设法及时导出大量的热，则可避免分解爆炸的发生。

乙烯分解爆炸所需的发火能比乙炔的要大，所以低压下未曾发生过事故，但用高压法工艺制造聚乙烯时。由于压力高达 200MPa 以上，分解爆炸事故却屡有发生。

环氧乙烷分解爆炸的临界压力为 40kPa，所以对环氧乙烷的生产与储运都要严加小心。

2. 可燃性混合气体爆炸

一般说来，可燃性混合气体与爆炸性混合气体难以严格区分。由于条件不同，有时发生燃烧；有时发生爆炸、在一定条件下两者也可能转化。

燃烧与化学爆炸的区别在于燃烧反应（氧化反应）的速度不同。那么决定反应速度的条件是什么呢?

燃烧反应过程一般可以分为三个阶段：

（1）扩散阶段。可燃气分子和氧气分子分别从释放源通过扩散达到相互接触。所需时间称为扩散时间。

（2）感应阶段。可燃气分子和氧化分子接受点火源能量，离解成自由基或活性分子。所需时间称为感应时间。

（3）化学反应阶段。自由基与反应物分子相互作用，生成新的分子和新的自由基，完成燃烧反应。所需时间称为化学反应时间。

三段时间相比，扩散阶段时间远远大于其余两阶段时间，因此是否需要经历扩散过程，就成了决定可燃气体燃烧或爆炸的主要条件。例如：煤气由管道喷出后在空气中燃烧，是典型的扩散燃烧。

3. 爆炸反应历程

许多可燃混合气的爆炸可以用热着火机理解释，燃烧和爆炸都是可燃物与氧化剂之间的化学反应，当系统的温度升高到一定程度时，反应的速率将迅速加快，于是便引发了燃烧或爆炸。不过有一些爆炸现在用热着火理论是无法解释的，而根据着火的链反应理论则可以给出合理的说明。至于什么情况下发生热反应，什么情况下发生链反应，需根据具体情况而定，甚至同一爆炸性混合物在不同条件下有时也会有所不同。

(四) 物质爆炸浓度极限

1. 爆炸极限的基本理论

爆炸极限是表征可燃气体、蒸气和可燃粉尘危险性的主要指标之一。当可燃性气体、蒸气或可燃粉尘与空气（或氧）在一定浓度范围内均匀混合，遇到火源发生爆炸的浓度范围称为爆炸浓度极限，简称爆炸极限。

将这一浓度范围的混合气体（或粉尘）称作爆炸性混合气体（或粉尘）。可燃性气体、蒸汽的爆炸极限一般用可燃气体或蒸气在混合气体中所占体积分数来表示；可燃粉尘的爆炸极限用混合物的质量浓度（$g \cdot m^{-3}$）来表示。

能够爆炸的最低浓度称作爆炸下限；能发生爆炸的最高浓度称作爆炸上限。用爆炸上限、下限之差与爆炸下限浓度之比值表示其危险度 H，如式 4－1 所示。一般性情况下，H 值越大，表示可燃性混合物的爆炸极限范围越宽，其爆炸危险性越大。

$$H = (L_{上} - L_{下}) / L_{下} \tag{4-1}$$

可燃性气体、蒸气或粉尘在爆炸极限范围内遇到引燃源，火焰瞬间传播于整个混合气体（或混合粉尘）空间，化学反应速度极快，同时释放大量的热，生成很多气体，气体受热膨胀，形成很高的温度和很大的压力、具有很强的破坏力。

可燃性气体、蒸气或粉尘爆炸极限的概念可以用热爆炸理论来解释。当可燃性气体、蒸气或粉尘的浓度小于爆炸下限时，由于在混合物中含有过量的空气，过量空气的冷却作用及可燃物浓度的不足，导致系统得热小于失热，反应不能延续下去；同样，当可燃性气体（或粉尘）的浓度大于爆炸上限时，则会有过量的可燃物，过量的可燃物不仅因缺氧而不能参与反应、放出热量，反而起冷却作用，阻止了火焰的蔓延。当然，也还有爆炸上限达 100%的可燃气体、蒸气（如环氧乙烷、硝化甘油等）和可燃性粉尘（如火炸药粉尘）。这类物质在分解时会自身供氧，使反应持续进行下去。随着气体压力和温度的升高，越容易引起分解爆炸。

2. 爆炸极限的影响因素

爆炸极限值不是一个物理常数，它随条件的变化而变化。在判断某工艺条件下的爆炸危险性时，需根据危险物品所处的条件来考虑其爆炸极限。

（1）温度的影响。混合爆炸气体的初始温度越高，爆炸极限范围越宽，则爆炸下限越低，上限越高，爆炸危险性增加。这是因为，在温度增高的情况下，活化分子增加，分子和原子的动能也增加，使活化分子具有更大的冲击能量，爆炸反应容易进行，使原来含有过量空气（低于爆炸下限）或可燃物（高于爆炸上限）而不能使火焰蔓延的混合物浓度变成可以使火焰蔓延的浓度，从而扩大了爆炸极限范围。丙酮的爆炸极限受温度影响的情况见表 4－3。

表 4－3 丙酮爆炸极限受温度的影响

混合物温度/℃	爆炸下限/%	爆炸上限/%
0	4.2	8.0
50	4.0	9.8
100	3.2	10.0

（2）压力的影响。混合气体的初始压力对爆炸极限的影响较复杂。在 0.1～2.0MPa 的压力下，对爆炸下限影响不大，对爆炸上限影响较大；当压力大于 2.0MPa 时，爆炸下限变小，

爆炸上限变大，爆炸范围扩大。一般而言，初始压力增大，气体爆炸极限也变大，爆炸危险性增加。这是因为，在高压下混合气体的分子浓度增大，反应速度加快，放热量增加，且在高气压下，气体分子间热传导性好，热损失小，有利于可燃气体的燃烧或爆炸。甲烷混合气初始压力对爆炸极限的影响见表4—4。

表4—4　甲烷混合气体初始压力对爆炸极限的影响

初始压力/MPa	爆炸下限/%	爆炸上限/%
0.1	5.6	14.3
1	5.9	17.2
5	5.4	29.4
12.5	5.7	45.7

值得重视的是，当混合物的初始压力减小时，爆炸极限范围缩小；当压力降到某一数值时，则会出现下限与上限重合，这就意味着初始压力再降低时，不会使混合气体爆炸。把爆炸极限范围缩小为零的压力称为爆炸的临界压力。因此，密闭设备进行减压操作对安全是有利的。

(3) 惰性介质的影响。在混合气体中加入惰性气体（如氮、二氧化碳、水蒸气、氩、氦等），随着惰性气体含量的增加，爆炸极限范围缩小。当惰性气体的浓度增加到某一数值时，爆炸上下限趋于一致，使混合气体不发生爆炸。这是因为，加入惰性气体后，使可燃气体的分子和氧分子隔离，它们之间形成一层不燃烧的屏障，而当氧分子冲击惰性气体时，活化分子失去活化能，使反应键中断。若某处已经着火，则放出热量被惰性气体吸收，火焰不能蔓延到可燃气分子上去，可起到抑制作用。可燃气体在空气中和纯氧中的爆炸极限比较见表4—5。

表4—5　可燃气体在空气中和纯氧中的爆炸极限

物质名称	在空气中的爆炸极限	在纯氧中的爆炸极限
甲烷	4.9～15	5～61
乙烷	3～15	3～66
丙烷	2.1～9.5	2.3～55
丁烷	1.5～8.5	1.8～49
乙烯	2.75～34	3～80
乙炔	2.55～80	2.3～93
氢	4～75	4～95
氨	15～28	13.5～79
一氧化碳	12～74.5	15.5～94

(4) 爆炸容器对爆炸极限的影响。爆炸容器的材料和尺寸对爆炸极限有影响。若容器材料的传热性好，管径越细，火焰在其中越难传播，爆炸极限范围变小。当容器直径或火焰通道小到某数值时，火焰就不能传播下去。这一直径称为临界直径或最大灭火间距。如甲烷的临界直径为0.4～0.5mm，氢和已炔为0.1～0.2mm。目前一般采用直径为50mm的爆炸管或球形爆炸容器。

(5) 点火源的影响。点火源的活化能量越大，加热面积越大，作用时间越长，爆炸极限范围也越大。

(五) 粉尘爆炸

1. 粉尘爆炸的机理和条件

当可燃性固体呈粉体状态，粒度足够细，飞扬悬浮于空气中，并达到一定浓度，在相对密闭的空间内，遇到足够的点火能量，就能发生粉尘爆炸。具有粉尘爆炸危险性的物质较多，常见的有金属粉尘（如镁粉、铝粉等）、煤粉、粮食粉尘、饲料粉尘、棉麻粉尘、烟草粉尘、纸粉、木粉、火炸药粉尘和大多数含有 C、H 元素及与空气中氧反应能放热的有机合成材料粉尘等。

粉尘爆炸的条件：

（1）粉尘本身具有可燃性；

（2）粉尘虚浮在空气中并达到一定浓度；

（3）有足以引起粉尘爆炸的起始能量；

（4）相对密闭空间。

粉尘爆炸是一个瞬间的连锁反应，属于不稳定的气固二相流反应，其爆炸过程比较复杂，受诸多因素的制约。所以有关粉尘爆炸的机理至今尚在不断研究和不断完善之中。有一种观点认为，从最初的粉尘粒子形成到发生爆炸的过程中，粉尘粒子表面通过热传导和热辐射，从火源获得能量，使表面温度急剧升高，达到粉尘粒子加速分解的温度和蒸发温度，形成粉尘蒸气或分解气体，这种气体与空气混合后就容易引起点火（气相点火）。另外，粉尘粒子本身相继发生熔融气化，迸发出微小火花，成为周围未燃烧粉尘的点火源，使之着火，从而扩大了爆炸范围。这一过程与气体爆炸相比就复杂得多。

从粉尘爆炸过程可以看出，粉尘爆炸有如下特点：

（1）粉尘爆炸速度或爆炸压力上升速度比爆炸气体小，但燃烧时间长，产生的能量大，破坏程度大。

（2）爆炸感应期较长。粉尘的爆炸过程比气体的爆炸过程复杂，要经过尘粒的表面分解或蒸发阶段及由表面向中心延烧的过程，所以感应期比气体长得多。

（3）有产生二次爆炸的可能性。因为粉尘初次爆炸产生的冲击波会将堆积的粉尘扬起、悬浮在空气中，在新的空间形成达到爆炸极限浓度范围内的混合物，而飞散的火花和辐射热成为点火源，引起第二次爆炸。这种连续爆炸会造成严重的破坏。粉尘有不完全燃烧现象，在燃烧后的气体中含有大量的 CO 及粉尘（如塑料粉）自身分解的有毒气体，会伴随中毒死亡的事故。

2. 粉尘爆炸的特性及影响因素

评价粉尘爆炸危险性的主要特征参数是爆炸极限、最小点火能量、最低着火温度、粉尘爆炸压力及压力上升速率。

粉尘爆炸极限不是固定不变的。它的影响因素主要有粉尘粒度、分散度、湿度、点火的性质、可燃气含量、氧含量、惰性粉尘和灰分温度等。一般来说，粉尘粒度越细，分散度越高，可燃气体和氧的含量越大，火源强度、初始温度越高，湿度越低，惰性粉尘及灰分越少，爆炸极限范围越大，粉尘爆炸危险性也就越大。

粉尘爆炸压力及压力上升速率（dP/dt）主要受粉尘粒度、初始压力、粉尘爆炸容器、湍流度等因素的影响。粒度对粉尘爆炸压力上升速率的影响比粉尘爆炸压力大得多。

当粉尘粒度越细，比表面越大，反应速度越快，爆炸上升速率就越大。随初始压力的增大，对密闭容器的粉尘爆炸压力及压力上升速率也增大，当初始压力低于压力极限时（如数十毫巴），粉尘则不再可能发生爆炸。与可燃气爆炸一样，容器尺寸会对粉尘爆炸压力及压力上升速率有很大的影响。大量可燃粉尘的试验研究证明，当容积$\geqslant 0.04\text{m}^3$时，粉尘爆炸强度遵循如下规律：

$$K_{st} = (dP/dt)_{max} \cdot \sqrt[3]{V} \tag{4-2}$$

式中　K_{st}——粉尘爆炸强度，$10^5\text{Pa}\cdot\text{m}\cdot\text{s}^{-1}$；

$(dP/dt)_{max}$——最大压力上升速率，$10^5 Pa \cdot s^{-1}$；

V——容器体积，m^3。

粉尘爆炸在管道中传播碰到障碍片时，因湍流的影响，粉尘呈漩涡状态，使爆炸波阵面不断加速。当管道长度足够长时，甚至会转化为爆轰。

（六）燃烧、爆炸的转化

爆炸的最主要特征是压力的急剧上升，并不一定着火（发光、放热）；而燃烧一定有发光放热现象，但与压力无特别关系。化学爆炸，其中绝大多数是氧化反应引起的爆炸，与燃烧现象本质上都属氧化反应，也同样有温度与压力的升高现象。但两者反应速度、放热速率不同，火焰传播速度也不同，前者比后者快得多。

无论是固体或液体爆炸物，还是气体爆炸混合物，都可以在一定的条件下进行燃烧，但当条件变化时，它们又可转化为爆炸。这种转化，有时候人们要加以有益的利用，但有时候却应加以制止。

固体或液体炸药燃烧转化为爆炸的主要条件有三条：

（1）炸药处于密闭的状态下，燃烧产生的高温气体增大了压力，使燃烧转化为爆炸。

（2）燃烧面积不断扩大，使燃速加快，形成冲击波，从而使燃烧转化为爆炸。

（3）药量较大时，炸药燃烧形成的高温反应区将热量传给了尚未反应的炸药，使其余的炸药受热爆炸。

由以上的分析可知，燃烧与爆炸是爆炸物具有的紧密相关的两个特性。从安全技术角度来讲，防止爆炸物发生火灾与爆炸事故就成了紧密相关的问题。一般来说，火灾与爆炸两类事故往往连续发生。大的爆炸之后常伴随有巨大的火灾；存在有爆炸物质和燃爆混合物的场所，大的火灾往往创造了爆炸的条件。因此，了解燃烧与爆炸的关系，从技术上杜绝一切由燃烧转化为爆炸的可能性，则是防火防爆技术的一个重要方面。

第二节　防火防爆技术

一、火灾爆炸预防基本原则

1. 防火基本原则

根据火灾发展过程的特点，应采取如下基本技术措施：

（1）以不燃溶剂代替可燃溶剂。

（2）密闭和负压操作。

（3）通风除尘。

（4）惰性气体保护。

（5）采用耐火建筑材料。

（6）严格控制火源。

（7）阻止火焰的蔓延。

（8）抑制火灾可能发展的规模。

（9）组织训练消防队伍和配备相应消防器材。

2. 防爆基本原则

防爆的基本原则是根据对爆炸过程特点的分析采取相应的措施，防止第一过程的出现，控制第二过程的发展，削弱第三过程的危害。主要应采取以下措施：

(1) 防止爆炸性混合物的形成。

(2) 严格控制火源。

(3) 及时泄出燃爆开始时的压力。

(4) 切断爆炸传播途径。

(5) 减弱爆炸压力和冲击波对人员、设备和建筑的损坏。

(6) 检测报警。

二、点火源及其控制

工业生产过程中，存在着多种引起火灾和爆炸的着火源，例如化工企业中常见的着火源有明火、化学反应热、化工原料的分解自燃、热辐射、高温表面、摩擦和撞击、绝热压缩、电气设备及线路的过热和火花、静电放电、雷击和日光照射等。消除着火源是防火和防爆的最基本措施，控制着火源对防止火灾和爆炸事故的发生具有极其重要的意义。

1. 明火

明火是指敞开的火焰、火星和火花等，如生产过程中的加热用火、维修焊接用火及其他火源是导致火灾爆炸最常见的原因。

(1) 加热用火的控制。加热易燃物料时，要尽量避免采用明火设备，而宜采用热水或其他介质间接加热，如蒸汽或密闭电气加热等加热设备，不得采用电炉、火炉、煤炉等直接加热。明火加热设备的布置，应远离可能泄漏易燃气体或蒸气的工艺设备和储罐区，并应布置在其上风向或侧风向。对于有飞溅火花的加热装置，应布置在上述设备的侧风向。如果存在一个以上的明火设备，应将其集中于装置的边缘。如必须采用明火，设备应密闭且附近不得存放可燃物质。熬炼物料时，不得装盛过满，应留出一定的空间。工作结束时，应及时清理，不得留下火种。

(2) 维修焊割用火的控制。焊接切割时，飞散的火花及金属熔融碎粒低的温度高达1500～2000℃，高空作业时飞散距离可达 20m 远。此类用火除用于正常停工、检修外，还往往被用来处理生产过程中临时堵漏，或在生产现场增加必要的设施，所以这类作业多为临时性的，容易成为起火原因。因此，在焊割时必须注意以下几点：

①在输送、盛装易燃物料的设备、管道上，或在可燃可爆区域内动火时，应将系统和环境进行彻底的清洗或清理。如该系统与其他设备连通时，应将相连的管道拆下断开或加堵金属盲板隔绝，再进行清洗。然后用惰性气体进行吹扫置换，气体分析合格后方可动焊。同时可燃气体应符合爆炸下限大于 4%（体积百分数）的可燃气体或蒸气，浓度应小于 0.5%；爆炸下限小于 4%的可燃气体或蒸气，浓度应小于 0.2%的标准。

②动火现场应配备必要的消防器材，并将可燃物品清理干净。在可能积存可燃气体的管沟、电缆沟、深坑、下水道内及其附近，应用惰性气体吹扫干净，再用非燃体，如石棉板进行遮盖。

③气焊作业时，应将乙炔发生器放置在安全地点，以防回火爆炸伤人或将易燃物引燃。

④电杆线破残应及时更换或修理，不得利用与易燃易爆生产设备有联系的金属构件作为电焊地线，以防止在电路接触不良的地方产生高温或电火花。

(3) 其他明火。存在火灾和爆炸危险的场所，如厂房、仓库、油库等地，不得使用蜡烛、火柴或普通灯具照明；汽车、拖拉机一般不允许进入，如确需进入，其排气管上应安装火花熄灭器。在有爆炸危险的车间和仓库内，禁止吸烟和携带火柴、打火机等，为此，应在醒目的地方张贴警示标记以引起注意。明火与有火灾爆炸危险的厂房和仓库相邻时，应保证足够的安全距离，例如化工厂内的火炬与甲、乙、丙生产装置、油罐和隔油池应保持100m的防火间距。

2. 摩擦和撞击

摩擦和撞击往往是可燃气体、蒸气和粉尘、爆炸物品等着火爆炸的根源之一。例如机器轴承的摩擦发热、铁器和机件的撞击、钢铁工具的相互撞击、砂轮的摩擦等都能引起火灾；甚至铁桶容器裂开时，亦能产生火花，引起逸出的可燃气体或蒸气着火。

在易燃易爆场合应避免这种现象的发生，如工人应禁止穿钉鞋，不得使用铁器制品。搬运储存可燃物体和易燃液体的金属容器时，应当用专门的运输工具，禁止在地面上滚动、拖拉或抛掷，并防止容器的互相撞击，以免产生火花，引起燃烧或容器爆裂造成事故。吊装可燃易爆物料用的起重设备和工具，应经常检查，防止吊绳等断裂下坠发生危险。如果机器设备不能用不发生火化的各种金属制造，应当使其在真空中或惰性气体中操作。

在有爆炸危险的生产中，机件的运转部分应该用两种材料制作，其中之一是不发生火花的有色金属材料（如铜、铝）。机器的轴承等转动部分，应该有良好的润滑，并经常清除附着的可燃物污垢。敲打工具应用铍铜合金或包铜的钢制作。地面应铺沥青、菱苦土等较软的材料。输送可燃气体或易燃液体的管道应做耐压试验和气密性检查，以防止管道破裂、接口松脱而跑漏物料，引起着火。

3. 电气设备

电气设备或线路出现危险温度、电火花和电弧时，就成为引起可燃气体、蒸气和粉尘着火、爆炸的一个主要着火源。参见本书第三章的相关内容。

4. 静电放电

生产工艺过程中产生的静电有时会带来严重的危害，有些甚至造成巨大的灾害。防止和消除静电危险十分重要。生产过程中产生的静电电压可达到几万伏以上，静电除可能引起多种爆炸性混合物发生爆炸外还可能造成电击。参见本书第三章的相关内容。

5. 化学能和太阳能

有些物质在常温下能与空气发生氧化反应放出热量而引起自燃，因此，应保存在水中（液封），避免与空气接触；有些物质与水作用能够分解放出可燃气体，如电石与水作用可分解放出乙炔气体，金属钠与水作用分解放出氢气，五硫化磷与水作用分解放出硫化氢等，这类物质应特别注意采用防潮措施；有的物质受热升温能分解放出具有催化作用的气体，如硝化棉、赛璐珞等受热能放出氧化氮和热量，氧化氮对其进一步分解有催化作用，以至发生燃烧和爆炸。对上述各类物质要特别注意防热、通风。直射的太阳光通过凸透镜、圆形玻璃瓶、有气泡的玻璃等会聚焦形成高温焦点，能够点燃易燃易爆物质。有爆炸危险的厂房和库房必须采取遮阳措施，窗户采用磨砂玻璃，以避免形成点火源。

三、爆炸控制

爆炸造成的后果大多非常严重。在化工生产作业中，爆炸的压力和火灾的蔓延不仅会使生产设备遭受损失，而且使建筑物破坏，甚至致人死亡。因此，科学防爆是非常重要的一项工作。

（一）防止爆炸的一般原则

防止爆炸的一般原则：一是控制混合气体中的可燃物含量处在爆炸极限以外；二是使用惰性气体取代空气；三是使氧气浓度处于其极限值以下。

为此应防止可燃气向空气中泄漏，或防止空气进入可燃气体中；控制、监视混合气体备组分浓度；装设报警装置和设施。

（二）防爆措施

在生产过程中，应根据可燃易燃物质的燃烧爆炸特性，以及生产工艺和设备等条件，采取有效的措施，预防在设备和系统里或在其周围形成爆炸性混合物。这类措施主要有设备密闭、厂房通风、惰性介质保护、以不燃溶剂代替可燃溶剂、危险物品隔离储存等。

1. 惰性气体保护

由于爆炸的形成需要有可燃物质、氧气以及一定的点火能量，用惰性气体取代空气，避免空气中的氧气进入系统，就消除了引发爆炸的一大因素，从而使爆炸过程不能形成。在化工生产中，采取的惰性气体（或阻燃性气体）主要有氮气、二氧化碳、水蒸气、烟道气等。

向可燃气体、蒸气或粉尘与空气的混合物中加入惰性气体，可以达到两种效果，一是缩小甚至消除爆炸极限范围、二是将混合物冲淡。例如，易燃固体物质的压碎、研磨、筛分、混合以及粉状物料的输送，可以在惰性气体的覆盖下进行；当厂房内充满可燃性物质而具有危险时（如发生事故使车间、库房充满有爆炸危险的气体或蒸气），应向这一地区放送大量惰性气体加以冲淡；在生产条件允许的情况下，可燃混合物在处理过程中亦应加入惰性气体作为保护气体；用惰性介质充填非防爆电气、仪表；在停车检修或开工生产前，用惰性气体吹扫设备系统内的可燃物质等。

采用烟道气时应经过冷却，并除去氧及残余的可燃组分。氮气等惰性气体在使用前应经过气体分析，其中含氧量不得超过2%。

惰性气体的需用量取决于允许的最高含氧量（氧限值）。可燃物质与空气的混合物中加入氮或二氧化碳，成为无爆炸性混合物时氧的浓度，见表4—6。在向有爆炸危险的气体或蒸气中加入惰性气体时，应避免惰性气体的漏失以及空气渗入其中。

表4—6　可燃混合物不发生爆炸时氧的最高含量

可燃物质	氧的最大安全浓度/%		可燃物质	氧的最大安全浓度/%	
	CO_2稀释剂	N_2稀释剂		CO_2稀释剂	N_2稀释剂
甲烷	14.6	12.1	丁二烯	13.9	10.4
乙烷	13.4	11.0	氢	5.9	5.0
丙烷	14.3	11.4	一氧化碳	5.9	5.6
丁烷	14.5	12.1	丙酮	15	13.5
戊烷	14.4	12.1	苯	13.9	11.2
己烷	14.5	11.9	煤粉	16	
汽油	14.4	11.6	麦粉	12	
乙烯	11.7	10.6	硬橡胶粉	13	
丙烯	14.1	11.5	硫	11	

2. 系统密闭和正压操作

装盛可燃易爆介质的设备和管路，如果气密性不好，就会由于介质的流动性和扩散性，造成跑、冒、滴、漏现象，逸出的可燃易爆物质，在设备和管路周围空间形成爆炸性混合物。同样的道理，当设备或系统处于负压状态时，空气就会渗入，使设备或系统内部形成爆炸性混合物。设备密闭不良是发生火灾和爆炸事故的主要原因之一。

容易发生可燃易燃物质泄漏的部位主要有设备的转轴与壳体或墙体的密封处，设备的各种孔（人孔、手孔、清扫孔）盖及封头盖与主体的连接处，以及设备与管道、管件的各个连接处等。

为保证设备和系统的密闭性，在验收新的设备时，在设备修理之后及在使用过程中，必须根据压力计的读数用水压试验来检查其密闭性、测定其是否漏气并进行气体分析。此外，可于接缝处涂抹肥皂液进行充气检测。为了检查无味气体（氢、甲烷等）是否漏出，可在其中加入显味剂（硫醇、氨等）。

当设备内部充满易爆物质时，要采用正压操作，以防外部空气渗入设备内。设备内的压力必须加以控制，不能高于或低于额定的数值。压力过高，轻则渗漏加剧，重则破裂导致大量可燃物质排出；压力过低，就有渗入空气、发生爆炸的可能。通常可设置压力报警器，在设备内压力失常时及时报警。

对爆炸危险度大的可燃气体（如乙炔、氢气等）以及危险设备和系统，在连接处应尽量采用焊接接头，减少法兰连接。

3. 厂房通风

要使设备达到绝对密闭是很难办到的，总会有一些可燃气体、蒸气或粉尘从设备系统中泄漏出来，而且生产过程中某些工艺（如喷漆）会大量释放可燃性物质。因此，必须用通风的方法使可燃气体、蒸气或粉尘的浓度不致达到危险的程度，一般应控制在爆炸下限1/5以下。如果挥发物既有爆炸性又对人体有害，其浓度应同时控制到满足《工业企业设计卫生标准》的要求。

在设计通风系统时，应考虑到气体的相对密度。某些比空气重的可燃气体或蒸气，即使是少量物质、如果在地沟等低洼地带积聚，也可能达到爆炸极限。此时，车间或厂房的下部亦应设通风口，使可燃易爆物质及时排出。从车间排出含有可燃物质的空气时，应设防爆的通风系统，鼓风机的叶片应采用碰击时不会产生火花的材料制造，通风管内应设有防火遮板，使一处失火时迅速隔断管路，避免波及他处。

4. 以不燃溶剂代替可燃溶剂

以不燃或难燃的材料代替可燃或易燃材料，是防火与防爆的根本性措施。因此，在满足生产工艺要求的条件下，应当尽可能地用不燃溶剂或火灾危险性小的物质代替易燃溶剂或火灾危险性较大的物质，这样可防止形成爆炸性混合物，为生产创造更为安全的条件。常用的不燃溶剂主要有甲烷和乙烷的氯衍生物，如四氯化碳、三氯甲烷和三氯乙烷等。使用汽油、丙酮、乙醇等易燃溶剂的生产，可以用四氯化碳、三氯乙烷或丁醇、氯苯等不燃溶剂或危险性较低的溶剂代替。又如四氯化碳用于代替溶解脂肪、沥青、橡胶等所采用的易燃溶剂。但这类不燃溶剂具有毒性，在发生火灾时能分解放出光气，因此应采取相应的安全措施。例如，为避免泄漏，必须保证设备的气密性，严格控制室内的蒸气浓度，使之不得超过卫生标准规定的浓度等。

评价生产中所使用溶剂的火灾危险性时，饱和蒸气压和沸点是很重要的参数。饱和蒸汽压越大，蒸发速度越快，闪点越低，则火灾危险性越大；沸点较高（例如沸点在110℃以上）的液体，在常温（18～20℃）时所挥发出来的蒸气是不会达到爆炸危险浓度的。危险性较小的液体的沸点和20℃时的蒸气压见表4—7。

表4—7　危险性较小的物质的沸点及20℃时的蒸气压

物质名称	沸点/℃	20℃时的蒸气压/Pa	物质名称	沸点/℃	20℃时的蒸气压/Pa
戊醇	130	267	乙二醇	126	1067
丁醇	114	534	氯苯	130	1200
醋酸戊醇	130	800	二甲苯	135	1333

5．危险物品的储存

性质相互抵触的危险化学物品如果储存不当，往往会酿成严重的事故。例如，无机酸本身不可燃，但与可燃物质相遇能引起着火及爆炸；铝酸盐与可燃的金属相混时能使金属着火或爆炸；松节油、磷及金属粉末在卤素中能自行着火等。由于各种危险化学品的性质不同，因此，它们的储存条件也不相同。为防止不同性质物品在储存中相互接触而引起火灾和爆炸事故，禁止一起储存的物品见表4—8。

表4—8 禁止一起储存的物品

组别	物品名称	禁止储存的物品	备注
1	爆炸物品：苦味酸、TNT、硝化棉、硝化甘油、硝铵炸药、雷汞等	不准与其他类的物品共储，必须单独隔离储存	起爆药、雷管与炸药必须隔离储存
2	易燃液体：汽油、苯、二硫化碳、丙酮、乙醚、甲苯、酒精、硝基漆、煤油	不准与其他种类物品共储	如数量甚少，允许与固体易燃物品隔开后存放
3	易燃气体：乙炔、氢气、氯化甲烷、硫化氢、氨气等	除惰性气体外，不准与其他类的物品共储	
	惰性气体：氮气、二氧化碳、二氧化硫、氟利昂等	除易燃气体、助燃气体、氧化剂和有毒物品外，不准与其他类的物品共储	
	助燃气体：氧气、氟气、氯气等	除惰性气体和有毒物品外，不准与其他类的物品共储	氯气兼有毒害性
4	遇水或空气能自然的物品：钾、钠、电石、磷化钙、锌粉、铝粉、黄磷等	不准与其他类的物品共储	钾、钠须浸入石油中、黄磷浸入水中，均单独储存
5	易燃固体：赛璐珞、电影胶片、赤磷、萘、樟脑、硫黄、火柴等	不准与其他类的物品共储	赛璐珞、胶片、火柴均需单独隔离储存
6	氧化剂：能形成爆炸混合物物品、氯酸钾、氯酸钠、硝酸钾、硝酸钠、硝酸钡、次硝酸钙、亚硝酸钠、过氧化钠、过氧化氢（30％）等	除惰性气体外，不准与其他类的物品共储	过氧化物遇水有发热爆炸危险，应单独储存；过氧化氢应储在阴凉处所
	能引起燃烧的物品：溴、硝酸、铬酸、高锰酸钾、重硝酸钾	不准与其他类的物品共储	与氧化剂亦应隔离
7	有毒物品：光气、三氧化二砷、氰化钾、氰化钠等	除惰性气体外，不准与其他类的物品共储	

6. 防止容器或室内爆炸的安全措施

（1）抗爆容器。对已知的爆炸结果做系统的评定表明，在符合一定结构要求的前提下，即使容器和设备没有附加的防护措施，也能承受一定的爆炸压力。若选择这种结构形式的设备在剧烈爆炸下没有被炸碎，而只产生部分变形，那么设备的操作人员就可以安然无恙，这也就达到了最重要的防护目的。

（2）爆炸卸压。通过固定的开口及时进行泄压，则容器内部就不会产生高爆炸压力，因而也就不必使用能抗这种高压的结构。把没有燃烧的混合物和燃烧的气体排放到大气里去，就可把爆炸压力限制在容器材料强度所能承受的某一数值。卸压装置可分为一次性（如爆破膜）和重复使用的装置（如安全阀）。

（3）房间泄压。它主要是用来保护容器和装置的，能使被保护设备不被炸毁和使用人员不受伤害。它可用卸压措施来保护房间，但不能保护房间里的人。这种情况下，房间内的设施必须是遥控的，并在运行期间严禁人员进入房间。一般可以通过窗户、外墙和建筑物的房顶来进行卸压。

7. 爆炸抑制

爆炸抑制系统由能检测初始爆炸的传感器和压力式的灭火剂罐组成，灭火剂罐通过传感装置动作。在尽可能短的时间内，把灭火剂均匀地喷射到应保护的容器里，于是，爆炸燃烧被扑灭，控制住爆炸的发生。爆炸燃烧能自行进行检测，并在停电后的一定时间里仍能继续进行工作。

四、防火防爆安全装置及技术

为防止火灾爆炸的发生，阻止其扩展和减少破坏，已研制出许多防火防爆和防止火焰、爆炸扩展的安全装置。并在实际生产中广泛使用，取得了良好的安全效果。防火防爆安全装置可以分为阻火隔爆装置与防爆泄压装置两大类。下面分别加以介绍。

1. 阻火及隔爆技术

阻火隔爆是通过某些隔离措施防止外部火焰窜入存有可燃爆炸物料的系统、设备、容器及管道内，或者阻止火焰在系统、设备、容器及管道之间蔓延。按照作用机理，可分为机械隔爆和化学抑爆两类。机械隔爆是依靠某些固体或液体物质阻隔火焰的传播；化学抑爆主要是通过释放某些化学物质来抑制火焰的传播。

机械阻火隔爆装置主要有工业阻火器、主动式隔爆装置和被动式隔爆装置等。其中工业阻火器装于管道中，形式最多，应用也最为广泛。

（1）工业阻火器。工业阻火器分为机械阻火器、液封和料封阻火器。工业阻火器常用于阻止爆炸初期火焰的蔓延，如图 4—4 所示。一些具有复合结构的机械阻火器也可阻止爆轰火焰的传播。

图 4—4　工业阻火器

（2）主动式隔爆装置。主动式、被动式隔爆装置是靠装置某一元件的动作来阻隔火焰。这与工业阻火器靠本身的物理特性来阻火是不同的。另一方面工业阻火器在工业生产过程中时刻都在起作用，对流体介质的阻力较大，而主、被动式隔爆装置只是在爆炸发生时才起作用，因此它们在不动作时对流体介质的阻力小，有些隔爆装置甚至不会产生任何压力损失。另外，工业阻火器对于纯气体介质才是有效的，对气体中含有杂质（如粉尘、易凝物等）的输送管道，应当选用主、被动式隔爆装置为宜。

主动式（监控式）隔爆装置由一灵敏的传感器探测爆炸信号，经放大后输出给执行机构，控制隔爆装置喷洒抑爆剂或关闭阀门，从而阻隔爆炸火焰的传播。被动式隔爆装置是由爆炸波来推动隔爆装置的阀门或闸门来阻隔火焰。

（3）被动式隔爆装置。被动式隔爆装置主要有自动断路阀、管道换向隔爆等形式。

（4）其他阻火隔爆装置。

1）单向阀。单向阀又称止逆阀、止回阀，如图 4－5 所示。它的作用是仅允许液体（气体或液体）向一个方向流动，遇到倒流时即自行关闭，从而避免在燃气或燃油系统中发生液体倒流，或高压窜入低压造成容器管道的爆裂，或发生回火时火焰倒吸和蔓延等事故。

图 4－5　单向阀

在工业生产上，通常在系统中流体的进口和出口之间，与燃气或燃油管道及设备相连接的辅助管线上，高压与低压系统之间的低压系统上，或压缩机与油泵的出口管线上安置单向阀。生产中用的单向阀有升降式、摇板式、球式等几种。

2）阻火阀门。阻火阀门是为了阻止火焰沿通风管道或生产管道蔓延而设置的阻火装置。在正常情况下，阻火阀门受环状或者条状的易熔金属的控制，处于开启状态。一旦着火，温度升高，易熔金属即会熔化，此时阀门失去控制，受重力作用自动关闭，将火阻断在阀门一边。易熔金属元件通常由铋、铅、锡、汞等金属按一定比例组成的低熔点金属制成。由于赛璐珞、尼龙、塑料等有机材料在高温时也容易燃烧或者失去强度，所以也有用这类材料代替易熔合金来控制阻火阀门。

3）火星熄灭器（防火罩、防火帽）。由烟道或车辆尾气排放管飞出的火星也可能引起火灾。因此，通常在可能产生火星设备的排放系统，如加护热炉的烟道，汽车、拖拉机的尾气排放管上等，安装火星熄灭器，用以防止飞出的火星引燃可燃物料。火星熄灭器如图 4－6 所示。

图 4—6　火星熄灭器

火星熄灭器熄火的基本方法主要有以下几种：

①当烟气由管径较小的管道进入管径较大的火星熄灭器中，气流由小容积进入大容积，致使流速减慢、压力降低，烟气中携带的体积、质量较大的火星就会沉降下来，不会从烟道飞出。

②在火星熄灭器中设置网格等障碍物，将较大、较重的火星挡住；或者采用设置旋转叶轮等方法改变烟气流动方向，增加烟气所走的路程，以加速火星的熄灭或沉降。

③用喷水或通水蒸气的方法熄灭火星。

（5）化学抑制防爆（简称化学抑爆、抑制防爆）装置。化学抑爆是在火焰传播显著加速的初期通过喷洒抑爆剂来抑制爆炸的作用范围及猛烈程度的一种防爆技术。它可用于装有气相氧化剂中可能发生爆燃的气体、油雾或粉尘的任何密闭设备。例如：加工设备（如反应容器、混合器、搅拌器、研磨机、干燥器、过滤器及除尘器等）、储藏设备（如常压或低压罐、高压罐等）、装卸设备（如气动输送机、螺旋输送机、斗式提升机等）、试验室和中间试验厂的设备（如通风柜、试验台等）以及可燃粉尘气力输送系统的管道等。

爆炸抑制系统主要由爆炸探测器、爆炸抑制器和控制器三部分组成。其作用原理是：高灵敏度的爆炸探测器探测到爆炸发生瞬间的危险信号后，通过控制器启动爆炸抑制器，迅速将抑爆剂喷入被保护的设备中，将火焰扑灭从而抑制爆炸进一步发展。

化学抑爆技术可以避免有毒或易燃易爆物料以及灼热物料、明火等窜出设备，对设备强度的要求较低。适用于泄爆易产生二次爆炸，或无法开设泄爆口的设备以及所处位置不利于泄爆的设备。常用的抑爆剂有化学粉末、水、卤代烷和混合抑爆剂等。

2. 防爆泄压技术

生产系统内一旦发生爆炸或压力骤增时，可通过防爆泄压设施将超高压力释放出去，以减少巨大压力对设备、系统的破坏或者减少事故损失。防爆泄压装置主要有安全阀、爆破片、防爆门等。

（1）安全阀。安全阀的作用是为了防止设备和容器内压力过高而爆炸，包括防止物理性爆炸（如锅炉、蒸馏塔等的爆炸）和化学性爆炸（如乙炔发生器的乙炔受压分解爆炸等）。当容器和设备内的压力升高超过安全规定的限度时，安全阀即自动开启，泄出部分介质，降低压力至安全范围内再自动关闭，从而实现设备和容器内压力的自动控制，防止设备和容器的破裂爆炸。安全阀在泄出气体或蒸气时，产生动力声响，还可起到报警的作用。

安全阀按其结构和作用原理可分为杠杆式、弹簧式和脉冲式等。按气体排放方式分为全封闭式、半封闭式和敞开式三种。安全阀的分类、作用原理、结构特点及适用范围见表4—9。

表 4－9　安全阀的分类、作用原理、结构特点及适用范围

分类方式	类别	作用原理	结构特点及适用范围
按整体结构及作用原理分	杠杆式	利用加载机构（重锤和杠杆）来平衡介质作用在阀瓣上的力	加载机构中重锤质量和位置的变化可以获得较大的开启或关闭力，调整容易而且较正确
			所加载不因阀瓣的升高而增加
			加载机构对振动敏感，常因振动而产生泄漏
			结构简单但笨重，限于中、低压系统
			适于温度较高的系统
			不适于持续运行的系统
	弹簧式	利用压缩弹簧的力来平衡介质作用在阀瓣上的力	通过调整螺母来调整弹簧压缩量，从而按需要来校正安全阀的开启压力
			弹簧力随阀的开启高度而变化，不利于阀的迅速开启
			结构紧凑，灵敏度较高，安装位置无严格限制，应用广泛
			对振动的敏感性小，可用于移动式的压力容器
			长期高温会影响弹簧力，不适用于高温系统
	脉冲式	通过辅阀上的加载机构（杠杆式或弹簧式）动作产生的脉冲作用带动主阀动作	结构复杂，通常只用于安全泄放量很大的系统或者高压系统
按气体排放方式分	全封闭式	—	排出的气体全部通过排房管排放，介质不外泄，主要用于存有毒或易燃气体的系统
	半封闭式	—	排出的气体全部通过排放管排放，其他部分从阀盖或阀杆之间的空隙漏出，多用于存有对环境无害气体的系统
	敞开式	—	没有安装排气管的连接机构，排出的气体从安全阀出口直接排到大气中，多用于存有压缩空气、水蒸气的系统

设置安全阀时应注意以下几点：

①新装安全阀，应有产品合格证；安装前应由安装单位继续复校后加铅封，并出具安全阀校验报告。

②当安全阀的入口处装有隔断阀时，隔断阀必须保持常开状态并加铅封。

③压力容器的安全阀最好直接装设在容器本体上。液化气体容器上的安全阀应安装于气相部分，防止排出液体物料，发生事故。

④如安全阀用于排泄可燃气体，直接排入大气，则必须引至远离明火或易燃物，而且通风良好的地方，排放管必须逐段用导线接地以消除静电作用。如果可燃气体的温度高于它的自燃点、应考虑防火措施或将气体冷却后再排入大气。

⑤安全阀用于泄放可燃液体时，宜将排泄管接入事故储槽、污油罐或其他容器；用于泄放高温油气或易燃、可燃气体等遇空气可能立即着火的物质时，宜接入密闭系统的放空塔或事故储槽。

⑥一般安全阀可放空，但要考虑放空口的高度及方向的安全性。室内的设备，如蒸馏塔、可燃气体压缩机的安全阀、放空口宜引出房顶，并高于房顶 2m 以上。

（2）爆破片（又称防爆膜、防爆片）。爆破片是一种断裂型的安全泄压装置，当设备、容器及系统因某种原因压力超标时，爆破片即被破坏，使过高的压力泄放出来，以防止设备、容器及系统受到破坏。爆破片与安全阀的作用基本相同，但安全阀可根据压力自行开关，如一次因压力过高开启泄放后，待压力正常即自行关闭；而爆破片的使用则是一次性的，如果被破坏，需要重新安装。

爆破片的另一个作用是，如果压力容器的介质不洁净、易于结晶或聚合，这些杂质或结晶体有可能堵塞安全阀，使得阀门不能按规定的压力开启，失去了安全阀泄压作用，在此情况下就只得用爆破片作为泄压装置。此外，对于工作介质为剧毒气体或可燃气体（蒸气）里含有剧毒气体的压力容器，其泄压装置也应采用爆破片而不宜用安全阀，以免污染环境。因为对于安全阀来说，微量的泄漏是难免的。

爆破片的防爆效率取决于它的厚度、泄压面积和膜片材料的选择。

设备和容器运行时，爆破片需长期承受工作压力、高温或腐蚀，还要保证设备的气密性，而且遇到爆炸增压时必须立刻破裂。这就要求泄压膜材料要有一定的强度，以承受工作压力；有良好的耐热、耐腐蚀性；同时还应具有脆性，当受到爆炸波冲击时，易于破裂；厚度要尽可能地薄，但气密性要好。

正常工作时操作压力较低或没有压力的系统、可选用石棉、塑料、橡皮或玻璃等材质的爆破片；操作压力较高的系统可选用铝、铜等材质；微负压操作时可选用 2～3mm 厚的橡胶板。应特别注意的是，由于钢、铁片破裂时可能产生火花，存有燃爆性气体的系统不宜选其作爆破片。在存有腐蚀性介质的系统，为防止腐蚀，可以在爆破片上涂一层防腐剂。

爆破片应有足够的泄压面积，以保证膜片破裂时能及时泄放容器内的压力，防止压力迅速增加而致容器发生爆炸。一般按 $1m^3$ 容积取 $0.035 \sim 0.18m^2$，但对氢和乙炔的设备则应大于 $0.4m^2$。

爆破片爆破压力的选定，一般为设备、容器及系统最高工作压力的 1.15～1.3 倍。压力波动幅度较大的系统，其比值还可增大。但是任何情况下，爆破片的爆破压力均应低于系统的设计压力。

爆破片一定要选用有生产许可证单位制造的合格产品，安装要可靠，表面不得有油污；运行中应经常检查法兰连接处有无泄漏；爆破片一般 6～12 个月更换一次。此外如果在系统超压后未破裂的爆破片以及正常运行中有明显变形的爆破片应立即更换。

凡有重大爆炸危险性的设备、容器及管道，都应安装爆破片（例如气体氧化塔、球磨机、进焦煤炉的气体管道、乙炔发生器等）。

（3）防爆门（窗）

防爆门（窗）一般设置在使用油、气或燃烧煤粉的燃烧室外壁上，在燃烧室发生爆燃或爆炸时用于泄压，以防设备遭到破坏，防爆门如图 4－7 所示。泄压面积与厂房体积的比值（m^2/m^3）宜采用 0.05～0.22。爆炸介质威力较强或爆炸压力上升速度较快的厂房应尽量加大比值。为防止燃烧火焰喷出时将人烧伤或者翻开的门（窗）盖将人打伤，防爆门（窗）应设置在人不常到的地方，高度最好不低于 2m。

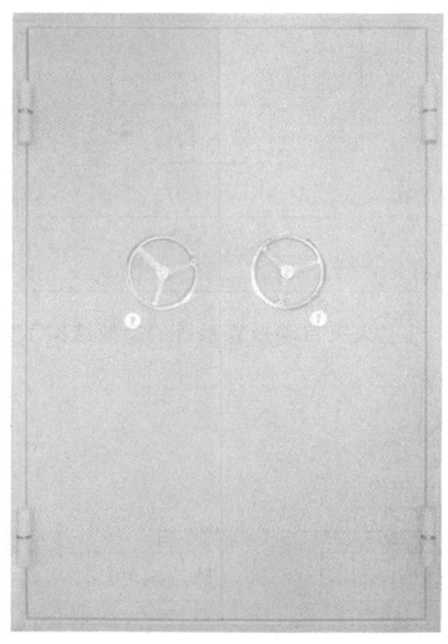

图 4－7　防爆门

第三节　消防设施与器材

消防设施是指火灾自动报警系统、自动灭火系统、消火栓系统、可提式灭火器系统、灭火器防烟排烟系统以及应急广播和应急照明、安全疏散设施等；消防器材是指灭火器等移动灭火器材和工具。

一、消防设施

（一）火灾自动报警系统

自动消防系统应包括探测、报警、联动、灭火、减灾等功能。火灾自动报警系统主要完成探测和报警功能，控制和联动等功能主要由联动控制系统来完成。联动控制系统是由联动控制器与现场的主动型设备和被动型设备组成。现场主动型设备是指在火灾参数的作用下，设备自主执行某种动作；现场被动型设备是指在控制器或人为的控制下才能动作。所以消防系统中有三种控制方式：自动控制、联动控制、手动控制。图 4－8 为火灾自动报警系统的功能结构示意图，图 4－9 为火灾自动报警系统的组成结构及功能关系。

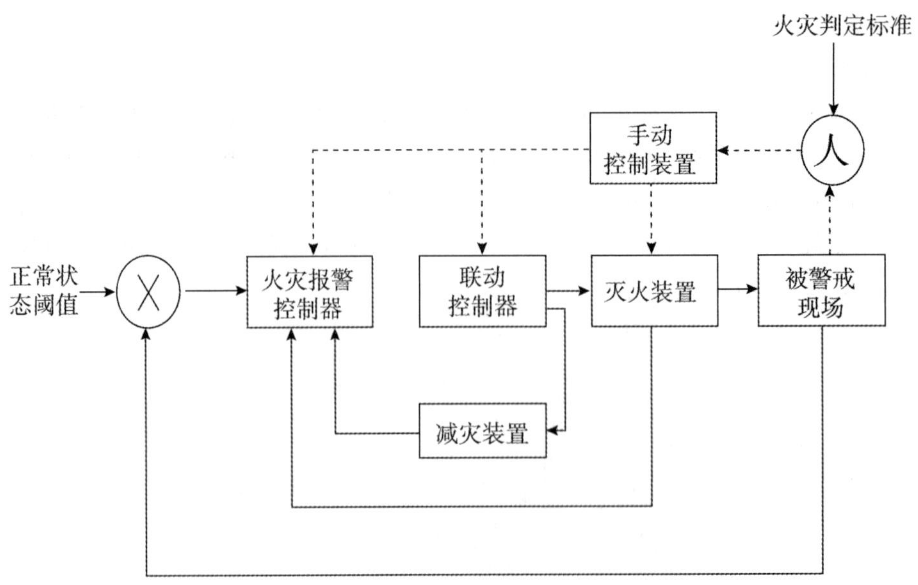

图 4－8　火灾自动报警系统的功能结构示意图

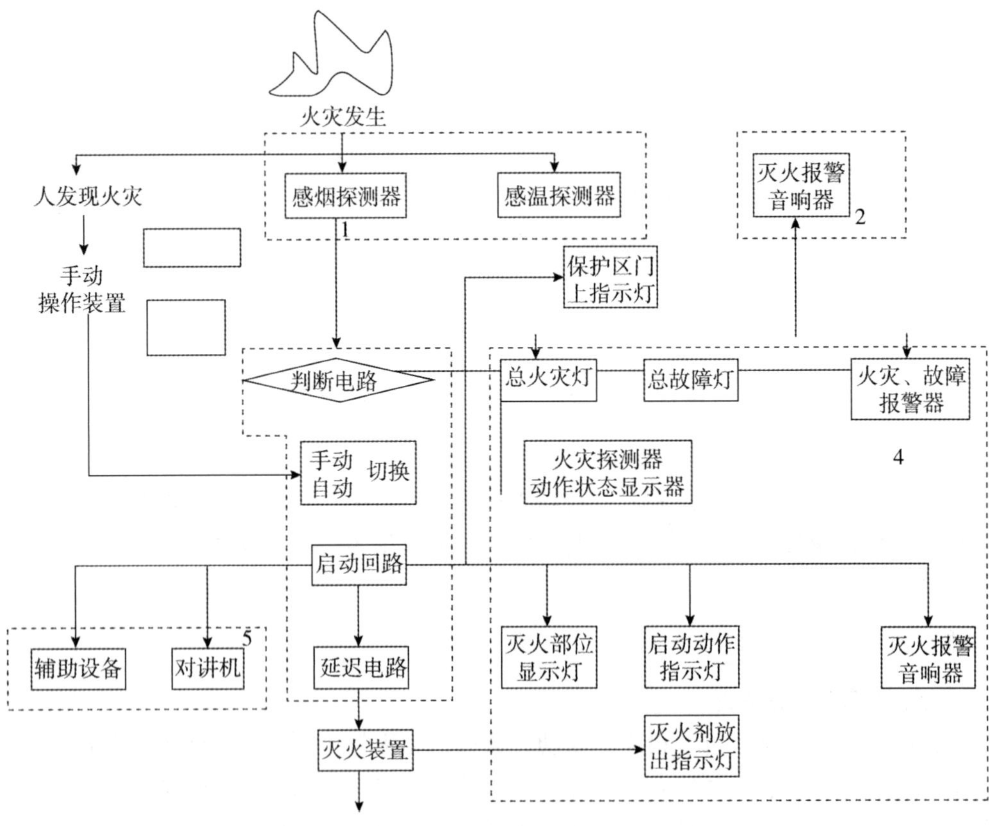

图 4－9　火灾自动报警系统的组成结构及功能关系

1—火灾探测；2—火灾报警；3—火警判断；4—声光显示；5—火警通信

在火灾自动报警系统中，自动或手动产生火灾报警信号的器件称为触发器件，主要包括火灾探测器和手动火灾报警按钮；用以接收、显示和传递火灾报警信号，并能发出控制信号和具有其他辅助功能的控制指示称为火灾报警装置，火灾报警控制器就是其中最基本的一种；用以发出区别于环境声、光的火灾警报信号的装置称为火灾警报装置，火灾警报器就是一种最基本的火灾警报装置，它以声、光音响方式向报警区域发出火灾警报信号，以警示人们采取安全疏散、灭火救灾措施；在火灾自动报警系统中，当接收到来自触发器件的火火报警信号，能自动或手动启动相关消防设备并显示其状态的设备，称为消防控制设备。

1. 系统分类

根据工程建设的规模、保护对象的性质、火灾报警区域的划分和消防管理机构的组织形式，将火灾自动报警系统划分为三种基本形式：区域火灾报警系统、集中报警系统和控制中心报警系统。区域报警系统一般适用于二级保护对象；集中报警系统一般适用于一、二级保护对象；控制中心系统一般适用于特级、一级保护对象。

区域报警系统包括火灾探测器、手动报警按钮、区域火灾报警控制器、火灾警报装置和电源等部分。这种系统比较简单，但使用很广泛，例如行政事业单位，工矿企业的要害部门和娱乐场所均可使用。

集中报警系统由一台集中报警控制器、两台以上的区域报警控制器、火灾警报装置和电源等组成。高层宾馆、饭店、大型建筑群一般使用的都是集中报警系统。集中报警控制器设在消防控制室，区域报警控制器设在各层的服务台处。对于总线控制火灾报警控制系统，区域报警控制器就是重复显示屏。

控制中心报警系统除了集中报警控制器、区域报警控制器、火灾探测器外，在消防控制室内增加了消防联动控制设备。被联动控制的设备包括火灾警报装置、火警电话、火灾应急照明、火灾应急广播、通风空调、消防电梯和固定灭火控制装置等。也就是说集中报警系统加上联动的消防控制设备就构成控制中心报警系统。控制中心报警系统用于大型宾馆、饭店、商场、办公室和大型综合楼工程等。

2. 火灾报警控制器

火灾报警控制器（以下简称“控制器”）是火灾自动报警系统中的主要设备，它除了具有控制、记忆、识别和报警功能外，还具有自动检测、联动控制、打印输出、图形显示、通信广播等功能。当然，控制器功能的多少也反映出火灾自动报警系统的技术构成、可靠性、稳定性和性能价格比等因素，是评价火灾自动报警系统先进与否的重要指标。火灾报警控制器按其用途不同，可分为区域火灾报警控制器、集中火灾报警控制器和通用火灾报警控制器三种基本类型。

3. 火灾自动报警系统的适用范围

火灾自动报警系统是一种用来保护生命与财产安全的技术设施。理论上讲，除某些特殊场所，如生产和储存火药、炸药、弹药、火工品等场所外，其余场所应该都能适用。由于建筑，特别是工业与民用建筑，是人类的主要生产和生活场所，因而也就成为火灾自动报警系统的基本保护对象。从实际情况看，国内外有关标准规范都对建筑中安装的火灾自动报警系统作了规定，我国现行国家标准《火灾自动报警系统设计规范》明确规定：“本规定适用于工业与民用建筑和场所内设置的火灾自动报警系统，不适用于生产和储存火药、炸药、弹药、火工品等场所设置的火灾自动报警系统。”

（二）自动灭火系统

1. 水灭火系统

水灭火系统包括室内外消火栓系统、自动喷水灭火系统、水幕和水喷雾灭火系统。

自动喷水灭火系统如图 4—10 所示。

图 4—10　自动喷水灭火系统

2. 气体自动灭火系统

以气体作为灭火介质的灭火系统称为气体灭火系统，如图 4—11 所示。气体灭火系统的使用范围是由气体灭火剂的灭火性质决定的。灭火剂应当具有的特性是：化学稳定性好、耐储存、腐蚀性小、不导电、毒性低、蒸发后不留痕迹、适用于扑救多种类型火灾。

图 4—11　气体自动灭火系统

3. 泡沫灭火系统

泡沫灭火系统指空气机械泡沫系统。按发泡倍数泡沫系统可分为低倍数泡沫灭火系统、中倍数泡沫灭火系统和高倍数泡沫灭火系统。发泡倍数在 20 倍以下的称低倍数，发泡倍数 21～200 倍之间的称中倍数泡沫，发泡倍数在 201～1000 倍之间的称高倍数泡沫。泡沫灭火系统扑救火灾如图 4—12 所示。

图 4—12　泡沫灭火系统扑救火灾

（三）防排烟与通风空调系统

火灾产生的烟气是十分有害的。火场的烟气，包括烟雾、有毒气体和热气，不但影响到消防人员的扑救，而且会直接威胁人身安全。火灾时，水平和垂直分布的各种空调系统、通风管道及竖井、楼梯间、电梯井等是烟气蔓延的主要途径。要把烟气排出建筑物外，就要设置防排烟系统，机械排烟系统可以减少火层烟气及其向其他部位的扩散，利用加压送风有可能建立无烟区空间，可防止烟气越过挡烟屏障进入压力较高的空间。因此，防排烟系统能改善着火地点的环境，使建筑内的人员能安全撤离现场，使消防人员能迅速靠近火源，用最短的时间抢救濒危的生命，用最少的灭火剂在损失最小的情况下将火扑灭。此外，它还能将未燃烧的可燃性气体在尚未形成易燃烧混合物之前加以驱散，避免轰燃或烟气爆炸的产生；将火灾现场的烟和热及时排去，减弱火势的蔓延，排除灭火的障碍，是灭火的配套措施。

排烟有自然排烟和机械排烟两种形式。排烟窗、排烟井是建筑物中常处的自然排烟形式，它们主要适用于烟气具有足够大的浮力、可能克服其他阻碍烟气流动的驱动力的区域。机械排烟可克服自然排烟的局限，有效地排出烟气。

(四) 火灾应急广播与警报装置

火灾警报装置（包括警铃、警笛、警灯等）是发生火灾时向人们发出警告的装置，即告诉人们着火了，或者有什么意外事故。火灾应急广播，是火灾时（或意外事故时）指挥现场人员进行疏散的设备。为了及时向人们通报火灾，指导人们安全、迅速地疏散，火灾事故广播和警报装置按要求设置是非常必要的。

二、消防器材

消防器材主要包括灭火器、火灾探测器等。

(一) 灭火器

1. 灭火剂

灭火剂是能够有效地破坏燃烧条件，中止燃烧的物质。一切灭火措施都是为了破坏已经产生的燃烧条件，并使燃烧的连锁反应中止。灭火剂被喷射到燃烧物和燃烧区域后，通过一系列的物理、化学作用，可使燃烧物冷却、燃烧物与氧气隔绝、燃烧区内氧气的浓度降低、燃烧的连锁反应中断，最终导致维持燃烧的必要条件受到破坏，停止燃烧反应，从而起到灭火作用。

（1）水和水系灭火剂。水是最常用的灭火剂，它既可以单独用来灭火，也可以在其中添加化学物质配制成混合液使用，从而提高灭火效率，减少用水量。这种在水中加入化学物质的灭火剂称为水系灭火剂。水能从燃烧物中吸收很多热量，使燃烧物的温度迅速下降，使燃烧中止。水在受热汽化时，体积增大 1700 多倍，当大量的水蒸气笼罩于燃烧物的周围时，可以阻止空气进入燃烧区，从而大大减少氧气的含量，使燃烧因缺氧气而窒息熄灭。在用水灭火时，加压水能喷射到较远的地方，具有较大的冲击作用，能冲过燃烧表面而进入内部，从而使未着火的部分与燃烧区隔离开来，防止燃烧物继续分解燃烧。同时水能稀释或冲淡某些液体或气体，降低燃烧强度；能浸湿未燃烧的物质，使之难以燃烧；还能吸收某些气体、蒸气和烟雾，有助于灭火。

不能用水扑灭的火灾主要包括：

①密度小于水和不溶于水的易燃液体的火灾，如汽油、煤油、柴油等。苯类、醇类、醚类、酮类、酯类及丙烯腈等大容量储罐，如用水扑救，则水会沉在液体下层，被加热后会引起爆沸，形成可燃液体的飞溅和溢流，使火势扩大。

②遇水产生燃烧物的火灾，如金属钾、钠、碳化钙等，不能用水，而应用砂土灭火。

③硫酸、盐酸和硝酸引发的火灾，不能用水流冲击，因为强大的水流能使酸飞溅，流出后遇可燃物质，有引起爆炸的危险。酸溅在人身上，能灼伤人。

④电气火灾未切断电源前不能用水扑救，因为水是良导体，容易造成触电。

⑤高温状态下化工设备的火灾不能用水扑救，以防高温设备遇冷水后骤冷，引起形变或爆裂。

(2) 气体灭火剂。气体灭火剂的使用始于19世纪末期。由于气体灭火剂具有释放后对保护设备无污染、无损害等优点，其防护对象逐步向各种不同领域扩充。由于二氧化碳的来源较广，利用隔绝空气后的窒息作用可成功抑制火灾，因此早期的气体灭火剂主要采用二氧化碳。由于二氧化碳不含水、不导电、无腐蚀性，对绝大多数物质无破坏作用，所以可以用来扑灭精密仪器和一般电气火灾。它还适于扑救可燃液体和固体火灾，特别是那些不能用水灭火以及受到水、泡沫、干粉等灭火剂的玷污容易损坏的固体物质火灾。但是二氧化碳不宜用来扑灭金属钾、镁、钠、铝等及金属过氧化物（如过氧化钾、过氧化钠）、有机过氧化物、氯酸盐、硝酸盐、高锰酸盐、亚硝酸盐、重铬酸盐等氧化剂的火灾。因为二氧化碳从灭火器中喷射出时，温度降低，使环境空气中的水蒸气凝聚成小水滴，上述物质遇水即发生反应，释放大量的热量，同时释放出氧气，使二氧化碳的窒息作用受到影响。因此，上述物质用二氧化碳灭火效果不佳。

在研究二氧化碳灭火系统的同时，国际社会及一些西方发达国家不断地开发新型气体灭火剂，卤代烷1211、1301灭火剂具有优良的灭火性能，因此在一段时间内卤代烷灭火剂基本统治了整个气体灭火领域。后来，人们逐渐发现释放后的卤代烷灭火剂与大气层的臭氧发生反应，致使臭氧层出现空洞，使生存环境恶化。因此，国家环保局于1994年专门发出《关于非必要场所停止再配置卤代烷灭火器的通知》。

淘汰卤代烷灭火剂，促使人们寻求新的环保气体替代。被列为国际标准草案ISO14520的替代物有14种。综合各种替代物的环保性能及经济分析，七氟丙烷灭火剂最具推广价值。该灭火剂属于含氢氟烃类灭火剂，国外称为FM-200，具有灭火浓度低、灭火效率高、对大气无污染的优点。另外，混合气体IG-541灭火剂同样对大气层具有无污染的特点，现已逐步开始使用。由于其是由氮气、氩气、二氧化碳自然组合的一种混合物，平时以气态形式储存，所以喷放时，不会形成浓雾或造成视野不清，使人员在火灾时能清楚地分辨逃生方向，且它对人体基本无害。

(3) 泡沫灭火剂。泡沫灭火剂有两大类型，即化学泡沫灭火剂和空气泡沫灭火剂。化学泡沫是通过硫酸铝和碳酸氢钠的水溶液发生化学反应，产生二氧化碳，而形成泡沫。空气泡沫是由含有表面活性剂的水溶液在泡沫发生器中通过机械作用而产生的，泡沫中所含的气体为空气。空气泡沫也称为机械泡沫。

空气泡沫灭火剂种类繁多，根据发泡倍数的不同可分为低倍数泡沫灭火剂、中倍数泡沫灭火剂和高倍数泡沫灭火剂。高倍数泡沫灭火剂替代低倍数泡沫灭火剂是当今的发展趋势。高倍数泡沫的应用范围远比低倍数泡沫广泛得多。高倍数泡沫灭火剂的发泡倍数高（201～1000倍），能在短时间内迅速充满着火空间，特别适用于大空间火灾，并具有灭火速度快的优点；而低倍数泡沫则与此不同，它主要靠泡沫覆盖着火对象表面，将空气隔绝而灭火，且伴有水渍损失，所以它对液化烃的流淌火灾和地下工程、船舶、贵重仪器设备及物品的火灾无能为力。高倍数泡沫灭火技术已被各工业发达国家应用到石油化工、冶金、地下工程、大型仓库和贵重仪器库房等场所。尤其在近10年来，高倍数泡沫灭火技术多次在油罐区、液化烃罐区、地下油库、汽车库、油轮、冷库等场所扑救失控性大火时起到决定性作用。

(4) 干粉灭火剂。干粉灭火剂由一种或多种具有灭火能力的细微无机粉末组成，主要包括活性灭火组分、疏水成分、惰性填料，粉末的粒径大小及其分布对灭火效果有很大的影响。窒息、冷却、辐射及对有焰燃烧的化学抑制作用是干粉灭火效能的集中体现，其中化学抑制作用是灭火的基本原理，起主要灭火作用。干粉灭火剂中的灭火组分是燃烧反应的非活性物质，当进入燃烧区域火焰中时，捕捉并终止燃烧反应产生的自由基，降低了燃烧反应的速率，当火焰中干粉浓度足够高，与火焰的接触面积足够大，自由基中止速率大于燃烧反应生成的速率，链式燃烧反应被终止，从而火焰熄灭。

干粉灭火剂与水、泡沫、二氧化碳等相比，在灭火速率、灭火面积、等效单位灭火成本效果三个方面有一定优越性，因其灭火速率快、制作工艺过程不复杂，使用温度范围宽广，对环境无特殊要求，以及使用方便，不需外界动力、水源，无毒、无污染、安全等特点，目前在手提式灭火器和固定式灭火系统上得到广泛的应用，是替代哈龙灭火剂的一类理想环保灭火产品。

2. 灭火器种类及其使用范围

灭火器由筒体、器头、喷嘴等部件组成，借助驱动压力可将所充装的灭火剂喷出，达到灭火目的。灭火器由于结构简单，操作方便，轻便灵活，使用面广，是扑救初起火灾的重要消防器材。手提式灭火器结构如图 4—13 所示。

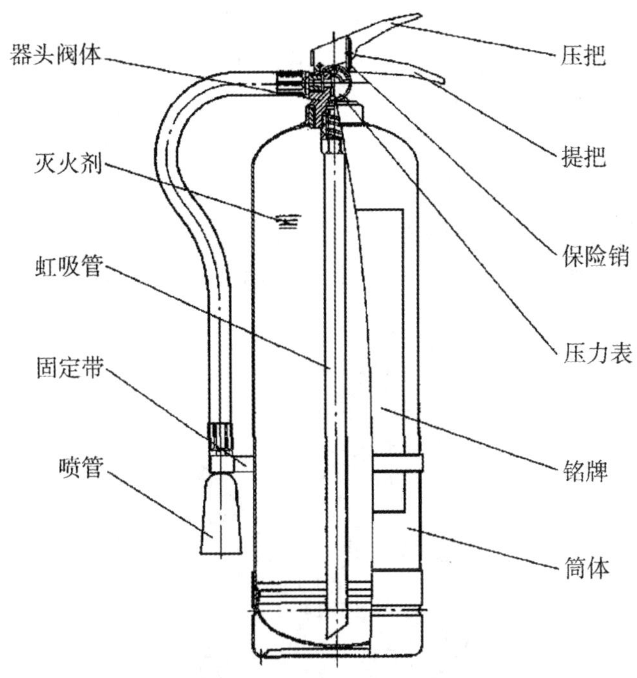

图 4—13 手提式灭火器结构

灭火器的种类很多，按其移动方式分为手提式、推车式和悬挂式；按驱动灭火剂的动力来源可分为储气瓶式、储压式、化学反应式；按所充装的灭火剂则又可分为清水、泡沫、酸碱、二氧化碳、卤代烷、十粉、7150 等。

（1）清水灭火器。清水灭火器充装的是清洁的水，并加入适量的添加剂，采用储气瓶加压的方式，利用二氧化碳钢瓶中的气体作动力，将灭火剂喷射到着火物上，达到灭火的目的。其主要由筒体、筒盖、喷射系统及二氧化碳储气瓶等部件组成。清水灭火器适用于扑救可燃固体物质火灾，即 A 类火灾。

（2）泡沫灭火器。泡沫灭火器包括化学泡沫灭火器和空气泡沫灭火器两种，分别是通过筒内酸性溶液与碱性溶液混合后发生化学反应或借助气体压力，喷射出泡沫覆盖在燃烧物的表面上，隔绝空气起到窒息灭火的作用。如图 4—14 所示。泡沫灭火器适合扑救脂类、石油产品等 B 类火灾以及木材等 A 类物质的初起火灾，但不能扑救 B 类水溶性火灾，也不能扑救带电设备及 C 类和 D 类火灾。

图 4－14 泡沫灭火器

（3）二氧化碳灭火器。二氧化碳灭火器是利用其内部充装的液态二氧化碳的蒸气压将二氧化碳喷出灭火的一种灭火器具，其利用降低氧气含量，造成燃烧区窒息而灭火。如图 4－15 所示。一般当氧气的含量低于 12％或二氧化碳浓度达 30％～35％时，燃烧中止。1kg 的二氧化碳液体，在常温常压下能生成 500L 左右的气体，这些足以使 $1m^3$ 空间范围内的火焰熄灭。由于二氧化碳是一种无色的气体，灭火不留痕迹，并有一定的电绝缘性能等特点，因此，更适宜于扑救 600V 以下带电电器、贵重设备、图书档案、精密仪器仪表的初起火灾，以及一般可燃液体的火灾。

图 4－15 二氧化碳灭火器

（4）卤代烷灭火器。凡内部充入卤代烷灭火剂的灭火器，统称为卤代烷灭火器。卤代烷灭火剂主要通过抑制燃烧的化学反应过程，使燃烧中断达到灭火目的。如图 4－16 所示。其作用是通过除去燃烧连锁反应中的活性基因来完成，这一过程称抑制灭火。卤代烷灭火剂主要用于扑救易燃、可燃液体、气体及带电设备的初起火灾，也能对固体物质如竹、木、纸、织物等的表面火灾进行扑救。尤其适用于扑救精密仪器、计算机、珍贵文物及贵重物资仓库等处的初起火灾。也能用于扑救飞机、汽车、轮船、宾馆等场所的初起火灾。

图 4－16　卤代烷灭火器

(5) 干粉灭火器。干粉灭火器以液态二氧化碳或氮气作动力，将灭火器内干粉灭火剂喷出进行灭火。如图 4－17 所示。该类灭火器主要通过抑制作用灭火，按使用范围可分为普通干粉和多用干粉两大类。普通干粉也称 BC 干粉，是指碳酸氢钠干粉、改性钠盐、氨基干粉等，主要用于扑灭可燃液体、可燃气体以及带电设备火灾；多用干粉也称 ABC 干粉，是指磷酸铵盐干粉、聚磷酸铵干粉等，它不仅适用于扑救可燃液体、可燃气体和带电设备的火灾，还适用于扑救一般固体物质火灾，但两者都不能扑救轻金属火灾。

图 4－17　干粉灭火器

（二）火灾探测器

物质在燃烧过程中，通常会产生烟雾，同时释放出称之为气溶胶的燃烧气体，它们与空气中的氧气发生化学反应，形成含有大量红外线和紫外线的火焰，导致周围环境温度逐渐升高。这些烟雾、温度、火焰和燃烧气体称为火灾参量。

火灾探测器的基本功能就是对烟雾、温度、火焰和燃烧气体等火灾参量作出有效反应，通过敏感元件，将表征火灾参量的物理量转化为电信号，送到火灾报警控制器。根据对不同的火灾参量响应和不同的响应方法，分为若干种不同类型的火灾探测器。主要包括感光式火灾探测器、感烟式火灾探测器、感温式火灾探测器、复合式火灾探测器和可燃气体火灾探测器等。

1. 感光式火灾探测器

感光探测器适用于监视有易燃物质区域的火灾发生，如仓库、燃料库、变电所、计算机房等场所，特别适用于没有阴燃阶段的燃料火灾（如醇类、汽油、煤气等易燃液、气体火灾）的早期检测报警。按检测火灾光源的性质分类，有红外火焰火灾探测器和紫外火焰火灾探测器两种。

红外线波长较长，烟粒对其吸收和衰减能力较弱，致使有大量烟雾存在的火场，在距火焰一定距离内，仍可使红外线敏感元件（Pbs 红外光敏管）感应，发出报警信号。因此这种探测器误报少，响应时间快，抗干扰能力强，工作可靠。

紫外火焰火灾探测器适用于有机化合物燃烧的场合，例如油井、输油站、飞机库、可燃气罐、液化气罐、易燃易爆品仓库等，特别适用于火灾初期不产生烟雾的场所（如生产储存酒精、石油等场所）。有机化合物燃烧时，辐射出波长约为 250nm 的紫外光。火焰温度越高，火焰强度越大，紫外光辐射强度也越高。

2. 感烟式火灾探测器

感烟火灾探测器是一种感知燃烧和热解产生的固体或液体微粒的火灾探测器。用于探测火灾初期的烟雾，并发出火灾报警信号的火灾探测器。它具有能早期发现火灾、灵敏度高、响应速度快、使用面较广等特点。

感烟火灾探测器分为点型感烟火灾探测器和线型感烟火灾探测器。

（1）点型感烟火灾探测器。点型感烟火灾探测器是对警戒范围中某一点周围的烟参数响应的火灾探测器，如图 4－18 所示。点型感烟火灾探测器分为离子感烟火灾探测器和光电感烟火灾探测器两种。

图 4－18　点型感烟火灾探测器

离子感烟火灾探测器是核电子学与探测技术的结晶，应用烟雾粒子改变探测器中电离室原有电离电流。离子感烟火灾探测器最显著的优点是它对黑烟的灵敏度非常高，特别是能对早期火警反应特别快而受到青睐。但因为其内必须装设放射性元素，特别是在制造、运输以及弃置等方面对环境造成污染，威胁着人的生命安全。因此，这种产品在欧洲现已开始禁止使用，在我国也终将成为淘汰产品。

光电式感烟火灾探测器是利用烟雾粒子对光线产生散射、吸收原理的感烟火灾探测器。光电式感烟火灾探测器有一个很大的缺点就是对黑烟灵敏度很低，对白烟灵敏度较高，因此，这种探测器适用于火情中所发出的烟为白烟的情况，而大部分的火情早期所发出的烟都为黑烟，所以大大地限制了这种探测器的使用范围。

（2）线型感烟火灾探测器。目前生产和使用的线型感烟火灾探测器都是红外光束型的感烟火灾探测器，它是利用烟雾粒子吸收或散射红外线光束的原理对火灾进行监测。

3. 感温式火灾探测器

感温式火灾探测器是对警戒范围中的温度进行监测的一种探测器，物质在燃烧过程中释放出大量热，使环境温度升高，探测器中的热敏元件发生物理变化，将物理变化转变成的电信号传输给火灾报警控制器，经判别发出火灾报警信号，如图 4—19 所示。感温式火灾探测器种类繁多，根据其感热效果和结构型式，可分为定温式，差温式和差定温组合式三类。

图 4—19 感温式火灾探测器

（1）定温式火灾探测器。定温式火灾探测器是在火灾现场的环境温度达到预定值及其以上时，即能响应动作，发出火警信号的火灾探测器。这种探测器有较好的可靠性和稳定性，保养维修也方便，只是响应过程长些，灵敏度低些。根据工作原理的不同，定温式火灾探测器又可分为双金属片定温式探测器、热敏电阻定温式探测器、低熔点合金探测器等。

（2）差温式火灾探测器。差温式探测器是一种环境升温速率超过预定值，即能响应的感温式火灾探测器。根据工作原理不同，可分为电子差温式探测器、膜盒感温式探测器等。

（3）差定温组合式火灾探测器。差定温组合式火灾探测器是一种既能响应预定温度报警，又能响应预定温升速率报警的火灾探测器。

4. 可燃气体火灾探测器

可燃性气体包括天然气、煤气、烷、醇、醛、炔等，当其在某场所的浓度超过一定值时，偶遇明火便会发生燃烧或爆炸（轰燃），是非常危险的。可燃物质燃烧时除有大量烟雾、热量和火光之外，还有许多可燃性气体产生，如一氧化碳、氢气、甲烷、乙醇、乙炔等。利用可燃气体探测器监视这些可燃气体浓度值，及时发出火灾报警信号，及时采取灭火措施，是非常必要的。

可燃性气体火灾探测器主要应用在有可燃气体存在或可能发生泄漏的易燃易爆场所，或应用于居民住宅（有煤气或天然气存在或易发生泄漏的地方）。

安装使用可燃气体火灾探测器应注意以下几点：

（1）应按所监测的可燃气体的密度选择安装位置。监测密度大于空气的可燃气体（如石油液化气、汽油、丙烷、丁烷等）时，探测器应安装在泄漏可燃气体处的下部，距地面不应超过 0.5m。监测密度小于空气的可燃气体（如煤气、天然气、一氧化碳、氨气、甲烷、乙烷、乙烯、丙烯、苯等）时，探测器应安装在可能泄漏处的上部或屋内顶棚上。总之，探测器应安装在经常容易泄漏可燃气体处的附近，或安装在泄漏出来的气体容易流过、滞留的场所。

（2）对于经常有风速 0.5m/s 以上气流存在、可燃气体无法滞留的场所或经常有热气、水滴、油烟的场所，或环境温度经常超过 40℃的场所，不适宜安装可燃气体火灾探测器。有铅离子（Pb^+）存在的场所，或有硫化氢气体存在的场所，不能使用可燃气体火灾探测器，否则会出现气敏元件中毒而失效的情况。在有酸、碱等腐蚀性气体存在的场所，也不宜使用可燃气体火灾探测器。

（3）应至少每季检查一次可燃气体火灾探测器是否工作正常。例如可用棉球蘸酒精去靠近探测器检测。

5. 复合式火灾探测器

复合式火灾探测器包括复合式感温感烟火灾探测器、复合式感温感光火灾探测器、复合式感温感烟感光火灾探测器、分离式红外光束感温感光火灾探测器。

（三）消防梯

消防梯是消防队队员扑救火灾时，登高灭火，救人或翻越障碍物的工具，如图 4—20 所示。目前普通使用的有单杠梯、挂钩梯、拉梯三种。按使用的材料分为木梯、竹梯、铝合金梯等。

图 4—20　消防梯

（四）消防水带

消防水带是火场供水或输送泡沫混合液的必备器材，广泛应用于各种消防车消防泵消火栓等消防设备上，如图 4—21 所示。按材料不同分为麻织、锦织涂胶、尼龙涂胶。按口径不同分为 50mm、65mm、75mm、90mm；按承压不同分为甲、乙、丙、丁四级，各级承受的水压强度不同，水带承受工作压力分别为大于 1MPa、0.8～0.9MPa、0.6～0.7MPa、小于 0.6MPa 几种。按照水带长度不同分为 15m、20m、25m、30m。

图 4—21　消防水带

（五）消防水枪

消防水枪是灭火时用来射水的工具，如图 4—22 所示。其作用是加快流速，增大和改变水流形状。按照水枪口径不同分为 13mm、16mm、19mm、22mm、25mm；按照水枪开口形式不同分为直流水枪、开花水枪、喷雾水枪、开花直流水枪几种。

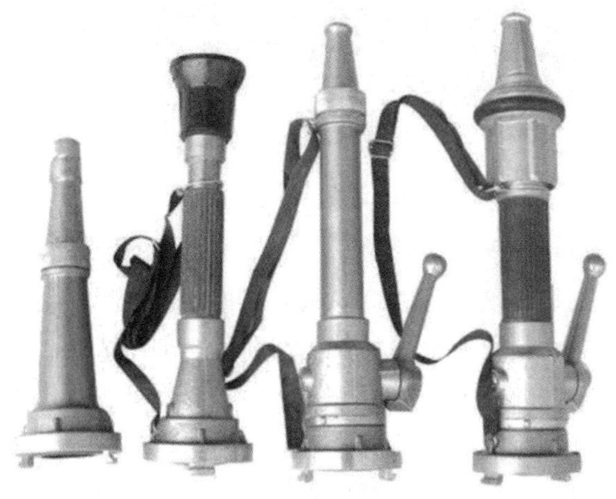

图 4—22　消防水枪

（六）消防车

目前我国的消防车有水罐泵浦车、泡沫消防车、干粉消防车、干粉泡沫水罐泵浦联用消防车、火灾照明车、曲臂登高消防车。消防车和登高车如图 4—23、图 4—24 所示。

图 4—23　消防车

图 4—24　登高车

第四节　烟花爆竹安全技术

一、概述

（一）烟花爆竹的定义

现代的烟花爆竹是指以烟火药为主要原料，经过工艺制作，引燃后通过燃烧或爆炸，产生光、声、色、形、烟雾等效果，用于观赏，具有易燃易爆危险的物品，如图 4—25 所示。

图 4—25 烟花爆竹

（二）烟花爆竹的组成及性质

烟火药最基本的组成是氧化剂和可燃剂。氧化剂提供燃烧反应时所需要的氧，可燃剂提供燃烧反应赖以进行所需的热。但仅有单一的氧化剂和可燃剂组成的二元混合物，很难在工程应用中获得理想的烟火效应。因此，实际应用的烟火药除氧化剂和可燃剂外，还包括制品具有一定强度的黏结剂，产生特种烟火效应的功能添加剂（如使火焰着色的物质、增加烟雾浓度的发烟物质，增加火焰亮度的其他可燃物质，燃速缓慢的惰性添加物质）等。

烟花爆竹的组成决定了它具有燃烧和爆炸的特性。

二、烟花爆竹基本安全知识

（一）烟花爆竹、原材料和半成品的感度及影响因素

从生产状况来看，烟花爆竹的感度主要有热感度和机械感度两个方面，是生产技术管理的核心内容。

1. 热感度

烟花爆竹药剂在热能（直接加热、高温、热辐射、电火花、火焰等）作用下，发生爆炸的能力称为炸药的热感度，在使用上常以炸药的爆发点和火焰感度来表示，静电火花感度则常用引燃能量（焦耳）来表示。

（1）爆发点。使炸药开始爆炸变化，介质所需的加热到最低温度叫作炸药的爆发点。爆发点越低则表示炸药对热的感度越高（敏感），反之就低。炸药的爆发点并不是一个严格稳定的量，它与实验条件密切相关，即取决于炸药的数量、粒度、实验仪器与实际操作程序及其他决定反应进行的热输出和自动加速条件等。

（2）火焰感度。炸药在火焰作用下，发生爆炸变化的能力叫作炸药的火焰感度。火焰感度是一个距离概念。

（3）最小引燃能量（最小引爆电流）。最小引燃能量是引起爆炸性混合物发生爆炸的最小电火花所具有的能量。工业粉尘最小引燃能量多在 10～100mJ，如硫粉为 15mJ。最小引爆电流是引起爆炸物爆炸的最小电火花所具备的电流。

静电火花感度是一个热感度概念，静电放电火花的热能，是引燃烟火药、黑火药、鞭炮药发生爆炸的一个不可忽视的因素。

（4）热安定性。烟花爆炸药剂，包括成品和化工原料，其热安定性（稳定性）是指其在长期储存中保持其物理和化学性质不变的能力。热安定性是由于温度升高引起火炸药分解以致燃烧爆炸的性质。但烟火剂的自催化机理的解释还未得到公认。热安全性的试验有 75℃或 100℃、48h 减量百分比试验、较精确的差热分析试验以及长期储存减量试验等。

2. 机械感度

烟花爆竹药剂在机械力作用下（冲击、摩擦、针刺等）发生爆炸的能力，称为机械感度。一般用落锤实验结果来表示炸药的冲击感度，用摩擦感度摆或其他形式的摩擦仪的试验结果来表示炸药的摩擦感度。

（1）冲击感度。烟花爆炸药剂在冲击和摩擦作用下发生爆炸的原因，是炸药内部产生了所谓“热点”，也叫灼热核。这些热点的温度超过了炸药的爆发点，成为爆炸的初始中心。热点的温度一般在400～500℃，热点的直径一般为10^{-5}～10^{-3}cm，热点持续时间（炸药从加热到爆炸的时间）约10^{-5}～10^{-3}s。一般来说，热点的半径越小，临界温度越高；炸药的敏感度越低，临界温度越高。

（2）摩擦感度。摩擦感度的测定，一般用摩擦感度摆或其他形式的摩擦仪进行，是依照生产实践中摩擦运动引发危险物爆炸的机理，基本都是将受试的炸药放在可以滑动硬物的平面下（如钢板、钢柱或油石等），加上一定压力，再由另一摆锤，以某种高度下落时失去此硬物作相对滑动，从而引起炸药爆炸，就此得出在某种压力与摆锤的高度下，发生摩擦爆炸的爆炸百分率。

3. 烟花爆竹药剂感度的影响因素如下：

（1）温度。炸药温度升高，各种感度毫无例外地会增高、当温度接近炸药的爆发点时、很小的外界作用就可以引起爆炸。如黑火药，随温度的上升感度也随之提高，40℃以上时，黑火药对任何外界冲击作用都很敏感。

（2）物理状态。同一种炸药在凝胶状态的爆轰感度比非凝胶状态低得多。压装炸药的爆轰感度比同种炸药熔装的高得多。

（3）结晶粒子的大小。炸药的结晶粒度越细，爆轰感度越大。这是由于结晶越细，表面积越大，吸收冲击波的能量越多，另外还有孔隙的绝热压缩产生的热点较多，因此爆轰感度较高。

（4）密度。炸药超过一定的密度后，密度增加时炸药的爆轰感度总体是下降的，即需要更大一些的起爆强度才能起爆，这主要是由于密度过大使燃烧转爆炸的过程困难。

（5）杂质。炸药中掺有惰性物质，感度会发生巨大变化，杂质主要影响炸药的机械感度。不同的杂质对炸药感度有着不同的影响。提高感度的杂质为敏化剂，减低感度的杂质为钝化剂。

（二）烟花爆竹、烟火药安全生产的安全措施

1. 烟火药制造过程中的防火防爆措施

（1）烟火药原材料应符合质量标准。

（2）粉碎应在单独工房进行，粉碎前后应筛掉机械杂质，筛选时不得采用铁质、塑料等易产生火花和静电的工具。

（3）黑火药原料的粉碎，应将硫黄和木炭两种原料混合粉碎。

（4）铝粉、镁铝合金粉、氯酸盐、赤磷等高感度原料的粉碎，必须在专用工房中，使用专用设备和专用工具，并由专人操作。

（5）粉碎和筛选原料时应坚持做到：

①三固定：固定工房、固定设备、固定最大粉碎药量。

②四不准：不准混用工房、不准混用设备和工具、不准超量投料、不准在工房内存放粉碎好的药物。

③所有粉碎和筛选设备应接地，电气设备必须是防爆型的，要做到远距离操作，进出料时必须停机停电，工房应注意通风。

（6）烟火药的配制与混合时要严把“领药、称药、混药”三道关口。

（7）压药与造粒工房要做到定机定员，药物升温不得超过20℃，机械造粒时应有防爆墙隔离和联锁装置等。

（8）药物干燥时要控制药量、温度，严禁明火。

2. 烟花爆竹生产过程中的防火防爆措施

（1）领药时要按照“少量、多次、勤运走”的原则限量领药。

（2）装、筑药应在单独工房操作。装、筑不含高感度烟火药时，每间工房定员2人；装、筑高感度烟火药时，每间工房定员1人。半成品、成品要及时转运，工作台应靠近出口窗口。装、筑药工具应采用木、铜、铝制品或不产生火花的材质制品，严禁使用铁质工具。工作台等冲击部位必须垫上接地导电橡胶板。

（3）钻孔与切割烟火药半成品时，应在专用工房内进行，每间工房定员2人，人均使用工房面积不得少于3.5m^2，严禁使用不合格工具和长时间使用同一件工具。

（4）贴筒标和封口时，操作间主通道宽度不得小于1.2m，人均使用面积不得少于3.5m^2，半成品停滞量的总药量，人均不得超过装、筑药工序限量的2倍。

（5）手工生产硫酸盐引火线时，应在单独工房内进行，每间工房定员2人，人均使用工房面积不得少于3.5m^2，每人每次限量领药1kg；机器生产硝酸盐引火线时，每间工房不得超过两台机组，工房内药物停滞量不得超过2.5kg；生产氯酸盐引火线时，无论手工或机器生产，都限于单独工房、单机、单人操作，药物限量0.5kg。

（6）干燥烟花爆竹时，一般采用日光、热风散热器、蒸气干燥，或用红外线、远红外线烘烤，严禁使用明火。

《烟花爆竹工程设计安全规范》（GB 50161—2009）规定：烟花爆竹工厂建筑物的计算药量是该建筑物内（含生产设备、运输设备和器具里）所存放的黑火药、烟火药、在制品、半成品、成品等能形成同时爆炸或燃烧的危险品最大药量，这里所指建筑物包括厂房和仓库。确定计算药量时应注意以下几点：

①防护屏障内的危险品药量，应计入该屏障内的危险性建筑物的计算药量。

②抗爆间室的危险品药量可不计入危险性建筑物的计算药量。

③厂房内采取了分隔防护措施，相互间不会引起同时爆炸或燃烧的药量可分别计算，取其最大值。

《烟花爆竹劳动安全技术规程》（GB 11652—1989）中对停滞量（停滞药量）的定义是：暂时搁置时，允许存放的最大药量。

由以上定义可以看出，厂房计算药量和停滞药量规定，实际上都是烟花爆竹生产建筑物中暂时搁置时允许存放的最大药量。

（三）烟花爆竹工厂电气安全要求

1. 电气设备防爆

（1）对于Ⅰ类（F_0区）场所，即炸药、起爆药、击发药、火工品的储存场所，黑火药、烟火药制造加工、储存场所，不应安装电气设备；烟火药、黑火药的Ⅰ类危险场所采用的仪表，应选择适应本场所的本质安全型。电气照明采用安装在建筑外墙壁龛灯或装在室外的投光灯。

（2）对于Ⅱ类（F_1区）场所，即起爆药、击发药、火工品的制造场所，电气设备表面温度不得超过允许表面温度（140℃、100℃等），且应符合防爆电气设备的有关规定：应优先采用防粉尘点火型、尘密结构型、Ⅱ类B级隔爆型、本质安全型、增安型（仅限于灯类及控制按钮）。当生产设备采用电力传动时，电动机应安装在无危险场所，采取隔墙传动。

（3）对Ⅲ类（F_2区）场所，即理化分析成品试验站，选用密封型、防水防尘型设备。

2. 防雷电措施

对于危险品的生产和储存的爆炸危险性建筑物，应按相应的防雷类别（第一类、第二类），采取防直击雷、防雷电感应、防雷电波侵入和防雷击电磁脉冲的措施，实施总等电位连接，以减少和预防雷电危害。

3. 防静电措施

为防止静电火花引起危险品燃烧爆炸事故的发生，应按照静电危险环境的级别（EA、EB、EC）控制静电危害，并采取直接和间接静电接地措施，部分危险场所（黑火药生产厂房、黑火药及电雷管库的地面和台面）应采用防静电措施。

4. 通信

生产区和总仓库区应设置畅通的固定电话。电话设备选型及线路的技术要求应符合相关规定。

（四）烟花爆竹及其原料储存和运输安全要求

1. 储存

（1）仓库设置为化工原料、黑火药、烟火药、纸张、附加材料、半成品、成品、成箱及其他等仓库。

（2）入库要登记登记，并且入库的原材料、半成品应贴有明显的标签，包括名称、产地、出厂日期、危险登记和重量等。

（3）库房堆码要求：库墙与堆垛之间、堆垛与堆垛之间应留有适当的间距作为通道和通风巷，主要通道宽度不少于 2m。

（4）库房内木地板，垛架和木箱上使用的铁钉，钉头要低于木板表面 3mm 以上、钉孔要用油灰填实。

（5）无木地板的仓库，地面要设置 30cm 高的垛架，铺以防潮材料。

（6）木质包装严禁在库房内进行拆箱、钉箱和其他可能引起爆炸的作业。

（7）库房内应有测温、测湿计，每天进行检查登记，做好防潮、降温、通风处理。

（8）库房内应分别设置相应的消防栓、水池、灭火器材料等消防工具。

（9）烟火药化工原材料应按功效分类。

（10）烟火药的原材料和产品的储存条件要符合相应的条件。

2. 运输

烟火药、烟花爆竹半成品和成品如果运输过程操作不当，很容易发生事故，根据《烟花爆竹安全管理条例》规定，国家对烟花爆竹的运输实行许可证制度。未经许可任何单位或个人不得进行烟花爆竹运输活动。

厂内运输烟花爆竹应注意：

（1）运输车辆。①搬运烟火药的运输车辆应使用汽车、板车、手推车，不许使用三轮车和畜力车，禁止使用翻斗车和各种挂车。运输时，遮盖要严密；②手推车、板车的轮盘必须是橡胶制品，应以低速行驶，机动车的速度不得超过 10km/h；③进入仓库区的机动车辆，必须设防火花装置。

（2）装卸。烟花爆竹装卸作业中，只许单件搬运，不得碰撞、拖拉、摩擦、翻滚和剧烈震动，不许使用铁锹等铁质工具。

（3）途中。①运输中不得强行抢道。车距应不少于 20m，烟火药装车堆码应不超过车厢高度；②厂区不在一处，厂区之间原材料、半成品的运输应遵守厂外危险品运输规定。

三、烟花爆竹生产安全管理要求

为加强烟花爆竹企业安全生产工作，根据《安全生产法》和《安全生产许可证条例》，国家有关部门颁布《烟花爆竹生产企业安全生产许可证实施办法》等管理规定，提出烟花爆竹企业安全生产应满足下列安全生产要求：

1. 烟花爆竹生产企业必须依照有关规定取得安全生产许可证。未取得安全生产许可证的，不得从事生产活动。

2. 烟花爆竹生产企业应当建立、健全主要负责人、分管负责人、安全生产管理人员、职能部门、岗位安全生产责任制，制定安全管理制度和操作规程。

3. 烟花爆竹生产企业的安全投入应符合安全生产要求。

4. 烟花爆竹生产企业应当设置安全生产管理机构，配备专职安全生产管理人员，并符合下列要求：

（1）确定安全生产主管人员。

（2）烟花爆竹生产企业配备占本企业从业人员总数1%以上且至少有1名专职安全生产管理人员。

（3）配备相当数量的兼职安全生产管理人员。

5. 烟花爆竹生产企业主要负责人、安全生产管理人员的安全生产知识和管理能力应当经考核合格。烟花爆竹药物混合、造粒、筛选、装药、筑药、压药、切引等工序的特种作业人员应当接受烟花爆竹专业知识培训，并经考核合格取得操作资格证书。其他岗位从业人员须经本岗位安全生产知识教育和培训并考核合格。

6. 烟花爆竹生产企业生产设施应当符合以下安全生产条件：

（1）具有与生产规模、产品品种相适应并符合安全生产要求的生产厂房和储存仓库。

（2）生产厂房、储存仓库、燃放试验场的内外部安全距离和厂房布局、建筑结构、生产工艺布置、安全疏散条件、消防设施以及防爆、防雷、防静电等安全设施符合《烟花爆竹工程设计安全规范》（GB 50161—2009）的要求。

（3）危险品生产区与办公区（生活区）、有火源区与禁火区、生产车间与仓库（中转库或收发室）、危险工序与普通工序应当分离。

（4）不得改变工厂设计方案规定的厂房、仓库的功能和用途。

（5）A级建筑物应设有安全防护屏障。

（6）A级建筑物应单人单栋使用。

（7）A级建筑物应单人单间使用，并且每栋同时作业人员的数量不得超过2人。

（8）C级建筑物的人均使用面积不得少于3.5m^2。

（9）工房按规定的用途进行标识。

（10）生产厂房和仓库的周边应有相应的防火隔离措施。

（11）生产区域有明显的安全警示标志和警示标语，危险工序现场应牢固张贴安全管理制度和操作规程。

（12）具有保证安全生产和产品质量的设备、仪器和工艺装备。

（13）用于加工药物或与药物接触的设备应符合《烟花爆竹工程设计安全规范》（GB 50161—2009）的要求。

（14）电器设备及机械加工设备中的电器部分应符合《烟花爆竹工程设计安全规范》（GB 50161—2009）的要求。

（15）机械制造含高氯酸盐引火线的每栋工房内不得超过2台机组；制造硝酸盐引火线的

每栋工房内不得超过 4 台机组，机组间应当用实墙隔离，每栋工房定员 1 人；其他工序（如机械造粒、混合、压药、筑药等直接机械加工药物工序）每栋工房内不得超过 1 台机组。

（16）特种设备应定期检验并符合有关法律法规、国家标准和行业规定的条件。

（17）严禁在危险场所架设临时性电气设施。

7. 烟花爆竹工厂设计和厂址、厂房、储存仓库等设施的设计与测绘应当符合下列条件：

（1）由具有相应资质的专业机构承担设计和测绘工作。

（2）专业机构提供的文件、图样、技术资料等应符合国家有关法律、法规和国家标准、行业标准的要求。

（3）设计图样和测绘圈样应有设计单位、测绘单位及其设计人员、技术人员和审核单位及审核人的签章。

8. 烟花爆竹生产企业工厂周边安全防护距离应符合国家有关规定。

9. 烟花爆竹生产企业应当采取下列职业危害预防措施：

（1）为从业人员配备符合国家标准或行业标准的劳动防护用品。

（2）对重大危险源进行检测、评估、采取监控措施。

（3）为从业人员定期进行健康检查。

（4）在安全区内设立独立的操作人员更衣室。

10. 烟花爆竹生产企业应当依法进行安全评价。

11. 烟花爆竹生产企业应当建立生产安全事故应急救援组织，制定事故应急预案，配备应急救援人员和必要的应急救援器材和设备。

12. 烟花爆竹生产企业在建设、生产和经营中，应当符合如《烟花爆竹工程设计安全规范》（GB 50161—2009）、《烟花爆竹劳动安全技术规程》（GB 11652—1989）、《烟花爆竹安全与质量》（GB 10631—2004）、《建筑设计防火规范》（GB 50016—2006）、《建筑物防雷设计规范》（GB 50057—2010）等国家标准、行业标准规定的其他条件。

四、烟花爆竹行业安全规范与技术标准

1. 烟花爆竹安全与质量

《烟花爆竹安全与质量》（GB 10631—2004）规定了烟花爆（炮）竹产品分类、安全与质量要求、试验方法和验收规则，还规定了产品的标志、包装、运输和储存要求。引用标准包括《烟花爆竹设计抽样检查规则》（GB 10632—2004）。为进一步提高烟花爆竹安全与质量，国家颁布了一些新的标准，如《花爆竹黑火药爆竹（爆竹类产品）》（GB 21552—2008）、《花爆竹双响（升空类产品）》（GB 21555—2008）、《花爆竹火箭（升空类产品）》（GB 21553—2008）、《花爆竹标志》（GB 24426—2009）、《烟花爆竹用纸》（GB/T 22928—2008）、《烟花爆竹检验规程》（GB/T 22810—2008）、《烟花爆竹安全性能检测规程》（GB/T 22809—2008）。

2. 烟花爆竹劳动安全技术规范

《烟花爆竹劳动安全技术规范》（GB 11652—1989）规定了烟花爆竹企业在生产和储运过程中的劳动安全技术要求。本标准适用于烟花爆竹生产企业（含引火线厂、烟火药厂），也适用于外加工厂。

3. 烟花爆竹生产企业安全生产许可证实施办法

烟花爆竹生产企业必须依照本实施办法的规定取得安全生产许可证。未取得安全生产许可证的，不得从事生产活动。安全生产许可证的颁发管理工作实行企业申请、一级发证、属地监管的原则。

烟花爆竹生产企业生产设施应当符合下列条件：

（1）具有与生产规模、产品品种相适应并符合安全生产要求的生产厂房和储存仓库。

（2）生产厂房、储存仓库、燃放试验场的内外部安全距离和厂房布局、建筑结构、生产工艺布置、安全疏散条件、消防设施及防爆、防雷、防静电等安全设施符合《烟花爆竹工程设计安全规范》（GB 50161—2009）的要求。

已经建成投产的烟花爆竹生产企业在申请安全生产许可证期间，应当依法进行生产，确保安全；不具备安全生产条件的，应当进行整改并制定安全保障措施；经整改仍不具备安全生产条件的，不得进行生产。

第五节　民用爆破器材安全技术

一、民用爆破器材生产安全基础知识

民用爆破器材是用于非军事目的的各种炸药（起爆药、猛炸药、火药、烟火药）及其制品和火工品的总称。

（一）民用爆破器材的分类

民用爆破器材是广泛用于矿山、开山辟路、水利工程、地质探矿和爆炸加工等许多工业领域的重要消耗材料。但是，由于这类器材本身存在着燃烧爆炸特性，在生产、储运、经营、使用过程中具有火灾爆炸危险性，因而以防火防爆为主要内容的安全生产工作具有特殊的重要性。

民用爆破器材包括：

1. 工业炸药

如硝化甘油炸药、铵梯炸药、铵油炸药、乳化炸药、水胶炸药及其他工业炸药等。硝化甘油炸药如图 4—26 所示。

图 4—26　硝化甘油炸药

2. 起爆器材

起爆器材可分为起爆材料和传爆材料两大类。火雷管、电雷管、磁电雷管、导爆管雷管、继爆管及其他雷管属起爆材料；导火索、导爆索、导爆管等属传爆材料。雷管如图 4—27 所示。

图 4—27　雷管

3. 专用民爆器材

如油气井用起爆器、射孔弹、复合射孔器、修井爆破器材、点火药盒；地震勘探用震源药柱、震源弹；特种爆破用矿岩破碎器材、中继起爆具、平炉出钢口穿孔弹、果林增效爆破具等。

（二）民用爆破器材的火灾爆炸危险因素

由于民用爆破器材种类繁多，不同类别和品种的爆破器材在生产、储存、运输和使用过程中的危险因素不尽相同，因而不能分门别类加以阐述。这里仅以粉状乳化炸药的生产为例，说明民用爆破器材生产的火灾爆炸危险性。

粉状乳化炸药是将水相和油相在高速的运转和强剪切力作用下，借助乳化剂的乳化作用而形成乳化基质，再经过敏化剂敏化得到的一种油包水型的爆炸性物质，如图 4－28 所示。粉状乳化炸药的生产工艺可以简单概括为以下几个步骤：油相制备，水相制备，乳化，喷雾制粉，装药包装。制药所用的原材料和辅助材料，如硝酸铵、复合蜡（含乳化剂）等都具有易燃易爆性；成品粉状乳化炸药具有较高的爆轰和殉爆特性，制造过程中还有形成爆炸性粉尘的可能。另外，生产过程中需要采用较高温度和压力的蒸气，乳化设备中有转动摩擦的部件，喷雾制粉过程中需要使用特种输送泵和功率较大的风机等。因此，粉状乳化炸药生产线存在着火灾爆炸的风险。

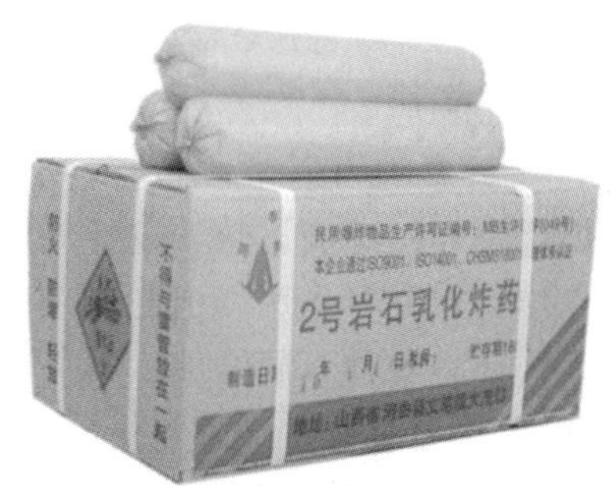

图 4－28　乳化炸药

粉状乳化炸药生产的火灾爆炸危险因素主要来自物质的危险性，如生产过程中的高温、撞击摩擦、电气和静电火花、雷电引起的危险性。

粉状乳化炸药生产原料或成品在储存和运输中存在以下危险因素：

（1）硝酸铵储存过程中会发生自然分解，放出热量。当环境具备一定的条件时热量聚集，当温度达到爆发点时引起硝酸铵燃烧或爆炸。

（2）油相材料都是易燃危险品，储存时遇到高温、氧化剂等，易发生燃烧而引起燃烧事故。

（3）包装后的乳化炸药仍具有较高的温度，炸药中的氧化剂和可燃剂会缓慢反应，当热量得不到及时散发时易发生燃烧而引起爆炸。

（4）危险品的运输可能发生的翻车、撞车、坠落、碰撞及摩擦等险情，会引起危险品的燃烧或爆炸。

（三）民用爆破器材基本安全知识

1. 火药燃烧的特性及炸药爆炸三大特征

（1）火药燃烧的特性主要有 5 个方面：

①能量特征。它是标志火药做功能力的参量，一般是指 1kg 火药燃烧时气体产物所做的功。

②燃烧特性。它标志火药能量释放的能力，主要取决于火药的燃烧速率和燃烧表面积。燃

烧速率与火药的组成和物理结构有关，还随初温和工作压力的升高而增大。加入增速剂、嵌入金属丝或将火药制成多孔状，均可提高燃烧速率。加入降速剂，可降低燃烧速率。燃烧表面积主要取决于火药的几何形状、尺寸和对表面积的处理情况。

③力学特性。它是指火药要具有相应的强度，满足在高温下保持不变形、低温下不变脆，能承受在使用时可能出现的各种力的作用，以保证稳定燃烧。

④安定性。它是指火药必须在长期储存中保持其物理和化学性质的相对稳定。为改善火药的安定性，一般在火药中加入少量的化学安定剂，如二苯胺等。

⑤安全性。由于火药在特定的条件下能发生爆轰，所以要求在配方设计时必须考虑火药在生产、使用和运输过程中安全可靠。

（2）炸药爆炸三大特征。炸药的爆炸是一种化学过程，但与一般的化学反应过程相比，具有三大特征：

①反应过程的放热性。在炸药的爆炸变化过程中，炸药的化学能转变成热能。热的释放是爆炸变化过程的发生和自行传播的必要条件。爆炸变化过程所放出的热量称爆炸热（或爆热），常用炸药的爆热在3700～7500kJ/kg。

②反应过程的高速度。炸药中氧化剂和还原剂事先充分混合和接近，许多炸药的氧化剂和还原剂共存于一个分子内，能够发生快速的逐层传递的化学反应，使爆炸过程以极快的速度进行，通常为每秒几百米或几千米。

③反应生成物必定含有大量的气态物质。

2. 危险物质的燃烧爆炸敏感度及其影响因素

（1）起爆器材、工业炸药的燃烧爆炸敏感度。热、电、光、冲击波、机械摩擦和撞击等外界作用可激发火炸药发生爆炸。火炸药在外界作用下引起燃烧和爆炸的难易程度称为火炸药的敏感程度，简称火炸药的感度。火炸药有各种不同的感度，一般有火焰感度、热感度、机械感度（撞击感度、摩擦感度、针刺感度）、电感度（交直流电感度、静电感度、射频感度）、光感度（可见光感度、激光感度）、冲击感度、爆轰感度。起爆药最容易受外界微波的能量激发而发生燃烧或爆炸，并能极迅速地形成爆轰。工业炸药属猛炸药，这类炸药在一定的外界激发冲量作用下能引起爆轰。

（2）火炸药爆炸影响因素。影响火炸药爆炸的因素很多，主要有炸药的性质、装药的临界尺寸、炸药层的厚度和密度、炸药的杂质及含量、周围介质的气体压力和壳体的密封、环境温度和湿度等。

（四）防爆设计技术措施

1. 防护措施

（1）生产、储存爆炸物品的工厂、仓库应建在远离城市的独立地带，禁止设立在城市市区和其他居民聚集的地方及风景名胜区。厂库建筑与周围的水利设施、交通枢纽、桥梁、隧道、高压输电线路、通信线路、输油管道等重要设施的安全距离，必须符合国家有关安全规定。

（2）生产爆炸物品的工厂在总体规划和设计时，应严格按照生产性质及功能进行分区、布置，并使各分区与外部目标、各区之间保持必要的外部距离。

2. 工厂平面布置

（1）主厂区内应根据工艺流程、生产特性，在选定的区域范围内，充分利用有利安全的自然地形，按危险与非危险分开原则，加以区划、布置。主厂区应布置在非危险区的下风侧。

（2）总仓库区应远离工厂、住宅区和城市等目标，有条件最好布置在单独的山沟或其他有利地形处。

（3）销毁场应选择在有利的自然地形，如山沟、丘陵、河滩等地，在满足安全距离的条件下，确定销毁场地和有关建筑的位置。

3. 安全距离

为保证爆炸事故发生后冲击波对建（构）筑物等的破坏不超过预定的破坏标准，危险品生产区、总仓库区、销毁场等区域内的建筑物应留有足够的安全距离，称为内部安全距离。危险品生产区、总仓库区、销毁场等与该区域外的村庄、居民建筑、工厂、城镇、运输线路、输电线路等必须保持足够的安全防护距离，称作外部安全距离。

4. 工艺布置

（1）在生产工艺方面应尽量采用新技术，实现机械化、自动化、连续化、遥控化，做到人机隔离、远距离操作，并应减少厂房的存药量和操作人员。

（2）在生产工艺流程中，需区分开危险生产工序与非危险生产工序，且宜分别设置厂房。

（3）在厂房内工艺布置时，宜将危险生产工序布置在一端，接着布置危险较低的生产工序。危险生产工序的一端宜位于行人稀少的偏僻地段。危险品暂存间亦宜布置在地处偏僻的一端。

（4）危险品生产厂房和库房在平面上宜布置成简单的矩形，不宜设计成形复杂的凹型、L型等。

（5）危险品生产厂房库房要充分考虑人员的紧急疏散问题。

（6）有泄爆要求的工艺设备，在布置时应使其泄爆方向不直接对着其他建筑特或主要道路。

（7）抗爆间的设置要符合安全规范的要求。

5. 电气设备防爆

（1）对于1类（F_0区）场所，即炸药、起爆药、击发药、火工品的储存场所，黑火药、烟火药制造加工、储存场所，不应安装电气设备；烟火药、黑火药的Ⅰ类危险场所采用的仪表，应选择适应本场所的本质安全型。电气照明采用安装在建筑外墙壁龛灯或装在室外的投光灯。

（2）对于Ⅱ类（F_1区）场所，即起爆药、击发药、火工品的制造场所，电气设备表面温度不得超过允许表面温度（140℃、100℃等），且应符合防爆电气设备的有关规定：应优先采用防粉尘点火型、尘密结构型、Ⅱ类B级隔爆型、本质安全型、增安型（仅限于灯类及控制按钮）。当生产设备采用电力传动时，电动机应安装在无危险场所，采取隔墙传动。

（3）对于Ⅲ类（F_3区）场所，即理化分析成品试验站，选用密封型、防水防尘型设备。

6. 防雷电措施

对于危险品的生产和储存的爆炸危险性建筑物，应按相应的防雷类别（第一类、第二类），采取防直击雷、防雷电感应、防雷电波侵入和防雷击电磁脉冲的措施，实施总等电位连接，以减少和预防雷电危害。

7. 防静电措施

为防止静电火花引起危险品燃烧爆炸事故的发生、应按照静电危险环境的级别（EA、EB、EC）控制静电危害，并采取直接和间接静电接地措施、部分危险场所（黑火药生产厂房、黑火药及电雷管库的地面和台面）应采用防静电措施。

8. 自动快速雨淋灭火

烟火药和火炸药燃速极快，在数秒内就能造成难以扑救的火灾及爆炸事故，所以，在烟火药和火炸药生产工房，需广泛采用自动快速灭火装置，如快速雨淋设备。快速雨淋设备主要由光敏探测系统及雨淋管网组成。其工作原理是：当工房内起火时，光照骤然增大，光敏电阻的电阻值变小，控制系统电流增大，通过电子放大器、继电器，使电磁阀打开，雨淋管网喷水灭火。

9. 火灾报警系统

火灾报警系统是根据火灾酝酿期和发展期陆续出现的烟、热流、火光、气味等火灾信息，通过感温报警器、感烟器、光电报警器等，发出声、光警报，及早发现，采取灭火措施。火灾自动报警系统是由触发器件、火灾报警装置、火灾警报装置，以及具有其他辅助功能的装置组成的火灾报警系统。它能够在火灾初期，将燃烧产生的烟雾、热量和光辐射等物理量，通过感温、感烟和感光等火灾探测器变成电信号，传输到火灾报警控制器，并同时显示出火灾发生的部位，记录火灾发生的时间。一般火灾自动报警系统和自动喷水灭火系统、室内消火栓系统、防排烟系统、通风系统、空调系统、防火门、防火卷帘、挡烟垂壁等相关设备联动，自动或手动发出指令，启动相应的装置。

二、民用爆破器材生产安全管理要求

为加强民用爆破器材企业安全生产工作，根据《安全生产法》《安全生产许可证条例》《民用爆破器材安全生产许可证实施细则》等规定，民用爆破器材企业安全生产应满足下列安全生产要求：

1. 民用爆破器材生产企业必须依照有关规定取得安全生产许可证。未取得安全生产许可证的，不得从事生产活动。

2. 民用爆破器材生产企业应当建立、健全主要负责人、分管负责人、安全生产管理人员、职能部门、岗位安全生产责任制，制定下列安全管理制度和操作规程：

（1）安全目标管理制度、安全奖惩制度、安全检查制度、安全技术措施审批制度。

（2）事故隐患整改制度、安全设施设备管理制度、从业人员安全教育培训制度、动火作业管理制度、安全投入保障制度、重大危险源检查监控和安全评估制度、防护用品（具）管理制度，以及原材料、辅助材料购买、检验、使用和保管制度。

（3）职业卫生管理制度。

（4）符合有关规程要求的安全操作规程。

3. 民用爆破器材生产企业的安全投入应符合安全生产要求。

4. 民用爆破器材生产企业应当设置安全生产管理机构，配备专职安全生产管理人员，并符合下列要求：

（1）确定安全生产主管人员。

（2）民用爆破器材按有关规定配备专职安全生产管理人员。

（3）配备相当数量的兼职安全生产管理人员。

5. 民用爆破器材生产企业主要负责人、安全生产管理人员的安全生产知识和管理能力应当经考核合格。

6. 民用爆破器材生产企业生产设施应当符合以下安全生产条件：

（1）具有与生产规模、产品品种相适应并符合《民用爆破器材工厂设计安全规范》（GB 50089—2007）要求的生产厂房和储存仓库。

（2）生产厂房、储存仓库、燃放试验场的内外部安全距离和厂房布局、建筑结构、生产工艺布置、安全疏散条件、消防设施以及防爆、防雷、防静电等安全设施符合《民用爆破器材工厂设计安全规范》（GB 50089—2007）的要求。

(3) 生产区域应有明显的安全警示标志或警示标语，危险工序现场应牢固张贴安全管理制度和操作规程。

(4) 具有保证安全生产和产品质量的设备、仪器和工艺装备。

(5) 电气设备及机械加工设备中的电器部分应符合《民用爆破器材工厂设计安全规范》(GB 50089—2007) 的要求。

(6) 特种设备应定期检验并符合有关法律法规、国家标准和行业标准规定的条件。

7. 民用爆破器材工厂设计和厂址、厂房、储存仓库等设施的设计与测绘应当符合下列条件：

(1) 由具有相应资质的专业机构承担设计和测绘工作。

(2) 专业机构提供的文件、图样、技术资料等应符合国家有关法律、法规和国家标准、行业标准的要求。

(3) 设计图样和测绘图样应有设计单位、测绘单位及其设计人员、技术人员和审核单位及审核人的签章。

8. 民用爆破器材生产企业工厂周边安全防护距离应符合国家有关规定。

9. 民用爆破器材生产企业应当采取下列职业危害预防措施：

(1) 为从业人员配备符合国家标准或行业标准的劳动防护用品。

(2) 对重大危险源进行检测、评估，采取监控措施。

(3) 为从业人员定期进行健康检查。

(4) 在安全区内设立独立的操作人员更衣室。

10. 民用爆破器材生产企业应当依法进行安全评价。

11. 民用爆破器材生产企业应当建立生产安全事故应急救援组织、制定事故应急预案，配备应急救援人员和必要的应急救援器材和设备。

12. 民用爆破器材生产企业在建设、生产和经营中，应当符合如《民用爆破器材工厂设计安全规范》(GB 50089—2007)、《建筑设计防火规范》(GB 50016—2006)、《建筑物防雷设计规范》(GB 50057—1994) 等国家标准、行业标准规定的其他条件。如《民用爆破器材工厂设计安全规范》(GB 50089—2007) 中要求：

(1) 在为民用爆破器材工厂设计中，贯彻“安全第一，预防为主”的方针，采用技术手段，保障安全生产，防止发生爆炸和燃烧事故，保护国家和人民的生命财产，减少事故损失，促进生产建设的发展。

(2) 本规范适用于民用爆破器材工厂的新建、改建、扩建和技术改造工程。

(3) 民用器材爆破工厂的设计除应符合本规范外，尚应符合国家现行的有关强制性标准的规定。

本章练习

1. 可燃物质的聚集状态不同，其受热后发生的燃烧过程也不同。下列关于可燃物质燃烧类型的说法中，正确的是（　　）。

A. 管道泄漏的可燃气体与空气混合后遇火形成稳定火焰的燃烧为扩散燃烧

B. 可燃气体和助燃气体在管道内扩散混合，混合气体浓度在爆炸极限范围内，遇到火源发生的燃烧为分解燃烧

C. 可燃液体在火源和热源的作用下，蒸发出的蒸汽发生氧化分解而进行的燃烧为分解燃烧

D. 可燃物质遇热分解出可燃性气体后与氧进行的燃烧为扩散燃烧

【答案】A

【解析】选项 B 应为混合燃烧。选项 C 应为蒸发燃烧。选项 D 应为分解燃烧。

2. 根据《火灾分类》（GB/T 4968—2008）的规定，按物质的燃烧特性将火灾分为 A 类火灾、B 类火灾、C 类火灾、D 类火灾、E 类火灾和 F 类火灾。带电电缆火灾属于（　　）火灾。

A. A 类　　B. B 类

C. C 类　　D. E 类

【答案】D

【解析】根据《火灾分类》（GB/T 4968—2008）的规定，按物质的燃烧特性将火灾分为 A 类火灾、B 类火灾、C 类火灾、D 类火灾、E 类火灾和 F 类火灾，其中 E 类火灾指带电火灾，是物体带电燃烧的火灾，如发电机、电缆、家用电器等。

3. 根据燃烧发生时出现的不同现象，可将燃烧现场分为闪燃、自燃和着火。油脂滴落于高温部件上发生燃烧的现象属于（　　）。

A. 阴燃　　B. 闪燃

C. 自热自燃　　D. 受热自燃

【答案】D

【解析】自燃的热量来源不同，分为自热自燃和受热自燃。油脂受高温部件的加热，是属于外界加热，使油的温度升高，达到自燃点而发生燃烧现象，这种外界加热引起的自燃称为受热自燃。

4. 火灾事故的发展过程分为初起期、发展期、最盛期、减弱至熄灭期。其中，发展期是火势由小到大发展的阶段，该阶段火灾热释放速率与时间的（　　）成正比。

A. 平方　　B. 立方

C. 立方根　　D. 平方根

【答案】A

【解析】发展期是火势由小到大发展的阶段，一般采用 T 平方特征火灾模型来简化描述该阶段非稳态火灾热释放速率随时间的变化，即假定火灾热释放速率与时间的平方成正比，轰燃就发生在这一阶段。

5. 及时清理粉尘是预防粉尘爆炸的安全措施之一，采取此项安全措施的目的是（　　）。

A. 降低粉尘可燃性　　B. 降低粉尘浓度

C. 降低粉尘爆炸极限　　D. 降低环境氧浓度

【答案】B

【解析】及时清理粉尘是降低粉尘浓度的安全措施。

6. 下列关于点火源控制措施的说法，正确的是（　　）。

A. 多个明火设备应分布在装置区的边缘，并集中布置

B. 有飞溅火花的加热装置，应布置在其工艺设备的上风向

C. 加热易燃物料时，不可采用火炉、煤炉直接加热，可采用电炉直接加热

D. 存在可能泄漏易燃气体的工艺设备，明火加热设备布置在其下风向

【答案】A

【解析】对于有飞溅和火花的加热装置，应布置在工艺设备和储罐区的侧风向，选项 B 错

误。加热易燃物料时，要尽量避免采用明火设备，而宜采用热水或其他介质间接加热，如蒸气或密闭电气加热等加热设备，不得采用电炉、火炉、煤炉等直接加热，选项C错误。明火加热设备的布置，应远离可能泄漏易燃气体或蒸气的工艺设备和储罐区，并应布置在其上风向或侧风向，选项D错误。

7. 可燃性粉尘浓度达到爆炸极限，遇到足够能量的火源会发生粉尘爆炸。粉尘爆炸过程中热交换的主要方式是（　　）。

A. 热传导　　　　B. 热对流

C. 热蒸发　　　　D. 热辐射

【答案】D

【解析】粉尘爆炸过程与可燃气爆炸相似，但有两点区别：一是粉尘爆炸所需的发火能要大得多；二是在可燃气爆炸中，促使温度上升的传热方式主要是热传导，而在粉尘爆炸中，热辐射的作用大。

8. 粉尘爆炸是一个瞬间的连锁反应，属于不稳定的气固二相流反应，与气体爆炸相比，下列关于粉尘爆炸速度、燃烧时间、能量、破坏程度的说法中，正确的是（　　）。

A. 粉尘爆炸速度比气体爆炸小，但燃烧时间长，产生的能量大，破坏程度大

B. 粉尘爆炸速度比气体爆炸大，但燃烧时间长，产生的能量大，破坏程度大

C. 粉尘爆炸速度比气体爆炸小，但燃烧时间短，产生的能量大，破坏程度大

D. 粉尘爆炸速度比气体爆炸大，但燃烧时间短，产生的能量大，破坏程度大

【答案】A

【解析】粉尘爆炸速度或爆炸压力上升速度比爆炸气体小，但燃烧时间长，产生的能量大，破坏程度大，选项A正确。

9. 可燃气体爆炸一般需要可燃气体、空气或氧气、点火源三个条件。但某些气体，即使没有空气或氧气参与，也可以发生爆炸的是（　　）。

A. 乙炔、环氧乙烷、甲烷　　　　B. 乙炔、环氧乙烷、四氟乙烯

C. 乙炔、甲烷、四氟乙烯　　　　D. 环氧乙烷、甲烷、四氟乙烯

【答案】B

【解析】某些气体如乙炔、乙烯、环氧乙烷等，即使在没有氧气的条件下，也能被点燃爆炸，其实质是一种分解爆炸。除上述气体外，分解爆炸性气体还有臭氧、联氨、丙二烯、甲基乙炔、乙烯基乙炔、一氧化氮、二氧化氮、氰化氢、四氟乙烯等。

10. 可燃易爆气体的危险度 H 与气体的爆炸上限、下限密切相关。一般情况下，H 值越大，表示爆炸极限范围越宽，其爆炸危险性越大。如果甲烷在空气中的爆炸下限为5.00%，爆炸上限为15.00%，则其危险度 H 为（　　）。

A. 2.50　　　　B. 1.50

C. 0.50　　　　D. 2.00

【答案】D

【解析】危险度 $H=(L_{上}-L_{下})/L_{下}=(15.00\%-5.00\%)/5.00\%=2.00$。

11. 下列防火防爆安全技术措施中，属于从根本上防止火灾与爆炸发生的是（　　）。

A. 惰性气体保护　　　　B. 系统密闭正压操作

C. 以不燃溶剂代替可燃溶剂　　　　D. 厂房通风

【答案】C

【解析】在满足生产工艺要求的条件下，应当尽可能地用不燃溶剂或火灾危险性小的物质代替易燃溶剂或火灾危险性较大的物质，这样可防止形成爆炸性混合物，为生产创造更为安全的条件，选项 C 正确。

12. 火灾、爆炸这两种常见灾害之间存在紧密联系，它们经常是相伴发生的。由于火灾发展过程和爆炸过程各有特点，故防火、防爆措施不尽相同。下列防火、防爆的措施中，不属于防火基本措施的是（　　）。

A. 及时泄出燃爆初始压力　　B. 采用耐火建筑材料

C. 阻止火焰的蔓延　　D. 严格控制火源

【答案】A

【解析】防火基本技术措施：①以不燃溶剂代替可燃溶剂；②密闭和负压操作；③通风除尘；④惰性气体保护；⑤采用耐火建筑材料；⑥严格控制火源；⑦阻止火焰的蔓延；⑧抑制火灾可能发展的规模；⑨组织训练消防队伍和配备相应消防器材。

13. 灭火器由筒体、器头、喷雾等部件组成，借助驱动压力可将所充装的灭火剂喷出。灭火器结构简单，操作方便，轻便灵活，使用面广，是扑救初起火灾的重要消防器材。下列灭火器中，适用于扑救精密仪器仪表初期火灾的是（　　）。

A. 二氧化碳灭火器　　B. 泡沫灭火器

C. 酸碱灭火器　　D. 干粉灭火器

【答案】A

【解析】本题考查的是消防器材。由于二氧化碳是一种无色的气体，灭火不留痕迹，并有一定的电绝缘性能等特点，因此，更适宜于扑救 600V 以下带电电器、贵重设备、图书档案、精密仪器仪表的初起火灾，以及一般可燃液体的火灾。

14. 干粉灭火剂的主要成分是碳酸氢钠和少量的防潮剂硬脂酸镁及滑石粉等，其中起主要灭火作用的基本原理是（　　）。

A. 窒息作用　　B. 冷却作用

C. 辐射作用　　D. 化学抑制作用

【答案】D

【解析】干粉灭火剂由一种或多种具有灭火能力的细微无机粉尘组成，其中的化学抑制作用是灭火的基本原理，起主要灭火作用，选项 D 正确。

15. 不同火灾场景应使用相应的灭火剂，选择正确的灭火剂是灭火的关键。下列火灾中，能用水灭火的是（　　）。

A. 普通木材家具引发的火灾

B. 未切断电源的电气火灾

C. 硫酸、盐酸和硝酸引发的火灾

D. 高温状态下化工设备火灾

【答案】A

【解析】清水灭火器适用于扑救可燃固体物质火灾，即 A 类火灾。不能用水扑灭的火灾主要包括：①密度小于水和不溶于水的易燃液体的火灾，如汽油、煤油、柴油等；②遇水产生燃烧物的火灾，如金属钾、钠、碳化钙等；③硫酸、盐酸和硝酸引发的火灾，不能用水流冲击；④电气火灾未切断电源前不能用水扑救；⑤高温状态下化工设备的火灾不能用水扑救。

16. 火灾探测器的工作原理是将烟雾、温度、火焰和燃烧气体等火灾参量的变化通过敏感元件转化为电信号，传输到火灾报警控制器，不同种类的火灾探测器适用不同的场合。下列关于火灾探测器适用场合的说法，正确的是（　　）。

A. 感光探测器适用于有阴燃阶段的燃料火灾的场合

B. 红外火焰探测器适用于有大量烟雾存在的场合

C. 紫外火焰探测器特别适用于无机化合物燃烧的场合

D. 光电式感烟火灾探测器适用于发出黑烟的场合

【答案】B

【解析】选项 A 错误，感光探测器适用于监视有易燃物质区域的火灾发生，如仓库、燃料库、变电所、计算机房等场所，特别适用于没有阴燃阶段的燃料火灾（如醇类、汽油、煤气等易燃液体、气体火灾）的早期检测报警。选项 B 正确，按检测火灾光源的性质分类，有红外火焰火灾探测器和紫外火焰火灾探测器两种。红外线波长较长，烟粒对其吸收和衰减能力较弱，致使有大量烟雾存在的火场，在距火焰一定距离内，仍可使红外线敏感元件（Pbs 红外光敏管）感应，发出报警信号。因此这种探测器误报少，响应时间快，抗干扰能力强，工作可靠。选项 C 错误，紫外火焰探测器适用于有机化合物燃烧的场合，如油井、输油站、飞机库、可燃气罐、液化气罐、易燃易爆品仓库等，特别适用于火灾初期不产生烟雾的场所（如生产储存酒精、石油等场所）。有机化合物燃烧时，辐射出波长约为 250nm 的紫外光。火焰温度越高，火焰强度越大，紫外光辐射强度也越高。选项 D 错误，光电式感烟火灾探测器是利用烟雾粒子对光线产生散射、吸收原理的感烟火灾探测器。光电式感烟火灾探测器有一个很大的缺点就是对黑烟灵敏度很低、对白烟灵敏度较高，因此，这种探测器适用于火情中所发出的烟为白烟的情况，而大部分的火情早期所发出的烟都为黑烟，所以大大地限制了这种探测器的使用范围。

17. 在生产过程中，为预防在设备和系统里或在其周围形成爆炸性混合物，常采用惰性气体保护措施。下列采用惰性气体保护的措施中，错误的是（　　）。

A. 惰性气体通过管线与有火灾爆炸危险的设备进行连接供，危险时使用

B. 易燃易爆系统检修动火前，使用惰性气体进行吹扫置换

C. 可燃固体粉末输送时，采用惰性气体进行保护

D. 有可能引起火灾危险的电器、仪表等采用充氨负压保护

【答案】D

【解析】惰性气体保护措施：①可燃固体物质的粉碎、筛选处理及其粉末输送时，采用惰性气体进行覆盖保护；②处理可燃易爆的物料系统，在进料前用惰性气体进行置换，以排除系统中原有的气体，防止形成爆炸性混合物；③将惰性气体通过管线与火灾爆炸危险的设备、储槽等连接起来，在万一发生危险时使用；④易燃液体利用惰性气体充压输送；⑤在有爆炸性危险的生产场所，对有可能引起火灾危险的电器、仪表等采用充氮正压保护；⑥易燃易爆系统检修动火前，使用惰性气体进行吹扫置换。

18. 具有爆炸危险性的生产区域，通常禁止车辆驶入。但是，在人力难以完成工作而必须机动车辆进入的情况下，允许进入该区域的车辆是（　　）。

A. 装有灭火器或水的汽车　　　　B. 两轮摩托车

C. 装有生产物料的手扶拖拉机　　D. 尾气排放管装有防火罩的汽车

【答案】D

【解析】存在火灾和爆炸危险的场所，如厂房、仓库、油库等地，汽车、拖拉机一般不允

许进入，若需要进入，其排气管上必须安装火花熄灭器，选项D正确。

19. 根据《烟花爆竹安全与质量》（GB 10631）规定，烟花爆竹、原材料和半成品的主要安全性能检测项目有摩擦感度、撞击感度、静电感度、爆发点、相容性、吸湿性、水分、PH值等。下列关于烟花爆竹、原材料和半成品的安全性能的说法，错误的是（　　）。

A. 静电感度包括药剂摩擦时产生静电的难易程度和对静电放电火花的敏感度

B. 摩擦感度是指在摩擦作用下，药剂发生燃烧或爆炸的难易程度

C. 撞击感度是指药剂在冲击和摩擦作用下发生燃烧或爆炸的难易程度

D. 烟花爆竹药剂的外相容性是指药剂中组分与组分之间的相容性

【答案】 D

【解析】 内相容性是药剂中组分与组分之间的相容性。不同组分在使炸药性能提升的同时，会产生组分成分之间相互反应的问题，直接影响炸药储存、运输和使用的安全性、可靠性。外相容性是把药剂作为一个体系，它与相关的接触物质（另一种药剂或结构材料）之间的相容性。比如，炸药与其包装材质之间的相容性会影响炸药的安全性。可以根据在程序控制温度下，由于化学或物理变化产生热效应引起试样温度的变化，用相应仪器测试并分析结果。

20. 乳化炸药在生产、储存、运输和使用过程中存在诸多会引发燃烧爆炸事故的危险因素，包括高温、撞击摩擦、电气、静电火花、雷电等。下列关于引发乳化炸药原料或成品燃烧爆炸事故的说法，错误的是（　　）。

A. 乳化炸药在储存、运输过程中，静电放电的火花温度达到其着火点，会引发燃烧爆炸事故

B. 硝酸铵储存过程中会发生自然分解，放出的热量聚集，温度达到其爆发点时会引发燃烧爆炸事故

C. 油相材料都是易燃危险品，储存时遇到高温、氧化剂等，易引发燃烧爆炸事故

D. 乳化炸药运输时发生翻车、撞车、坠落、碰撞及摩擦等险情，易引发燃烧爆炸事故

【答案】 A

【解析】 乳化炸药生产原料或成品在储存和运输中存在以下危险因素：①硝酸铵储存过程中会发生自然分解，放出热量；②油相材料都是易燃危险品，储存时遇到高温、氧化剂等，易发生燃烧而引起燃烧事故；③包装后的乳化炸药仍具有较高的温度，炸药中的氧化剂和可燃剂会缓慢反应，当热量得不到及时散发时易发生燃烧而引起爆炸；④危险品的运输可能发生的翻车、撞车、坠落、碰撞及摩擦等险情，会引起危险品的燃烧或爆炸。

第五章　危险化学品安全技术

【重点知识导学】

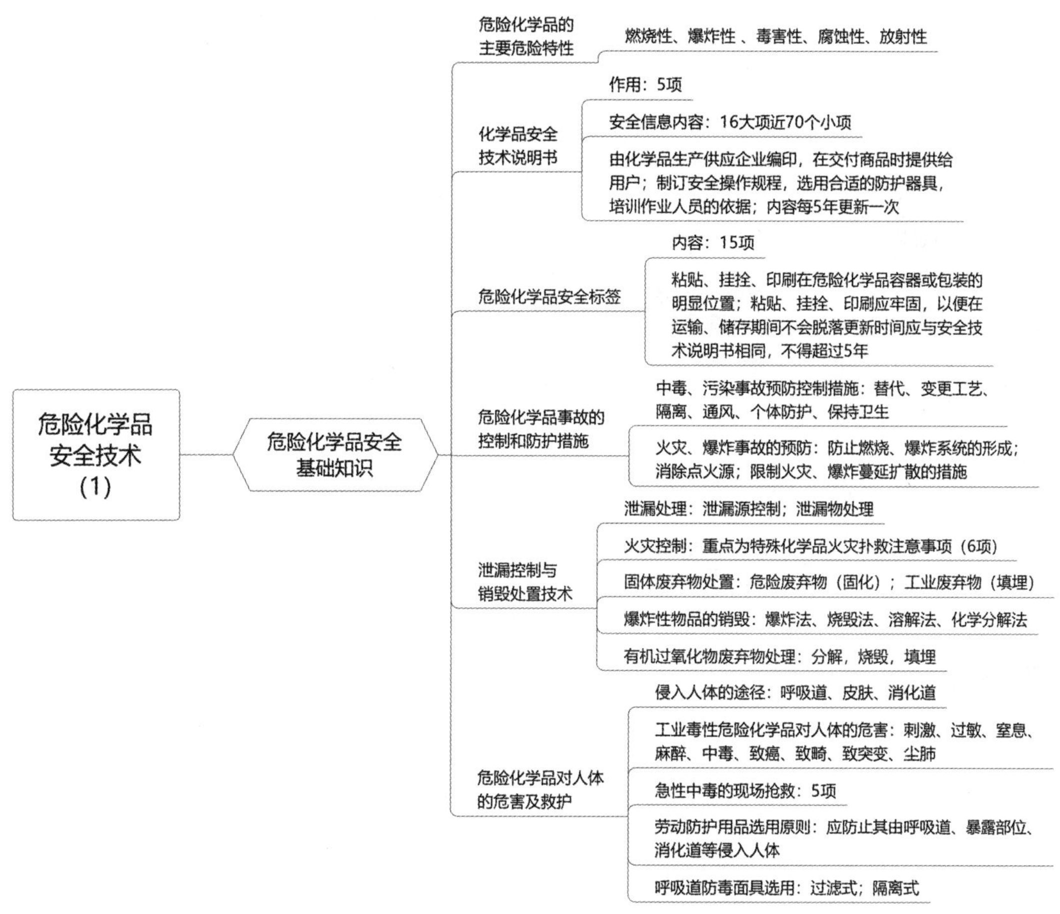

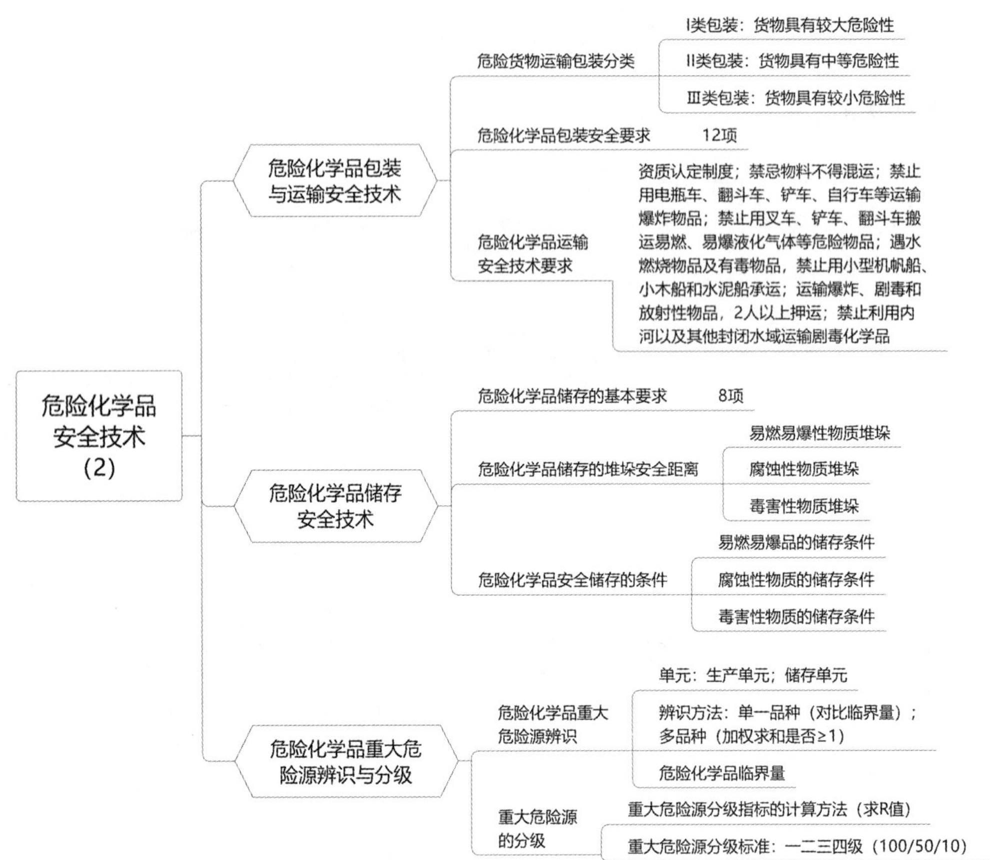
危险化学品
安全技术
(2)
危险化学品包装
与运输安全技术
危险货物运输包装分类
I类包装：货物具有较大危险性
II类包装：货物具有中等危险性
III类包装：货物具有较小危险性
危险化学品包装安全要求
12项
危险化学品运输
安全技术要求
资质认定制度；禁忌物料不得混运；禁止用电瓶车、翻斗车、铲车、自行车等运输爆炸物品；禁止用叉车、铲车、翻斗车搬运易燃、易爆液化气体等危险物品；遇水燃烧物品及有毒物品，禁止用小型机帆船、小木船和水泥船承运；运输爆炸、剧毒和放射性物品，2人以上押运；禁止利用内河以及其他封闭水域运输剧毒化学品
危险化学品储存
安全技术
危险化学品储存的基本要求
8项
危险化学品储存的堆垛安全距离
易燃易爆性物质堆垛
腐蚀性物质堆垛
毒害性物质堆垛
危险化学品安全储存的条件
易燃易爆品的储存条件
腐蚀性物质的储存条件
毒害性物质的储存条件
危险化学品重大危
险源辨识与分级
危险化学品重大
危险源辨识
单元：生产单元；储存单元
辨识方法：单一品种（对比临界量）；
多品种（加权求和是否≥1）
危险化学品临界量
重大危险源
的分级
重大危险源分级指标的计算方法（求R值）
重大危险源分级标准：一二三四级（100/50/10）

第一节　危险化学品安全基础知识

一、危险化学品概念及类别划分

1. 危险化学品的概念

危险化学品是指具有毒害、腐蚀、爆炸、燃烧、助燃等性质，对人体、设施、环境具有危害的剧毒化学品和其他化学品。

2. 化学品危险性类别的划分

《化学品分类和危险性公示通则》（GB 13690—2009）将危险化学品分为三大类。第一大类含爆炸物等 16 类；第二大类，含急性毒性等 10 类；第三大类，含危害水生环境等 7 类。

二、危险化学品的主要危险特性

1. 燃烧性

爆炸品、压缩气体和液化气体中的可燃性气体、易燃液体、易燃固体、自燃物品、遇湿易燃物品、有机过氧化物等，在条件具备时均可能发生燃烧。

2. 爆炸性

爆炸品、压缩气体和液化气体、易燃液体、易燃固体、自燃物品、遇湿易燃物品、氧化剂和有机过氧化物等危险化学品均可能由于其化学活性或易燃性引发爆炸事故。

3. 毒害性

许多危险化学品可通过一种或多种途径进入人体和动物体内，当其在人体累积到一定量时，便会扰乱或破坏肌体的正常生理功能，引起暂时性或持久性的病理改变，甚至危及生命。

4. 腐蚀性

强酸、强碱等物质能对人体组织、金属等物品造成损坏，接触人的皮肤、眼睛或肺部、食道等时，会引起表皮组织坏死而造成灼伤。内部器官被灼伤后可引起炎症，甚至会造成死亡。

5. 放射性

放射性危险化学品通过放出的射线可阻碍和伤害人体细胞活动机能并导致细胞死亡。

部分常见危险化学品的危险特性见表 5－1。

表 5－1　部分常见危险化学品的危险特性

物质名称	闪点/℃	燃点/℃	爆炸极限/%	最小点火能/mJ	容许浓度/（$mg \cdot m^{-3}$）	说明
乙炔		305	2.5～80	0.019		
铝粉		645		20	3（TWA） 4（STEL）	
氨		651	15～28		20（TWA） 30（STEL）	
苯	－11	562	1.3～8	0.022	6（TWA） 10（STEL）	

续表

物质名称	闪点/℃	燃点/℃	爆炸极限/%	最小点火能/mJ	容许浓度/（$mg \cdot m^{-3}$）	说明
一氧化碳		609	12.5～74.2		20（TWA） 30（STEL）	非高原
氯					1（MAC）	
氯乙烯	−78	472	5.6～33		10（TWA） 25（STEL）	
乙醇	13	443	4.7～19			
乙烯		450	2.7～36			
甲醛	50	430	7～73		0.5（MAC）	
汽油	−43	280～456	1.4～7.6			
氢气		500	4.1～74.2	0.0018		
氰化氢	−18	538	5.6～40		1（MAC）	
硫化氢		260	4～46		10（MAC）	
甲烷		537	5.3～15	0.02		
光气					0.5（MAC）	
黄磷		30			0.05（TWA） 0.1（STEL）	遇撞击、摩擦、氧化剂可燃爆
氯酸钾						遇撞击可燃爆，强氧化剂
丙烷		450	2.9～9.5	0.26		
硫酸						强腐蚀性
硝酸						强腐蚀性
氢氧化钠						强腐蚀性

注：表中容许浓度一列中MAC指最高容许浓度，TWA指时间加权平均容许浓度，STEL指短时间接触容许浓度。

三、化学品安全技术说明书和安全标签的内容及要求

（一）化学品安全技术说明书

化学品安全技术说明书，国际上称作化学品安全信息卡，简称CSDS（Chemical Safety Data Sheet）或MSDS（Material Safety Data Sheet），是一份关于化学品燃爆、毒性和环境危害以及安全使用、泄漏应急处置、主要理化参数、法律法规等方面信息的综合性文件。

作为最基础的技术文件，化学品安全技术说明书的主要用途是传递安全信息，其主要作用体现在：

（1）是化学品安全生产、安全流通、安全使用的指导性文件。

（2）是应急作业人员进行应急作业时的技术指南。

（3）为危险化学品生产、处置、储存和使用各环节制定安全操作规程提供技术信息。

（4）为危害控制和预防措施的设计提供技术依据。

（5）是企业安全教育的主要内容。

根据国家标准《化学品安全技术说明书内容和项目顺序》（GB 16483—2008）要求，化学

品安全技术说明书包括 16 大项近 70 个小项的安全信息内容，具体项目如下：

（1）化学品及企业标识。主要标明化学品名称，生产企业名称、地址、邮编、电话、应急电话、传真和电子邮件地址等信息。

（2）危险性概述。简要概述该化学品最重要的危害和效应，主要包括危险类别、侵入途径、健康危害、环境危害、燃爆危险等信息。

（3）成分/组成信息。标明该化学品是纯化学品还是混合物。纯化学品，应给出其化学品名称、通用名和商品名、分子式、相对分子质量、浓度以及化学文摘索引登记号（CAS 号）。混合物，应给出每种组分及其比例，尤其要给出危害性组分的浓度或浓度范围。

（4）急救措施。主要指现场作业人员受到意外伤害时，所需采取的自救或互救的简要处理方法，包括眼睛接触、皮肤接触、吸入、食入的急救措施。

（5）消防措施。说明合适的灭火剂及灭火方法和因安全原因禁止使用的灭火剂，以及消防员的特殊防护用品；并提供有关火灾时化学品的性能、燃烧分解产物以及应采取的预防措施等资料。

（6）泄漏应急处理。指化学品泄漏后现场可采用的简单有效的应急措施、注意事项和消除方法，包括应急行动、应急人员防护、环保措施、消除方法等内容。

（7）操作处置与储存。主要指化学品操作处理和安全储存方面的信息资料，包括操作处置作业中的安全注意事项、安全储存条件和注意事项。

（8）接触控制/个体防护。主要指为保护作业人员免受化学品危害而采用的防护方法和手段，包括最高容许浓度、工程控制、呼吸系统防护、眼睛防护、身体防护、手防护、其他防护要求。

（9）理化特性。主要描述化学品的外观及理化性质等方面的信息。

（10）稳定性和反应活性。主要叙述化学品的稳定性和反应活性方面的信息。

（11）毒理学资料。主要提供化学品的毒性、刺激性、致癌性等信息。

（12）生态学信息。主要叙述化学品的环境生态效应和行为，包括迁移性、降解性、生物累积性和生态毒性等。

（13）废弃处置。提供化学品和可能装有有害化学品残余的污染包装的安全处置方法及要求。

（14）运输信息。主要是指国内、国际化学品包装与运输的要求及运输规定的分类和编号，包括危险货物编号、包装类别、包装标志、包装方法、UN 编号及运输注意事项等。

（15）法规信息。主要是化学品管理方面的法律条款和标准。

（16）其他信息。主要提供其他对安全有重要意义的信息，包括参考文献、填表时间、填表部门、填表人、数据审核单位等。

化学品安全技术说明书由化学品生产供应企业编印，在交付商品时提供给用户；化学品的用户在接收、使用化学品时，要认真阅读技术说明书，了解和掌握化学品危险性，并根据使用的情形制定安全操作规程，选用合适的防护器具，培训作业人员。

化学品安全技术说明书的内容，从制作之日算起，每 5 年更新一次，要不断补充信息资料，若发现新的危害性，在有关信息发布后的半年内，生产企业必须对技术说明书的内容进行修订。

（二）危险化学品安全标签

化学品安全标签是指危险化学品在市场上流通时应由供应者提供的附在化学品包装上的，

用于提示接触危险化学品的人员的一种标识。它用简单、明了、易于理解的文字、图形表述有关化学品的危险特性及其安全处置的注意事项。危险化学品安全标签样例如图 5－1 所示。

图 5－1　危险化学品安全标签样例

《化学品安全标签编写规定》（GB 15258—2009）规定了危险化学品安全标签的内容、格式和制作等事项，具体内容如下：

（1）名称。用中英文分别标明危险化学品的通用名称。名称要求醒目清晰，位于标签的正上方。

（2）分子式。可用元素符号和数字表示分子中各原子数，居名称的下方。若是混合物此项可略。

（3）化学成分及组成。标出化学品的主要成分和含有的有害组分、含量或浓度。

（4）编号。应标明联合国危险货物运输编号和中国危险货物运输编号，分别用 UN No. 和 CN No. 表示。

（5）标志。采用联合国《关于危险货物运输的建议书》和《常用危险化学品的分类及标志》（GB 13690—2009）规定的符号。每种化学品最多可选用两个标志。标志符号居标签右边。

（6）警示词。根据化学品的危险程度，分别用“危险”“警告”“注意”三个词进行危害程度的警示。当某种化学品具有两种及两种以上的危险性时，用危险性最大的警示词。警示词一般位于化学品名称下方，要求醒目、清晰。警示词应用的一般原则参见表 5－2。

表 5－2　警示词与化学品危险性类别的对应关系

警示词	化学品危险性类别
危险	爆炸品、易燃气体、有毒气体、低闪点液体、一级自燃物品、一级遇湿易燃物品、一级氧化剂、有机过氧化物、剧毒品、一级酸性腐蚀品
警告	不燃气体、中闪点液体、一级易燃固体、二级自燃物品、二级易燃物品、二级氧化剂、有毒品、二级酸性腐蚀品、一级碱性腐蚀品
注意	高闪点液体、二级易燃物品、有毒品、二级碱性腐蚀品、其他腐蚀品

（7）危险性概述。简要概述化学品燃烧爆炸危险特性、健康危害和环境危害。说明要与安全技术说明书的内容相一致。居于警示词下方。

（8）安全措施。表述化学品在其处置、搬运、储存和使用作业中所必须注意的事项和发生意外时简单有效的救护措施等，要求内容简明扼要、重点突出。

（9）灭火。若化学品为易（可）燃或助燃物质，应提示有效的灭火剂和禁用的灭火剂以及灭火注意事项。

（10）批号。注明生产日期和生产批次。

（11）提示向生产销售企业索取安全技术说明书。

（12）生产企业名称、地址、邮编、电话。

（13）应急咨询电话。填写化学品生产企业的应急咨询电话和国家化学事故应急咨询电话。

在使用危险化学品安全标签时，应注意以下事项：

（1）安全标签应由生产企业在货物出厂前粘贴、挂拴、印刷。出厂后若要改换包装，则由改换包装单位重新粘贴、挂拴、印刷标签。

（2）安全标签应粘贴、挂拴、印刷在危险化学品容器或包装的明显位置；粘贴、挂拴、印刷应牢固，以便在运输、储存期间不会脱落。

（3）盛装危险化学品的容器或包装，在经过处理并确认其危险性完全消除之后，方可撕下标签，否则不能撕下相应的标签。

（4）当某种化学品有新的信息发现时，标签应及时修订、更改。在正常情况下，标签的更新时间应与安全技术说明书相同，不得超过5年。

安全标签与相关标签的协调关系：安全标签是从安全管理的角度提出的，但化学品在进入市场时还需要有工商标签、运输时还需有危险货物运输标志。为使安全标签和工商标签，运输标志之间减少重复，可将安全标签所要求的UN编号和CN编号与运输标志合并；将名称、化学成分及组成、批号、生产厂（公司）名称、地址、邮编、电话等与工商标签和运输标志的同样内容合二为一，使三种标签有机的融合，形成一个整体，降低企业的生产成本。在某些特殊情况下，安全标签可单独印刷。三种标签合并印刷时，安全标签应占整个版面的1/3～2/5。

四、危险化学品的燃烧爆炸类型和过程

1. 燃烧爆炸分类

危险化学品的燃烧按其要素构成的条件和瞬间发生的特点，可分为闪燃、着火和自燃三种类型。危险化学品的爆炸可按爆炸反应物质分为简单分解爆炸、复杂分解爆炸和爆炸性混合物爆炸。

（1）简单分解爆炸。引起简单分解的爆炸物，在爆炸时并不一定发生燃烧反应，其爆炸所需要的热量是由爆炸物本身分解产生的。属于这一类的有乙炔银、叠氮铅等，这类物质受轻微震动即可能引起爆炸，十分危险。此外，还有些可爆气体在一定条件下，特别是在受压情况下，能发生简单分解爆炸。例如乙炔、环氧乙烷等在压力下的分解爆炸。

（2）复杂分解爆炸。这类可爆物的危险性较简单分解爆炸物稍低。其爆炸时伴有燃烧现象，燃烧所需的氧由本身分解产生。例如梯恩梯、黑索金等。

（3）爆炸性混合物爆炸。所有可燃性气体、蒸气、液体雾滴及粉尘与空气（氧）的混合物发生的爆炸均属此类。这类混合物的爆炸需要一定的条件，如混合物中可燃物浓度、含氧量及点火能量等。实际上，这类爆炸就是可燃物与助燃物按一定比例混合后遇点火源发生的带有冲击力的快速燃烧。

2. 燃烧爆炸过程

（1）燃烧。除了一些熔点较高的无机固体外，可燃物质的燃烧一般是在气相中进行的。由于可燃物质的状态不同，其燃烧过程也不相同。

相对于可燃固体和液体，可燃气体最易燃烧，燃烧所需要的热量只用于本身的氧化分解，

并使其达到着火点。气体在极短的时间内就能全部燃尽。液体在点火源作用下，先蒸发成蒸气，而后氧化分解进行燃烧。

固体燃烧一般有两种情况：对于硫、磷等简单物质，受热时首先熔化，而后蒸发为蒸气进行燃烧，无分解过程；对于复合物质，受热时可能首先分解成其组成部分，生成气态和液态产物，而后气态产物和液态产物蒸气着火燃烧。

（2）分解爆炸性气体爆炸。某些单一成分的气体，在一定的温度下对其施加一定压力时则会产生分解爆炸。这主要是由于物质的分解热的产生而引起的，产生分解爆炸并不需要助燃性气体存在。在高压下容易产生分解爆炸的气体，当压力低于某数值时则不会发生分解爆炸，这个压力称为分解爆炸的临界压力。各种具有分解爆炸特性气体的临界压力是不同的，如乙炔分解爆炸的临界压力是14MPa，其反应式如下：

$$C_2H_2 \rightarrow 2C\text{（固）} + H_2 + 226\text{kJ}$$

（3）粉尘爆炸。粉尘爆炸是悬浮在空气中的可燃性固体微粒接触到火焰（明火）或电火花等点火源时发生的爆炸现象。金属粉尘、煤粉、塑料粉尘、有机物粉尘、纤维粉尘及农副产品谷物面粉等都可能造成粉尘爆炸事故。

（4）蒸气云爆炸。可燃气体遇点火源被点燃后，若发生层流或近似层流燃烧，速度太低，不足以产生显著的爆炸超压，在这种条件下蒸气云仅仅是燃烧，在燃烧传播过程中，由于遇到障碍物或受到局部约束，引起局部紊流，火焰与火焰相互作用产生更高的体积燃烧速率，使膨胀流加剧，而这又使紊流更强烈，从而又能导致更高的体积燃烧速率，结果火焰传播速度不断提高，可达层流燃烧的十几倍乃至几十倍，发生爆炸。

五、危险化学品事故的控制和防护措施

（一）危险化学品中毒、污染事故预防控制措施

目前采取的主要措施是替代、变更工艺、隔离、通风、个体防护和保持卫生。

1. 替代

预防化学品危害最理想的方法是不使用有毒有害和易燃、易爆的化学品，但这很难做到，通常的做法是选用无毒或低毒的化学品替代已有的有毒有害化学品。例如，用甲苯替代喷漆和涂漆中用的苯，用脂肪烃替代胶水或黏合剂中的芳烃等。

2. 变更工艺

虽然替代是控制化学品危害的首选方案，但是目前可供选择的替代品往往是很有限的，特别是因技术和经济方面的原因，不可避免地要生产、使用有害化学品。这时可通过变更工艺消除或降低化学品危害。如以往用乙炔制乙醛，采用汞作催化剂，现在发展为用乙烯为原料，通过氧化或氧氯化制乙醛，不需用汞作催化剂。通过变更工艺，彻底消除了汞害。

3. 隔离

隔离就是通过封闭、设置屏障等措施，避免作业人员直接暴露于有害环境中。最常用的隔离方法是将生产或使用的设备完全封闭起来，使工人在操作中不接触化学品。

隔离操作是另一种常用的隔离方法，简单地说，就是把生产设备与操作室隔离开。简单的形式就是把生产设备的管线阀门、电控开关放在与生产地点完全隔离的操作室内。

4. 通风

通风是控制作业场所中有害气体、蒸气或粉尘最有效的措施之一。借助于有效的通风，使作业场所空气中有害气体、蒸气或粉尘的浓度低于规定浓度，保证工人的身体健康，防止火灾、爆炸事故的发生。

通风分局部排风和全面通风两种。局部排风是把污染源罩起来，抽出污染空气，所需风量

小，经济有效，并便于净化回收。全面通风亦称稀释通风，其原理是用新鲜空气将作业场所中的污染物稀释到安全浓度以下，所需风量大，不能净化回收。

对于点式扩散源，可使用局部排风。使用局部排风时，应使污染源处于通风罩控制范围内。为了确保通风系统的高效率，通风系统设计的合理性十分重要。对于已安装的通风系统，要经常加以维护和保养，使其有效地发挥作用。

对于面式扩散源，要使用全面通风。全面通风是向作业场所提供新鲜空气，进而稀释有害气体、蒸气或粉尘，从而降低其浓度。采用全面通风时，在厂房设计阶段就要考虑空气流向等因素。因为全面通风的目的不是消除污染物，而是将污染物分散稀释，所以全面通风仅适合于低毒性作业场所，不适合于污染物量大的作业场所。

像实验室中的通风橱，焊接室或喷漆室可移动的通风管和导管都是局部排风设备。在冶炼厂，熔化的物质从一端流向另一端时散发出有毒的烟和气，两种通风系统都要使用。

5. 个体防护

当作业场所中有害化学品的浓度超标时，工人就必须使用合适的个体防护用品。个体防护用品不能降低作业场所中有害化学品的浓度，它仅仅是一道阻止有害物进入人体的屏障。防护用品本身的失效就意味着保护屏障的消失，因此个体防护不能被视为控制危害的主要手段，而只能作为一种辅助性措施。

防护用品主要有头部防护器具、呼吸防护器具、眼防护器具、躯干防护用品、手足防护用品等。

6. 保持卫生

保持卫生包括保持作业场所清洁和作业人员的个人卫生两个方面。经常清洗作业场所，对废弃物、溢出物加以适当处置，保持作业场所清洁，也能有效地预防和控制化学品危害。作业人员应养成良好的卫生习惯，防止有害物附着在皮肤上，防止有害物通过皮肤渗入体内。

（二）危险化学品火灾、爆炸事故的预防

从理论上讲，防止火灾、爆炸事故发生的基本原则主要有以下三点：

1. 防止燃烧、爆炸系统的形成

经常采用的具体措施有：①替代；②密闭；③惰性气体保护；④通风置换；⑤安全监测及联锁。

2. 消除点火源

能引发事故的点火源有明火、高温表面、冲击、摩擦、自燃、发热、电气火花、静电火花、化学反应热、光线照射等。消除点火源具体的做法有：①控制明火和高温表面；②防止摩擦和撞击产生火花；③火灾爆炸危险场所采用防爆电气设备避免电气火花。

3. 限制火灾、爆炸蔓延扩散的措施

限制火灾、爆炸蔓延扩散的措施包括设置阻火装置、防爆泄压装置及防火防爆分隔等。

六、危险化学品经营的安全要求

1. 相关规定

《危险化学品安全管理条例》在第四章中对危险化学品的经营作了专项规定。第三十三条规定：国家对危险化学品经营销售实行许可制度。未经许可，任何单位和个人都不得经营销售危险化学品。第三十五条明确了办理经营许可证的程序：

一是申请。从事剧毒化学品、易制爆危险化学品经营的企业，应当向所在地设区的市级人民政府安全生产监督管理部门提出申请，从事其他危险化学品经营的企业，应当向所在地县级人民政府安全生产监督管理部门提出申请（有储存设施的，应当向所在地设区的市级人民政府

安全生产监督管理部门提出申请）。申请人应当提交其符合本条例第三十四条规定条件的证明材料。

二是审查。设区的市级人民政府安全生产监督管理部门或者县级人民政府安全生产监督管理部门应当依法进行审查，并对申请人的经营场所、储存设施进行现场核查，自收到证明材料之日起30日内作出批准或者不予批准的决定。予以批准的，颁发危险化学品经营许可证；不予批准的，书面通知申请人并说明理由。

三是发证。经审查，符合条件的，颁发危险化学品经营许可证，并将颁发危险化学品经营许可证的情况通报同级环境保护主管部门和公安机关。对不符合条件的，书面通知申请人并说明理由。

四是登记注册。申请人凭危险化学品经营许可证向工商行政管理部门办理登记注册手续。

2. 危险化学品经营企业的条件和要求

《危险化学品安全管理条例》第三十四条规定，危险化学品经营企业，必须具备下列条件：

（1）有符合国家标准、行业标准的经营场所，储存危险化学品的，还应当有符合国家标准、行业标准的储存设施。

（2）从业人员经过专业技术培训并经考核合格。

（3）有健全的安全管理规章制度。

（4）有专职安全管理人员。

（5）有符合国家规定的危险化学品事故应急预案和必要的应急救援器材、设备。

（6）法律、法规规定的其他条件。

3. 剧毒品的经营

经营剧毒化学品的企业要申领经营许可证，经营剧毒品要设专人负责。《危险化学品经营企业开业条件和技术要求》（GB 18265—2000）要求经营剧毒物品企业的人员，除要达到经国家授权部门的专业培训，取得合格证书方能上岗的条件外，还应经过县级以上（含县级）公安部门的专门培训，取得合格证书后方可上岗。

《危险化学品安全管理条例》第四十一条规定：危险化学品生产企业、经营企业销售剧毒化学品、易制爆危险化学品，应当如实记录购买单位的名称、地址、经办人的姓名、身份证号码以及所购买的剧毒化学品、易制爆危险化学品的品种、数量、用途。销售记录以及经办人的身份证明复印件、相关许可证件复印件或者证明文件的保存期限不得少于1年。

剧毒化学品、易制爆危险化学品的销售企业、购买单位应当在销售、购买后5日内，将所销售、购买的剧毒化学品、易制爆危险化学品的品种、数量以及流向信息报所在地县级人民政府公安机关备案，并输入计算机系统。

七、泄漏控制与销毁处置技术

（一）泄漏处理及火灾控制

1. 泄漏处理

（1）泄漏源控制。利用截止阀切断泄漏源，在线堵漏减少泄漏量或利用备用泄料装置使其安全释放。

（2）泄漏物处理。现场泄漏物要及时地进行覆盖、收容、稀释、处理。在处理时，还应按照危险化学品特性，采用合适的方法处理。泄漏物洗消、监测如图5—2、图5—3所示。

图 5—2　泄漏物洗消

图 5—3　泄漏物监测

2. 火灾控制

油罐区灭火如图 5—4 所示。

图 5—4　油罐区灭火

(1) 正确选择灭火剂并充分发挥其效能。常用的灭火剂有水、蒸汽、二氧化碳、干粉和泡沫等。由于灭火剂的种类较多，效能各不相同，所以在扑救火灾时，一定要根据燃烧物料的性质、设备设施的特点、火源点部位（高、低）及其火势等情况，要选择冷却、灭火效能特别高的灭火剂扑救火灾，充分发挥灭火剂各自的冷却与灭火的最大效能。

(2) 注意保护重点部位。例如，当某个区域内有大量易燃易爆或毒性化学物质时，就应该把这个部位作为重点保护对象，在实施冷却保护的同时，要尽快地组织力量消灭其周围的火源点，以防灾情扩大。

(3) 防止复燃复爆。将火灾消灭以后，要留有必要数量的灭火力量继续冷却燃烧区内的设备、设施、建（构）筑物等，消除着火源，同时将泄漏出的危险化学品及时处理。对可以用水灭火的场所要尽量使用蒸汽或喷雾水流稀释，排除空间内残存的可燃气体或蒸气，以防止复燃复爆。

(4) 防止高温危害。火场上高温的存在不仅造成火势蔓延扩大，也会威胁灭火人员安全。

可以使用喷水降温、利用掩体保护、穿隔热服装保护、定时组织换班等方法避免高温危害。

（5）防止毒害危害。发生火灾时，可能出现一氧化碳、二氧化碳、二氧化硫、光气等有毒物质。在扑救时，应当设置警戒区，进入警戒区的抢险人员应当佩戴个体防护装备，并采取适当的手段消除毒物。

3. 几种特殊化学品火灾扑救注意事项

（1）扑救气体类火灾时，切忌盲目扑灭火焰，在没有采取堵漏措施的情况下，必须保持稳定燃烧。否则，大量可燃气体泄漏出来与空气混合，遇点火源就会发生爆炸，造成严重后果。

（2）扑救爆炸物品火灾时，切忌用沙土盖压，以免增强爆炸物品的爆炸威力；另外扑救爆炸物品堆垛火灾时，水流应采用吊射，避免强力水流直接冲击堆垛，以免堆垛倒塌引起再次爆炸。

（3）扑救遇湿易燃物品火灾时，绝对禁止用水、泡沫、酸碱等湿性灭火剂扑救。一般可使用干粉、二氧化碳、卤代烷扑救，但钾、钠、铝、镁等物品用二氧化碳、卤代烷无效。固体遇湿易燃物品应使用水泥、干砂、干粉、硅藻土等覆盖。对镁粉、铝粉等粉尘，切忌喷射有压力的灭火剂，以防止将粉尘吹扬起来，引起粉尘爆炸。

（4）扑救易燃液体火灾时，比水轻又不溶于水的液体用直流水、雾状水灭火往往无效。可用普通蛋白泡沫或轻泡沫扑救；水溶性液体最好用抗溶性泡沫扑救。

（5）扑救毒害和腐蚀品的火灾时，应尽量使用低压水流或雾状水，避免腐蚀品、毒害品溅出；遇酸类或碱类腐蚀品最好调制相应的中和剂稀释中和。

（6）易燃固体、自燃物品火灾一般可用水和泡沫扑救，只要控制住燃烧范围，逐步扑灭即可。但有少数易燃固体、自燃物品的扑救方法比较特殊。如 2，4—二硝基苯甲醚、二硝基萘、萘等是易升华的易燃固体，受热放出易燃蒸气，能与空气形成爆炸性混合物，尤其是在室内，易发生爆炸。在扑救过程中应不时向燃烧区域上空及周围喷射雾状水，并消除周围一切点火源。

（二）废弃物销毁

1. 固体废弃物的处置

（1）危险废弃物。使危险废弃物无害化采用的方法是使它们变成高度不溶性的物质，也就是固化/稳定化的方法。危险废弃物警告标志如图 5—5 所示。

危 险 废 物

图 5—5　危险废弃物警告标志

目前常用的固化/稳定化方法有：水泥固化、石灰固化、塑性材料固化、有机聚合物固化、自凝胶同化、熔融固化和陶瓷固化。

（2）工业固体废弃物。工业固体废弃物是指在工业、交通等生产过程中产生的固体废弃物。

一般工业废弃物可以直接进入填埋场进行填埋。对于粒度很小的固体废弃物，为了防止填埋过程中引起粉尘污染，可装入编织袋后填埋。

2. 爆炸性物品的销毁

凡确认不能使用的爆炸性物品，必须予以销毁，在销毁以前应报告当地公安部门，选择适当的地点、时间及销毁方法，如图 5—6 所示。一般可采用以下 4 种方法：爆炸法、烧毁法、溶解法、化学分解法。

图 5—6 爆炸性物品销毁

3. 有机过氧化物废弃物处理

有机过氧化物是一种易燃、易爆品。其废弃物应从作业场所清除并销毁，其方法主要取决于该过氧化物的物化性质，根据其特性选择合适的方法处理，以免发生意外事故。处理方法主要有分解、烧毁、填埋。

八、危险化学品对人体的危害及救护

（一）毒性危险化学品

毒性危险化学品通过一定途径进入人体，在体内积蓄到一定剂量后，就会表现出慢性中毒症状。所谓慢性中毒就是毒性危险化学品长时期、小剂量进入人体所引起的中毒；若在较短时间（一般为 3～6 个月）有较大剂量毒性危险化学品进入人体所引起的中毒称为亚急性中毒；若毒性危险化学品一次或短时间内大量进入人体所引起的中毒称为急性中毒。

毒性危险化学品在体内的毒性与毒性危险化学品的化学结构、理化性质、生产环境、劳动强度、个体因素以及几种毒性危险化学品的联合作用有关。

1. 毒性危险化学品进入人体的途径

毒性危险化学品可经呼吸道、消化道和皮肤进入人体。在工业生产中，毒性危险化学品主要经呼吸道和皮肤进入人体，有时也可经消化道进入。

2. 工业毒性危险化学品对人体的危害

（1）刺激。刺激说明身体已与有毒化学品有了相当的接触，一般受刺激的部位为皮肤、眼睛和呼吸系统。

许多化学品和皮肤接触时，能引起不同程度的皮肤炎症；与眼睛接触轻则导致轻微的、暂时性的不适，重则导致永久性的伤残。

一些刺激性气体、尘雾可引起气管炎，甚至严重损害气管和肺组织，如二氧化硫、氯气、石棉尘。一些化学物质将会渗透到肺泡区，引起强烈的刺激。

（2）过敏。某些化学品可引起皮肤或呼吸系统过敏，如出现皮疹或水疱等症状，这种症状不一定在接触的部位出现，而可能在身体的其他部位出现，引起这种症状的化学品有很多，如环氧树脂、胶类硬化剂、偶氮染料、煤焦油衍生物和铬酸等。

呼吸系统过敏可引起职业性哮喘，这种症状的反应一般包括咳嗽，特别是夜间，以及呼吸困难。引起这种反应的化学品有甲苯、聚氨酯、福尔马林等。

（3）窒息。窒息涉及对身体组织氧化作用的干扰。这种症状分为 3 种：

①单纯窒息。在空间有限的工作场所，氧气被氮气、二氧化碳、甲烷、氢气、氦气等气体所代替，空气中氧气浓度降到 17％以下，致使机体组织的供氧不足，就会引起头晕、恶心、调节功能紊乱等症状。缺氧严重时可导致昏迷，甚至死亡。

②血液窒息。毒性化学物质影响机体传送氧的能力。典型的血液窒息性物质就是一氧化碳。空气中一氧化碳含量达到 0.05％时就会导致血液携氧能力严重下降。

③细胞内窒息。毒性化学物质影响机体和氧结合的能力。如氰化氢、硫化氢等物质影响细胞和氧的结合能力，尽管血液中含氧充足。

（4）麻醉和昏迷。接触高浓度的某些化学品，有类似于醉酒的作用。如乙醇、丙醇、丙酮、丁酮、异丙醚会导致中枢神经抑制。这些化学品一次大量接触可导致昏迷甚至死亡。

（5）中毒。人体有许多系统组成，所谓全身中毒是指化学物质引起的对一个或多个系统产生有害影响并扩展到全身的现象，这种作用不局限于身体的某一点或某一区域。

肝脏的作用就是净化血液中的有毒性危险化学品，并将其转化成无害的和水溶性的物质。然而有一些物质对肝脏有害，例如溶剂酒精、氯仿、四氯化碳、三氯乙烯等。根据接触的剂量和频率，反复损害肝脏组织可能造成伤害并引起病变（肝硬化）和降低肝脏的功能，有时被误认为病毒性肝炎，因为这些化学物质引起肝损伤的症状（黄皮肤、黄眼睛）类似于病毒性肝炎。

不少生产性毒性危险化学品对肾有毒性，尤以重金属和卤代烃最为突出。如汞、铅、铊、镉、四氯化碳、氯仿、六氟丙烯、二氧乙烷、溴甲烷、溴乙烷、碘乙烷等。长期接触一些有机溶剂会引起疲劳、失眠、头痛、恶心，更严重的将导致运动神经障碍、瘫痪、感觉神经障碍。如神经末梢失能与接触已烷、锰和铅有关，导致腕垂病；接触有机磷酸盐化合物可能导致神经系统失去功能；接触二硫化碳，可引起精神紊乱（精神病）。

（6）致癌。长期接触一定的化学物质可能引起细胞的无节制生长，形成恶性肿瘤。这些肿瘤可能在第一次接触这些物质的许多年以后才表现出来，潜伏期一般为 4～40 年。造成职业肿瘤的部位是变化多样的，并不局限于接触区域。如砷、石棉、铬、镍等物质可能导致肺癌；鼻腔癌和鼻窦癌是由铬、镍、木材、皮革粉尘等引起的；膀胱癌与接触联苯胺、萘胺、皮革粉尘等有关；皮肤癌与接触砷、煤焦油和石油产品等有关；接触氯乙烯单体可引起肝癌；接触苯可引起再生障碍性贫血等。

（7）致畸。接触化学物质可能对未出生胎儿造成危害，干扰胎儿的正常发育。在怀孕的前三个月，胎儿的脑、心脏、胳膊和腿等重要器官正在发育，一些研究表明化学物质可能干扰正常的细胞分裂过程，如麻醉性气体、水银和有机溶剂，从而导致胎儿畸形。

（8）致突变。某些化学品对人的遗传基因的影响可能导致后代发生异常，实验结果表明 80％～85％的致癌化学物质对后代有影响。

（9）尘肺。尘肺是由于在肺的换气区域发生了小尘粒的沉积以及肺组织对这些沉积物的反应，尘肺病患者肺的换气功能下降，在紧张活动时将发生呼吸短促症状，这种作用是不可逆的，一般很难在早期发现肺的变化。当 X 射线检查发现这些变化时，病情已较重了。能引起尘肺病的物质有石英晶体、石棉、滑石粉、煤粉和铍等。

化学毒性危险化学品引起的中毒往往是多器官、多系统的损害。如常见毒性危险化学品铅，可引起神经系统、消化系统、造血系统及肾脏损害；三硝基甲苯中毒可出现白内障、中毒性肝病、贫血、高铁血红蛋白血症等。同一种毒性危险化学品引起的急性和慢性中毒，其损害的器官及表现也有很大差别。例如，苯急性中毒主要表现为对中枢神经系统的麻醉作用，而慢性中毒主要为对造血系统的损害。这在有毒化学品对机体的危害作用中是一种很常见的现象。

总之，机体与有毒化学品之间的相互作用是一个复杂的过程，中毒后症状也不一样。

3. 急性中毒的现场抢救

（1）救护者现场准备。急性中毒发生时，毒性危险化学品大多是由呼吸系统或皮肤进入人体。因此，救护人员在救护之前应做好自身呼吸系统和皮肤的防护。如穿好防护衣，佩戴供氧式防毒面具或氧气呼吸器。否则，不但中毒者不能获救，救护者也会中毒，使中毒事故扩大。

（2）切断毒性危险化学品来源。救护人员应迅速将中毒者移至空气新鲜、通风良好的地方。在抢救抬运过程中，不能强拖硬拉以防造成外伤，使病情加重，应松开患者衣服、腰带并使其仰卧，以保持呼吸道通畅。同时要注意保暖。救护人员进入现场后，除对中毒者进行抢救外，还应认真查看，并采取有力措施，如关闭泄漏管道阀门、堵塞设备泄漏处、停止输送物料等以切断毒性危险化学品来源。对于已经泄漏出来的有毒气体或蒸气，应迅速启动通风排毒设施或打开门窗，或者进行中和处理，降低毒性危险化学品在空气中的浓度，为抢救工作创造有利条件。

（3）迅速脱去被毒性危险化学品污染的衣服、鞋袜、手套等，并用大量清水或解毒液彻底清洗被毒性危险化学品污染的皮肤。要注意防止清洗剂促进毒性危险化学品的吸收，以及清洗剂本身所致的呼吸中毒。对于黏稠性毒性危险化学品，可以用大量肥皂水冲洗（敌百虫不能用碱性液冲洗），尤其要注意皮肤褶皱、毛发和指甲内的污染，对于水溶性毒性危险化学品，应先用棉絮、干布擦掉毒性危险化学品，再用清水冲洗。

（4）若毒性危险化学品经口引起急性中毒，对于非腐蚀性毒性危险化学品，应迅速用1∶5000的高锰酸钾溶液或1%～2%的碳酸氢钠溶液洗胃，然后用硫酸镁溶液导泻。对于腐蚀性毒性危险化学品，一般不宜洗胃，可用蛋清、牛奶或氢氧化铝凝胶灌服，以保护胃黏膜。

（5）令中毒患者呼吸氧气。若患者呼吸停止或心跳骤停，应立即施行复苏术。

在采取现场抢救措施的同时，应准备车辆或担架，以便将中毒者及时送往医院救治，如图5—7所示。

图5—7　中毒者现场抢救

4. 一些毒性物质污染的处理

清除有毒化学品污染的措施. 主要是用有一定压力的水进行喷射冲洗，或用热水冲洗，也可用蒸汽熏蒸，或用药物进行中和、氧化或还原，以破坏或减弱其危害性。对黏稠状的污染物，如油漆等不易冲洗时，可用沙搓和铲除。对渗透污染物，如联苯胺、煤焦油等，经洗刷后再用蒸汽促其蒸发来清除污染。

（1）对氰化钠、氰化钾及其他氰化物的污染，可用硫代硫酸钠的水溶液浇在污染处，因为硫代硫酸钠与氰化物反应，可以生成毒性低的硫氰酸盐。然后用热水冲洗，再用冷水冲洗干净。也可用硫酸亚铁、高锰酸钾、次氯酸钠代替硫代硫酸钠。

（2）对硫、磷及其他有机磷剧毒农药，如苯硫磷、敌死通等首先用生石灰将泄漏的药液吸干，然后用碱水湿透污染处，用热水冲洗后再用冷水冲洗干净。因为有机磷农药属于磷酸酶类、硫代磷酸酶类、氟代磷酸酯类毒性危险化学品，在碱性溶液中会迅速分解破坏而失去毒性。

（3）硫酸二甲酯泄漏后，先将氨水洒在污染处进行中和，也可用漂白粉或5倍水浸湿污染处，再用碱水浸湿，最后用热水和冷水各冲洗一次。

（4）甲醛泄漏后，可用漂白粉加5倍水浸湿污染处，因为甲醛可以被漂白粉氧化成甲酸，然后再用水冲洗干净。

（5）苯胺泄漏后，可用稀盐酸或稀硫酸溶液浸湿污染处，再用水冲洗。因为苯胺呈碱性. 能与盐酸反应生成盐酸盐。如与硫酸化合，可生成硫酸盐。

（6）汞泄漏后可先行收集，然后在污染处用硫黄粉覆盖，因汞挥发出来的蒸气遇硫黄生成硫化汞而不致逸出，最后冲洗干净。

（7）磷容器破裂失去水保护将会产生燃烧，此时应先戴好防毒面具，用工具将黄磷移放到完好的容器中，切勿用手接触。污染处用石灰乳浸湿，再用水冲洗。被黄磷污染的用具，可用5%硫酸铜溶液冲洗。

（8）砷泄漏后可用碱水和氢氧化铁解毒，再用水冲洗。

（9）溴泄漏后可用氨水使生成铵盐，再用水冲洗。

H_2S的急性毒作用器官和中毒机制可因其不同的浓度和接触时间而异。浓度越高则对中枢神经抑制作用越明显，浓度相对较低时对黏膜刺激作用明显。

短时间接触浓度超过750mg/m^{3}的H_2S会在没有任何危险征兆的情况下迅速失去知觉，无论时间长短都可能是致命的，在随后的几秒钟内会由于呼吸中断而死亡，除非及时地将受害人移至安全场所并实施人工呼吸。如果能够幸存，受害者大部分能够痊愈。

接触浓度为300mg/m^{3}或300mg/m^{3}以上的H_2S超过30min会引起肺水肿。浓度超过150mg/m^{3}的H_2S会刺激眼睛、鼻腔黏膜、喉咙和肺。在低浓度下，H_2S有臭鸡蛋味。必须强调的是H_2S的臭鸡蛋味在浓度为0.03mg/m^{3}时也可以被闻到，但在浓度超过150mg/m^{3}时，人由于嗅觉迅速消失而无法闻到。

从上面的分析可以看出发生H_2S中毒的特点：

①H_2S最主要的危险是意外接触能导致电击式快速死亡。

②能根据臭味来判断危险场所H_2S的浓度。

（二）腐蚀性危险化学品

腐蚀性物品接触人的皮肤、眼睛、肺部、食道等，会引起表皮细胞组织发生破坏作用而造成灼伤，而且被腐蚀性物品灼伤的伤口不易愈合。内部器官被灼伤时，严重的会引起炎症，如肺炎，甚至会造成死亡。特别是接触氢氟酸时，能发生剧痛，使组织坏死，如不及时治疗，会导致严重后果。

（三）放射性危险化学品的危险特性

具有放射性的危险化学品能从原子核内部，自行不断放出有穿透力、为人们肉眼不可见的射线（α射线、β射线、γ射线和中子流）。放射性危险化学品的主要危险特性在于它的放射性。其放射性强度越大，危险性就越大。人体组织在受到射线照射时，能发生电离，如果人体受到过量射线的照射，就会产生不同程度的损伤。在极高剂量的放射线作用下，能造成3种类型的放射伤害：

1. 对中枢神经和大脑系统的伤害。这种伤害主要表现为虚弱、倦怠、嗜睡、昏迷、震颤、痉挛，可在两天内死亡。

2. 对肠胃的伤害。这种伤害主要表现为恶心、呕吐、腹泻、虚弱和虚脱，症状消失后可出现急性昏迷，通常可在两周内死亡。

3. 对造血系统的伤害。这种伤害主要表现为恶心、呕吐、腹泻，但很快能好转，经过约2～3周无症状之后，出现脱发、经常性流鼻血，再出现腹泻、极度憔悴，通常在2～6周后死亡。

（四）劳动防护用品选用原则

一般来讲，在安全技术措施中，改善劳动条件，排除危害因素是根本性的措施，但在一定条件下，如在事故救援和抢修过程中，个人劳动防护用品就成为保护人身安全的主要手段。从危险化学品对人体的侵入途径着眼，劳动防护用品应防止其由呼吸道、暴露部位、消化道等侵入人体。危险化学品劳动防护示意图如图5—8所示。

图5—8　危险化学品劳动防护示意

工业生产中毒性危险化学品进入人体的最重要的途径是呼吸道。呼吸道防毒劳动防护用具的选用原则见表 5—3，呼吸道防毒面具实物图见图 5—9。

表 5—3　呼吸道防毒用具的选用原则

<table>
<tr><th colspan="4">品类</th><th>使用范围</th></tr>
<tr><td rowspan="6">过滤式</td><td rowspan="3">全面罩式</td><td colspan="2">头罩式面具</td><td rowspan="6">毒性气体的体积浓度低，一般不高于 1%，具体选择按《呼吸防护自吸过滤式防毒面具》（GB 2890—2009）进行</td></tr>
<tr><td rowspan="2">面罩式面具</td><td>导管式</td></tr>
<tr><td>直接式</td></tr>
<tr><td rowspan="3">半面罩式</td><td colspan="2">双罐式防毒口罩</td></tr>
<tr><td colspan="2">单罐式防毒口罩</td></tr>
<tr><td colspan="2">简易式防毒口罩</td></tr>
<tr><td rowspan="7">隔离式</td><td rowspan="4">自给式</td><td rowspan="2">供氧（气）式</td><td>氧气呼吸器</td><td rowspan="3">毒性气体浓度高，毒性不明或缺氧的可移动性作业</td></tr>
<tr><td>空气呼吸器</td></tr>
<tr><td rowspan="2">生氧式</td><td>生氧面具</td></tr>
<tr><td>自救器</td><td>上述情况短暂时间事故自救用</td></tr>
<tr><td rowspan="3">隔离式</td><td rowspan="2">送风长管式</td><td>电动式</td><td rowspan="2">毒性气体浓度高、缺氧的固定作业</td></tr>
<tr><td>人工式</td></tr>
<tr><td colspan="2">自吸长管式</td><td>同上，导管限长<10m，管内径>18mm</td></tr>
</table>

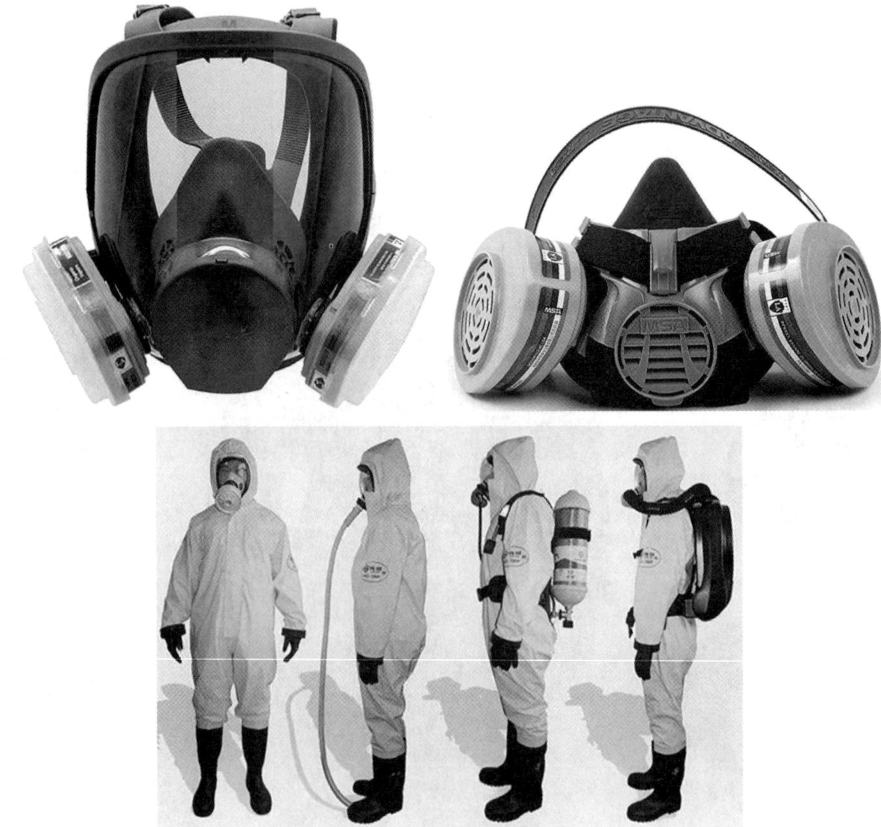

图 5—9　呼吸道防毒面具实物图

第二节 危险化学品包装与运输安全技术

一、危险化学品包装安全技术要求

1. 危险货物运输包装分类

《危险货物运输包装通用技术条件》（GB 12463—2009）将危险货物运输包装分为三类：

（1）Ⅰ类包装：货物具有较大危险性。

（2）Ⅱ类包装：货物具有中等危险性。

（3）Ⅲ类包装：货物具有较小危险性。

各类危险货物运输包装如图 5－10 所示。

图 5－10 各类危险货物运输包装

2. 危险化学品包装安全要求

（1）危险货物运输包装应结构合理，具有一定强度，防护性能好。包装的材质、型式、规格、方法和单件质量（重量），应与所装危险货物的性质和用途相适应，并便于装卸、运输和储存。

（2）包装应质量良好，其构造和封闭形式应能承受正常运输条件下的各种作业风险，不应因温度、湿度或压力的变化而发生任何渗（撒）漏，包装表面应清洁，不允许黏附有害的危险物质。

（3）包装与内装物直接接触部分，必要时应有内涂层或进行防护处理，包装材质不得与内装物发生化学反应而形成危险产物或导致削弱包装强度。

（4）内容器应予固定。如属易碎性的应使用与内装物性质相适应的衬垫材料或吸附材料衬垫妥实。

（5）盛装液体的容器，应能经受在正常运输条件下产生的内部压力。灌装时必须留有足够的膨胀余量（预留容积），除另有规定外，并应保证在温度 55℃时，内装液体不致完全充满容器。

（6）包装封口应根据内装物性质采用严密封口、液密封口或气密封口。

（7）盛装需浸湿或加有稳定剂的物质时，其容器封闭形式应能有效地保证内装液体（水、溶剂和稳定剂）的含量，在储运期间保持在规定的范围以内。

（8）有降压装置的包装，其排气孔设计和安装应能防止内装物泄漏和外界杂质进入，排出的气体量不得造成危险和污染环境。

（9）复合包装的内容器和外包装应紧密贴合，外包装不得有擦伤内容器的凸出物。

（10）无论是新包装、重复使用的包装还是修理过的包装，均应符合《危险货物运输包装通用技术条件》（GB 12463—2009）的要求。

（11）盛装爆炸品包装的附加要求：①盛装液体爆炸品容器的封闭形式，应具有防止渗漏的双重保护。②除内包装能充分防止爆炸品与金属物接触外，铁钉和其他没有防护涂料的金属部件不得穿透外包装。③双重卷边接合的钢桶，金属桶或以金属作衬里的包装箱，应能防止爆炸物进入隙缝。钢桶或铝桶的封闭装置必须有合适的垫圈。④包装内的爆炸物质和物品（包括内容器），必须衬垫妥实，在运输中不得发生危险性移动。⑤盛装有对外部电磁辐射敏感的电引发装置的爆炸物品，包装应具备防止所装物品受外部电磁辐射源影响的功能。

（12）常用危险货物运输包装的组合型式、标记代号、限制重量等参数应符合《危险货物运输包装通用技术条件》（GB 12463—2009）附录A中的规定。

二、危险化学品运输安全技术要求

1. 基本要求

（1）危险货物的装卸应在装卸管理人员的现场指挥下进行。

（2）在危险货物装卸作业区应设置警告标志。无关人员不得进入装卸作业区。

（3）进入易燃、易爆危险货物装卸作业区应：

①禁止随身携带火种。

②关闭随身携带的手机等通信工具和电子设备。

③严禁吸烟。

④穿着不产生静电的工作服和不带铁钉的工作鞋。

（4）雷雨天气装卸时，应确认避雷电、防湿潮措施有效。

（5）运输危险货物的车辆在一般道路上最高车速为60km/h，在高速公路上最高车速为80km/h，并应确认有足够的安全车间距离。如遇雨天、雪天、雾天等恶劣天气，最高车速为20km/h，并打开示警灯，警示后车，防止追尾。

（6）禁止在装卸作业区内维修运输危险货物的车辆。

（7）运输过程中，应每隔2h检查一次。若发现货损（如丢失、泄漏等），应及时联系当地有关部门予以处理。

（8）驾驶人员一次连续驾驶4h应休息20min以上；24h内实际驾驶车辆时间累计不得超过8h。

（9）运输危险货物的车辆发生故障需修理时，应选择在安全地点和具有相关资质的汽车修理企业进行。

（10）对装有易燃易爆的和有易燃易爆残留物的运输车辆，不得动火修理。确需修理的车辆，应向当地公安部门报告，根据所装载的危险货物特性，采取可靠的安全防护措施，并在消防员监控下作业。

（11）运输剧毒、爆炸、易燃、放射性危险货物的，应当具备罐式车辆、厢式车辆或专用容器。

（12）运输剧毒危险货物的罐式专用车辆的罐体容积不得超过$10m^3$，但罐式集装箱除外；运输剧毒、爆炸、强腐蚀性危险货物的非罐式专用车辆，核定载质量不得超过10t；运输爆炸、强腐蚀性危险货物的罐式专用车辆的罐体容积不得超过$20m^3$。

（13）运输剧毒品的，必须到公安部门办理剧毒品公里运输通行证，并按规定路线从事运输。

2. 出车前要求

（1）运输危险货物车辆的有关证件、标志应齐全有效（车辆道路运输证核定经营范围、车辆标志牌是否与所装运危险货物类别项别相符），技术状况应为良好，并按照有关规定对车辆安全技术状况进行严格检查，发现故障应立即排除。

(2) 运输危险货物车辆的车厢底板应平坦完好、栏板牢固，对于不同的危险货物，应采取相应的衬垫防护措施（如铺垫木板、胶合板、橡胶板等），车厢或罐体内不得有与所装危险货物性质相抵触的残留物。

(3) 检查运输危险货物的车辆配备的消防器材，发现问题应立即更换或修理。

(4) 根据所运危险货物特性，应随车携带遮盖、捆扎、防潮、防火、防毒等工、属具和应急处理设备、劳动防护用品。

(5) 驾驶人员、押运人员应检查随车携带的“道路运输危险货物安全卡”是否与所运危险货物一致。

(6) 装车完毕后，驾驶员应对货物的堆码、遮盖、捆扎等安全措施及对影响车辆起动的不安全因素进行检查，确认无不安全因素后方可起步。

(7) 运输危险化学品的驾驶员、押运人员必须了解所运载的危险化学品的性质、危害特性、保障容器的使用特性和发生意外时的应急措施。

3. 运输途中要求

(1) 驾驶人员应根据道路交通状况控制车速，禁止超速和强行超车、会车。

(2) 运输途中应尽量避免紧急制动，转弯时车辆应减速。

(3) 通过隧道、涵洞、立交桥时，要注意标高、限速。

(4) 运输危险货物过程中，押运人员应密切注意车辆所装载的危险货物，根据危险货物性质定时停车检查，发现问题及时会同驾驶人员采取措施妥善处理。驾驶人员、押运人员不得擅自离岗、脱岗。

(5) 运输过程中如发生事故时，驾驶人员和押运人员应立即向当地公安部门及安全生产管理部门、环境保护部门、质检部门报告，并应看护好车辆、货物，共同配合采取一切可能的警示、救援措施。

(6) 运输过程中需要停车住宿或遇有无法正常运输的情况时，应向当地公安部门报告。

(7) 运输过程中遇有天气、道路路面状况发生变化，应根据所载危险货物特性，及时采取安全防护措施。遇有雷雨时，不得在树下、电线杆、高压线、铁塔、高层建筑及容易遭到雷击和产生火花的地点停车。若要避雨时，应选择安全地点停放。遇有泥泞、颠簸、狭窄及山崖等路段时，应低速缓慢行驶，防止车辆侧滑、打滑及危险货物剧烈震荡等，确保运输安全。

4. 运输爆炸品要求

(1) 运输爆炸品应使用厢式货车。

(2) 厢式货车的车厢内不得有酸、碱、氧化剂等残留物。

(3) 不具备有效的避雷电、防潮湿条件时，雷雨天气应停止对爆炸品的运输、装卸作业。

(4) 应按公安部门核发的道路通行证所指定的时间、路线等行驶。

(5) 施救人员应戴防毒面具。扑救时禁止用沙土等物压盖，不得使用酸碱灭火剂。

(6) 装卸时严禁接触明火和高温；严禁使用会产生火花的工具、机具。

(7) 车厢装货总高度不得超过1.5m。无外包装的金属桶只能单层摆放，以免因压力过大或撞击摩擦引起爆炸。

5. 运输压缩气体和液化气体要求

(1) 车厢内不得有与所装货物性质相抵触的残留物。

(2) 夏季运输应检查并保证瓶体遮阳、瓶体冷水喷淋降温设施等安全有效。

(3) 运输中，低温液化气体的瓶体及设备受损、真空度遭破坏时，驾驶人员、押运人员应站在上风处操作，打开放空阀泄压，注意防止灼伤。一旦出现紧急情况，驾驶人员应将车辆转移到距火源较远的地方。

（4）压缩气体遇燃烧、爆炸等险情时，应向气瓶大量浇水使其冷却，并及时将气瓶移出危险区域。

（5）发现气瓶泄漏时，应确认拧紧阀门，并根据气体性质做好相应的人身防护：

①施救人员应戴上防毒面具，站在上风处抢救。

②易燃、助燃气体气瓶泄漏时，严禁靠近火种。

③有毒气体气瓶泄漏时，应迅速将所装载车辆转移到空旷安全处。

（6）除另有限运规定外，当运输过程中瓶内气体的温度高于 40℃时，应对瓶体实施遮阳、冷却喷淋降温等措施。

（7）装车时要拧紧瓶帽，注意保护气瓶阀门，防止撞坏。车下人员须待车上人员将气瓶放置妥当后，才能继续往车上装瓶。在同一车厢内不准有 2 人以上同时单独往车上装瓶。

（8）气瓶应尽量采用直立运输，直立气瓶高出栏板部分不得大于气瓶高度的 1/4。不允许纵向水平装载气瓶。水平放置的气瓶均应横向平放，瓶口朝向应统一；水平放置最上层气瓶不得超过车厢栏板高度。

（9）妥善固定瓶体，防止气瓶窜动、滚动，保证装载平衡。

（10）卸车时，要在气瓶落地点铺上铅垫或橡皮垫；应逐个卸车，严禁溜放。

（11）装卸作业时，不要把阀门对准人身，注意防止气瓶安全帽脱落，气瓶应直立转动，不准脱手滚瓶或传接，气瓶直立放置时应稳妥牢靠。

（12）装运大型气瓶（盛装净重 0.5t 以上的）或气瓶集装架（格）时，气瓶与气瓶、集装架与集装架之间需填牢填充物，在车厢栏板与气瓶空隙处应有固定支撑物，并用紧绳器紧固，严防气瓶滚动，重瓶不准多层装载。

（13）装卸有毒气体时，应预先采取相应的防毒措施。

（14）装卸氧气瓶时，工作服、手套和装卸工具、机具上不得沾有油脂；装卸氧气瓶的机具应采用氧溶性润滑剂，并应装有防止产生火花的防护装置；不得使用电磁起重机搬运。库内搬运氧气瓶应采用带有橡胶车轮的专用小车，小车上固定氧气瓶的槽、架也要注意不产生静电。

（15）配装时应做到：

①易燃气体中除非助燃性的不燃气体、易燃液体、易燃固体、碱性腐蚀品、其他腐蚀品外，不得与其他危险货物配装。

②助燃气体（如空气、氧气及具有氧化性的有毒气体）不得与易燃、易爆物品及酸性腐蚀品配装。

③不燃气体不得与爆炸品、酸性腐蚀品配装。

④有毒气体不得与易燃易爆物品、氧化剂和有机过氧化物、酸性腐蚀物品配装。

⑤有毒气体液氯与液氨不得配装。

6. 运输易燃液体要求

（1）根据所装货物和包装情况（如化学试剂、油漆等小包装），随车携带好遮盖、捆扎等防散失工具，并检查随车灭火器是否完好，车辆货厢内不得有与易燃液体性质相抵触的残留物。

（2）装运易燃液体的车辆不得靠近明火、高温场所。

（3）装卸作业现场应远离火种、热源。操作时货物不准撞击、摩擦、拖拉；装车堆码时桶口，箱盖一律向上，不得倒置；集装货物，堆码整齐；装卸完毕，应罩好网罩，捆扎牢固。

（4）钢桶盛装的易燃液体，不得从高处翻滚溜放卸车。装卸时应采取措施防止产生火花，周围需有人员接应，严防钢桶撞击致损。

（5）钢制包装件多层堆码时，层间应采取合适衬垫，并应捆扎牢固。

（6）对低沸点或易聚合的易燃气体，若发现其包装容器内装物有膨胀（鼓桶）现象时，不得装车。

7. 运输易燃固体、自燃物品和遇湿易燃物品要求

（1）运输危险货物车辆的货厢、随车工、属具不得沾有水、酸类和氧化剂。

（2）运输遇湿易燃物品，应采取有效的放水、防潮措施。

（3）运输过程中，应避开热辐射，通风良好，防止受潮。

（4）雨天运输遇湿易燃物品，应保证防雨、防潮湿措施切实有效。

（5）装卸场所及装卸用工、属具应清洁干燥，不得沾有酸类和氧化剂。

（6）搬运时应轻装轻卸，不得摩擦、撞击、震动、摔碰。

（7）装卸自燃物品时，应避免与空气、氧化剂、酸类等接触；对需用水（如黄磷）、煤油、石蜡（如金属钠、钾）、惰性气体（如，三乙基铝等）或其他稳定剂进行防护的包装件，应防止容器受撞击、震动、摔碰、倒置等而造成破损，避免自燃物品与空气接触发生自燃。

（8）遇湿易燃物品，不宜在潮湿的环境下装卸。若不具备防雨、防潮湿的条件，不准进行装卸作业。

（9）装卸容易升华、挥发出易燃、有害或刺激性气体的货物时，现场应通风良好、防止中毒；作业时应防止摩擦、撞击，以免引起燃烧、爆炸。

（10）装卸钢桶包装的碳化钙（电石）时，应确认包装内有无填充保护气体（氮气）。如未填充的，在装卸前应侧身轻轻地拧开桶上的通气孔放气，防止爆炸、冲击伤人。电石桶不得倒置。

（11）装卸对撞击敏感，遇高热、酸易分解、爆炸的自反应物质和有关物质时，应控制温度，且不得与酸性腐蚀品及有毒或易燃脂类危险品配装。

（12）配装时还应做到：

①易燃固体不得与明火、水接触，不得与酸类和氧化剂配装。

②遇湿易燃物品不得与酸类、氧化剂及含水的液体货物配装。

8. 运输氧化剂和过氧化物要求

（1）有机过氧化物应选用控温厢式货车运输；若车厢为铁质底板，需铺有防护衬垫。车厢应隔热、防雨、通风，保持干燥。

（2）运输货物的车厢与随车工具不得沾有酸类、煤炭、砂糖、面粉、淀粉、金属粉、油脂、磷、硫、洗涤剂、润滑剂或其他松软、粉状可燃物质。

（3）性质不稳定或由于聚合、分解在运输中能引起剧烈反应的危险货物，应加入稳定剂；有些常温下会加速分解的货物，应控制温度。

（4）运输需要控温的危险货物应做到：

①装车前检查运输车辆、容器及制冷设备。

②配备备用制冷系统或备用部件。

③驾驶人员和押运人员应具备熟练操作制冷系统的能力。

（5）有机过氧化物应加入稳定剂后方可运输。

（6）有机过氧化物的混合物按所含最高危险有机过氧化物的规定条件运输，并确认自行加速分解温度（SADT），必要时应采取有效控温措施。

（7）运输应控制温度的有机过氧化物时，要定时检查运输组件内的环境温度并记录，及时关注温度变化，必要时采取有效控温措施。

（8）运输过程中，环境温度超过控制温度时，应采取相应补救措施；环境温度超过应急温度，应启动有关应急程序。

（9）对加入稳定剂或需控温运输的氧化剂和有机氧化物，作业时应认真检查包装，密切注意包装有无渗漏及膨胀（鼓桶）情况，发现异常应拒绝装运。

（10）装卸时，禁止摩擦、震动、摔碰、拖拉、翻滚、冲击，防止包装及容器损坏。

（11）装卸时发现包装破损，不能自行将破损件改换包装，不得将撒漏物装入原包装内，而应另行处理。操作时，不得踩踏、碾压撒漏物，禁止使用金属和可燃物（如纸木等）处理撒漏物。

（12）外包装为金属容器的货物，应单层摆放。需要堆码时，包装物之间应有性质与所运货物相容的不燃材料衬垫并加固。

（13）有机过氧化物装卸时严禁混有杂质，特别是酸类、重金属氧化物、胺类等物质。

（14）配装时还应做到：

①氧化剂不能和易燃物质配装运输，尤其不能与酸、碱、硫黄、粉尘类（炭粉、糖粉、面粉、洗涤剂、润滑剂、淀粉）及油脂类货物配装。

②漂白粉及无机氧化物中的亚硝酸盐、亚氯酸盐、次亚氯酸盐不得与其他氧化剂配装。

9. 运输毒害品要求

（1）毒害品除有特殊包装要求的剧毒品采用化工物品专业罐车运输外，毒害品应采用厢式货车运输。

（2）运输毒害品过程中，押运人员要严密监视，防止货物丢失、撒漏；行车时要避开高温、明火场所。

（3）装卸作业前，对刚开启的仓库、集装箱、封闭式车厢要先通风排气，驱除积聚的有毒气体，当装卸场所的各种毒害品浓度低于最高容许浓度时方可作业。

（4）作业人员应根据不同货物的危险特性，穿戴好相应的防护服装、手套、防毒口罩、防毒面具和护目镜等。

（5）认真检查毒害品的包装，应特别注意剧毒品、粉状的毒害品的包装，外包装表面应无残留物。发现包装破损、渗漏等现象，则拒绝装运。

（6）装卸作业时，作业人员尽量站在上风处，不能停留在低洼处。

（7）避免易碎包装件、纸质包装件的包装损坏，防止毒害品撒漏。

（8）对刺激性较强的和散发异臭的毒害品，装卸人员应采取轮班作业。

（9）在夏季高温期，尽量安排在早晚气温较低时作业；晚间作业应采用防爆式或封闭式安全照明。

（10）忌水的毒害品（如磷化铝、磷化锌等），应防止受潮。装运毒害品之后的车辆及工、属具要严格清洗消毒，未经安全管理人员检验批准，不得装运食用、药用的危险货物。

（11）配装时应做到：

①无机毒害品不得与酸性腐蚀品、易感染性物品配装。

②有机毒害品不得与爆炸品、助燃气体、氧化剂、有机过氧化物及酸性腐蚀物品配装。

③毒害品严禁与食用、药用的危险货物同车配装。

10. 运输腐蚀品要求

（1）运输过程中发现货物撒漏时，要立即用干砂、干土覆盖吸收；货物大量溢出时，应立即向当地公安、环保等部门报告，并采取一切可能的警示和消除危害措施。

（2）运输过程中发现货物着火时，不得用水柱直接喷射，以防腐蚀品飞溅，应用水柱向高空喷射形成雾状覆盖火区；对遇水发生剧烈反应，能燃烧、爆炸或放出有毒气体的货物，不得用水扑救；着火货物是强酸时，应尽可能抢出货物，以防止高温爆炸、酸液飞溅；无法抢出货物时，可用大量水降低容器温度。

（3）扑救易散发腐蚀性蒸气或有毒气体的货物时，应穿戴防毒面具和相应的防护用品。扑救人员应站在上风处施救。如果被腐蚀物品灼伤，应立即用流动自来水或清水冲洗创面15～30min，之后送医院救治。

（4）装卸作业前应穿戴具有防腐蚀的防护用品，并穿戴带有面罩的安全帽。对易散发有毒蒸气或烟雾的，应配备防毒面具，并认真检查包装、封口是否完好，要严防渗漏，特别要防止内包装破损。

（5）装卸作业时，应轻装、轻卸，防止容器受损。液体腐蚀品不得肩扛、背负；忌震动、摩擦；易碎容器包装的货物，不得拖拉、翻滚、撞击；外包装没有封盖的组合包装件不得堆码装运。

（6）具有氧化性的腐蚀品不得接触可燃物和还原剂。

（7）有机腐蚀品严禁接触明火、高温或氧化剂。

（8）配装时应做到：

①特别注意：腐蚀品不得与普通货物配装。

②酸性腐蚀品不得与碱性腐蚀品配装。

③有机酸性腐蚀品不得与有氧化性的无机酸性腐蚀品配装。

④浓硫酸不得与任何其他物质配装。

11. 罐车运输液体、气体要求

（1）出车前根据所装危险货物的性质选择罐体。与罐壳材料、垫圈、装卸设备及任何防护衬料接触可能发生反应而形成危险产物，或明显减损材料强度的货物，不得装车。

（2）装卸前应对罐体进行检查，罐体应符合下列要求：

①罐体无渗漏现象。

②罐体内应无与待装货物性质相抵触的残留物。

③阀门应能关紧，且无渗漏现象。

④罐体与车身应紧固，罐体盖应严密。

⑤装卸料导管状况应良好无渗漏。

⑥装运易燃易爆的货物，导除静电装置应良好。

⑦罐体改装其他液体时，应经过清洗和安全处理，检验合格后方可使用。清洗罐体的污水经处理后，按指定地点排放。

（3）装卸作业可采用泵送或自流灌装。

（4）作业环境温度要适应该液体的储存和运输安全的理化性质要求。

（5）作业中要密切注视货物动态，防止液体泄漏、溢出。需要换罐时，应掀开空罐，后关满罐。

（6）易燃液体装卸始末，管道内流速不得超过1m/s，正常作业流速不宜超3m/s。其他液体产品可采用经济流速。

（7）装卸料管应专管专用。

（8）装卸作业现场应通风良好。装卸人员应站在上风处作业。

（9）装卸前要联好防静电装置。易燃易爆品的装卸工具要有防止产生火花的性能。装卸时应轻开、轻关孔盖，密切注视进出料情况，防止溢出。

（10）装料时，认真核对货物品名后按车辆核定吨位装载，并应按规定留有膨胀余位，严禁超载。装料后，关紧罐体进料口，将导管中的残留液体或残留气体排放到指定地点。

（11）在运输过程中罐体应采取防护措施，防止罐体受到横向、纵向的碰撞及翻倒时导致罐壳及其装卸设备损坏。

（12）化学性质不稳定的物质，需采取必要的措施后方可运输，以防止运输途中发生危险性的分解、化学变化或聚合反应。

（13）运输过程中，罐壳（不包括开口及其封闭装置）或隔热层外表面的温度不应超过 70℃。

（14）卸料时，贮罐所标货名应与所卸货物相符；卸料导管应支撑固定，保证卸料导管与阀门的联接牢固；要逐渐缓慢开启阀门。

（15）卸料时，装卸人员不得擅离操作岗位。卸料后应收好卸料导管、支撑架及防静电设施等。

（16）装卸作业结束后，应将装卸管道内剩余的液体清扫干净；可采用泵吸或氮气清扫易燃液体装卸管道。

12. 罐车运输非冷冻液化气体要求

（1）非冷冻液化气体的单位体积最大质量（kg/L）不得超过 50℃时该液化气体密度的 0.95 倍；罐体在 60℃时不得充满液化气体。

（2）装载后的罐体不得超过最大允许总重，并且不得超过所运各种气体的最大允许载重。

13. 罐车运输冷冻液化气体要求

（1）不可使用保温效果变差的罐体。

（2）充灌度不超过 92%，且不得超重。

（3）装卸作业时，装卸人员应穿戴防冻伤的防护用品（如防冻手套），并穿戴带有面罩的安全帽。

14. 罐车运输腐蚀品要求

（1）运输腐蚀品的罐体材料和附属设施应具有防腐性能。

（2）运输腐蚀品的罐车应专车专运。

（3）装卸操作时应注意：

①作业时，装卸人员应站在上风处。

②出车前或灌装前，应检查卸料阀门是否关闭，防止上放下漏。

③卸货前，应让收货人确认卸货贮槽无误，防止放错贮槽引发货物化学反应酿成事故。

④灌装和卸货后，应将进料口盖严盖紧，防止行驶中车辆的晃动导致腐蚀品溅出。

⑤卸料时，应保证导管与阀门的连接牢固后，逐渐缓慢开启阀门。

15. 危险化学品集装箱运输、装卸要求

（1）装箱作业前，应检查集装箱，确认集装箱技术状态良好并清扫干净，去除无关标志和标牌。

（2）装箱作业前，应检查集装箱内有无与待装危险货物性质相抵触的残留物。发现问题，应及时通知发货人进行处理。

（3）装箱作业前，应检查待装的包装件。破损、撒漏、水湿及沾污其他污染物的包装件不得装箱，对撒漏破损件及清扫的撒漏物交由发货人处理。

（4）不准将性质相抵触、灭火方法不同或易污染的危险货物装在同一集装箱内。如符合配装规定而与其他货物配装时，危险货物应装在箱门附近。包装件在集装箱内应有足够的支撑和固定。

（5）装箱作业时，应根据装载要求装箱，防止集重和偏重。

（6）装箱完毕，关闭、封锁箱门，并按要求粘贴好与箱内危险货物性质相一致的危险货物标志、标牌。

（7）熏蒸中的集装箱，应标贴有熏蒸警告符号。当固体二氧化碳（干冰）用作冷却目的时，集装箱外部门端明显处应贴有指示标记或标志，并标明“内有危险的二氧化碳（干冰），进入之前务必彻底通风!”字样。

（8）集装箱内装有易产生毒害气体或易燃气体的货物时，卸货时应先打开箱门，进行足够的通风后方可装卸作业。

（9）对卸空危险货物的集装箱要进行安全处理；有污染的集装箱，要在指定地点、按规定要求进行清扫或清洗。

（10）装过毒害品、感染性物品、放射性物品的集装箱在清扫或清洗前，应开箱通风。进行清扫或清洗的工作人员应穿戴适用的防护用品。洗箱污水在未作处理之前，禁止排放。

第三节　危险化学品储存安全技术

一、危险化学品储存的基本要求

根据《常用化学危险品储存通则》（GB 15603—1995）的规定，储存危险化学品基本安全要求是：

（1）储存危险化学品必须遵照国家法律、法规和其他有关的规定。

（2）危险化学品必须储存在经公安部门批准设置的专门的危险化学品仓库中，经销部门自管仓库储存危险化学品及储存数量必须经公安部门批准。未经批准不得随意设置危险化学品储存仓库。

（3）危险化学品露天堆放，应符合防火、防爆的安全要求；爆炸物品、一级易燃物品、遇湿燃烧物品、剧毒物品不得露天堆放。

（4）储存危险化学品的仓库必须配备有专业知识的技术人员，其库房及场所应设专人管理，管理人员必须配备可靠的个人安全防护用品。

（5）储存的危险化学品应有明显的标志，标志应符合《危险货物包装标志》（GB 190—2009）的规定。同一区域储存两种或两种以上不同级别的危险化学品时，应按最高等级危险化学品的性能标志。

（6）危险化学品储存方式分为三种：隔离储存、隔开储存、分离储存。

（7）根据危险化学品性能分区、分类、分库储存。各类危险化学品不得与禁忌物料混合储存。

（8）储存危险化学品的建筑物、区域内严禁吸烟和使用明火。

二、危险化学品储存的堆垛安全距离

根据《易燃易爆性商品储存养护技术条件》（GB 17914—2013）、《腐蚀性商品储存养护技术条件》（GB 17915—2013）、《毒害性商品储存养护技术条件》（GB 17916—2013）中对危险化学品储存堆垛各安全距离进行的规定，分别对易燃易爆性物质、腐蚀性物质、毒害性物质进行阐述。

1. 易燃易爆性物质堆垛

根据库房条件，物质性质和包装形态采取适当的堆码和垫底方法。

各种物质不允许直接落地存放。根据库房地势高低，一般应垫高 15cm 以上。遇湿放出易燃气体的物质、易燃物质、易吸潮溶化和吸潮分解的物质应根据情况加大下垫高度。各种物品应码行列式压缝货垛，做到出入库方便，一般垛高不超过 3m。

堆垛间距根据《易燃易爆性商品储存养护技术条件》（GB 17914—2013）中的规定，应满足如下条件：

①主通道≥180cm。

②支通道≥80cm。

③墙距≥30cm。

④柱距≥10cm。

⑤垛距≥10cm。

⑥顶距≥50cm。

2. 腐蚀性物质堆垛

库房、货棚或露天货场储存的物质，货垛下应有隔潮设施，货架与库房地面距离一般不低于 15cm，货场的堆垛与地面距离不低于 30cm。

根据物质性质、包装规格采用适当的堆垛方法，要求货垛整齐，堆码牢固，数量准确，禁止倒置。按出厂先后或批号分别堆码。

根据《腐蚀性商品储存养护技术条件》（GB 17915—2013）中的规定，堆垛高度与堆垛间距应满足相应要求。

堆垛高度应满足如下条件：

①大铁桶液体：立码；固体：平放，不应超过 3m。

②大箱（内装坛、桶）不应超过 1.5m。

③化学试剂木箱不应超过 3m；纸箱不应超过 2.5m。

④袋装 3～3.5m。

堆垛间距应满足如下条件：

①主通道≥180cm。

②支通道≥80cm。

③墙距≥30cm。

④柱距≥10cm。

⑤垛距≥10cm。

⑥顶距≥50cm。

3. 毒害性物质堆垛

堆垛要符合安全、方便的原则，便于堆码、检查和消防扑救。货垛下应有防潮设施，垛底距地面距离不小于 15cm。货垛应牢固、整齐、通风，垛高不超过 3m。

根据《毒害性商品储存养护技术条件》（GB 17916—2013）中的规定，堆垛间距应满足如下条件：

①主通道≥180cm。

②支通道≥80cm。

③墙距≥30cm。

④柱距≥10cm。

⑤垛距≥10cm。

⑥顶距≥50cm。

三、危险化学品安全储存的条件

根据《易燃易爆性商品储存养护技术条件》(GB 17914—2013)、《腐蚀性商品储存养护技术条件》(GB 17915—2013)、《毒害性商品储存养护技术条件》(GB 17916－2013)中对危险化学品储存条件的规定，分别进行讲述。

(一) 易燃易爆品的储存条件

储存危险化学品的库房应符合《建筑设计防火规范》(GB 50016—2014)中3.3.2的要求，库房耐火等级不低于二级。

1. 库房基本条件

(1) 应干燥、易于通风、密闭和避光，并应安装避雷装置；库房内可能散发(或泄漏)可燃气体、可燃蒸气的场所应安装可燃气体检测报警装置。

(2) 各类物质依据性质和灭火方法的不同，应严格分区、分类和分库存放。

①易爆性物质应储存于一级轻顶耐火建筑的库房内。

②低、中闪点液体、一级易燃固体、易于自燃的物质、气体类应储存于一级耐火建筑的库房内。

(3) 遇湿易放出易燃气体的物质、氧化性物质和有机过氧化物应储存于一、二级耐火建筑的库房内。

(4) 二级易燃固体、高闪点液体应储存于耐火等级不低于二级的库房内。

(5) 易燃气体不应与助燃气体同库储存。

2. 库房安全要求

(1) 商品应避免阳光直射、远离火源、热源、电源及产生火花的环境。

(2) 除按表5－4中的规定分类储存外，以下品种应专库储存。

①爆炸品：黑色火药类、爆炸性化合物应专库储存。

②气体：易燃气体、助燃气体和有毒气体应专库储存。

③易燃液体可同库储存，但灭火方法不同的商品应分库储存。

④易燃固体可同库储存，但发乳剂与酸或酸性商品应分库储存。

⑤硝酸纤维素酯、安全火柴、红磷及硫化磷、铝粉等金属粉类应分库储存。

⑥自燃物质：黄磷、烃基金属化合物，浸动、植物油的制品应分库储存。

⑦遇湿易燃商品应专库储存。

⑧氧化性物质和有机过氧化物，一、二级无机氧化剂与一级有机氧化剂应分库储存。

表5-4 常用危险化学品储存禁忌物配存表

危险化学品的种类和名称			配存顺号	1	2	3	4	5	6	7	8	9	10	11	12	13	14	15	16	17	18	19	20	21	22	23	24
危险化学品	爆炸品	点火器材	1	1																							
		起爆器材	2	×	2																						
		炸药及爆炸性药品(不同品名的不得在同一库内配存)	3	×	×	3																					
		其他爆炸品	4	△	×	×	4																				
	氧化剂	有机氧化剂	5	×	×	×	×	5																			
		亚硝酸盐、亚氯酸盐、次亚氯酸盐[1)]	6	△	△	△	△	×	6																		
		其他无机氧化剂[2)]	7	△	△	△	△	×	×	7																	
	压缩气体和液化气体	剧毒（液氯与液氨不能在一库内配存）	8		×	×	×	×	×	×	8																
		易燃	9	△	×	×	△	×	△	△		9															
		助燃（氧及氧空钢瓶不得与油脂在同一库内配存）	10	△	×	×	△					△	10														
		不燃	11		×	×								11													
	自燃物品	一级	12	△	×	×	×	×	△	△	×	×	×		12												
		二级	13		×	×	△				×	△	△			13											
	遇水燃烧物品（不得与含水液体货物在同一库内配存）		14		×	×	×	△	△	△	△	△	△		×		14										
	易燃液体		15	△	×	×	×	×	△	×	×		×		×	△		15									
	易燃固体（H发孔剂不可与酸性腐蚀物品及有毒和易燃酯类危险货物配存）		16		×	×	△	×	△	△	×		×		×				16								
	毒害品	氰化物	17		△	△														17							
		其他毒害品	18		△	△															18						
	腐蚀物品：酸性腐蚀物品	溴	19	△	×	×	×	×				△			×	△	△	△		×	△	19					
		过氧化氢	20	△	×	×	△	△							△	△	×	△		×	△		20				
		硝酸、发烟硝酸、硫酸、发烟硫酸、氯磺酸	21	△	×	×	×	×	×	1)	×	×	△	△	×	×	△	△	△	×	△	△	△	21			
		其他酸性腐蚀物品	22	△	×	×	△	△	△	△	△	△			△		△			×	△		△	△	22		
	腐蚀物品：碱性及其他腐蚀物品	生石灰、漂白粉	23		△	△	△		△	△								△					△	×	△	23	
		其他（无水肼、水合肼、氨水不得与氧化剂配存）	24														△							×			24

注：

1 无配存符号表示可以配存。

2 △表示可以配存，堆放时至少隔离2m。

3 ×表示不可以配存。

4 有注释时按注释规定办理。

1）除硝酸盐（如硝酸钠、硝酸钾、硝酸铵等）与硝酸、发烟硝酸可以配存外，其他情况均不得配存。

2）无机氧化剂不得与松软的粉状可燃物（如煤粉、焦粉、炭墨、糖、淀粉、锯末等）配存。

（二）腐蚀性物质的储存条件

腐蚀性物质应阴凉、干燥、通风、避光。库房应经过防腐蚀、防渗处理，库房的建筑应符合《工业建筑防腐蚀设计规范》（GB 50046—2008）的规定。

储存发烟硝酸、溴素、高氯酸的库房应干燥通风，耐火要求应符合《建筑设计防火规范》（GB 50016—2014）中 3.3.2 的规定，耐火等级不低于二级。

腐蚀性物质储存基本条件与安全要求：

（1）腐蚀性物质应避免阳光直射、暴晒，远离热源、电源、火源，库房建筑及各种设备应符合《建筑设计防火规范》（GB 50016—2014）的规定。

（2）腐蚀性物质应按不同类别、性质、危险程度、灭火方法等分区分类储存，性质和消防施救方法相抵的商品不应同库储存。

（3）应在库区设置洗眼器等应急处置设施。

（4）库区的杂物、易燃物应及时清理，排水保持畅通。

（三）毒害性物质的储存条件

库房应干燥、通风。机械通风排毒应有安全防护和处理措施，库房耐火等级不低于二级。

1. 库房的基本条件和安全要求

（1）仓库应远离居民区和水源。

（2）物品应避免阳光直射、暴晒，远离热源、电源、火源，在库内（区）固定和方便的位置配备与毒害性商品性质相匹配的消防器材、报警装置和急救药箱。

（3）不同种类的毒害性物质，视其危险程度和灭火方法的不同应分开存放，性质相抵的毒害性商品不应同库混存。

（4）剧毒性物质应专库储存或存放在彼此间隔的单间内，并安装防盗报警器和监控系统，库门装双锁，实行双人收发、双人保管制度。

2. 库房安全的温度和湿度要求

库房温度不宜超过 35℃。易挥发的毒害性商品，库房温度应控制在 32℃以下，相对湿度应在 85％以下。对于易潮解的毒害性商品，库房相对湿度应控制在 80％以下。

第四节　危险化学品重大危险源辨识与分级

一、危险化学品重大危险源辨识

危险化学品重大危险源是指长期或临时地生产、储存、使用和经营危险化学品，且危险化学品的数量等于或超过临界量的单元。

生产单元：危险化学品的生产、加工及使用等的装置及设施之间有切断阀时，以切断阀作为分隔界限划分为独立的单元。

储存单元：用于储存危险化学品的储罐或仓库组成的相对独立的区域，储罐区以罐区防火堤为界限划分为独立的单元，仓库以独立库房（独立建筑物）为界限划分为独立的单元。

单元内存在危险化学品的数量等于或超过表 5－5、表 5－6 规定的临界量，即被定为重大危险源。单元内存在的危险化学品的数量根据处理危险化学品种类的多少区分为以下两种情况：

（1）单元内存在的危险化学品为单一品种，则该危险化学品的数量即为单元内危险化学品的总量，若等于或超过相应的临界量，则定为重大危险源。

（2）单元内存在的危险化学品为多品种时，则按下式计算，若满足该式，则定为重大危险源：

$$\frac{q_1}{Q_1}+\frac{q_2}{Q_2}+\cdots+\frac{q_n}{Q_n}\geqslant 1 \qquad (5-1)$$

式中 q_1，q_2，…，q_n——每种危险化学品实际存在量，单位为吨（t）；

Q_1，Q_2，…，Q_n——与各危险化学品相对应的临界量，单位为吨（t）。

表 5—5 危险化学品名称及其临界量

序号	危险化学品名称和说明	别名	CAS 号	临界量/t
1	氨	液氨；氨气	7664—41—7	10
2	二氟化氧	一氧化二氟	7783—41—7	1
3	一氧化氮		10102—44—0	1
4	二氧化硫	亚硫酸酐	7446—09—5	20
5	氟		7782—41—4	1
6	碳酰氯	光气	75—44—5	0.3
7	环氧乙烷	氧化乙烯	75—21—8	10
8	甲醛（含量>90%）	蚁醛	50—00—0	5
9	磷化氢	磷化三氢；膦	7803—51—2	1
10	硫化氢		7783—06—4	5
11	氯化氢（无水）		7647—01—0	20
12	氯	液氯；氯气	7782—50—5	5
13	煤气（CO 和 H_2、CH_4 的混合物等）			20
14	砷化氢	砷化三氢、胂	7784—42—1	1
15	锑化氢	三氢化锑；锑化三氢	7803—52—3	1
16	硒化氢		7783—07—5	1
17	溴甲烷	甲基溴	74—83—9	10
18	丙酮氰醇	丙酮合氰化氢；2—羟基异丁腈；氰丙醇	75—86—5	20
19	丙烯醛	烯丙醛；败脂醛	107—02—8	20
20	氟化氢		7664—39—3	1
21	1—氯—2，3—环氧丙烷	环氧氯丙烷（3—氯—1，2—环氧丙烷）	106—89—8	20
22	3—溴—1，2—环氧丙烷	环氧溴丙烷；溴甲基环氧乙烷；表溴醇	3132—64—7	20
23	甲苯二异氰酸酯	二异氰酸甲苯酯；TDI	26471—62—5	100
24	一氯化硫	氯化硫	10025—67—9	1

续表

序号	危险化学品名称和说明	别名	CAS号	临界量/t
25	氰化氢	无水氢氰酸	74—90—8	1
26	三氧化硫	硫酸酐	7446—11—9	75
27	3—氨基丙烯	烯丙胺	107—11—9	20
28	溴	溴素	7726—95—6	20
29	乙撑亚胺	吖丙啶；1—氮杂环丙烷；氮丙啶	151—56—4	20
30	异氰酸甲酯	甲基异氰酸酯	624—83—9	0.75
31	叠氮化钡	叠氮钡	18810—58—7	0.5
32	叠氮化铅		13424—46—9	0.5
33	雷汞	二雷酸汞；雷酸汞	628—85—4	0.8
34	三硝基苯甲醚	三硝基茴香醚	28653—16—9	8
35	2，4，6—三硝基甲苯	梯恩梯；TNT	118—96—7	5
36	硝化甘油	硝化丙三醇；甘油三硝酸酯	55—63—0	1
37	硝化纤维素［干的或含水（或乙醇）＜25%］	硝化棉	9004—70—0	1
38	硝化纤维素（未改型的，或增塑的，含增塑剂＜18%）			1
39	硝化纤维素（含乙醇≥25%）			10
40	硝化纤维素（含氮≤12.6%）			50
41	硝化纤维素（含水≥25%）			50
42	硝化纤维素溶液（含氮量≤12.6%，含硝化纤维素≤55%）	硝化棉溶液	9004—70—0	50
43	硝酸铵（含可燃物＞0.2%，包括以碳计算的任何有机物，但不包括任何其他添加剂）		6484—52—2	5
44	硝酸铵（含可燃物≤0.2%）		6484—52—2	50
45	硝酸铵肥料（含可燃物≤0.4%）			200
45	硝酸钾		7757—79—1	1000
47	1，3—丁二烯	联乙烯	106—99—0	5
48	二甲醚	甲醚	115—10—6	50

续表

序号	危险化学品名称和说明	别名	CAS号	临界量/t
49	甲烷，天然气		74—82—8（甲烷）8006—14—2（天然气）	50
50	氯乙烯	乙烯基氯	75—01—4	50
51	氢	氢气	1333—74—0	5
52	液化石油气（含丙烷、丁烷及其混合物）	石油气（液化的）	68476—85—7 74—98—6（丙烷） 106—97—8（丁烷）	50
53	一甲胺	氨基甲烷；甲胺	74—89—5	5
54	乙炔	电石气	74—86—2	1
55	乙烯		74—85—1	50
56	氧（压缩的或液化的）	液氧；氧气	7782—44—7	200
57	苯	纯苯	71—43—2	50
58	苯乙烯	乙烯苯	100—42—5	500
59	丙酮	二甲基酮	67—64—1	500
60	2—丙烯腈	丙烯腈；乙烯基氰；氰基乙烯	107—13—1	50
61	二硫化碳		75—15—0	50
62	环己烷	六氢化苯	110—82—7	500
63	1，2—环氧丙烷	氧化丙烯；甲基环氧乙烷	75—56—9	10
64	甲苯	甲基苯；苯基甲烷	108—88—3	500
65	甲醇	木醇；木精	67—56—1	500
66	汽油（乙醇汽油、甲醇汽油）		86290—81—5（汽油）	200
67	乙醇	酒精	64—17—5	500
68	乙醚	二乙基醚	60—29—7	10
69	乙酸乙酯	醋酸乙酯	141—78—6	500
70	正己烷	己烷	110—54—3	500

续表

序号	危险化学品名称和说明	别名	CAS号	临界量/t
71	过乙酸	过醋酸；过氧乙酸；乙酰过氧化氢	79—21—0	10
72	过氧化甲基乙基酮（10%＜有效氧含量≤10.7%，含A型稀释剂≥48%）		1338—23—4	10
73	白磷	黄磷	12185—10—3	50
74	烷基铝	三烷基铝	1	
75	戊硼烷	五硼烷	19624—22—7	1
76	过氧化钾	17014—71—0	20	
77	过氧化钠	双氧化钠；二氧化钠	1313—60—6	20
78	氯酸钾		3811—04—9	100
79	氯酸钠		7775—09—9	100
80	发烟硝酸		52583—42—3	20
81	硝酸（发红烟的除外，含硝酸＞70%）		7697—37—2	100
82	硝酸胍	硝酸亚氨脲	506—93—4	50
83	碳化钙	电石	75—20—7	100
84	钾	金属钾	7440—09—7	1
85	钠	金属钠	7440—23—5	10

表5—6　未在表5—5中列举的危险化学品类别及其临界量

类别	符号	危险性分类及说明	临界量/t
健康危害	J（健康危害性符号）	—	—
急性毒性	J1	类别1，所有暴露途径，气体	5
	J2	类别1，所有暴露途径，固体、液体	50
	J3	类别2、类别3，所有暴露途径，气体	50
	J4	类别2、类别3，吸入途径，液体（沸点≤35℃）	50
	J5	类别2，所有暴露途径，液体（除J4外）、固体	500
物理危险	W（物理危险性符号）	—	—

续表

类别	符号	危险性分类及说明	临界量/t
爆炸物	W1.1	—不稳定爆炸物 —1.1 项爆炸物	1
	W1.2	1.2、1.3、1.5、1.6 项爆炸物	10
	W1.3	1.4 项爆炸物	50
易燃气体	W2	类别 1 和类别 2	10
气溶胶	W3	类别 1 和类别 2	150（净重）
氧化性气体	W4	类别 1	50
易燃液体	W5.1	—类别 1 —类别 2 和 3，工作温度高于沸点	10
	W5.2	—类别 2 和 3，具有引发重大事故的特殊工艺条件包括危险化工工艺、爆炸极限范围或附近操作、操作压力大于 1.6MPa 等	50
	W5.3	—不属于 W5.1 或 W5.2 的其他类别 2	1000
	W5.4	—不属于 W5.1 或 W5.2 的其他类别 3	5000
自反应物质和混合物	W6.1	A 型和 B 型自反应物质和混合物	10
	W6.2	C 型、D 型、E 型自反应物质和混合物	50
有机过氧化物	W7.1	A 型和 B 型有机过氧化物	10
	W7.2	C 型、D 型、E 型、F 型有机过氧化物	50
自燃液体和自燃固体	W8	类别 1 自燃液体 类别 1 自燃固体	50
氧化性固体和液体	W9.1	类别 1	50
	W9.2	类别 2、类别 3	200
易燃固体	W10	类别 1 易燃固体	200
遇水放出易燃气体的物质和混合物	W11	类别 1 和类别 2	200

危险化学品储罐以及其他容器、设备或仓储区的危险化学品的实际存在量按设计最大量确定。

对于危险化学品混合物，如果混合物与其纯物质属于相同危险类别，则视混合物为纯物质，按混合物整体进行计算。如果混合物与其纯物质不属于相同危险类别，则应按新危险类别考虑其临界量。

危险化学品重大危险源的辨识流程如图 5—11 所示。

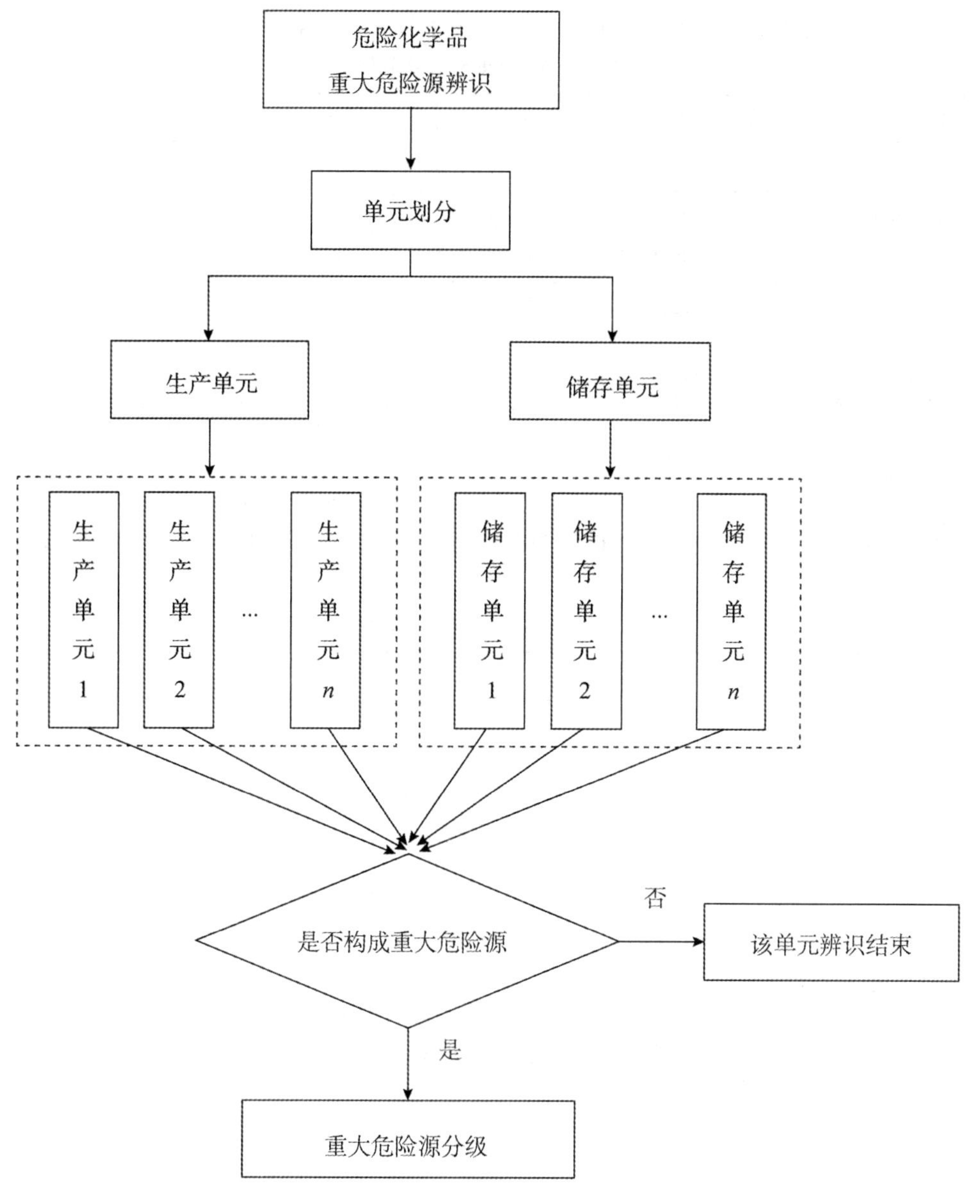

图 5－11　危险化学品重大危险源辨识流程图

二、重大危险源的分级

1. 重大危险源的分级指标

采用单元内各种危险化学品实际存在量与其相对应的临界量比值，经校正系数校正后的比值之和 R 作为分级指标。

2. 重大危险源分级指标的计算方法

$$R=\alpha\left(\beta_1\frac{q_1}{Q_1}+\beta_2\frac{q_2}{Q_2}+\cdots+\beta_n\frac{q_n}{Q_n}\right)\qquad(5-2)$$

式中　q_1，q_2，…，q_n—每种危险化学品实际存在（在线）量，单位：吨（t）；

Q_1，Q_2，…，Q_n—与各危险化学品相对应的临界量，单位：吨（t）；

β_1，β_2…，β_n—与各危险化学品相对应的校正系数；

α—该危险化学品重大危险源厂区外暴露人员的校正系数。

根据单元内危险化学品的类别不同，设定校正系数 β，见表 5—7 和表 5—8：

表 5—7　校正系数 β 取值

危险化学品类别	毒性气体	爆炸品	易燃气体	其他类危险化学品
β	见表 5—8	2	1.5	1

注：危险化学品类别依据《危险货物品名表》中分类标准确定。

表 5—8　常见毒性气体校正系数 β 取值

毒性气体名称	一氧化碳	二氧化硫	氨	环氧乙烷	氯化氢	溴甲烷	氯
β	2	2	2	2	3	3	4
毒性气体名称	硫化氢	氟化氢	二氧化氮	氰化氢	碳酰氯	磷化氢	异氰酸甲酯
β	5	5	10	10	20	20	20

注：未在表 5—8 中列出的有毒气体可按 $\beta=2$ 取值，剧毒气体可按 $\beta=4$ 取值。

根据重大危险源的厂区边界向外扩展 500m 范围内常住人口数量，设定厂外暴露人员校正系数 α 值，见表 5—9：

表 5—9　校正系数 α 取值

厂外可能暴露人员数量	α
100 人以上	2.0
50～99 人	1.5
30～49 人	1.2
1～29 人	1.0
0 人	0.5

3. 重大危险源分级标准

根据计算出来的 R 值，按表 5—10 确定危险化学品重大危险源的级别。

表 5—10　危险化学品重大危险源级别和 R 值的对应关系

危险化学品重大危险源级别	R 值
一级	$R\geqslant100$
二级	$100>R\geqslant50$
三级	$50>R\geqslant10$
四级	$R<10$

本章练习

1. 某发电厂因生产需要购入一批危险化学品，主要包括氢气、液氨、盐酸、氢氧化钠溶液等，上述危险化学品的危害特性为（　　）。

A. 爆炸、易燃、毒害、放射性　　B. 爆炸、粉尘、腐蚀、放射性

C. 爆炸、粉尘、毒害、腐蚀　　D. 爆炸、易燃、毒害、腐蚀

【答案】 D

【解析】 危险化学品的危险特性包括燃烧性、爆炸性、毒害性、腐蚀性、放射性。此题中，氢气的危害特性为爆炸、易燃；液氨的危害特性为毒害；盐酸、氢氧化钠溶液的危害特性为

腐蚀。

2. 某硫酸厂生产过程中三氧化硫管线上的视镜超压破裂，气态三氧化硫泄漏，现场 2 人被灼伤。三氧化硫致人伤害，体现了危险化学品的（　　）。

A. 腐蚀性　　B. 燃烧性

C. 毒害性　　D. 放射性

【答案】 A

【解析】 危险化学品的主要危险特性包括燃烧性、爆炸性、毒害性、腐蚀性、放射性。

3. 毒性危险化学品通过人体某些器官或系统进入人体，在体内积蓄到一定剂量后，就会表现出中毒症状。下列人体器官或系统中，毒性危险化学品不能直接侵入的是（　　）。

A. 呼吸系统　　B. 神经系统

C. 消化系统　　D. 人体表皮

【答案】 B

【解析】 毒性危险化学品可经呼吸道、消化道和皮肤进入人体。在工业生产中，毒性危险化学品主要经呼吸道和皮肤进入体内，有时也可经消化道进入。

4. 化学品安全技术说明书是关于化学燃爆、毒性和环境危害以及安全使用、泄漏应急处理、主要理化参数、法律法规等方面信息的综合性文件。下列关于化学品安全技术说明书的说法中，错误的是（　　）。

A. 化学品安全技术说明书的内容，从制作之日算起，每 5 年更新 1 次

B. 化学品安全技术说明书为危害控制和预防措施的设计提供技术依据

C. 化学品安全技术说明书由化学品安全监管部门编印

D. 化学品安全技术说明书是企业安全教育的主要内容

【答案】 C

【解析】 化学品安全技术说明书由化学品生产供应企业编印，在交付商品时提供给用户，选项 C 错误。

5. 甲化工厂设有 3 座循环水池，采用液氯杀菌。该工厂决定改用二氧化氯泡腾片杀菌，消除了液氯的安全隐患。这种控制危险化学品危害的措施属于（　　）。

A. 替代

B. 变更工艺

C. 改善操作条件

D. 保持卫生

【答案】 A

【解析】 目前采取的危险化学品中毒、污染事故预防控制主要措施是替代、变更工艺、隔离、通风、个体防护和保持卫生。本题是用二氧化氯泡腾片替代液氯。

6. 某石油化工厂气体分离装置的丙烷管线泄漏发生火灾，消防人员接警后迅速赶赴现场扑救。下列关于该火灾扑救措施的说法中，正确的是（　　）。

A. 切断泄漏源之前要保持稳定燃烧

B. 为防止更大损失应迅速扑灭火焰

C. 扑救过程尽量使用低压水流

D. 扑救前应首先采用沙土覆盖

【答案】 A

【解析】扑救气体类火灾时，切忌盲目扑灭火焰，在没有采取堵漏措施的情况下，必须保持稳定燃烧。

7. 针对危险化学品泄漏及其火灾爆炸事故，应根据危险化学品的特性采用正确的处理措施和火灾控制措施。下列处理和控制措施中，正确的是（　　）。

A. 某工厂存放的遇湿易燃的碳化钙着火，库管员使用二氧化碳灭火器灭火

B. 某工厂甲烷管道泄漏着火，现场人员第一时间用二氧化碳灭火器灭火

C. 某工厂爆炸物堆垛发生火灾，巡检人员使用高压水枪喷射灭火

D. 某工厂贮存的铝产品着火，现场人员使用二氧化碳灭火器灭火

【答案】A

【解析】扑救遇湿易燃物品火灾时，绝对禁止用水、泡沫、酸碱等湿性灭火剂扑救。一般可使用干粉、二氧化碳、卤代烷扑救，但钾、钠、铝、镁等物品用二氧化碳、卤代烷无效。固体遇湿易燃物品应使用水泥、干砂、干粉、硅藻土等覆盖。对镁粉、铝粉等粉尘，切忌喷射有压力的灭火剂，以防止将粉尘吹扬起来，引起粉尘爆炸。

8. 为防止危险废弃物对人类健康或者环境造成重大危害，需要对其进行无害化处理。下列废弃物处理方式中，不属于危险废弃物无害化处理方式的是（　　）。

A. 塑性材料固化法　　B. 有机聚合物固化法

C. 填埋法　　D. 熔融固化或陶瓷固化法

【答案】C

【解析】危险废弃物应进行无害化处理，直接填埋未进行任何无害处理。

9. 2019 年 3 月 21 日，某化工有限公司发生特别重大爆炸事故，事故原因是该公司固废库内长期违法贮存硝化废料，由于持续积热升温导致库存废料自燃，进而引发爆炸。为了预防此类事故，应对爆炸性废弃物采取有效方法进行处理。下列对爆炸性废弃物的处理方法中，错误的是（　　）。

A. 爆炸法　　B. 填埋法

C. 溶解法　　D. 化学分解法

【答案】B

【解析】凡确认不能使用的爆炸性物品，必须予以销毁，在销毁以前应报告当地公安部门，选择适当的地点、时间及销毁方法。一般可采用以下 4 种方法：爆炸法、烧毁法、溶解法、化学分解法。

10. 危险化学品泄漏事故救援和抢修中，使用呼吸防护用品可防止有害物质由呼吸道侵入人体。依据危险化学品的物质特性，可选用的呼吸道防毒面具分为（　　）。

A. 稀释式、隔离式　　B. 过滤式、隔离式

C. 过滤式、稀释式　　D. 降解式、隔离式

【答案】B

【解析】呼吸道防毒面具可分为过滤式和隔离式。

11.《常用化学危险品贮存通则》（GB 15603）对危险化学品的储存做了明确规定。下列储存方式中，不符合危险化学品储存规定的是（　　）。

A. 隔离储存　　B. 隔开储存

C. 分离储存　　D. 混合储存

【答案】D

【解析】危险化学品储存方式分为隔离储存、隔开储存、分离储存。

12. 危险化学品运输过程中事故多发，不同种类危险化学品对运输工具、运输方法有不同要求。下列各种危险化学品的运输方法中，正确的是（ ）。

A. 用电瓶车运输爆炸物品　　B. 用翻斗车搬运液化石油气钢瓶

C. 用小型机帆船运输有毒物品　　D. 用汽车槽车运输甲醇

【答案】D

【解析】装运爆炸、剧毒、放射性、易燃液体、可燃气体等物品，必须使用符合安全要求的运输工具；禁忌物料不得混运；禁止用电瓶车、翻斗车、铲车、自行车等运输爆炸物品，选项A错误。运输强氧化剂、爆炸品及用铁桶包装的一级易燃液体时，没有采取可靠的安全措施时，不得用铁底板车及汽车挂车；禁止用叉车、铲车、翻斗车搬运易燃、易爆液化气体等危险物品，选项B错误。温度较高地区装运液化气体和易燃液体等危险物品，要有防晒设施；放射性物品应用专用运输搬运车和抬架搬运，装卸机械应按规定负荷降低25%的装卸量；遇水燃烧物品及有毒物品，禁止用小型机帆船、小木船和水泥船承运。选项C错误。

13. 油品罐区火灾爆炸风险非常高，进入油品罐区的车辆尾气排放管必须装设的安全装置是（ ）。

A. 阻火装置　　B. 防爆装置

C. 泄压装置　　D. 隔离装置

【答案】A

【解析】运输易燃、易爆物品的机动车，其排气管应装阻火器，并悬挂“危险品”标志。

14. 有些危险化学品可通过一种或多种途径进入人体内，当其在人体累积到一定量时，便会扰乱或破坏肌体的正常生理功能，引起暂时性或持久性的病理改变，甚至危及生命。预防危险化学品中毒的措施有多种，下列措施中，不属于危险化学品中毒事故预防控制措施的是（ ）。

A. 替代　　B. 连锁

C. 变更工艺　　D. 通风

【答案】B

【解析】目前采取的危险化学品中毒、污染事故预防控制主要措施是替代、变更工艺、隔离、通风、个体防护和保持卫生。

15. 毒性危险化学品可通过呼吸道、消化道和皮肤进入人体，并对人体产生危害。危害的表现形式有刺激、过敏、致癌、致畸、尘肺等。下列危险化学品中，能引起再生障碍性贫血的是（ ）。

A. 苯　　B. 滑石粉

C. 氯仿　　D. 水银

【答案】A

【解析】苯能引起再生障碍性贫血。

16. 根据《危险货物运输包装通用技术条件》（GB 12463）的要求，危险货物按照货物的危险性进行分类包装。其中，危险性较小的货物应采用（ ）包装。

A. Ⅰ类　　B. Ⅱ类

C. Ⅳ类　　D. Ⅲ类

【答案】D

【解析】《危险货物运输包装通用技术条件》（GB 12463）中把危险货物包装分成3类：

①Ⅰ类包装：适用内装危险性较大的货物；②Ⅱ类包装：适用内装危险性中等的货物；③Ⅲ类包装：适用内装危险性较小的货物。

17. 危险化学品的运输事故时有发生，全面了解和掌握危险化学品的安全运输规定，对预防危险化学品事故具有重要意义。下列运输危险化学品的行为中，符合运输安全要求的是（　　）。

A. 某工厂安排押运员与专职司机一起运输危险化学品二氯乙烷

B. 在运输危险化学品氯酸钾时，司机临时将车辆停靠马路边买水

C. 某工厂计划通过省内人工河道运输少量危险化学品环氧乙烷

D. 某工厂采用特制叉车将液化石油气钢瓶从库房甲转移到库房乙

【答案】 A

【解析】 运送气瓶的汽车应遵守公安、交通部门有关危险品运输的安全规定，严禁在首脑机关、居民密集处、超市闹市区及学校等处停车。运输车停靠时，司机和押运员不得同时离开车辆。禁止利用内河以及其他封闭水域运输剧毒化学品。严禁用叉车、翻斗车或铲车搬运气瓶。

18. 危险化学品贮存应采取合理措施预防事故发生。根据《常用危险化学品贮存通则》（GB 15603）的规定，下列危险化学品贮存的措施中，正确的是（　　）。

A. 某工厂因危险化学品库房维护，将爆炸物品临时露天堆放

B. 高、低等级危险化学品一起贮存的区域，按低等级危险化学品管理

C. 某生产岗位员工未经培训，将其调整到危险化学品库房管理岗位

D. 某工厂按照危险化学品类别，采取隔离贮存、隔开贮存和分离贮存

【答案】 D

【解析】 危险化学品储存方式分为3种：隔离储存，隔开储存，分离储存。根据危险化学品性能分区、分类、分库储存。各类危险化学品不得与禁忌物料混合储存。储存危险化学品的建筑物、区域内严禁吸烟和使用明火。

19. 违法违规储存危险化学品，极可能发生生产安全事故，威胁人民群众的生命财产安全。下列对危险化学品储存的要求中，错误的是（　　）。

A. 储存危险化学品的仓库必须配备有专业知识的技术人员

B. 危险化学品不得与禁忌物料混合储存

C. 爆炸物品和一级易燃物品可以露天堆放

D. 同一区域储存两种及两种以上不同级别的危险化学品时，按最高等级危险化学品的性能进行标志

【答案】 C

【解析】 爆炸物品和一级易燃物品严禁露天堆放。

20. 化学品火灾扑救要特别注意灭火剂的选择。扑救遇湿易燃物品火灾时，禁止用水、酸碱等湿性灭火剂。对于钠、镁等金属火灾的扑救，应选择的灭火剂是（　　）。

A. 二氧化碳　　B. 泡沫

C. 干粉　　D. 卤代烷

【答案】 C

【解析】 扑救遇湿易燃物品火灾时，绝对禁止用水、泡沫、酸碱等湿性灭火剂。一般使用干粉、二氧化碳、卤代烷扑救。但钾、钠、铝、镁等物品火灾用二氧化碳、卤代烷无效。

第六章　特种（危险）作业安全技术

【重点知识导学】

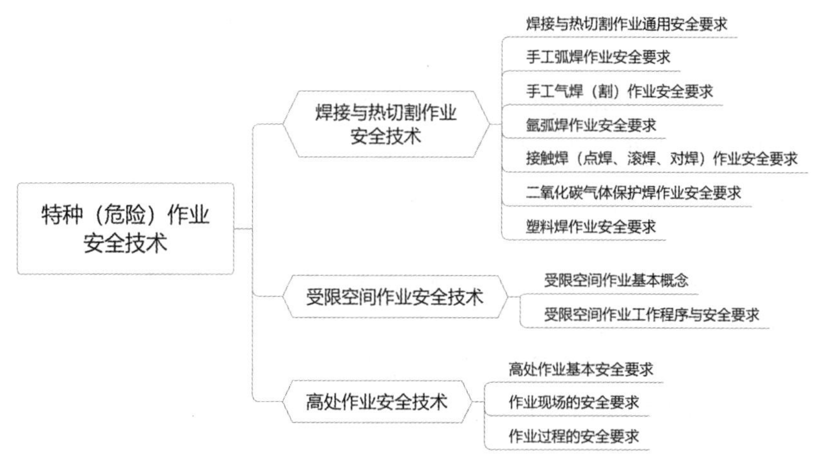

第一节　焊接与热切割作业安全技术

一、焊接与热切割作业通用安全要求

1. 电焊、气焊工均为特种作业，从业人员应身体检查合格，并经专业安全技术学习、训练和考试合格，领取《特殊工种操作证》后，方能独立操作。

2. 工作前检查焊接场地，氧气瓶与乙炔气瓶相距不小于 5m，距施焊点不小于 10m。操作场地 10m 以内禁止堆放其他易燃易爆物品（包括有易燃易爆气体产生的器皿管线），并备有消防器材，保证足够照明和良好通风。

3. 操作时（包括打渣）所有工作人员必须穿戴好工作服，防护眼镜或面罩。不准赤身操作，仰面焊按应扣紧衣领、扎紧袖口、戴好防火帽。电焊作业时不得戴潮湿手套。

4. 对受压容器、密闭容器、各种油桶、管道、沾有可燃气体和溶液用的工件进行操作时，必须事先进行检查，并经过冲除掉有毒、有害、易燃、易爆物质，解除容器及管道压力，消除容器密闭状态（敞开口，旋开盖），再进行工作。

5. 在焊接、切割密闭空心工件时，必须留有出气孔。在容器内焊接，外面必须设人监护，并有良好通风措施，照明电压采用 12V。禁止在已做油漆或喷涂过塑料的容器内焊接。

6. 电焊机接地零线及电焊工作回线都不准搭在易燃、易爆的物品上，也不准接在管道和机床设备上。工作回线应绝缘良好，机壳接地必须符合安全规定。

7. 在有易燃、易爆物的车间、场所或管道附近动火焊接时，必须办理“危险作业申请单”。消防、技安部门到现场检查，采取严密安全措施后，方可进行操作。

8. 高空作业应系安全带，并采取防护设施，地面应有人监护。严禁将工作回线缠在身上。

9. 焊件必须放置平稳、牢固才能施焊。不准在天车吊起或叉车铲起的工件上施焊。各种机器设备的焊修，必须停车进行，作业地点应有足够的活动空间。

10. 操作者必须注意助手的安全，助手应懂得电（气）焊的全常识。

11. 严格禁止使用未经批准的乙炔发生器进行气焊作业。

二、手工弧焊作业安全要求

1. 工作前应检查焊机电源线，引出线及各接点是否良好，线路横越车行道应架空或加保护盖，焊机二次线路及外壳必须有良好接地，其接地电阻不得超过 4Ω；焊条的夹钳绝缘和隔热性能必须良好。

2. 下雨天不准露天电焊。在潮湿地带工作时，要站在铺有绝缘物品的地方，并穿好绝缘鞋。

3. 移动式电焊机从电力网上接线或拆线、接地等工作均应由电工进行。

4. 推闸刀开关时，身体要偏斜些，要一次推足，然后开启电焊机；停机时，要先关电焊机，才能拉断电源闸刀开关。

5. 移动电焊机位置，须先停机断电；焊接中突然停电，应立即关好电焊机。

6. 在人多的地方焊接时，要安设遮栏挡住弧光，无遮栏时应提醒周围人员不要直视弧光。

7. 换焊条时要戴好手套，身体不要靠在铁板或其他导电物品上。敲渣子时要戴上防护眼镜。

8. 焊接有色金属器件时，要加强通风排毒，必要时使用过滤式防毒面具。

9. 在焊钳与工件短路的状态下，电源开关不应合闸；停止工作时，焊钳应与工件分开，应将焊钳放在绝缘良好的地方，只准在非工作状态下切断电源。

三、手工气焊（割）作业安全要求

1. 一般规定

（1）严格遵守《焊工一般安全规程》和有关压力调节器、橡胶软管、氧气瓶、溶解乙炔气瓶的安全使用规则及焊（割）的安全操作规程。

（2）工作前或较长时间停工后工作时，必须检查所有设备。氧气瓶、溶解乙炔气瓶，压力调节器及橡胶软管的接头、阀门及紧固件应牢固，不准有松动、破损和漏气现象。氧气瓶及其附件，橡胶软管、工具上不能沾染油脂及油垢。

（3）检查设备、附件及管路是否漏气时，只准用肥皂水试验。试验时，周围不准有明火。严禁用火试验漏气。

（4）氧气瓶、溶解乙炔气瓶与明火间的距离应在 10m 以上。如条件限制，也不准低于 5m，并应采取隔离措施。

（5）禁止用易产生火花的工具去开启氧气或乙炔气阀门。

（6）设备管道冻结时，严禁用火烤或用工具敲击冻块。氧气阀、溶解乙炔气阀或管道要用 40℃以下的温水溶化；回火防止器及管道可用热水或蒸汽加热解冻，或用 23%～30%氧化钠热水溶液解冻、保温。

（7）焊接场地应备有相应的消防器材。露天作业应防止阳光直射在氧气瓶、溶解乙炔气瓶上。

（8）工作完毕或离开工作现场，要拧上气瓶的安全帽，清理现场，把气瓶放在指定地点。

（9）压力容器及压力表、安全阀，应按规定定期送交校验和试验。经常检查压力器件及安全附件状况。

2. 橡胶软管

（1）橡胶软管须经压力试验，氧气软管试验压力为 20 个大气压（2.0MPa），乙炔软管试验压力为 5 个大气压（0.5MPa）。未经压力试验的代用品及变质、老化、脆裂、漏气的胶管及沾上油脂的软管不准使用。

（2）软管长度一般为 10～20m。不准用过短或过长的软管。接头处必须用专用卡子或退火的金属丝卡紧扎牢。

（3）氧气软管为红色，乙炔软管为黑色（绿色），与焊炬连接时不可错乱。

（4）乙炔软管使用中发生脱落、破裂、着火时，应先将焊炬或割炬的火焰熄灭，然后停止供气；氧气软管着火时，应迅速关闭氧气瓶阀门，停止供气。不准用弯折的办法来消除氧气软管着火。乙炔软管着火时可用弯折前面一段胶管的办法来将火熄灭。

（5）禁止把橡胶软管放在高温管道和电线上，或把重的或热的物件压在软管上，也不准将软管与电焊用的导线敷设在一起，使用时应防止割破。软管经过车行道时应加护套或盖板。

3. 氧气瓶

（1）每个气瓶必须设两个防震橡胶圈。氧气瓶应与其他易燃气瓶、油脂和其他易燃物品分开保存，也不准同车运输。运送时需罩上安全帽，要用专用胶轮小车，放置牢固，轻装轻卸，防止震动，严禁采用抛、滚、滑的方法及用行车或吊车运氧气瓶。禁止人工肩扛手抬搬运。

（2）氧气瓶附件有毛病或缺损，阀门螺杆滑丝时应停止使用。氧气瓶应直立着安放在固定支架上，以免跌倒发生事故。

（3）禁止使用没有减压器的氧气瓶。

（4）氧气瓶中的氧气不允许全部用完，应留有 $1kg/cm^2$ 以上的剩余压力，并将阀门拧紧，写上“空瓶”标记。

（5）开启氧气阀门时，要用专用工具，动作要缓慢，不要面对减压表，但应观察压力表指针是否灵活正常。

（6）氧气瓶和乙炔瓶并用时，两个压力表（减压器）不能相对，以防其中一只表弹出时击坏另一只表。

（7）气、电焊混合作业的场地，要防止氧气瓶带电，如地面铁板，要垫木板或胶垫加以绝缘。

4. 溶解乙炔气瓶

（1）乙炔气瓶在使用、运输和存储时，环境温度一般不得超过 40℃。

（2）乙炔气瓶的漆色必须经常保持完好，不得涂改。

（3）使用乙炔气瓶时应遵守下列规定：

①不得靠近热源和电气设备，夏季要防止曝晒，禁止敲击、碰撞。

②吊装、搬运时应使用专用夹具和防震的运输车，严禁用电磁超重机和链绳吊装搬运。

③严禁放置在通风不良及有放射性射线的场所，且不得放在橡胶等绝缘体上。

④工作地点不固定且转动较频繁时，应装在专用小车上。同时使用乙炔气瓶和氧气瓶时，应避免放在一起。

⑤使用时要注意固定，防止倾倒，严禁卧放使用。

⑥必须装设专用减压器、回火防止器；开启时，操作者应站在阀口的侧后方，动作要轻缓。

⑦能用压力不得超过 1.5kgf/cm²，输气流速不应超过 1.5～2.0m³/时·瓶。

⑧严禁铜、银、汞等及其制品与乙炔接触；必须使用铜合金器具时，合金含钢量应低于 70%。

⑨瓶内气体严禁用尽，必须留有不低于表 6—1 规定的剩余压力。

表 6—1　瓶内气体剩余压力

环境温度/℃	<0	0～15	15～25	25～40
剩余压力/（kgf/cm²）	0.5	1	2	3

（4）溶解乙炔气瓶应轻装轻卸，严禁抛、滑、滚、碰。车、船装运时，应妥善固定。汽车装运时，横向排放，头部应朝向一方且不得超过车厢高度或直立排放，车厢高度不得低于瓶高的三分之二。夏季运输要有遮阳设施，防止曝晒，炎热地应避免白天运输。车上禁止烟火，并应备有干粉或二氧化碳灭火器（严禁使用四氯化碳灭火器）。严禁与氧气艇、氧气瓶及易燃物品同车运输。

（5）在使用乙炔气瓶的现场，储存量不得超过 5 瓶。超过 5 瓶但不超过 20 瓶的，应在现场或车间内用非燃烧体或难燃烧体墙隔或单独的储存间，并有一面靠墙。超过 20 瓶，应设置乙炔气瓶库。

5. 减压器

（1）减压器与气瓶连结之前，应检查减压器上有无油脂，以及外螺帽衬是否正常。

（2）安装减压器时，先要把气瓶上的开关稍稍拧开一点，借气瓶的气冲击附在开关上的尘土和水分。

（3）装上以后，要用扳手把丝扣拧紧，至少要拧 5 扣以上，否则瓶内高压气体会把减压器吹掉。

（4）减压器装好后，开启氧气瓶和减压器的阀门时，动作要缓慢。当压力调到所需的压力后，才允许将气体送到焊枪。

（5）减压器不得任意拆卸，并要定期校验。当压力表不正常，无铅封或安全阀门不可靠时，禁止使用。

（6）各种气体的减压器不能互换使用。

（7）工作结束后，应从气瓶上取下减压器，加以妥善保管。

6. 焊（割）炬操作

（1）通透焊嘴应用钢丝或竹签，禁止使用铁丝。

（2）使用前应检查焊炬或割炬的射吸能力是否良好。

（3）焊（割）炬射吸检查正常后，接上乙炔气管时，应先检查乙炔气流正常，再把乙炔气管也接在乙炔进气接头上。氧气管必须与氧气进气接头连接牢固。乙炔管与乙炔进气接头应避免连接太紧，以不漏气并容易插上拨下为准。

（4）根据焊、切材料的种类、厚度正确选用焊炬、割炬及焊嘴、割嘴。调整合适的氧气和乙炔的压力、流量。不准使用焊炬切割金属。

（5）焊（割）炬点燃操作规程：

①点火前，急速开启焊（割）炬阀门，用氧吹风，以检查喷嘴的出口，但不要对准脸部试风。无风时不得使用。

②对于射吸式焊（割）炬，点火时，先开乙炔手轮，点着后再开氧气手轮调节火焰。这样可以检查乙炔是否畅通，以及排除乙炔一空气混合气体。点火应送到灯芯或火柴上点燃。

③进入容器内焊接时，点火和熄火都应在容器外进行。

④使用乙炔切割机时，应先放乙炔气，再放氧气引火。

⑤使用氢气切割机时，应先放氢气，后放氧气引火。

(6) 熄灭火焰时，焊炬应先关乙炔阀，再关氧气阀。割炬应先关切割氧，再关乙炔和预热氧气阀门。

(7) 工作中焊、割嘴不准往铁板上按，不要过分接近熔化金属，焊嘴不能过热，不能堵塞。发现有回火预兆时，应停止工作。

(8) 回火时，要迅速关闭焊炬上乙炔手轮，再关氧气手轮。等回火熄灭后，将焊嘴放在水中冷却，然后打开氧气手轮，吹除焊炬内的烟灰，查出回火原因并解决后，再继续使用。

(9) 氧氢并用时，先放出乙炔气，再放出氢气，最后放出氧气，再点燃。熄灭时先关氧气，再关氢气，最后关乙炔气。

(10) 短时间休息，必须把焊（割）炬的阀门紧闭；较长时间休息或离开工作地点时，必须熄灭焊炬，关闭气瓶球形阀，除去减压器的压力，放出管中余气，然后收拾软管和工具。

(11) 工作地点要有足够清洁的水，供冷却焊嘴用。

(12) 氧气和乙炔皮管不能对调、也不准用氧气吹除乙炔皮管的污物。当发现乙炔或氧气管道有漏气现象时应及时停火修理。

(13) 操作焊炬和割炬时，不准将橡胶软管背在背上操作；禁止使用焊炬或割炬的火焰来照明。

四、氩弧焊作业安全要求

1. 工作前检查设备、工具是否良好。检查焊接电源，控制系统是否有接地线，传动部分加润滑油。转动要正常，氧气、水源必须畅通，如有漏水现象，应立即通知修理。

2. 自动氩弧焊和全位置氩弧焊必须由专人操作开关。

3. 采用高频引弧必须经常检查有否漏电。

4. 设备发生故障，应停电检修，操作工人不得自行修理。

5. 在电氩附近不准赤身和裸露身体其他部位，不准在电弧附近吸烟、进食，以免臭氧、烟尘吸入体内。

6. 打磨钍钨棒时必须戴口罩、手套，并遵守砂轮机操作规程。砂轮机必须装抽风装置。

7. 手工氩弧焊工人，应随时佩戴静电防尘口罩。操作时尽量减少高频电作用时间。连续工作不得超过 6h。

8. 氧气瓶不许撞、砸，立放必须有支架，并远离明火 3m 以上。

9. 在容器内部进行氩弧焊时，应戴专用面罩，以减少吸入有害烟气。

10. 钍钨棒应存放于铅盘内，避免由于大量钍钨棒集中在一起时，其放射性剂量超出安全规定面致伤人体。

11. 自动氩弧焊和全位置氩弧焊操纵按钮不得远离电弧，以便发生故障时可随时关闭。

12. 设备发生故障，应停电检修，操作工人不得自行修理。

13. 氩弧焊工作场地必须空气流通。工作中应开动通风排毒设备，通风装置失效时，应停止工作。

五、接触焊（点焊、滚焊、对焊）作业安全要求

1. 合闸前必须先检查箱壳接地是否符合要求。比如：箱内有无接头松动、灭弧罩有无脱

落、电线绝缘是否破损、保险插接是否牢固、有无电导物（如水、金属物体等），以及是否存在带电部分与箱壳短路或相间短路等。

2. 禁止带湿手套或用湿手合闸。合闸时，应站在闸箱侧面。合闸后要将闸箱关好。严禁先启动焊机后合闸，或在焊机焊接时拉闸。

3. 焊机开动时，必须先开冷却水阀、气阀以防焊机烧坏。工作结束时，先断电，再关气，10min 后关闭冷却水阀。

4. 试焊机动作时要关闭焊接开关。不准在二次开路和二次短路时焊接，电子管控制箱要保证电子管预热时间。点焊机拆卸电极要用管钳，不可用榔头敲打。

5. 操作者应戴上无破损手套站在绝缘木台上操作。焊机工作时或接通电源后控制箱应关好，不准随意打开。

6. 控制箱要防尘、防潮，箱旁不准堆放杂物。焊机和控制箱地面上不能存水。

7. 操作时应戴好防护眼镜。

8. 作业区附近不准有易燃易爆物品。

9. 上下工件要拿稳。工件堆放应整齐，不可堆得过高，留有通道。

六、二氧化碳气体保护焊作业安全要求

1. 不得在狭小密闭的地方进行焊接。

2. 工作前检查设备是否正常，先预热 15min。

3. 开气时，操作者必须站在瓶嘴的侧面。

4. 移动二氧化碳气瓶时，避免压坏焊接电线，以免漏电故发生。

5. 修理设备时，必须断电，以免发生危险。

6. 不熟悉设备性能者严禁使用。

7. 工作时必须注意，防止焊丝头甩出伤人。

七、塑料焊作业安全要求

1. 工作前认真检查塑料焊枪有无漏电现象，接地装置否良好，调压器是否正常。

2. 工作时必须穿绝缘鞋，焊枪手把前应加绝缘垫板，以防触电和烫伤。工作场所应通风良好。

3. 必须根据加工件的厚薄和焊枪的功率大小，随时调稳压器，严禁将焊枪管烧得过热。

4. 工作完毕应及时切断电源，将调压器调到零位。

5. 使用锯床、刨床、挤压机、砂轮机、电烤箱等设备时，应严格遵守有关设备的安全操作规程。

6. 工作场地的原材料必须堆放整齐、稳固。

第二节 受限空间作业安全技术

一、受限空间作业基本概念

受限空间是指工厂的各种设备内部（炉、塔、釜、罐、仓、池、槽车、管道、烟道等）和城市（包括工厂）的隧道、下水道、沟、坑、井、池、涵洞、阀门间、污水处理设施等封闭、半封闭的设施及场所（船舱、地下隐蔽工程、密闭容器、长期不用的设施或通风不畅的场所

等），以及农村储存红薯、土豆、各种蔬菜的井、窖等。通风不良的矿井也应视同受限空间。

总之，一切通风不良、容易造成有毒有害气体积聚和缺氧的设备、设施和场所都叫受限空间（作业受到限制的空间）。受限空间危害因素包括气体危害、窒息危害、有毒有害气体、可燃气体和爆炸性气体、被淹没/埋没、机械危害及其他伤害（如电击、温度、辐射、噪音）等。

在受限空间的作业都称为受限空间作业。受限空间作业涉及的领域广、行业多，作业环境复杂，危险有害因素多，容易发生安全事故，造成严重后果；作业人员遇险时施救难度大，盲目施救或救援方法不当，又容易造成伤亡扩大。

二、受限空间作业工作程序与安全要求

（1）作业前按要求正确填写作业申请表，进行受限空间作业安全风险分析（JSA），了解受限空间内的危害因素，并准备相应的安全防护用品，落实安全防护措施。

（2）作业开始前清理受限空间进出口，保证人员顺利进出，受限空间与其他系统连通的可能危及安全作业的管道应采取有效隔离措施。

（3）管道安全隔绝可采用插入盲板或拆除一段管道的方式，不能用水封或关闭阀门等代替盲板或拆除管道。

（4）与受限空间相连通的可能危及安全作业的孔、洞应进行严密地封堵。

（5）受限空间带有搅拌器等用电设备时，应在停机后切断电源，上锁并加挂警示牌。

（6）作业开始前，根据受限空间盛装的物料的特性，对受限空间进行清洗或置换，并使用相应气体检测仪，采用多处取点、代表性取点的方式进行气体检测，对于检测合格的受限空间方允许安排人员作业。

（7）作业过程中对受限空间内气体进行定时监测，每 2h 监测一次，如监测分析结果有明显变化，应加大监测频率；作业中断超过 30min，应重新进行监测分析；对可能释放有害物质的空间，应连续监测。情况异常时应立即停止作业，撤离人员，经对现场处理，并取样分析合格后方可恢复作业。

（8）作业开始之前，须保证空间内良好的通风条件，必要时应采取强制通风，禁止向受限空间充氧气或富氧空气。涂刷具有挥发性溶剂的涂料时，应做连续分析，并采取强制通风措施。

（9）受限空间内须保证良好的照明，作业人员应使用安全电压行灯或其他安全电压小于或等于 36V 的灯具；如受限空间内需要使用电源，应使用隔离变压器变压为安全电压后，才允许进入受限空间内。在潮湿容器、狭小容器内作业电压应小于等于 12V。

（10）受限空间如为金属容器应保证接地可靠。

（11）受限空间作业应与其他热工作业隔离，并有警示标志，受限空间作业须设立监护人，监护人须确认受限空间进入人员人数及身份，并确认人员离开。

（12）监护人须随时保持与受限空间作业人员的联络，作业开始前检查安全措施落实情形，统一联系信号。

（13）作业人员在进入受限空间前，应针对受限空间盛放的介质的特性佩戴合适的劳动防护用品。

（14）在缺氧或有毒的受限空间作业时，应佩戴隔离式防护面具，必要时作业人员应拴带救生绳；在易燃易爆的受限空间作业时，应穿防静电工作服、工作鞋，使用防爆型低压灯具及不发生火花的工具；在有酸碱等腐蚀性介质的受限空间作业时，应穿戴好防酸碱工作服、工作

鞋、手套等护品；在产生噪声的受限空间作业时，应佩戴耳塞或耳罩等防噪声护具。

（15）如受限空间须进行切割作业时，进入受限空间的气带须是完整的，不得有喉箍等接头，进入前须进行气密性检测，保证其不漏气，作业结束或下班后须立即将气带撤离受限空间。

（16）作业人员不得携带与作业无关的物品进入受限空间，作业中不得抛掷材料、工器具等物品。

（17）受限空间外应备有空气呼吸器（氧气呼吸器）、消防器材和清水等相应的应急用品。

（18）作业前后应清点作业人员和作业工器具。作业人员离开受限空间作业点时，应将作业工器具带出。

（19）作业结束后，由受限空间所在单位和作业单位共同检查受限空间内外，确认无问题后方可封闭受限空间。

（20）如发生异常情况或作业人员感觉不适或呼吸困难时，应立即撤离受限空间。

（21）发生突发性事件，监护人应立即帮助作业人员撤离受限空间，必要时可以采取急救手段，同时将情况上报作业负责人与现场安全员。发生其他较严重情形按照应急预案相关要求处理。

（22）如作业人员发现监护人不履行监护职责时，应撤离受限空间，并将情况反映给作业负责人或现场安全员。

第三节　高处作业安全技术

所谓高处作业是指人在一定位置为基准的高处进行的作业。国家标准《高处作业分级》（GB/T 3608—2008）规定：“凡在坠落高度基准面 2m 以上（含 2m）有可能坠落的高处进行的作业，都称为高处作业。”

一、高处作业基本安全要求

（1）凡能在地面上预先做好的工作，都应在地面上完成，尽量减少高处作业。

（2）高处作业均应先搭设脚手架、使用高空作业车、升降平台或采取其他防坠落措施，方可进行。

（3）高处作业开工前，应进行安全防护设施的逐项检查和验收，验收合格后方可进行高处作业。施工工期内还应定期进行检查。

（4）低温或高温环境下进行高处作业，应采取保暖或防暑降温措施，作业时间不宜过长。

（5）在 6 级及以上的大风以及暴雨、雷电、冰雹、大雾、沙尘暴等恶劣天气条件下，应停止露天高处作业。特殊情况下，确需在恶劣天气条件下进行抢修时，应组织人员充分讨论必要的安全措施，经单位分管生产的领导（总工程师）批准后方可进行。

（6）高处作业时，应尽量减少立体交叉作业。必须交叉时，施工负责人应事先组织交叉作业各方确定各自的施工范围，签订安全管理协议，明确各自安全生产管理职责和应采取的安全措施，并指定专职安全生产管理人员进行安全检查与协调。无法错开的垂直交叉作业，层间应搭设严密、牢固的防护隔离设施。

（7）在进行高处作业时，除有关人员外，不准他人在工作地点的下面通行或逗留。非高处作业人员不得随意攀登高处。登高参观的人员应由专人陪同，并严格遵守有关安全规定。

二、高处作业现场的安全要求

（1）高处作业的工作现场要有足够的照明。

（2）高处作业场所的栏杆、护板以及井、坑、孔、洞、沟道的盖板须完好，损坏的应立即修复。

（3）所有升降口、大小孔洞、楼梯和平台，应装设不低于1050mm高的栏杆和不低于100mm高的护板。如在检修期间需将栏杆拆除时，应装设临时遮栏，并在检修结束时将栏杆立即装回。临时遮栏应由上、下两道横杆及栏杆柱组成。上杆离地高度为1050～1200mm，下杆离地高度为500～600mm，并在栏杆下边设置严密固定的高度不低于180mm的挡脚板。原有高度1000mm的栏杆可不作改动。

（4）在屋顶、杆塔以及其他危险的边沿进行工作，临空一面应装设安全网或防护栏杆、扶手绳，否则，工作人员应使用安全带。

（5）在进行高处作业时，工作地点下面应有围栏或装设其他保护装置，防止落物伤人。如在格栅式的平台上工作，为了防止工具和器材掉落，应采取有效隔离措施，如铺设木板等。

（6）高处作业场所的孔洞要使用牢固的专用盖板，不得用石棉瓦等不结实的板材加盖。

（7）高处作业区周围的孔洞、沟道等应设盖板、安全网或围栏并有固定其位置的措施。同时，应设置安全标志，夜间还应设红灯示警。

（8）特殊高处作业的危险区应设围栏及“严禁靠近”的警告牌。

（9）在进行高处作业时，有危险的出入口应设围栏和悬挂警告牌。

（10）在因工程和工序需要而产生的使人与物有坠落危险的洞口、井口等进行高处作业时，必须设置牢固的盖板、防护栏杆、安全网等防护设施。

（11）电梯预留井或其他深层孔洞内最多隔10m就应设一道安全网（间距过大时人或物坠落冲击力过大，易使人受伤或冲破安全网，起不到应有的保护作用）。

（12）高处作业现场边长在150cm以上的洞口，四周应设防护栏杆，洞口下应装设安全网。

（13）当临时高处行走区域不能装设防护栏杆时，应设置1050mm高的安全水平扶绳，且每隔2m应设一个固定支撑点。

三、高处作业过程的安全要求

（1）高处作业应一律使用工具袋。较大的工具应用绳拴在牢固的构件上，工件、边角余料应放置在牢固的地方或用铁丝扣牢并有防止坠落的措施，不准随便乱放，以防止从高空坠落发生事故。

（2）禁止将工具及材料上下投掷，应用绳索拴牢传递，以免打伤下方工作人员或击毁脚手架。高处作业区附近有带电体时，传递绳索应使用干燥的麻绳或尼龙绳，严禁使用金属线。

（3）高处作业中如果需要取掉孔洞盖板，必须装设临时围栏和悬挂标志牌。工作结束后，必须立即恢复原状，以防造成事故。

（4）禁止在石棉瓦等不坚固的屋顶上站立、行走或工作。为了防止误登，应在这种结构的显著地点挂上标示牌。

（5）高处作业场所的隔离层、孔洞盖板、栏杆、安全网等安全防护设施严禁任意拆除。必须拆除时，应征得原搭设单位同意。工作完毕后立即恢复原状，并经原单位验收认可。

（6）在进行高处作业时，不得坐在平台、孔洞边缘，不得骑在栏杆上，不得站在栏杆外工作。

（7）不得在高处作业场所躺在走道板上或安全网内休息。

（8）利用高空作业车、带电作业车、叉车、高处作业平台等进行高处作业时，高处作业平台应处于稳定状态，要移动车辆时，作业平台上不得载人。

（一）高处作业前的安全要求

（1）进行高处作业前，应针对作业内容，进行危险辨识，制定相应的作业程序及安全措施。将辨识出的危害因素写入《高处安全作业证》。

（2）进行高处作业时，除执行《高处安全作业证》上的规定外，应符合国家现行的有关高处作业及安全技术标准的规定。

（3）从事高处作业的单位应办理《高处安全作业证》落实安全防护措施，方可作业。

（4）《高处安全作业证》审批人员应赴高处作业现场检查确认安全措施后，方可批准高处作业。

（5）高处作业中的安全标志、工具、仪表、电气设施和各种设备，应在作业前加以检查，确认其完好后投入使用。

（6）高处作业前要制定高处作业应急预案，内容包括：作业人员紧急状况时的逃生路线和救护方法，现场应配备的救生设施和灭火器材等。有关人员应熟知应急预案的内容。

（二）高处作业中的安全要求与防护

（1）高处作业应设监护人对高处作业人员进行监护，监护人应坚守岗位。

（2）作业中应正确使用防坠落用品与登高器具、设备。高处作业人员应系用与作业内容相适应的安全带，安全带应系挂在作业处上方的牢固构件上或专为挂安全带用的钢架或钢丝绳上，不得系挂在移动或不牢固的物件上，也不得系挂在有尖锐棱角的部位。安全带不得低挂高用。系安全带后应检查扣环是否扣牢。

（3）作业场所有可能坠落的物件，应一律先行撤除或加以固定。高处作业所使用的工具、材料、零件等应装入工具袋，上下时手中不得持物。工具在使用时应系安全绳，不用时放入工具袋中。不得投掷工具、材料及其他物品。易滑动、易滚动的工具、材料堆放在脚手架上时，应采取防止坠落措施。高处作业中所用的物料，应堆放平稳，不妨碍通行和装卸。作业中的走道、通道板和登高用具，应随时清扫干净；拆卸下的物件及余料和废料均应及时清理运走，不得任意乱置或向下丢弃。

（4）雨天和雪天进行高处作业时，应采取可靠的防滑、防寒和防冻措施。凡水、冰、霜、雪均应及时清除。对需进行高处作业的高耸建筑物，应事先设置避雷设施。遇有5级以上强风、浓雾等恶劣天气，不得进行特级高处作业、露天攀登与悬空高处作业。暴风雪及台风暴雨后，应对高处作业安全设施逐一加以检查，发现有松动、变形、损坏或脱落等现象，应立即修理完善。

（5）在临近有排放有毒有害气体、粉尘的放空管线或烟囱的场所进行高处作业时，作业点的有毒物浓度应在允许浓度范围内，并采取有效的防护措施。在应急状态下，按应急预案执行。

（6）带电高处作业应符合《用电安全导则》（GB/T 13869—2017）的有关要求。高处作业涉及临时用电时应符合《施工临时用电规范》（JGJ 46—2012）的有关要求。

（7）高处作业应与地面保持联系，根据现场配备必要的联络工具，并指定专人负责联系。尤其是在危险化学品生产、储存场所或附近有放空管线的高处作业时，应为作业人员配备必要的防护器材（如空气呼吸器、过滤式防毒面具或口罩等），应事先与车间负责人或工长（值班主任）取得联系，确定联络方式，并将联络方式填入《高处安全作业证》的补充措施栏内。

（8）不得在不坚固的结构（如彩钢板屋顶、石棉瓦、瓦棱板等轻型材料等）上作业，蹬不坚固的结构（如彩钢板屋顶、石棉瓦、瓦棱板等轻型材料）作业前，应保证其承重的立柱、梁、框架的受力能满足所承载的负荷，应铺设牢固的脚手板，并加以固定，脚手板上要有防滑措施。

（9）作业人员不得在高处作业处休息。

（10）高处作业与其他作业交叉进行时，应按指定的路线上下，不得上下垂直作业，如果需要垂直作业时应采取可靠的隔离措施。

（11）在采取地（零）电位或等（同）电位作业方式进行带电高处作业时，应使用绝缘工具或穿绝缘服。

（12）发现高处作业的安全技术设施有缺陷和隐患时，应及时解决；危及人身安全时，应停止作业。

（13）因作业必需，临时拆除或变动安全防护设施时，应经作业负责人同意，并采取相应的措施，作业后应立即恢复。

（14）防护棚搭设时，应设警戒区，并派专人监护。

（15）作业人员在作业中如果发现情况异常，应发出信号，并迅速撤离现场。

（三）高处作业完工后的安全要求

（1）高处作业完工后，作业现场应清扫干净，作业用的工具、拆卸下的物件及余料和废料应清理运走。

（2）脚手架、防护棚拆除时，应设警戒区，并派专人监护。拆除脚手架、防护棚时不得上部和下部同时施工。

（3）高处作业完工后，临时用电的线路应由具有特种作业操作证书的电工拆除。

（4）高处作业完工后，作业人员要安全撤离现场，验收人在《高处安全作业证》上签字。

本章练习

1. 下列关于焊接与热切割作业通用安全要求的说法中，错误的是(　　)。

A. 电焊、气焊工领取《特殊工种操作证》后，方能独立操作

B. 氧气瓶与乙炔气瓶相距不小于 2m，距施焊点不小于 5m

C. 在焊接，切割密闭空心工件时，至少留有一个出气孔

D. 电焊机应设置接地措施

【答案】B

【解析】焊接与热切割作业前应检查焊接场地，氧气瓶与乙炔气瓶相距不小于 5m，距施焊点不小于 10m。并在 10m 以内禁止堆放其他易燃易爆物品，（包括有易燃易爆气体产生的器皿管线），并备有消防器材，保证足够照明和良好通风。

2. 下列焊（割）炬操作，不符合安全规程的是(　　)。

A. 根据焊、切材料的种类、厚度正确选用焊炬、割炬及焊嘴、割嘴

B. 点火前，急速开启焊（割）炬阀门，用氧吹风，以检查喷嘴的出口

C. 使用乙炔切割机时，应先放乙炔气，再放氧气引火

D. 熄灭火焰时，焊炬应先关氧气阀，再关乙炔阀

【答案】 D

【解析】 熄灭火焰时，焊炬应先关乙炔阀，再关氧气阀。割炬应先关切割氧，再关乙炔和预热氧气阀门。

3. 一切通风不良、容易造成有毒有害气体积聚和缺氧的设备、设施和场所都叫受限空间。下列危险有害因素中，不属于受限空间的是（　　）。

A. 触电　　　　B. 中毒和窒息

C. 起重伤害　　　　D. 机械伤害

【答案】 C

【解析】 受限空间危害因素包括：气体危害、窒息危害、有毒有害气体、可燃气体和爆炸性气体、被淹没/埋没、机械危害、其他伤害（如电击、温度、辐射、噪音）等。

4. 某小区主排水管道发生堵塞，S物业公司委托W管道工程公司实施新建污水井与原有污水管线连通作业。W管道工程公司作业班长甲某，在未采取有效安全措施的情况下，贸然下井对原有污水管线进行开孔作业，突然被熏倒，从原有污水管线上跌至井底（落差2m，井口到井底共3.8m），乙某第一时间对甲某进行施救。下列关于应急处置的做法中，正确的是（　　）。

A. 乙某拴挂安全绳后被迅速吊至井底，将甲某提升至地面

B. 乙某拴挂安全绳，佩戴防毒面具后下井将甲某提升至地面

C. 乙某拴挂安全绳，佩戴空气呼吸器后下井将甲某提升至地面

D. 乙某佩戴防护装备并在三脚架架设完成后下井将甲某提升至地面

【答案】 C

【解析】 选项A、D都没有采取防护措施贸然下井施救的做法是错误的。选项B佩戴防毒面具是不正确的，因为受限空间不仅存在有毒有害气体，还有可能存在缺氧的情况，防毒面具可以防止吸入有毒有害气体中毒，但是不能防止缺氧窒息，所以应佩戴空气呼吸器。

5. 高处作业现场应符合安全要求，所有升降口、大小孔洞、楼梯和平台，应装设（　　）。

A. 不低于1050mm高的栏杆和不低于100mm高的护板

B. 不低于1050mm高的栏杆或不低于100mm高的护板

C. 不高于1000mm高的上栏杆和不低于300mm高的下栏杆

D. 不低于150mm的挡脚板

【答案】 A

【解析】 所有升降口、大小孔洞、楼梯和平台，应装设不低于1050mm高的栏杆和不低于100mm高的护板。如在检修期间需将栏杆拆除时，应装设临时遮栏，并在检修结束时将栏杆立即装回。临时遮栏应由上、下两道横杆及栏杆柱组成。上杆离地高度为1050～1200mm，下杆离地高度为500～600mm，并在栏杆下边设置严密固定的高度不低于180mm的挡脚板。原有高度1000mm的栏杆可不作改动。

第七章　应急救援技术

【重点知识导学】

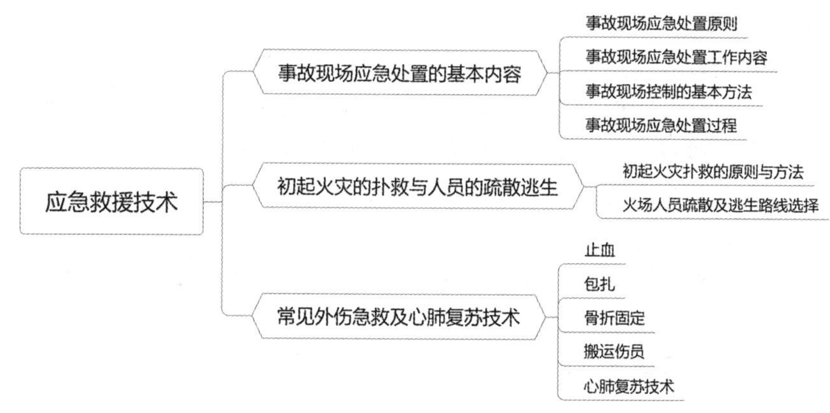

第一节　事故现场应急处置的基本内容

一、事故现场应急处置原则

1. 快速反应原则

任何生产安全事故都具有突发性、连带性和不确定性等特点，这些特点决定了在现场处置过程中任何时间上的延误都有可能加大应急处置工作的难度，以至于使事故的损失扩大，引发更为严重的后果。因此，在事故现场应急处置过程中必须坚持做到快速反应，力争在极短的时间内到达现场、控制事态、减少损失，以最高的效率与最快的速度救助受害人，并为尽快地恢复正常的工作秩序、生活秩序、社会秩序创造条件。

现场处置快速反应并没有一个现成的模式，一方面要遵循事故处置的一般原则，另一方面也需要根据事故的性质与所影响的范围灵活掌握、灵活处理。有的事故在爆发的瞬间就已结束，没有继续蔓延的条件，但大多数事故在救援和处置过程中可能还会继续蔓延扩大，如果处置不及时，很可能带来灾难性的后果，甚至引发其他灾害事故。事故现场控制的作用，首先体现在防止事故继续蔓延扩大方面。因此，必须在事故发生的第一时间内做出反应，以最快的速度和最高的效率进行现场控制。因此，快速反应原则是事故现场应急处置中的首要原则。

2. 救助原则

大量的生产安全事故案例研究表明，造成事故严重后果的原因就是反应不及时，受害人不能得到及时救助。在提倡以人为本的现代社会，应急处置的首要目标是人员的安全，救助原则与快速反应原则的本质要求就是减少人员的伤亡。

每当生产安全事故发生时，就会产生数量和范围不确定的受害者。受害者的范围不仅包括事故中的直接受害人，甚至还包括直接受害人的亲属、朋友以及周围其他利益相关的人员。受害人所需要的救助往往是多方面的，这不仅体现在生理上，很多时候也体现在心理和精神层面上。例如，火灾、爆炸等生产安全事故的现场往往会有大量的伤亡人员（直接受害者），他们承受着生理和心理上的双重打击；同时，生产安全事故的幸存者和亲历者虽然没有明显的心理创伤，但也会产生各种各样的负面心理反应。因此，生产安全事故应急处置的部门和人员在进行现场控制的同时应立即展开对受害者的救助，及时抢救护送危重伤员、救援受困群众、妥善安置死亡人员、安抚在精神与心理上受到严重冲击的受害人员。

3. 人员疏散原则

在大多数生产安全事故应急处置的现场控制与安排中，把处于危险境地的受害者尽快疏散到安全地带，避免出现更大伤亡的灾难性后果，是一项极其重要工作。在很多伤亡惨重的生产安全事故中，没有及时进行人员安全疏散是造成群死群伤的主要原因。

无论是自然灾害还是人为的事故，或者其他类型的灾难性事故，在决定是否疏散人员的过程中，需要考虑的因素一般有：

（1）是否可能对群众的生命和健康造成危害，特别是要考虑到是否存在潜在危险性；

（2）事故的危害范围是否会扩大或者蔓延；

（3）是否会对环境造成破坏性的影响。

4. 保护现场原则

按照一般的程序，生产安全事故的现场应急处置工作结束之后，或在应急处置过程的适当时机，调查工作就需要介入，以分析事故的原因与性质，发现、收集有关的证据，确定事故的责任者。在应急处置过程中，特别是对现场的控制做出安排时，一定要考虑到对现场进行有效的保护，以便于日后开展调查工作。在实践中容易出现的问题是应急人员的注意力都集中在救助伤亡人员，或防止事故的蔓延扩大上，而忽略了对现场与证据的保护，结果在事后发现需要收集证据时，现场已遭到破坏，给调查工作带来被动。因此，必须在进行现场控制的整个过程中，把保护现场作为工作原则贯穿始终。虽然对事故的应急处置与调查处理是不同的环节与过程，但在实际工作中绝没有明确的界限，不能把两者截然分开。

5. 保护应急参与人员安全的原则

要保证应急参与人员的安全，现场的应急指挥人员在指导思想上也应当充分地权衡各种利弊，使现场应急的决策科学化与最优化，避免付出不必要的人员牺牲代价。

二、事故现场应急处置工作内容

根据《生产经营单位生产安全事故应急预案编制导则》（GB/T 29639—2013）规定，应急处置主要包括以下内容：

（1）事故应急处置程序。根据可能发生的事故类型及现场情况，明确事故报警、各项应急措施启动、应急救护人员的引导、事故扩大及同企业应急预案的衔接程序。

（2）现场应急处置措施。针对可能发生的火灾、爆炸、危险化学品泄漏、坍塌、水患、机动车辆伤害等，从操作措施、工艺流程、现场处置、事故控制、人员救护、消防、现场恢复等方面制定明确的应急处置措施。

（3）报警电话及上级管理部门、相关应急救援单位联络方式和联系人员，事故报告的基本要求和内容。

三、事故现场控制的基本方法

在应急救援的现场处置过程中，对现场的控制是必不可少的，要做出一系列的应急安排，以防止生产安全事故的进一步蔓延扩大，把人员伤亡与财产损失减少到最低。但由于事故发生的时间、环境、地点不同，事故类型、影响范围、损害程度也不尽相同，进而其所需要的控制手段包括应急资源也不相同。这些差别决定了在不同的事故现场应该采取不同的控制方法。事故现场控制的一般方法可分为以下几种：

1. 警戒线控制法

警戒线控制法是由参加现场处置工作的人员对需要保护的重大或者特别重大事故现场组织实施，防止非应急处置人员与其他无关人员随意进出，干扰应急行动的特别保护方法。在重特大事故现场或其他相关场所，根据不同情况或需要，应安排公安机关或企业安全保卫人员，实施警戒保护。对应急现场，应从其核心现场开始，向外设置多层警戒。

事故现场设置警戒线，一方面是为了保证处置工作的顺利进出上有一种安全感，同时避免外来的未知因素对现场的安全构成威胁，以避免现场可能存在的各种危险源危及周围无关人员的安全。应急警戒范围，应坚持宜大不宜小，保留必要的警戒冗余度以阻止现场大规模无序流动。

2. 区域控制法

在有些生产安全事故的应急处置过程中，可能点多面广，需要处置的问题较多，处置工作必然存在优先安排的顺序问题。也可能由于环境等因素的影响，对某些局部区域采取不同的控制措施，控制进入现场的人员数量。区域控制在不破坏事故现场的前提下，在现场外围对整个应急现场环境进行总体观察，确定重点区域、重点地带、危险区域、危险地带。一般遵循的原则是，先重点区域，后一般区域；先危险区域，后安全区域：先外部区域，后中心区域。具体实施区域控制时，一般应当在现场专业处置人员的指导下进行，由司法单位或事发地的公安机关指派专门人员具体实施；对于重特大事故应急现场，还应当由公安机关直接实施区域控制。

3. 遮盖控制法

遮盖控制法实际上是保护现场与现场证据的一种方法。在应急处置现场，有些物证的时效性要求往往比较高，天气变化因素可能会影响取证的真实性；有时由于现场比较复杂，破坏比较严重，再加上应急处置人员不足，不能立即对现场进行勘查、处置，因此需要用其他物品对重要现场、重要证据、重要区域进行遮盖，以利于后续工作的开展。遮盖物一般多采用干净的塑料布、帆布、草席等物品，起到防风、防雨、防日晒以及防止无关人员随意触动的作用。应当注意的是，除非万不得已，一般尽量不要使用遮盖控制法，防止遮盖物污染某些微量物证，影响取证以及后续的化学、物理分析结果。

4. 以物围圈控制法

为了维持现场处置的正常秩序，防止现场重要物证被破坏以及危害扩大，可以用其他物体对现场中心地带周围进行围圈。一般来讲，可以使用一些不污染环境的阻燃阻爆的物体。如果现场比较复杂，还可以采用分区域、分地段的方式进行。

5. 定位控制法

有些事故现场由于死伤人员较多，物体变动较大，物证分布范围广，采取上述几种现场控制方法，可能会给事发地的正常生活和工作秩序带来一定负面影响，这就需要对现场特定死伤人员、特定物体、特定物证、特定方位、特定建筑等采取定点标注的控制方法，使现场处置有关人员对整体事故现场能够一目了然，做到定量和定性相结合，有利于下一步工作的开展。定位控制一般可以根据现场大小、破坏程度等情况，首先按区域、方位对现场进行区域划分，可以有形划分，也可以无形划分，如长条形、矩形、圆形、螺旋形等形式；然后每一划分区域指派现场处置人员，用色彩鲜艳的小旗对死伤人员、重要物体、重要物证、重要痕迹进行标注。最后，根据现场应急处置需要，在此基础上开展下一步的工作。

四、事故现场应急处置过程

在事故现场抢险中，尽管由于发生事故的单位、地点、化学介质的不同，抢险程序会存在差异，但一般都是由接报、调集抢险力量和事故现场处置等步骤组成。其中，事故现场处置一般按照设点、询情和侦查、隔离、疏散、防护、现场急救等步骤进行。

1. 现场设点

现场设点指各救援队伍进入事故现场，选择有利地形（地点）设置现场救援指挥部或救援、急救医疗点。

各救援点的位置选择关系到能否有序地开展救援和保护自身的安全。救援指挥部、救援和医疗急救点的设置应考虑以下几项因素：

（1）地点。应选在上风向的非污染区域，需注意不要远离事故现场，便于指挥和救援工作的实施。

（2）位置。各救援队伍应尽可能在靠近现场救援指挥部的地方设点并随时保持与指挥部的联系。

（3）路段。应选择交通路口，利于救援人员或转送伤员的车辆通行。

（4）条件。指挥部、救援或急救医疗点，可设在室内或室外，应便于人员行动或伤员的抢救，同时要尽可能利用原有通信、水和电等资源，有利于救援工作的实施。

（5）标志。指挥部、救援或医疗急救点，均应设置醒目的标志，方便救援人员和伤员识别。悬挂的旗帜应用轻质面料制作，以便救援人员随时掌握现场风向。

2. 询情和侦检

采取现场询问和现场侦查的方法，充分了解和掌握事故的具体情况、危险范围、潜在险情（如爆炸、中毒等）。

侦检是危险物质事故抢险处置的首要环节。侦检是指利用检测仪器检测事故现场危险物质的浓度、强度以及扩散、影响范围，并做好动态监测。根据事故情况不同，可以派出若干侦查小组，对事故现场进行侦查，每个侦查小组至少应有 2 人。

3. 隔离与疏散

（1）建立警戒区域。事故发生后，应根据所涉及的范围设立警戒区，并在通往事故现场的主要干道上实行交通管制。建立警戒区时注意事项如下：

①警戒区域的边界应设警示标志，并有专人警戒；

②除消防、应急处置人员以及必须坚守岗位的工作人员外，其他人员禁止进入警戒区；

③泄漏溢出的化学品为易燃物品时，区域内应禁火种。

（2）紧急疏散。迅速将警戒区及污染区内与事故应急处置无关的人员撤离，以减少不必要的人员伤亡。紧急疏散应注意的事项如下：

①如事故物质有毒时，需要佩戴个体防护用品或采用简易有效的防护措施，并有相应的监护措施；

②应向侧上风方向转移，明确专人引导和护送疏散人员到达安全区，并在疏散或撤离的路

线上设立哨位，指明方向；

③不要在低洼处滞留；

④要查清是否有人留在污染区或着火区。

4. 防护

根据事故泄漏或产生物质的危害性及划定的危险区域，确定相应的防护等级，并根据防护等级按标准配备相应的防护器具。

5. 现场急救

在事故现场，危险化学品等危险、有害因素对人体可能造成的伤害有中毒、窒息、冻伤、化学灼伤、烧伤等。进行急救时，不论伤者还是救援人员都需要进行适当的防护。

第二节　初起火灾的扑救与人员的疏散逃生

一、初起火灾扑救的原则与方法

在火灾发展变化中，初起阶段是火灾扑救最有利的阶段，将火灾控制和消灭在初起阶段，就能赢得灭火战斗的主动权，就能显著减少事故损失，反之就会被动，造成难以收拾的局面。

(一) 初起火灾的扑救原则

企、事业单位灭火、救灾指挥人员，在指挥灭火救灾中要遵循"救人第一""先控制，后消灭""先重点，后一般"等原则。

1. 救人第一的原则

救人第一原则，是指火场上如果有人受到火势威胁，企、事业单位消防队员的首要任务就是把被火围困的人员抢救出来。运用这一原则，要根据火势情况和人员受火势威胁的程度而定。在灭火力量较强时，人未救出之前，灭火是为了打开救人通道或减弱火势对人员威胁程度，从而更好地为救人脱险、及时扑灭火灾创造条件。在具体实施救人时应遵循"就近优先，危险优先，弱者优先"的基本要求。

2. 先控制，后消灭的原则

先控制，后消灭，是指对于不可能立即扑灭的火灾，要首先控制火势的继续蔓延扩大，在具备了扑灭火灾的条件时，再展开全面进攻，一举消灭。义务消防队灭火时，应根据火灾情况和本身力量灵活运用这一原则。对于能扑灭的火灾，要抓住战机，就地取材，速战速决；如火势较大，灭火力量相对薄弱，或因其他原因不能立即扑灭时，就要把主要力量放在控制火势发展或防止爆炸、泄漏等危险情况发生上，以防止火势扩大，为彻底扑灭火灾创造有利条件。先控制，后消灭，在灭火过程中是紧密相连、不能截然分开的，只有首先控制住火势，才能迅速将火灾扑灭。控制火势要根据火场的具体情况，采取相应措施。火场上常见的做法有以下几种：

(1) 建筑物失火。当建筑物一端起火向另一端蔓延时，可从中间适当部位控制；建筑物的中间着火时，应从两侧控制，以下风方向为主；发生楼层火灾时，应从上下控制，以上层为主。

(2) 油罐失火。油罐起火后，要冷却燃烧罐，以降低其燃烧强度，保护罐壁；同时要注意冷却邻近罐，防止因温度升高而爆炸起火。

（3）管道失火。当管道起火时，要迅速关闭阀门，以断绝原料源；堵塞漏洞，防止气体扩散，液体流淌；同时要保护受火势威胁的生产装置、设备等。不能及时关闭阀门或阀门损坏无法断料时，应在严密保护下暂时维护稳定燃烧，并立即设法导流、转移。

（4）易燃易爆单位（或部位）失火。要设法消灭火灾，以排除火势扩大和爆炸的危险；同时要疏散保护有爆炸危险的物品，对不能迅速灭火和不易疏散的物品要采取冷却措施，防止受热膨胀爆裂或起火爆炸而扩大火灾范围。

（5）货场堆垛失火。一垛起火，应阻止火势向邻垛蔓延；货区的边缘堆垛起火，应阻止火势向货区内部蔓延；中间垛起火，应保护周围堆垛，以下风方向为主。

3. 先重点，后一般的原则

先重点，后一般，是就整个火场情况而言的。运用这一原则，要全面了解并认真分析火场的情况，主要是：

（1）人和物相比，救人是重点。

（2）贵重物资和一般物资相比，保护和抢救贵重物资是重点。

（3）火势蔓延猛烈的方面和其他方面相比，控制火势蔓延猛烈的方面是重点。

（4）有爆炸、毒害、倒塌危险的方面和没有这些危险的方面相比，处置这些危险的方面是重点。

（5）火场上的下风向与上风、侧风向相比，下风向是重点。

（6）可燃物资集中区域和这类物品较少的区域相比，这类物品集中区域是重点。

（7）要害部位和其他部位相比，要害部位是火场上的重点。

（二）扑救初起火灾的指挥要点

实践证明，扑灭火灾的最有利时机是在火灾的初起阶段。要做到及时控制和消灭初起火灾，主要是依靠群众义务消防队。因为他们对本单位的情况最了解，发生火灾后能在公安消防队和企业专职消防队到达之前，最先到达火场。所以初起火灾发生后，一般首先由起火单位的义务消防队组织指挥和扑救；当本单位企业专职消防队到达火场时，企业专职消防队的领导负责组织指挥和扑救；当公安消防队到达火场时，由公安消防队的领导统一组织指挥。扑救初起火灾的组织指挥工作主要做好以下几点：

1. 及时报警，组织扑救

义务消防队员，无论在任何时间和场所，一旦发现起火，都要立即报警，并参与和组织群众扑救火灾。当火灾刚发生且不大时，要迅速利用现场的灭火器、砂桶、水泥粉等简易灭火器材灭火，并设法立即报警。报警时，应根据火势情况，首先向周围人员发出火警信号，并通知单位领导和有关部门，要有专人向公安消防部门报警。

2. 积极抢救被困人员

当火场上有人被围困时，要组织力量，积极抢救被困人员。

3. 疏散物资，建立空间地带

火场上要组织一定的人力和机械设备，将受到火势威胁的物资疏散到安全地带，以阻止火势的蔓延，减少火灾损失。

（三）初起火灾扑救的基本方法

初起火灾容易扑救，但必须正确运用灭火方法，合理使用灭火器材和灭火剂，才能有效地扑灭初起火灾，减少火灾危害。

灭火的基本方法，就是根据起火物质燃烧的状态和方式，为破坏燃烧必须具备的基本条件而采取的一些措施。具体有以下 4 种：

1. 冷却灭火法

冷却灭火法，就是将灭火剂直接喷洒在可燃物上，使可燃物的温度降低到自燃点以下，从而使燃烧停止。用水扑救火灾，其主要作用就是冷却灭火。一般物质起火，都可以用水来冷却灭火。

火场上，除用冷却法直接灭火外，还经常用水冷却尚未燃烧的可燃物质，防止其达到燃点而着火；还可用水冷却建筑构件、生产装置或容器等，以防止其受热变形或爆炸。

2. 隔离灭火法

隔离灭火法，是将燃烧物与附近可燃物隔离或者疏散开，从而使燃烧停止。这种方法适用于扑救各种固体、液体、气体火灾。

采取隔离灭火的具体措施很多。例如，将火源附近的易燃易爆物质转移到安全地点；关闭设备或管道上的阀门，阻止可燃气体、液体流入燃烧区；排除生产装置、容器内的可燃气体、液体，阻拦、疏散可燃液体或扩散的可燃气体；拆除与火源相毗连的易燃建筑结构，形成阻止火势蔓延的空间地带等。

3. 窒息灭火法

窒息灭火法，即采取适当的措施，阻止空气进入燃烧区，或用惰性气体稀释空气中的氧气含量，使燃烧物质缺乏或断绝氧气而熄灭，适用于扑救封闭式的空间、生产设备装置及容器内的火灾。

火场上运用窒息法扑救火灾时，可采用石棉被、湿麻袋、湿棉被、沙土、泡沫等不燃或难燃材料覆盖燃烧或封闭孔洞；用水蒸气、惰性气体（如二氧化碳、氮气等）充入燃烧区域；利用建筑物上原有的门以及生产储运设备上的部件来封闭燃烧区，阻止空气进入。此外，在无法采取其他扑救方法而条件又允许的情况下，可采用水淹没（灌注）的方法进行扑救。但在采取窒息法灭火时，必须注意以下几点：

（1）燃烧部位较小、容易堵塞封闭、在燃烧区域内没有氧化剂时，适于采取这种方法。

（2）在采取用水淹没或灌注方法灭火时，必须考虑到火场物质被水浸没后能否产生不良后果。

（3）采取窒息方法灭火以后，必须确认火已熄灭，方可打开孔洞进行检查。严防过早地打开封闭的空间或生产装置，而使空气进入，造成复燃或爆炸。

（4）采用惰性气体灭火时，一定要将大量的惰性气体充入燃烧区，迅速降低空气中氧气的含量，以达窒息灭火的目的。

4. 抑制灭火法

抑制灭火法，是将化学灭火剂喷入燃烧区参与燃烧反应，中止链反应而使燃烧反应停止。采用这种方法可使用的灭火剂有干粉和卤代烷灭火剂。灭火时，将足够数量的灭火剂准确地喷射到燃烧区内，使灭火剂阻断燃烧反应，同时还要采取冷却降温措施，以防复燃。

在火场上采取哪种灭火方法，应根据燃烧物质的性质、燃烧特点和火场的具体情况，以及灭火器材装备的性能进行选择。

二、火场人员疏散及逃生路线选择

（一）熟悉所处环境

熟悉我们工作或居住的环境，事先制订较为详细的逃生计划，进行必要的逃生训练和演练。对确定的逃生出口、路线和方法，要让家庭和单位所有成员，都要熟知和掌握，必要时可把确定的逃生出口和路线绘制在图上，并贴在明显的位置上。以便平时大家熟悉和在发生火灾时按图上的逃生方法、路线和出口顺利逃出危险地区。

当我们出差、旅游住进宾馆、饭店以及外出购物走进商场或到影剧院、歌舞厅等不熟悉的环境时，都应留心看一看太平门、楼梯、安全出口的位置，以及灭火器、消火栓、报警器的位置，以便临警时能及时逃出险区或将初期火灾及时扑灭，并在被围困的情况下及时向外面报警求救。这种熟悉是非常必要的，只有养成这样的好习惯，才能有备无患。

（二）选择逃生方法

逃生的方法有多种多样。由于火场上的火势大小，被围困人员所处位置和使用的器材不同，所采取的逃生方法也不一样，火场上逃生有以下主要方法：

1. 立即离开危险地区

一旦在火场上发现或意识到自己可能被烟火围困，生命受到威胁时，要立即放下手中的工作，争分夺秒，设法脱险，切不可延误逃生良机。

脱险时，应尽量观察，判明火势情况，明确自己所处环境的危险程度，以便采取相应的逃生措施和方法。

2. 选择简便、安全的通道和疏散设施

逃生路线的选择，应根据火势情况，优先选择最简便、最安全的通道和疏散设施。如楼房着火时，首先选择安全疏散楼梯、室外疏散楼梯、普通楼梯等，尤其是防烟楼梯、室外疏散楼梯，更安全可靠，在火灾逃生时，应充分利用。

如果以上通道被烟火封锁，又无其他器材救生时，可考虑利用建筑的阳台、窗口、屋顶、落水管、避雷线等脱险。但应注意查看落水管、避雷线是否牢固，防止人体攀附上以后断裂脱落造成伤亡。

3. 准备简易防护器材

逃生人员多数要经过充满烟雾的路线，才能离开危险区域。如果浓烟呛得人透不过气来，可用湿毛巾、湿口罩捂住口鼻。无水时干毛巾、干口罩也可以。实践和实验都已证明湿毛巾和干毛巾除烟效果都较好。使用毛巾捂住口鼻时，一定要使过滤烟的面积增大，将口鼻捂严。在穿过烟雾区时，即使感到呼吸困难，也不能将毛巾从口鼻上拿开，因拿开时，就有立即中毒的危险。在穿过烟雾区时，除用毛巾、口罩捂住口鼻，还应将身体尽量贴近地面或使用爬行的方法穿过险区。

如果门窗、通道、楼梯等已被烟火封锁，冲出险区有危险时，可向头部、身上浇些冷水或用温毛巾等到将头部包好，用温棉被、温毯子将身体裹好或穿上阻燃的衣服，再冲出险区。

4. 自制简易救生绳索，切勿跳楼

当各通道全部被烟火封死时，应保持镇静。可利用各种结实的绳索，如无绳索可用被褥、衣服、床单或结实的窗帘布等物撕成条，拧好成绳，拴在牢固的窗框、床架或其他室外内的牢固物体上，然后沿绳缓慢下滑到地面或下层的楼层内而顺利逃生。

5. 创造避难场所

在各种通道被切断，火势较大，一时又无人救援的情况下。应关紧迎火的门窗，打开背火的门窗，但不能打碎玻璃，要是窗外有烟进来时，还要关上窗子。如门窗缝隙或其他孔洞有烟进来时，应该用湿毛巾、湿床单等物品堵住或挂上湿棉被等难燃或不燃的物品，并不断向物品、门窗、地面上洒水，并淋湿房间的一切可燃物，等待消防队的到来，救助脱险。

（三）火场逃生注意的事项

火场逃生要迅速，动作越快越好，切不要为穿衣服或寻找贵重物品而延误时间，要树立时间就是生命、逃生第一的思想。

逃生时要注意随手关闭通道上的门窗，以阻止和延缓烟雾向逃离的通道流窜。通过浓烟区时，要尽可能以最低姿势或匍匐姿势快速前进，并用湿毛巾捂住口鼻。不要向狭窄的角落退避，如墙角、桌子底下、大衣柜里等。

如果身上衣服着火，应迅速将衣服脱下，如果来不及脱掉可就地翻滚，将火压灭，不要身穿着火衣服跑动，如附近有水池、河塘等，可迅速跳入水中。如人体已被烧伤时，应注意不要跳入污水中，以防感染。

火场上不要轻易乘坐普通电梯。这个道理很简单，其一，发生火灾后，往往容易断电而造成电梯“卡壳”，给救援工作增加难度；其二，电梯口直通大楼各层，火场上烟气涌入电梯井极易形成“烟囱效应”，人在电梯里随时会被浓烟毒气熏呛而窒息。

火灾刚刚发生的时候，应迅速向消防部门报警，同时积极参加初起火灾的扑救。

第三节　常见外伤急救及心肺复苏技术

一、止血

1. 外伤性出血的判断

一个成人如果急性失血超过人体总重量的20%，可危及生命。

出血的特征及分类：

(1) 动脉出血，色泽鲜红，流速快，呈喷射状。

(2) 静脉出血，色泽暗红，流速慢，呈滴血或涌出状。

(3) 毛细血管出血，色鲜红，呈渗出状。

2. 止血方法

(1) 手指压迫止血法。压迫位置在伤口上方即近心端找到搏动的动脉血管，用手指或手掌把血管压迫在附近的骨头上，使血管变扁，血流受阻，即可止血。适宜于四肢、头面部的止血。

①头顶部出血，用拇指将伤侧颞动脉压在下颌关节上，如压迫一侧效果不佳，同时再压迫另一侧。

②面部出血，用拇指压迫颈动脉于下颌角附近的凹陷内。

③头颈部出血，用拇指压迫一侧颈动脉，切记不能同时压迫两侧颈动脉，以免头部供血中断。

④肩及上臂出血，用拇指压迫同侧锁骨下动脉。

⑤前臂及手掌出血，用拇指压迫同侧肱动脉。

⑥下肢出血，两拇指重叠压迫同侧的股动脉。

(2) 加压包扎止血法。这是一种直接压迫止血的方法，在伤口上没有异物、骨碎片时，先将干净敷料放在伤口上，再用绷带卷、三角巾或宽布带作加压包扎至伤口不出血为止，适用于静脉或中小动脉出血。加压包扎松紧要适度，止住出血即可。

(3) 止血带止血法。经指压止血、加压包扎止血无效时，可采用止血带有效控制出血。止血带可选用橡皮带或橡皮管，也可用绷带或较宽的布条，以绞棒绞紧作止血带用，但禁用细绳和电线等物。缚止血带部位以靠近伤口最近端为宜，以减少缺血范围。在上臂缚止血带应避免绑在中 1/3 处，以免损伤桡神经；在膝和肘关节以下缚止血带一般无止血作用；止血带下加垫 1～2 层布，可以保护皮肤；要松紧合适，以动脉刚好不出血即可；缚止血带的肢体应妥善固定，注意保暖。

使用止血带后，应做出明显标志，记录时间，每隔 40～50min 放松一次，每次放松 2～3min，同时用手压住已包扎的伤口，避免伤口再出血。如果使用止血带时间过长，会造成肢体远端缺血、缺氧、组织变性、坏死。如有气性止血带（如血压计袖带）最好，因其压迫面积大且方便，组织损伤小。

（4）加垫屈肢止血法。适用于膝或肘关节以下部位出血，而无骨或关节损伤时。先用一厚棉垫或纱布卷塞在腘窝或肘窝处，屈膝或肘，再用三角巾、绷带或宽皮带进行屈肢加压包扎。

急救止血之后，须争取时间尽早就医彻底止血。若止血带使用不当，可造成肢体组织缺血、坏死，甚至丧失肢体。

二、包扎

包扎是最常见的外科治疗手段，它可起到保护创面、止血、止痛、减少污染、制动受伤骨或关节、有利伤口愈合等作用，适用于全身各个部位。

包扎常用的材料有：绷带、三角巾等，也可用干净的毛巾、手绢、领带、被单等物品。

1. 包扎前的处理

（1）首先抢救生命，优先解决危及生命的损伤，重视显露伤，同时注意寻找隐蔽的损伤。

（2）充分暴露伤口，必要时可剪开衣裤，应注意避免因脱衣等加重损伤。

（3）对穿出伤口的骨折端，不要还纳，以免损伤附近的血管、神经、肌肉，或将污染带入深部组织，导致感染或继发性骨髓炎。

（4）损伤较大的创口，现场做简单清洁处理，然后迅速就医彻底清创。

（5）较深的伤口或虫、犬等咬伤，可用双氧水冲洗伤口后包扎。

2. 包扎方法

（1）绷带卷包扎。可采用环行（适用于小伤口）、螺旋形（适用于创面大的伤口）、横“8”形（适用于锁骨骨折）等包扎方法。

（2）三角巾或宽布带包扎。依受伤部位可直接包扎，也可折叠成带状包扎，应注意要拉紧边，要固定，先放敷料，敷料大小要超过伤口 5～10cm，打结时要避开伤口。三角巾或宽布带包扎适用于身体各部位，尤其常用于肢体、躯干等处，需根据受伤部位的不同选择环形、螺旋形、蛇形、“8”形等方法。

3. 包扎的基本原则及注意事项

（1）基本原则：一般应自远心端向躯干包扎，卷带须平整，用力应适中，不可太松，以免脱落，亦不宜过紧，以免妨碍血液循环；指趾端最好露出，以便观察血液循环情况；开始包扎到结束包扎，一般均做二周环形绷扎；连续绷扎时，每一周绷带应遮过前一周的 1/3 或 1/2；包扎完毕可用胶布、别针或将绷带打结予以固定，但固定处应避开伤口、骨隆突处及伤员坐卧时的受压部位。包扎时动作要轻柔、迅速、准确，以减少伤员痛苦。尽量用无菌敷料接触伤口，不要乱用外用药及随便拔出伤口内的异物（包括碎骨片）。

（2）注意事项：充分暴露伤口；伤口上加盖干净敷料，较深的伤口要填塞；腹腔脏器不要回纳，异物不拔出；松紧要适当，结不要打在伤口上。

三、骨折固定

骨折是创伤中最常见的损伤，它的发生常伴有周围血管受损，主要表现为局部疼痛、肿胀、畸形、受累部位的功能障碍等。骨折的急救原则是：有休克时，先纠正休克后固定；开放性骨折，先包扎止血再固定。

1. 骨折的判断

闭合性骨折可根据以下症状和体征来作判断：

（1）按、摸受伤部位疼痛加重，部分可触到骨折线，伤肢不能活动；

（2）畸形骨折段移位后，肢体变形，或伤肢比健肢短；

（3）人体没有关节的部位，骨折后出现假关节活动；

（4）可以感受到骨擦感或听到骨擦音。

2. 骨折固定方法及注意事项

凡是骨折、关节损伤、广泛软组织损伤的伤员，在搬运前都要做好固定。

（1）夹板固定。夹板固定前，必须先止血、包扎伤口。包扎时，暴露的骨折端不能送回伤口内以免损伤血管、神经及加重污染。夹板的长度要超过上下关节，宽度适宜。夹板与皮肤之间及夹板两端要加以纱布、棉花等物作垫子，以防局部组织压迫坏死。结打在夹板一侧，松紧应适当，指（趾）要露出，以便观察肢体血循环。

（2）利用躯干和健肢固定。无现成夹板和代用品时，可用三角巾或宽布带将骨折的上臂或前臂固定于躯干上，骨折的大腿和小腿固定于健肢上。具体方法：以上臂骨折为例，先用三角巾或宽布带将上臂固定于躯干上，再将前臂固定于胸前，肘关节呈90°功能位，如图7—1所示。大腿骨折时先将软垫放在两膝关节和踝关节之间，以防局部组织受压、缺血坏死，然后在骨折的上下端用布带将两大腿捆在一起，再固定两膝关节和踝关节。结打在前面、两腿之间。

图7—1　上臂骨折的固定

（3）部位固定：

①锁骨骨折。可先用夹板放在肩背部做“T”形包扎固定。如无夹板时，可用宽布带在双肩及腋下有保护垫的情况下，以横“8”形绕两肩后，让伤员挺胸、双肩外展，再拉紧布带在背后打结。

②四肢骨折。肱骨和尺、桡骨折，有夹板时，先用小夹板固定，再悬吊前臂。如无夹板时，可用宽布带或三角巾将患肢固定于自身躯干上。股骨和胫、腓骨骨折，有夹板时，用夹板固定；无夹板时，利用健肢固定法固定。

③脊柱骨折。常见的脊柱骨折有颈、胸、腰椎骨折，脊柱骨折严重时伴有脊髓的损伤，可导致伤者截瘫。因此，凡脊柱骨折的伤员必须睡在硬板上，颈椎骨折时必须仰卧在硬板上，先在硬板上相当颈部的位置放上垫子，伤员平卧后再在头部两侧放上沙袋加以固定。胸、腰椎伤员平卧硬板时，先将腰部加垫，胸椎骨折伤员俯卧位时先将双肩和腹部位置放好垫子，伤员放好后，再在胸部、髋部、膝关节及踝关节处用4根布带将伤员与木板固定在一起，以防搬运途

中损伤脊髓，如图 7—2 所示。

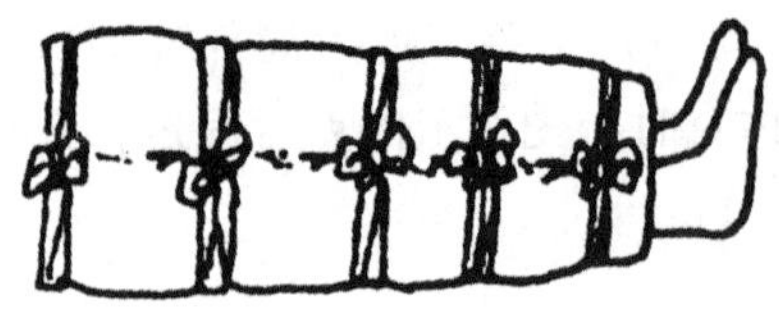

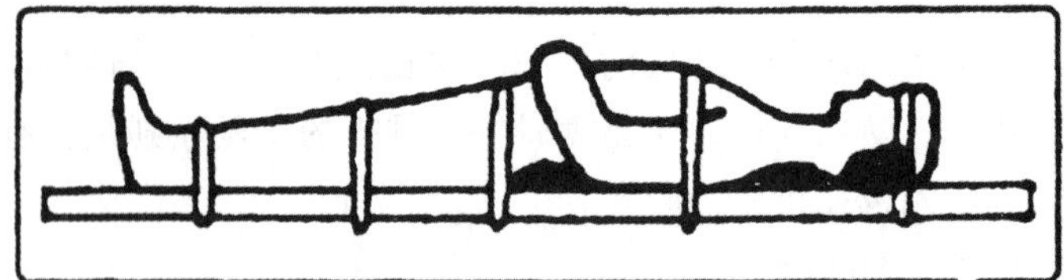

在伤员颈下及腰下加垫，并加以固定

图 7—2 脊柱骨折的固定

④断指（趾）伤的现场急救。急救时，断肢残端以消毒敷料作加压包扎止血；仍有出血时，可在离伤口约 5cm 处用止血带止血，20min 放松一次，每次放松 2～3min。离断端用消毒敷料包好，与伤员一起在伤后 6h 内送往医院。如在盛夏季节中，可将包好的断指（趾）放于不漏气的塑料带中，再放入 4～6℃的冰槽中，尽快送往医院。

四、搬运伤员

1. 搬运伤员的一般原则

（1）搬运伤员要在确认伤员不会在运送过程中出现危险时方可进行。

（2）动作要轻，方法应稳妥。

（3）受伤部位不被挤压，不负重，脊柱不扭曲，不同的伤情选用不同的搬运方法。

（4）单人徒手搬运可采用抱、背、扶等方式；双人徒手搬运可采取拉车式、椅托式、手托式等方法。在危险的现场中，伤情允许的情况下，可用拖拉式将伤员先救到安全的地方再进行急救。

2. 搬运工具

可采用担架、木板、床单、躺椅等物搬运伤员。脊柱骨折伤员必须用平托式搬运，且要平躺在木板上。

3. 特殊伤员的搬运方法

（1）脊柱骨折伤员。可由 3～4 人将伤员平托到硬板担架或木板上搬运。

（2）颈椎骨折伤员。搬运时应由专人牵引固定头部，与躯干长轴一致，另有 3 人并排将伤员平托于硬板担架上，去枕平卧，头颈两侧用软垫固定，防止头部扭转和前屈。

（3）抽搐伤员。可用绷带捆扎在担架上，防止坠地受伤，口腔上下齿间要垫软物，防止舌咬伤。

（4）休克伤员。头部不能抬高，应平卧，足抬高 10°。

（5）昏迷、脑外伤、颌面部损伤较重的伤员。应取侧卧位或俯卧位，切勿仰卧，以免舌后坠堵塞气道或血液、呕吐物等吸入呼吸道发生窒息。

4. 根据伤情的轻重缓急，安排伤员转送的顺序

先将重伤且能有抢救效果的伤员送走，再送轻伤员。各类伤员在转送途中必须有救护人员或医务人员护送，并随时对伤员进行生命体征和病情变化的监测，一旦变化，要做出相应的急救治疗。伤员在决定转送的同时要与接受医院的急诊室联系，并要求对方做好急救准备。运送急需手术治疗的伤员，护送医务人员途中还必须与手术医生、手术室联系，争取尽快手术，以挽救伤员生命。伤员送入医院时，护送医务人员必须将现场检查的伤情、途中监护及各种治疗措施详细告诉接诊医生。

五、心肺复苏技术

1. 人工呼吸

人工呼吸能在伤者或患者呼吸停止的各个场合使用。例如：电击，烟雾窒息，异物卡住喉咙，吸毒过量，非腐蚀性中毒，一氧化碳中毒，头部或胸部损伤，心脏病发作等。

人工呼吸急救前应确保伤者远离危险源，或已将危险源搬移。

(1) 口对鼻人工呼吸法

口对鼻人工呼吸法按以下步骤实施：

①将伤者仰面放置，使伤者头部偏向一边，用手指清出口中异物，如图 7—3 所示。

图 7—3　清楚口中异物

②将伤者头部仰面放回，并翘起其头部，使下额角与地面保持 90°，达到打开气道的目的。用一只手牢固地固定头顶，用另一只手使下巴朝上，闭上伤者的嘴，如图 7—4 所示。

图 7—4　打开通道

③深吸一口气，如图 7—5 所示。

图 7—5　施救者深吸一口气

④用口包住伤者的鼻部，防止嘴唇堵住伤者的鼻孔，进行口对鼻吹气，对于婴儿，则可用口包住其口和鼻，进行口对口鼻吹气，如图 7—6 所示。

图 7—6　口对鼻吹气

⑤向伤者吹气直到胸部隆起，如果胸部无法隆起，将头部翘得更高一些，并再次尝试吹气。

⑥如果伤者胸部隆起，救助者松开口。观察和诊听伤者的呼出，接着进行下一次吹气，如图 7—7 所示。

图 7—7　救护者松口换气

如果伤者无法呼出，用拇指将伤者的下嘴唇翻开使其口张开，以便让其呼气。“汩汩”的响声或者带有杂音的呼气声表明需要重复清除喉部异物的步骤，并且需要改变伤者头部仰放的位置。

⑦在呼气结束时立刻吹气以使伤者胸部再次隆起。成人每分钟至少吹气 12 次左右，对婴儿吹气则要更加轻细以及更高的频率，每分钟至少 20 次。

⑧当伤者开始有呼吸时，务必使救助者的吹气跟伤者的呼吸节奏保持一致。至少每两 min 检查伤者的脉搏 5s，直到伤者能够持续的自主呼吸。

⑨如果有必要，持续进行人工呼吸直到获得医疗帮助。

(2) 口对口人工呼吸法

口对口人工呼吸法按以下步骤进行：

①一手将伤员的鼻腔捏住，另一手抬起下颚，以保持呼吸道通畅，如图 7—8 (a) 所示。

②接着，张大嘴深吸一口气，将嘴贴紧伤者的嘴。为了防止漏气，在吹气的过程中救助者的口必须将伤员的口包覆，如图 7—8 (b) 所示。

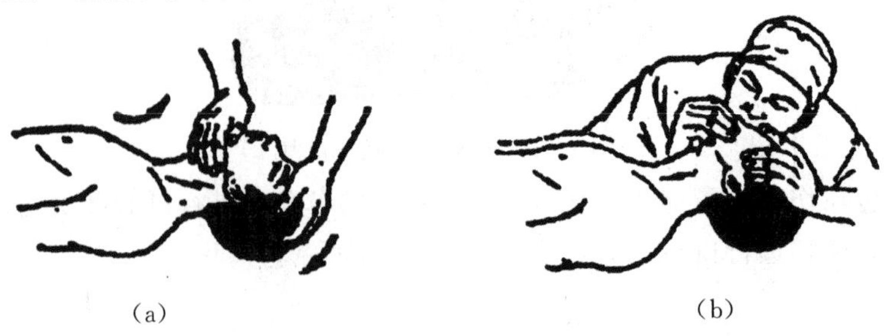

(a)　(b)

图 7—8　口对口人工呼吸

(a) 保持呼吸道通畅；(b) 口对口吹气

③松开并且移开口让伤者呼气，按照口对鼻人工呼吸法中步骤⑥、⑦、⑧、⑨所给出的办法继续进行人工呼吸。

2. 心脏按压（胸外心脏按压）

（1）急救前检查。进行心脏按压法急救之前应对伤者进行检查。

①诊断呼吸。

②检查脉搏。

③如果伤者已经停止呼吸，应立刻对伤者进行两次人工呼吸，接着检查颈部脉搏或者手腕处、腹股沟处的脉搏，或者直接检查心跳次数。如果没有反应，则表明心脏可能已经停止了跳动。

④检查发现病人：当眼睑抬起时，扩散的瞳孔没有收缩；没有呼吸和任何动静；面无血色（苍白），或者皮肤呈白、青色。如果以上症状同时出现并伴随着脉搏微弱，应立即开始心脏按压法抢救病人。

（2）心脏按压实施步骤如下：

①“一看、二听、三感觉，摸颈动脉”，呼叫急救电话。

②人工呼吸两次。

③按压定位，胸骨中下三分之一处，如图7－9所示，将手放在患者的肋骨下端，然后将手指滑向肋骨上端与胸骨下端交界处，将一手掌放在胸骨的中下1/3交界处，另一手平行地重叠放在这只手的手背上。手背的长轴是在胸骨的长轴上，这能使主要压力压在胸骨上，避免肋骨骨折。

图7—9　按压定位

④按压时，肘部伸直，双肩平行于患者胸骨，用上半身体重，垂直下压胸骨4～5cm，如图7－10所示。

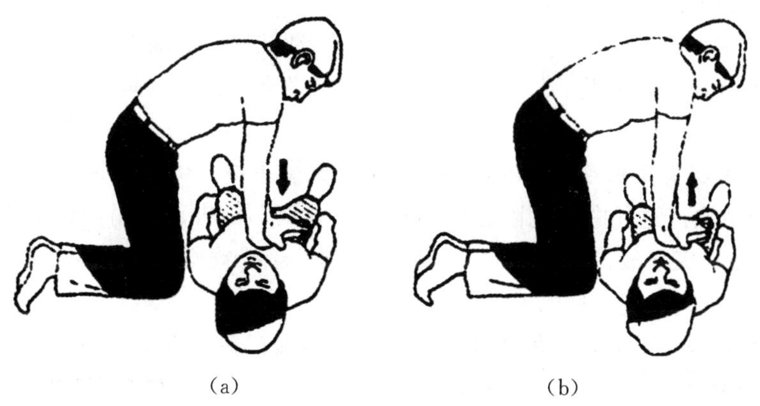

（a）　　　　（b）

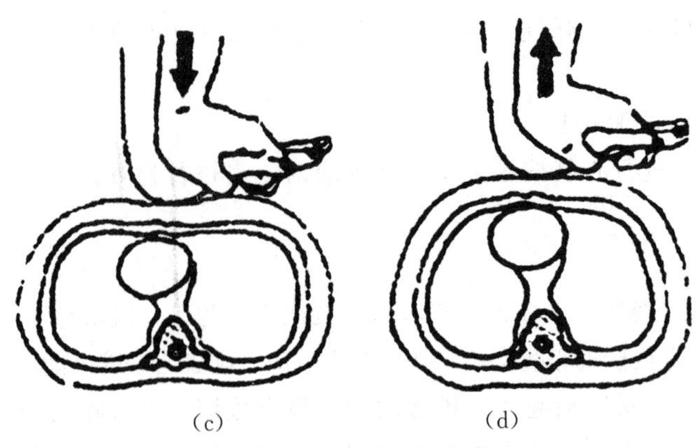

图 7—10　心脏按压方法

(a) 肘部伸直，垂直向下按压胸部；(b) 放松力量，但手掌不要离开患者的胸部；
(c) 垂直按压；(d) 放松力量

⑤松弛，但手不离开原来的位置，速率 100 次/min。按压与放松的时间相等。30 次后，进行 2 次人工呼吸，手重新定位，再进行 30 次心脏按压，完成 5 个周期。人工呼吸和心脏按压必须结合才能做到有效的心肺复苏。

如果有两名急救者，那么可以交替进行抢救。一人进行人工呼吸，另一人进行心脏按压，同样是每 30 次按压伴随 2 次人工呼吸。

本章练习

1. 在事故现场抢险中，尽管由于发生事故的单位、地点、化学介质的不同，抢险程序会存在差异，但一般都是由接报、调集抢险力量和事故现场处置等步骤组成。事故现场处置的正确步骤为(　　)。

A. 隔离→询情和侦查→疏散→防护→设点→现场急救

B. 询情和侦查→疏散→防护→现场急救→设点→隔离

C. 设点→询情和侦查→隔离→疏散→防护→现场急救

D. 设点→防护→隔离→询情和侦查→疏散→现场急救

【答案】 C

【解析】 事故现场处置一般按照设点、询情和侦查、隔离、疏散、防护、现场急救等步骤进行。

2. 某企业发生液氨泄漏致人中毒事故后，应急救援的首要任务是抢救中毒人员和人员疏散，另外一项重要任务是(　　)。

A. 堵塞液氨泄漏点　　　　B. 冲洗液氨泄漏点

C. 调查液氨泄漏事故原因　　　　D. 监测周围空气重氨的浓度

【答案】 A

【解析】 应急救援首要任务是救人，其次为迅速控制事态。故正确答案为 A。

3. 在化工企业生产过程中和危险化学品运输、仓储、销售、使用和废弃物处置等各个环节，都有可能导致火灾事故、爆炸事故的发生。下列关于扑救危险化学品火灾的做法中，错误的是(　　)。

A. 为防止易燃液体外流，可用沙袋或其他材料筑堤拦截流淌的液体或挖沟导流，将物料导向安全地点

B. 扑救爆炸物品火灾，切忌用水扑救，应使用沙土盖压

C. 扑救毒害品和腐蚀品的火灾时，应尽量使用低压水流或雾状水，避免腐蚀品、毒害品溅出

D. 发生危险化学品火灾时，灭火人员不应单独灭火，应该 2～3 人一组

【答案】B

【解析】对于爆炸物品火灾，切忌用沙土盖压，以免增强爆炸物品爆炸时的威力；扑救爆炸物品堆垛火灾时，水流应采用吊射，避免强力水流直接冲击堆垛，造成堆垛倒塌引起再次爆炸。

4. 某公司生产经营单位组织急救知识专题培训，培训教室模拟事故现场有伤员小腿动脉出血，采用止血带止血时，止血带应扎在(　　)。

A. 大腿中下 1/3 处

B. 大腿根处

C. 大腿上 1/3 处

D. 出血部位处

【答案】A

【解析】止血带止血常用于四肢出血，使用时要把止血带放在肢体适当的部位，如上肢要放在上臂中上 1/3 处；下肢放在大腿的中下 1/3 处。

5. 下列关于心肺复苏的做法中，错误的是(　　)。

A. 人工呼吸急救前应确保伤者远离危险源，或已将危险源搬移

B. 口对鼻人工呼吸前，应将伤者仰面放置，使伤者头部偏向一边，用手指清出口中异物

C. 胸外按压需将一手掌放在胸骨的中下 1/3 交界处，另一手平行地重叠放在这只手的手背上

D. 每 10 次胸外按压伴随 1 次人工呼吸，至少完成 3 个周期

【答案】D

【解析】心肺复苏要求每 30 次胸外按压伴随 2 次人工呼吸，至少完成 5 个周期。

第八章　其他安全案例分析必备知识与答题技巧

【重点知识导学】

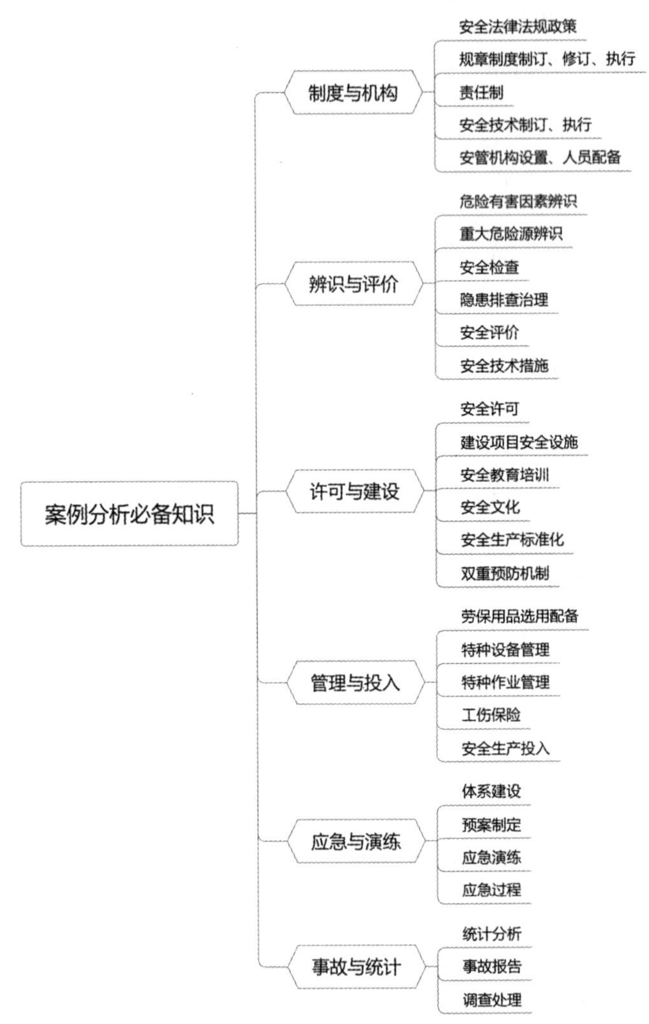

第一节　案例分析必备重点知识及高频考点

【重点知识 1】安全生产责任制

一、生产经营单位主要负责人的安全职责

（1）建立、健全本单位安全生产责任制。

（2）组织制定本单位安全生产规章制度和操作规程。

（3）组织制定并实施本单位安全生产教育和培训计划。

（4）保证本单位安全生产投入的有效实施。

（5）督促、检查本单位的安全生产工作，及时消除生产安全事故隐患。

（6）组织制定并实施本单位的生产安全事故应急救援预案。

（7）及时、如实报告生产安全事故。

二、安全生产管理机构与人员的安全职责

（1）组织或者参与拟定本单位安全生产规章制度、操作规程和生产安全事故应急救援预案。

（2）组织或者参与本单位安全生产教育和培训，如实记录安全生产教育和培训情况。

（3）督促落实本单位重大危险源的安全管理措施。

（4）组织或者参与本单位应急救援演练。

（5）检查本单位的安全生产状况，及时排查生产安全事故隐患，提出改进安全生产管理的建议。

（6）制止和纠正违章指挥、强令冒险作业、违反操作规程的行为。

（7）督促落实本单位安全生产整改措施。

三、生产经营单位的安全生产主体责任

（1）设备设施（或物质）保障责任。

（2）资金投入责任。

（3）机构设置和人员配备责任。

（4）规章制度制定责任。

（5）安全教育培训责任。

（6）安全生产管理责任。

（7）事故报告和应急救援责任。

（8）法律法规、规章规定的其他安全生产责任。

【考题举例】

1. 简述J煤矿安全生产主体责任的内容。

2. 根据《中共中央国务院关于推进安全生产领域改革发展的意见》和《安全生产法》的规定，指出D企业安全生产的第一责任人，并说明其安全生产职责。

3. 简述304地铁车站施工期间I公司项目经理甲应履行的安全生产责任。

4. 简述F公司主要负责人的安全生产职责。

【重点知识2】危险、有害因素辨识

一、依据《生产过程危险和有害因素分类与代码》（GB/T 13861—2009）分类

1. 人的因素

（1）心理、生理性危险和有害因素。

（2）行为性危险和有害因素。

2. 物的因素

（1）物理性危险和有害因素。

（2）化学性危险和有害因素。

（3）生物性危险和有害因素。

3. 环境因素

（1）室内作业场所环境不良。

（2）室外作业场地环境不良。

（3）地下（含水下）作业环境不良。

（4）其他作业环境不良。

4. 管理因素

（1）职业安全卫生组织机构不健全。

（2）职业安全卫生责任制未落实。

（3）职业安全卫生管理规章制度不完善。

（4）职业安全卫生投入不足。

（5）职业健康管理不完善。

（6）其他管理因素缺陷。

二、参照事故类别进行分类

参照《企业职工伤亡事故分类标准》（GB 6441—1986），综合考虑起因物、引起事故的诱导性原因、致害物、伤害方式等，将危险因素分为20类。

1. 物体打击

指物体在重力或其他外力的作用下产生运动，打击人体，造成人身伤亡事故，不包括因机械设备、车辆、起重机械、坍塌等引发的物体打击。

2. 车辆伤害

指企业机动车辆在行驶中引起的人体坠落和物体倒塌、下落、挤压伤亡事故，不包括起重设备提升、牵引车辆和车辆停驶时发生的事故。

3. 机械伤害

指机械设备运动（静止）部件、工具、加工件直接与人体接触引起的夹击、碰撞、剪切、卷入、绞、碾、割、刺等伤害，不包括车辆、起重机械引起的机械伤害。

4. 起重伤害

指各种起重作业（包括起重机安装、检修、试验）中发生的挤压、坠落（吊具、吊重）、物体打击等。

5. 触电

包括雷击伤亡事故。

6. 淹溺

包括高处坠落淹溺，不包括矿山、井下透水淹溺。

7. 灼烫

指火焰烧伤、高温物体烫伤、化学灼伤（酸、碱、盐、有机物引起的体内外灼伤）、物理灼伤（光、放射性物质引起的体内外灼伤），不包括电灼伤和火灾引起的烧伤。

8. 火灾

9. 高处坠落

指在高处作业中发生坠落造成的伤亡事故，不包括触电坠落事故。

10. 坍塌

指物体在外力或重力作用下，超过自身的强度极限或因结构稳定性破坏而造成的事故，如挖沟时的土石塌方、脚手架坍塌、堆置物倒塌等，不适用于矿山冒顶片帮和车辆、起重机械、爆破引起的坍塌。

11. 冒顶片帮

12. 透水

13. 放炮

指爆破作业中发生的伤亡事故。

14. 火药爆炸

指火药、炸药及其制品在生产、加工、运输、储存中发生的爆炸事故。

15. 瓦斯爆炸

16. 锅炉爆炸

17. 容器爆炸

18. 其他爆炸

19. 中毒和窒息

20. 其他伤害

三、按职业健康分类

参照 2015 年国家卫生计生委、人力资源社会保障部、国家安全监管总局和全国总工会联合颁发的《职业病危害因素分类目录》，危害因素分为 6 类：

1. 粉尘
2. 化学因素
3. 物理因素
4. 放射性因素
5. 生物因素
6. 其他因素

【考题举例】

1. 根据《企业职工伤亡事故分类标准》(GB 6441—1986)，指出该厂燃煤卸车输送系统存在的危险和有害因素及其存在的环节或场所。

2. 根据《企业职工伤亡事故分类标准》(GB 6441—1986)，辨识出该企业生产过程中引发事故的主要危险因素，并指出所辨识出的危险因素存在的设备、设施或场所。

3. 对该论证方案进行危险有害因素辨识，按照《企业职工伤亡事故分类标准》(GB 6441—1986)的事故分类，指出主要的危险因素及产生部位。

4. 根据《生产过程危险和有害因素分类与代码》(GB/T 13861—2009)的规定，指出该车间存在的危险和有害因素。

5. 根据《企业职工伤亡事故分类标准》(GB 6441—1986)的事故分类，指出喷漆车间可能发生的主要事故。为避免这些事故的发生，请列举主要的防范措施。

【重点知识 3】　重大危险源辨识

一、生产单元与储存单元

生产单元：危险化学品的生产、加工及使用等的装置及设施，当装置及设施之间有切断阀时，以切断阀作为分隔界限划分为独立的单元。

储存单元：用于储存危险化学品的储罐或仓库组成的相对独立的区域，储罐区以罐区防火堤为界限划分为独立的单元，仓库以独立库房（独立建筑物）为界限划分为独立的单元。

二、危险化学品重大危险源的辨识方法

（1）单元内存在的危险化学品为单一品种，则该危险化学品的数量即为单元内危险化学品的总量，若等于或超过相应的临界量，则定为重大危险源。

（2）单元内存在的危险化学品为多品种时，则按下式计算，若满足该式，则定为重大危险源。

$$\frac{q_1}{Q_1}+\frac{q_2}{Q_2}+\cdots\cdots+\frac{q_n}{Q_n}\geqslant 1 \qquad (8-1)$$

三、常见危险化学品临界量

1. 甲烷/天然气/液化石油气/苯——50t
2. 氢气——5t
3. 氨——10t
4. 硫化氢/氯气——5t
5. 煤气/氯化氢——20t
6. 甲苯/甲醇/乙醇——500t
7. 汽油——200t
8. 氟化氢/氰化氢——1t

四、石油产品或液化气储罐的储量计算

石油产品或液化气储罐的储量按下式计算：

储量 Q＝储罐的容积×介质的密度×充装系数 （8－2）

五、危险化学品重大危险源分级方法

$$R=\alpha\left(\beta_1\frac{q_1}{Q_1}+\beta_2\frac{q_2}{Q_2}+\cdots+\beta_n\frac{q_n}{Q_n}\right) \qquad (8-3)$$

危险化学品重大危险源级别和 R 值的对应关系见表 8－1。

表 8－1　危险化学品重大危险源级别和 R 值的对应关系

危险化学品重大危险源级别	R 值
一级	$R\geqslant 100$
二级	$100>R\geqslant 50$
三级	$50>R\geqslant 10$
四级	$R<10$

【考题举例】

1. 根据《危险化学品重大危险源辨识》（GB 18218），指出该企业申报的重大危险源，并说明理由。

2. 指出该厂可能发生爆炸的设备或场所，并说明爆炸的性质。

【重点知识 4】　安全生产检查

一、安全生产检查的类型

1. 定期安全生产检查
2. 经常性安全生产检查
3. 季节性及节假日前后的安全生产检查
4. 专业（项）安全生产检查
5. 综合性安全生产检查
6. 职工代表不定期对安全生产的巡查

二、安全生产检查的内容

安全生产检查的内容包括软件系统和硬件系统。

（1）软件系统主要是查思想、查意识、查制度、查管理、查事故处理、查隐患、查整改。

（2）硬件系统主要是查生产设备、查辅助设施、查安全设施、查作业环境。

三、安全生产检查的方法

1. 常规检查法

由安全管理人员到作业现场进行的定性检查。

2. 安全检查表法

列出所有会导致事故的不安全因素，编制成表进行检查和评审，其依据有：

（1）有关标准、规程、规范及规定。

（2）事故案例及有关经验。

（3）危险部位及防范措施。

（4）新知识、新成果、新方法、新技术、新法规和新标准。

3. 仪器检查及数据分析法

依据被检查对象，使用相关仪器等进行定量检查，使人对检查结果的影响减少到最小，提高检查质量，防止遗漏不安全因素。

四、安全生产检查的工作程序

1. 准备

编制计划和检查表、组织人员、了解被检查对象及相关规定等。

2. 实施

通过访谈、查阅、观察、检测等方式获取信息。

3. 分析

分析、判断，得出结论。

4. 对策

下达整改通知。

5. 整改

问题整改及追踪，实现安全检查工作的闭环。

【考题举例】

1. 列出皮带运输机配电间安全检查的主要内容。

2. 请简述安全生产检查的工作程序。

【重点知识 5】事故隐患排查治理

一、定义

安全生产事故隐患：可能导致事故发生的物的危险状态、人的不安全行为和管理上的缺陷。

二、分类

1. 一般事故隐患

危害和整改难度较小，发现后能够立即整改排除的隐患。

2. 重大事故隐患

危害和整改难度较大，应当全部或者局部停产停业，并经过一定时间整改治理方能排除的隐患，或者因外部因素影响致使生产经营单位自身难以排除的隐患。

三、生产经营单位事故隐患排查治理的主要职责

（1）生产经营单位应当依照法律、法规、规章、标准和规程的要求从事生产经营活动。

（2）生产经营单位是事故隐患排查、治理和防控的责任主体。生产经营单位主要负责人对本单位事故隐患排查治理工作全面负责。

（3）生产经营单位应当保证事故隐患排查治理所需的资金，建立资金使用专项制度。

（4）生产经营单位应当定期组织安全生产管理人员、工程技术人员和其他相关人员排查本单位的事故隐患。

（5）生产经营单位应当建立事故隐患报告和举报奖励制度，鼓励、发动职工发现和排除事故隐患，鼓励社会公众举报。

（6）生产经营单位对承包、承租单位的事故隐患排查治理负有统一协调和监督管理的职责。

（7）生产经营单位应当每季、每年对本单位事故隐患排查治理情况进行统计分析，向安全监管监察部门和有关部门报送书面统计分析表。统计分析表应当由生产经营单位主要负责人签字。

四、重大事故隐患报告

对于重大事故隐患，生产经营单位应当及时向安全监管监察部门和有关部门报告。

重大事故隐患报告的内容应当包括：

（1）隐患的现状及其产生原因。

（2）隐患的危害程度和整改难易程度分析。

（3）隐患的治理方案。

五、事故隐患治理

一般事故隐患，由生产经营单位（车间、分厂、区队等）负责人或者有关人员立即组织整改。重大事故隐患，由生产经营单位主要负责人组织制定并实施事故隐患治理方案。

重大事故隐患治理方案应当包括以下内容：

（1）治理的目标和任务。

（2）采取的方法和措施。

（3）经费和物资的落实。

（4）治理的机构和人员。

（5）治理的时限和要求。

（6）安全措施和应急预案。

【考题举例】

1. 根据上述背景材料，指出该企业存在的事故隐患。

2. 该企业是否存在重大事故隐患？若存在，请指出并说明理由。

3. 请针对某一重大事故隐患，制定简明的治理方案或简述应采取的治理措施和要求。

4. 针对该企业现状，该企业应履行哪些事故隐患排查治理职责？

5. 指出隐患整改的责任单位，并说明理由。

【重点知识 6】安全评价

一、安全评价的分类

（一）安全预评价

（1）时机：项目建设前。

（2）依据：建设项目可行性研究报告的内容，相关法律法规和标准。

（3）对象：生产工艺过程、使用和产出的物质、主要设备和操作条件等。

（4）内容：分析危险、有害因素及其危险危害程度，提出对策建议。

（5）结论：是否满足安全规定；如何设计、管理才能达到安全指标要求。

（二）安全验收评价

（1）时机：建设项目竣工、试生产运行正常之后。

（2）依据：设计方案，相关法律法规和标准。

（3）对象：建设项目的设施、设备、装置实际运行状况及管理状况。

（4）内容：查找项目投产后存在的危险、有害因素，确定其程度，提出合理可行的安全对策措施和建议内容。

（5）结论：是否符合设计，是否符合安全要求，并作为申请验收审批的依据。

（三）安全现状评价

（1）时机：正常生产状态下。

（2）依据：有关法规标准的规定、生产经营单位职业安全、健康管理要求。

（3）对象：总体或局部的生产经营活动，包括在用生产装置、设备、设施、贮存、运输及安全管理状况的全面综合评价。

（4）内容：危险、有害因素识别和风险评价，提出对策建议。

二、安全评价的程序

（1）评价准备：收集各种信息。

（2）危险辨识：辨识、分析危险危害因素存在的部位、方式、事故发生途径及变化规律。

（3）划分评价单元。

（4）定性、定量评价：评价工程、系统发生事故的可能性和严重度。

（5）对策措施建议：根据评价结果，提出消除或减弱危险的安全对策措施。

（6）安全评价结论。

（7）安全评价报告的编制：依据安全评价结果编制安全评价报告。

三、安全验收评价的结论

（1）符合性评价综合结果。

（2）评价对象运行后存在的危险、有害因素及其危险危害程度。

（3）明确给出评价对象是否具备安全验收的条件。

（4）对达不到安全验收要求的评价对象，明确提出整改措施建议。

【考题举例】

1. 此案中的安全评价是哪种类型？并说明安全评价的内容。

2. 如对该建设项目展开安全评价，应进行哪种类型的安全评价，并给出哪些结论？

【重点知识7】安全对策措施

一、安全对策措施制定策略

安全对策措施＝事故防范措施＝事故预防措施＝防范生产安全事故的建议＝防止此类事故发生的安全措施＝安全技术措施＋安全管理措施。

二、安全技术措施

（一）机械安全技术措施

（1）采用本质安全技术。

（2）遵循安全人机工程学原则。

（3）安全联锁设计。

（4）安全防护装置，如安全防护罩、防护网、安全装置等。

（二）电气安全技术措施

（1）防直接电击：绝缘、屏护、间距（安全距离）。

（2）防间接电击：IT、TT、TN。

（3）可防直接和间接电击：漏电保护装置、加强绝缘（双重绝缘）、安全电压（安全特低电压）。

（4）防雷措施和装置：避雷针、避雷线、避雷网、避雷器、金属跨接。

（5）防静电措施：接地、加湿、降低速度、人体静电防护、添加剂。

（三）防火安全技术措施

（1）以不燃溶剂代替可燃溶剂。

（2）清理可燃物。

（3）惰性气体保护。

（4）严格控制火源（明火、高温、静电、雷击等）。

（5）配备相应消防器材。

（四）防爆安全技术措施

（1）防止爆炸性混合物的形成。

（2）严格控制火源。

（3）及时泄出燃爆开始时的压力。

（4）切断爆炸传播途径。

（5）减弱爆炸压力和冲击波对人员、设备和建筑的损坏。

（6）检测报警。

（五）防尘、防毒安全技术措施

（1）原材料选择应遵循无毒物质代替有毒物质，低毒物质代替高毒物质的原则。

（2）对产生粉尘、毒物的生产过程和设备（含露天作业的工艺设备），应优先采用机械化和自动化方式，避免直接人工操作。

（3）对于逸散粉尘的生产过程，应对产尘设备采取密闭措施；设置适宜的局部排风除尘设施对尘源进行控制；生产工艺和粉尘性质可采取湿式作业的，应采取湿法抑尘。

（4）在生产中可能突然逸出大量有害物质或易造成急性中毒或易燃易爆的化学物质的室内作业场所，应设置事故通风装置及与事故排风系统相连锁的泄漏报警装置。

（5）可能存在或产生有毒物质的工作场所应根据有毒物质的理化特性和危害特点配备现场急救用品，设置冲洗喷淋设备、应急撤离通道、必要的泄险区以及风向标。

（六）通用安全技术措施

（1）正确穿戴个体防护用品。

（2）安装安全警示标志、安全指示。

（3）加强安全检测与监测。

（4）设置应急救援器材。

三、安全管理措施

（1）健全并落实安全生产责任制。

（2）完善现场安全生产规章制度（或完善现场操作规程）并落实到位。

（3）加强员工安全教育培训，提高对危险和有害因素的辨识能力。

（4）完善应急救援预案，加强应急演练。

（5）加强现场安全检查和指导。

（6）采取有效措施，整改现场，消除事故隐患。

（7）保证安全生产投入。

（8）建立并完善安全管理组织机构和人员配置。

（9）加强设备管理及其维护、保养、检测和维修。

【考题举例】

1. 针对该企业现状，提出防范生产安全事故的建议。
2. 提出上述油罐焊接作业的安全技术措施。
3. 简述防止此类火灾爆炸事故发生的安全管理措施。
4. 从安全技术和安全管理的角度，指出该灌装站应采取的事故预防措施。
5. 简述该施工现场应采取的安全措施。

【重点知识 8】机构设置与人员配备

矿山、金属冶炼、建筑施工、道路运输单位和危险物品的生产、经营、储存单位，应当设置安全生产管理机构或者配备专职安全生产管理人员。

前款规定以外的其他生产经营单位，从业人员超过一百人的，应当设置安全生产管理机构或者配备专职安全生产管理人员；从业人员在一百人以下的，应当配备专职或者兼职的安全生产管理人员。

【考题举例】

案例一的选择题目（客观题）。

【重点知识 9】安全生产教育培训

一、对生产经营单位主要负责人的教育培训

1. 初次培训的主要内容

（1）国家安全生产方针、政策和有关安全生产的法律、法规、规章及标准。

（2）安全生产管理基本知识、安全生产技术知识、安全生产专业知识。

（3）重大危险源管理、重大事故防范、应急管理和救援组织以及事故调查处理的有关规定。

（4）职业危害及其预防措施。

（5）国内外先进的安全生产管理经验。

（6）典型事故和应急救援案例分析。

（7）其他需要培训的内容。

2. 培训时间

（1）煤矿、非煤矿山、危险化学品、烟花爆竹、金属冶炼等生产经营单位主要负责人初次安全培训时间不得少于 48 学时，每年再培训时间不得少于 16 学时。

（2）其他单位主要负责人安全生产管理培训时间不得少于 32 学时；每年再培训时间不得少于 12 学时。

二、对安全生产管理人员的教育培训

1. 初次培训的主要内容

（1）国家安全生产方针、政策和有关安全生产的法律、法规、规章及标准。

（2）安全生产管理、安全生产技术、职业卫生等知识。

（3）伤亡事故统计、报告及职业危害的调查处理方法。

（4）应急管理、应急预案编制以及应急处置的内容和要求。

（5）国内外先进的安全生产管理经验。

（6）典型事故和应急救援案例分析。

（7）其他需要培训的内容。

2. 培训时间

（1）煤矿、非煤矿山、危险化学品、烟花爆竹、金属冶炼等生产经营单位安全生产管理人员初次安全培训时间不得少于 48 学时，每年再培训时间不得少于 16 学时。

（2）其他单位安全生产管理人员安全生产管理培训时间不得少于 32 学时；每年再培训时间不得少于 12 学时。

三、对特种作业人员的教育培训

1. 特种作业范围

（1）电工作业。

（2）焊接与热切割作业。

（3）高处作业。

（4）制冷与空调作业。

（5）煤矿安全作业。

（6）金属非金属矿山安全作业。

（7）石油天然气安全作业。

（8）冶金（有色）生产安全作业。

（9）危险化学品安全。

（10）烟花爆竹安全作业。

（11）安全生产监督管理总局认定的其他作业。

2. 对特种作业人员的培训、考核、取证及复审要求

特种作业人员必须经专门的安全技术培训并考核合格，取得《中华人民共和国特种作业操作证》后，方可上岗作业。

特种作业操作证有效期为6年，在全国范围内有效。

特种作业操作证申请复审或者延期复审前，特种作业人员应当参加必要的安全培训并考试合格。安全培训时间不少于8个学时。

四、对生产经营单位其他从业人员的教育培训

新从业人员安全生产教育培训时间不得少于24学时。煤矿、非煤矿山、危险化学品、烟花爆竹等生产经营单位新上岗的从业人员安全培训时间不得少于72学时，每年接受再培训的时间不得少于20学时。

【考题举例】

1. 简述企业主要负责人/安全生产管理人员初次安全培训教育的内容。

2. 案例中哪些作业属于特种作业？

3. 案例一的选择题目（客观题）：考查主要负责人/安全生产管理人员/一线员工初次培训时间和每年再培训时间。

【重点知识10】特种设备安全管理

一、特种设备的种类

1. 承压类（3个）

（1）锅炉。

（2）压力容器（气瓶）。

（3）压力管道。

2. 机电类（5个）

（1）电梯。

（2）起重机械。

（3）场（厂）内专用机动车辆。

（4）客运索道。

（5）大型游乐设施。

二、生产经营单位特种设备作业人员应具备的条件

（1）持证上岗：《特种设备作业人员操作资格证》。

（2）按照规程进行操作。

（3）定期接受安全、节能教育和培训。

（4）在证书有效期满前60日内，由申请人或者申请人的用人单位向原考核发证机关或者从业所在地考核发证机关提出申请。

三、特种设备使用登记证的办理

特种设备在投入使用前或者投入使用后30日内，生产经营单位应当向直辖市或者设区的市的特种设备安全监督管理部门登记。

登记标志应当置于或者附着于该特种设备的显著位置。

四、安全技术档案内容

（1）特种设备的设计文件、制造单位、产品质量合格证明、使用维护说明等文件以及安装技术资料。

（2）特种设备的定期检验和定期自行检查的记录。

（3）特种设备的日常使用状况记录。

（4）特种设备及其安全附件、安全保护装置、测量调控装置及有关附属仪器仪表的日常维护保养记录。

（5）特种设备运行故障和事故记录。

（6）高耗能特种设备的能效测试报告、能耗状况记录以及节能改造技术资料。

五、定期检验

（1）生产经营单位应当在检验有效期满1个月前向特种设备检验检测机构申报定期检验。

（2）生产经营单位申报定期检验前应当进行自检，或者委托有能力的专业技术服务机构进行自检，确保设备安全性能符合有关安全技术规范的要求。

（3）生产经营单位不得使用未经定期检验或检验不合格的特种设备。

【考题举例】

1. 上述场景中，哪些设备属于特种设备？

2. 指出F公司主要工程设备中的特种设备，并说明该类设备安全技术档案的内容。

3. 案例中哪些作业人员应当取得《特种设备作业人员操作资格证》？

【重点知识11】相关方管理

一、生产经营单位安全管理责任

生产经营单位要建立完善承包商安全管理制度，明确有关职能部门的管理责任。要对承包商进行资质审查，选择具备相应资质、安全业绩好的企业作为承包商，要对进入本单位的承包商人员进行全员安全教育，向承包商进行作业现场安全交底，对承包商的安全作业规程、施工方案和应急预案进行审查，对承包商的作业进行全过程监督。

二、承包商安全管理责任

承包商从事建设工程的新建、扩建、改建和拆除等活动，应当具备国家规定的注册资本、

专业技术人员、技术装备和安全生产等条件，依法取得相应等级的资质证书，并在其资质等级许可的范围内承揽工程。

承包商主要负责人依法对本单位的安全生产工作全面负责。承包商应当建立、健全安全生产责任制度和安全生产教育培训制度，制定安全生产规章制度和操作规程，保证本单位安全生产条件所需资金的投入，对所承担的工程项目进行定期和专项安全检查，并做好检查记录。

承包商应确保员工开展各种作业之前，接受与工作有关的安全培训，确保其知道并掌握与作业有关的潜在安全风险和应急处置方案。作业之前，承包商应确保员工了解并执行操作规程等有关安全作业规程。

同一工程项目或同一施工场所有多个承包商施工时，生产经营单位应与承包商签订专门的安全管理协议，或者在承包合同中约定各自的安全生产管理职责，发包单位对各承包商的安全生产工作统一协调、管理。

【考题举例】

说明该企业对相关方应采取的安全管理措施。

【重点知识12】安全许可

一、五类生产企业必须取得安全生产许可证

（1）矿山企业：煤矿企业和非煤矿企业。

（2）危险化学品生产企业。

（3）烟花爆竹生产企业。

（4）民用爆破器材生产企业。

（5）建筑施工企业。

二、取得安全生产许可证应当具备的安全生产条件

（1）建立、健全安全生产责任制，制定完备的安全生产规章制度和操作规程。

（2）安全投入符合安全生产要求。

（3）设置安全生产管理机构，配备专职安全生产管理人员。

（4）主要负责人和安全生产管理人员经考核合格。

（5）特种作业人员经有关业务主管部门考核合格，取得特种作业操作资格证书。

（6）从业人员经安全生产教育和培训合格。

（7）依法参加工伤保险，为从业人员缴纳保险费。

（8）厂房、作业场所和安全设施、设备、工艺符合有关安全生产法律、法规、标准和规程的要求。

（9）有职业危害防治措施，并为从业人员配备符合国家标准或者行业标准的劳动防护用品。

（10）依法进行安全评价。

（11）有重大危险源检测、评估、监控措施和应急预案。

（12）有生产安全事故应急救援预案、应急救援组织或者应急救援人员，配备必要的应急救援器材、设备。

（13）法律、法规规定的其他条件。

三、危险作业许可管理

企业需要实行作业许可的作业包括动火作业、受限空间作业、盲板抽堵作业、高处作业、吊装作业、动土作业、断路作业等。

密闭空间作业安全措施：

（1）进入密闭空间作业应由用人单位实施安全作业准入。

（2）明确密闭空间作业负责人、被批准进入作业的劳动者和外部监护或监督人员及其职责。

（3）设置警示标识，告知密闭空间的位置和存在的危害。

（4）提供有关的职业安全卫生培训。

（5）评估密闭空间可能存在的职业危害。

（6）采取有效措施，防止未经容许的劳动者进入密闭空间。

（7）提供密闭空间作业中合格的安全防护设施、个体防护用品及报警仪器。

（8）提供应急救援保障。

【考题举例】

1. 该企业是否应申领安全生产许可证？如是，说明该企业申领安全生产许可证应具备的安全生产条件；如否，说明理由。

2. 简述有限空间安全作业规定的具体内容。

3. 案例一的选择题目（客观题）：考查应实施作业许可的作业种类。

【重点知识 13】安全生产标准化建设

一、核心要求

1. 目标职责
2. 制度化管理
3. 教育培训
4. 现场管理
5. 安全风险管控及隐患排查治理
6. 应急管理
7. 事故查处
8. 持续改进

二、现场管理重点内容

（一）作业环境和作业条件

企业应对临近高压输电线路作业、危险场所动火作业、有（受）限空间作业、临时用电作业、爆破作业、封道作业等危险性较大的作业活动，实施作业许可管理，严格履行作业许可审批手续。作业许可应包含安全风险分析、安全及职业病危害防护措施、应急处置等内容。作业许可实行闭环管理。

企业应对作业人员的上岗资格、条件等进行作业前的安全检查，做到特种作业人员持证上岗，并安排专人进行现场安全管理，确保作业人员遵守岗位操作规程和落实安全及职业病危害防护措施。

企业应采取可靠的安全技术措施，对设备能量和危险有害物质进行屏蔽或隔离。

两个以上作业队伍在同一作业区域内进行作业活动时，不同作业队伍相互之间应签订管理协议，明确各自的安全生产、职业卫生管理职责和采取的有效措施，并指定专人进行检查与协调。

（二）职业危害告知

企业与从业人员订立劳动合同时，应将工作过程中可能产生的职业危害及其后果和防护措施如实告知从业人员，并在劳动合同中写明。

企业应按照有关规定，在醒目位置设置公告栏，公布有关职业病防治的规章制度、操作规程、职业病危害事故应急救援措施和工作场所职业病危害因素检测结果。对存在或产生职业病危害的工作场所、作业岗位、设备、设施，应在醒目位置设置警示标识和中文警示说明；使用有毒物品的作业场所，应设置黄色区域警示线、警示标识和中文警示说明，高毒作业场所应设置红色区域警示线、警示标识和中文警示说明，并设置通讯报警设备。高毒物品作业岗位职业病危害告知应符合 GBZ/T 203 的规定。

（三）职业病危害检测与评价

企业应改善工作场所职业卫生条件，控制职业病危害因素浓（强）度不超过 GBZ2.1 和 GBZ2.2 规定的限值。

企业应对工作场所职业病危害因素进行日常监测，并保存监测记录。存在职业病危害的，应委托具有相应资质的职业卫生技术服务机构进行定期检测，每年至少进行一次全面的职业病危害因素检测；职业病危害严重的，应委托具有相应资质的职业卫生技术服务机构，每 3 年至少进行一次职业病危害现状评价。检测、评价结果存入职业卫生档案，并向安全监管部门报告，向从业人员公布。

定期检测结果中职业病危害因素浓度或强度超过职业接触限值的，企业应根据职业卫生技术服务机构提出的整改建议，结合本单位的实际情况，制定切实有效的整改方案，立即进行整改。整改落实情况应有明确的记录，并存入职业卫生档案备查。

【考题举例】

根据《企业安全生产标准化基本规范》（GB/T 33000—2016），结合以上场景，说明安全生产标准化建设中生产现场管理的要求。

【重点知识 14】双重预防机制

一、基本概念

所谓“双重预防机制”，是指以风险分级管控和隐患排查治理两种手段相结合的生产安全事故预防工作机制。通过构建并持续运行“双重预防机制”，可以做到“把安全风险管控挺在隐患前面，把隐患排查治理挺在事故前面”，对预防生产安全事故意义重大。风险分级管控与隐患排查治理的关系如图 8－1 所示，双重预防机制基本原理如图 8－2 所示。

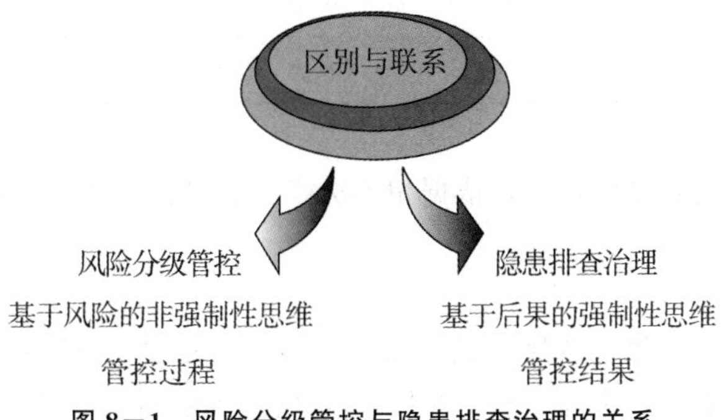

图 8－1　风险分级管控与隐患排查治理的关系

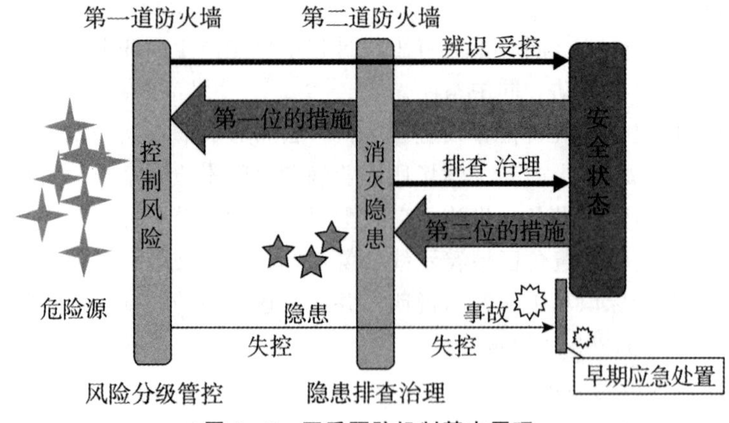

图 8—2 双重预防机制基本原理

二、风险分级管控

1. 风险辨识

结合企业生产实际，合理划分辨识单元，对客观存在的生产工艺、设备设施、作业环境、人员行为和管理体系等方面存在的风险，进行全方位、全过程的辨识。

2. 风险分类

对辨识出的风险，综合考虑起因物、引起事故的诱导性原因、致害物、伤害方式等进行风险类别划分。

3. 风险评估

风险评估是对不同类别的风险，采用“矩阵法”“LEC 法”等常见的评估方法，确定其风险等级。风险等级包括重大风险、较大风险、一般风险和低风险四个级别，相应地用红、橙、黄、蓝四种颜色标示。风险矩阵见表 8—2。

表 8—2 风险矩阵

风险等级		后果严重性				
		很小 1	小 2	一般 3	大 4	很大 5
可能性	基本不可能 1	低	低	低	一般	一般
	较不可能 2	低	低	一般	一般	较大
	可能 3	低	一般	一般	较大	重大
	较可能 4	一般	一般	较大	较大	重大
	很可能	一般	较大	较大	重大	重大

4. 制定管控措施

针对风险辨识和风险评估的情况，依据相关法律、法规、规章、标准，对每一处风险制定科学的管控措施。

5. 实施风险管控

综合考虑风险类别、等级、所属区域及部门等因素，对安全风险进行分级、分层、分类、分专业管理，逐一落实企业、车间、班组和岗位的风险管控责任，按照风险管控措施定期进行检查，校验管控措施是否失效，确保风险处于可控状态。

6. 风险公告警示

结合风险辨识、风险评估、风险管控措施制定等工作，制作包含主要风险、可能引发事故隐患类型、事故后果、管控措施、应急措施及事故报告方式等信息的岗位风险告知卡，并在相应区域、设备、岗位进行粘贴公告，确保所有从业人员了解所属区域、岗位的风险。

三、隐患排查治理

1. 建立制度

结合企业实际，建立完善的隐患排查治理制度，明确隐患排查的事项、内容和频次，推动全员参与自主排查隐患。

2. 排查隐患

当风险管控措施失效时，风险则已演变为事故隐患。因此，要按照制度要求，定期开展隐患排查工作，及时发现风险管控措施失效形成的事故隐患。

3. 治理隐患

对排查出的隐患，要明确整改责任、整改措施、整改资金、整改时限和整改预案。能够当场立即整改的一般隐患，要当场进行整改；对无法当场立即整改的隐患，要制定隐患治理方案，并按方案在规定时间内完成整改。

4. 闭环验收

隐患整改期满后，要组织企业安全管理等部门的技术人员，对隐患整改情况进行闭环验收，确保隐患整改到位。

【考题举例】

1. 在开展风险分级管控过程中，风险公告警示包括哪些内容？

2. 指出该企业在双重预防机制实施过程中存在的问题。

【重点知识 15】应急体系与应急预案

一、事故应急救援的基本任务

（1）立即组织营救受害人员，组织撤离或者采取其他措施保护危害区域内的其他人员。

（2）迅速控制事态，并对事故造成的危害进行检测、监测，测定事故的危害区域、危害性质及危害程度。

（3）消除危害后果，做好现场恢复。

（4）查清事故原因，评价危害程度。

二、事故应急预案体系

一般情况下，按照应急预案的功能和目标，应急预案可分为 3 个层次，如图 8－3 所示。

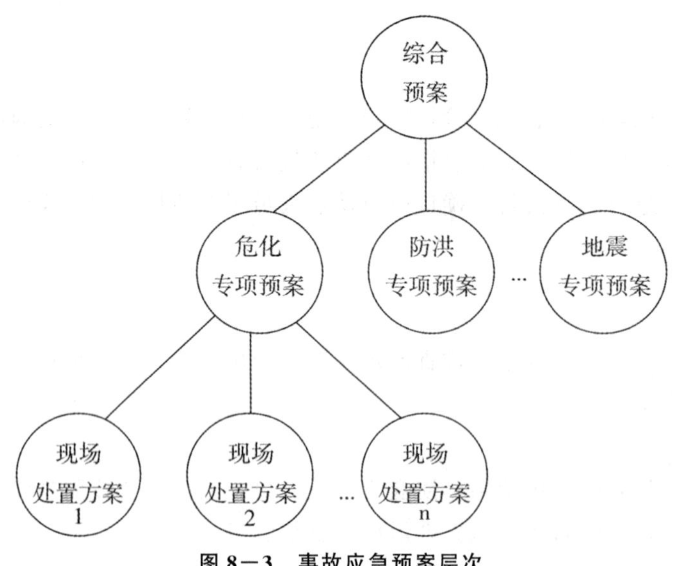

图 8—3　事故应急预案层次

三、事故应急预案编制程序

生产经营单位应急预案编制程序包括成立应急预案编制工作组、资料收集、风险评估、应急资源调查、应急预案编制、桌面推演、应急预案评审和批准实施 8 个步骤。

1. 成立应急预案编制工作组

结合本单位职能和分工，成立以单位有关负责人为组长，单位相关部门人员（如生产、技术、设备、安全、行政、人事、财务人员）参加的应急预案编制工作组，明确工作职责和任务分工，制订工作计划，组织开展应急预案编制工作。预案编制工作组中应邀请相关救援队伍以及周边相关企业、单位或社区代表参加。

2. 资料收集

应急预案编制工作组应收集下列相关资料：

（1）适用的法律法规、部门规章、地方性法规和政府规章、技术标准及规范性文件。

（2）企业周边地质、地形、环境情况及气象、水文、交通资料。

（3）企业现场功能区划分、建（构）筑物平面布置及安全距离资料。

（4）企业工艺流程、工艺参数、作业条件、设备装置及风险评估资料。

（5）本企业历史事故与隐患、国内外同行业事故资料。

（6）属地政府及周边企业、单位应急预案。

3. 风险评估

开展生产安全事故风险评估，撰写评估报告，其内容包括但不限于：

（1）辨识生产经营单位存在的危险有害因素，确定可能发生的生产安全事故类别。

（2）分析各种事故类别发生的可能性、危害后果和影响范围。

（3）评估确定相应事故类别的风险等级。

4. 应急资源调查

全面调查和客观分析本单位以及周边单位和政府部门可请求援助的应急资源状况，撰写应急资源调查报告，其内容包括但不限于：

（1）本单位可调用的应急队伍、装备、物资、场所。

（2）针对生产过程及存在的风险可采取的监测、监控、报警手段。

（3）上级单位、当地政府及周边企业可提供的应急资源。

（4）可协调使用的医疗、消防、专业抢险救援机构及其他社会化应急救援力量。

5. 应急预案编制

应急预案编制应当遵循以人为本、依法依规、符合实际、注重实效的原则，以应急处置为核心，体现自救互救和先期处置的特点，做到职责明确、程序规范、措施科学，尽可能简明化、图表化、流程化。

应急预案编制工作包括但不限于以下内容：

（1）依据事故风险评估及应急资源调查结果，结合本单位组织管理体系、生产规模及处置特点，合理确立本单位应急预案体系。

（2）结合组织管理体系及部门业务职能划分，科学设定本单位应急组织机构及职责分工。

（3）依据事故可能的危害程度和区域范围，结合应急处置权限及能力，清晰界定本单位的响应分级标准，制定相应层级的应急处置措施。

（4）按照有关规定和要求，确定事故信息报告、响应分级与启动、指挥权移交、警戒疏散方面的内容，落实与相关部门和单位应急预案的衔接。

6. 桌面推演

按照应急预案明确的职责分工和应急响应程序，结合有关经验教训，相关部门及其人员可采取桌面演练的形式，模拟生产安全事故应对过程，逐步分析讨论并形成记录，检验应急预案的可行性，并进一步完善应急预案。

7. 应急预案评审

（1）评审形式。应急预案编制完成后，生产经营单位应按法律法规的有关规定组织评审或论证。参加应急预案评审的人员可包括有关安全生产及应急管理方面的、有现场处置经验的专家。应急预案论证可通过推演的方式开展。

（2）评审内容。应急预案评审内容主要包括：风险评估和应急资源调查的全面性、应急预案体系设计的针对性、应急组织体系的合理性、应急响应程序和措施的科学性、应急保障措施的可行性、应急预案的衔接性。

（3）评审程序。应急预案评审程序包括以下步骤：

①评审准备。成立应急预案评审工作组，落实参加评审的专家，将应急预案、编制说明、风险评估、应急资源调查报告及其他有关资料在评审前送达参加评审的单位或人员。

②组织评审。评审采取会议审查形式，企业主要负责人参加会议，会议由参加评审的专家共同推选出的组长主持，按照议程组织评审；表决时，有不少于出席会议专家人数的三分之二同意方为通过；评审会议应形成评审意见（经评审组组长签字），附参加评审会议的专家签字表。表决的投票情况应以书面材料记录在案，并作为评审意见的附件。

③修改完善。生产经营单位应认真分析研究，按照评审意见对应急预案进行修订和完善。评审表决不通过的，生产经营单位应修改完善后按评审程序重新组织专家评审，生产经营单位应写出根据专家评审意见的修改情况说明，并经专家组组长签字确认。

8. 批准实施

通过评审的应急预案，由生产经营单位主要负责人签发实施。

四、事故应急预案主要内容

（一）综合应急预案主要内容

1. 总则
2. 应急组织机构及职责
3. 应急响应
4. 后期处置
5. 应急保障

（二）专项应急预案主要内容

1. 适用范围
2. 应急组织机构及职责
3. 响应启动
4. 处置措施
5. 应急保障

（三）现场处置方案主要内容

1. 事故风险描述
2. 应急工作职责
3. 应急处置
4. 注意事项

【考题举例】

1. 简述事故应急救援的基本任务。
2. 指出应急救援预案评审时，集团公司领导意见中的不妥之处，说明正确的做法。
3. 该厂应针对哪些重大事故风险编制应急救援预案？
4. 指出该厂应急救援预案编制中存在的不足。
5. 指出该厂在预案编制和预案管理中存在的问题，并提出改进建议。
6. 简要说明该厂在编制应急救援预案时，危险分析应提供的结果。

【重点知识16】应急演练与应急过程

一、应急演练的类型

1. 按组织方式分类

应急演练按照组织方式及目标重点的不同，可以分为桌面演练和实战演练。

2. 按演练内容分类

应急演练按其内容，可以分为单项演练和综合演练两类。

3. 按演练目的和作用分类

应急演练按其目的与作用，可以分为检验性演练、示范性演练和研究性演练。

二、应急演练的组织与实施

一次完整的应急演练活动要包括计划、准备、实施、评估总结和改进等五个阶段，如图8—4所示。

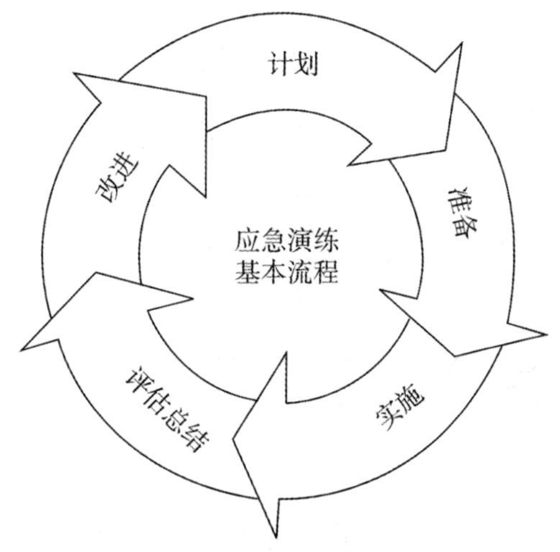

图 8－4　应急演练基本流程

重点一：演练结束与意外终止

演练完毕，由总策划发出结束信号，演练总指挥或总策划宣布演练结束。

演练实施过程中出现下列情况，经演练领导小组决定，由演练总指挥或总策划按照事先规定的程序和指令终止演练：

（1）出现真实突发事件，需要参演人员参与应急处置时，要终止演练，使参演人员迅速回归其工作岗位，履行应急处置职责。

（2）出现特殊或意外情况，短时间内不能妥善处理或解决时，可提前终止演练。

重点二：评估总结

1. 评估

2. 总结报告

（1）召开演练评估总结会议。

（2）编写演练总结报告。

演练总结报告的内容包括演练目的，时间和地点，参演单位和人员，演练方案概要，发现的问题与原因，经验和教训，以及改进有关工作的建议、改进计划、落实改进责任和时限等。

3. 文件归档与备案

三、事故应急救援响应程序

事故应急救援响应程序如图 8－5 所示。

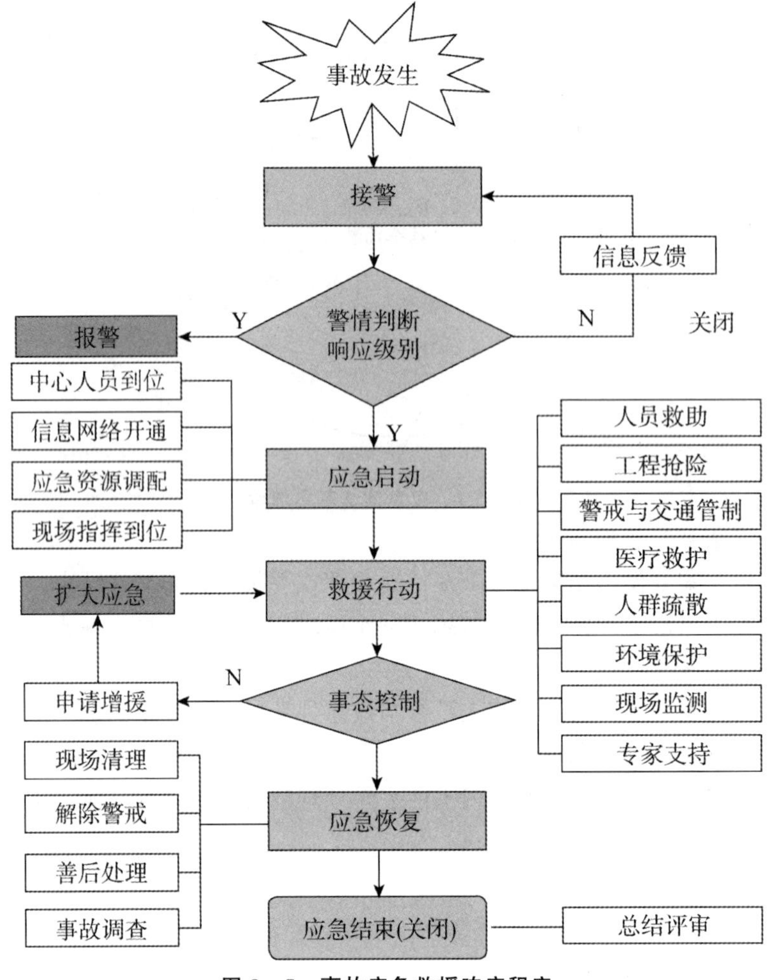

图 8－5　事故应急救援响应程序

四、应急事后恢复

事后恢复是指突发事件的威胁和危害得到控制或者消除后所采取的处置工作。事后恢复工作包括短期恢复和长期恢复。

短期恢复工作包括向受灾人员提供食品、避难所、安全保障和医疗卫生等基本服务。在短期恢复工作中，应注意避免出现新的突发事件。

长期恢复的重点是经济、社会、环境和生活的恢复，包括重建被毁的设施和房屋，重新规划和建设受影响区域等。在长期恢复工作中，应吸取突发事件应急工作的经验教训，开展进一步的突发事件预防工作和减灾行动。

【考题举例】

1. 指出本案的应急救援演练中存在的问题。
2. 此次应急救援演练为哪种类型的演练？
3. 指出此次应急救援演练存在的主要不足之处。
4. 该厂可采用哪些方法进行应急救援预案的演练？
5. 说明此类事故在应急恢复阶段应做的主要工作。

【重点知识 17】工伤保险

一、工伤保险基金

工伤保险基金由用人单位缴纳的工伤保险费、工伤保险基金的利息和依法纳入工伤保险基金的其他资金构成。

用人单位应当按时缴纳工伤保险费。职工个人不缴纳工伤保险费。用人单位缴纳工伤保险费的数额为本单位职工工资总额乘单位缴费费率之积。

二、工伤认定

（1）职工有下列情形之一的，应当认定为工伤：

①在工作时间和工作场所内，因工作原因受到事故伤害的。

②工作时间前后在工作场所内，从事与工作有关的预备性或者收尾性工作受到事故伤害的。

③在工作时间和工作场所内，因履行工作职责受到暴力等意外伤害的。

④患职业病的。

⑤因工外出期间，由于工作原因受到伤害或者发生事故下落不明的。

⑥在上下班途中，受到非本人主要责任的交通事故或者城市轨道交通、客运轮渡、火车事故伤害的。

⑦法律、行政法规规定应当认定为工伤的其他情形。

（2）职工有下列情形之一的，视同工伤：

①在工作时间和工作岗位，突发疾病死亡或者在 48 小时之内经抢救无效死亡的。

②在抢险救灾等维护国家利益、公共利益活动中受到伤害的。

③职工原在军队服役，因战、因公负伤致残，已取得革命伤残军人证，到用人单位后旧伤复发的。

（3）职工有下列情形之一的，不得认定为工伤或者视同工伤：

①故意犯罪的。

②醉酒或者吸毒的。

③自残或者自杀的。

职工发生事故伤害或者按照职业病防治法规定被诊断、鉴定为职业病，所在单位应当自事故伤害发生之日或者被诊断、鉴定为职业病之日起 30 日内，向统筹地区社会保险行政部门提出工伤认定申请。遇有特殊情况，经报社会保险行政部门同意，申请时限可以适当延长。

用人单位未提出工伤认定申请的，工伤职工或者其直系亲属、工会组织在事故伤害发生之日或者被诊断、鉴定为职业病之日起 1 年内，可以直接向用人单位所在地统筹地区劳动保障行政部门提出工伤认定申请。

应当由省级社会保险行政部门进行工伤认定的事项，根据属地原则由用人单位所在地的设区的市级社会保险行政部门办理。

（4）提出工伤认定申请应当提交下列材料：

①工伤认定申请表。

②与用人单位存在劳动关系（包括事实劳动关系）的证明材料。

③医疗诊断证明或者职业病诊断证明书（或者职业病诊断鉴定书）。

三、劳动能力鉴定

职工发生工伤，经治疗伤情相对稳定后存在残疾、影响劳动能力的，应当进行劳动能力鉴定。劳动能力鉴定是指劳动功能障碍程度和生活自理障碍程度的等级鉴定。其中，劳动功能障碍分为十个伤残等级，最重的为一级，最轻的为十级；生活自理障碍分为三个等级：生活完全不能自理、生活大部分不能自理和生活部分不能自理。

劳动能力鉴定由用人单位、工伤职工或者其近亲属向设区的市级劳动能力鉴定委员会提出申请，并提供工伤认定决定和职工工伤医疗的有关资料。

省、自治区、直辖市劳动能力鉴定委员会和设区的市级劳动能力鉴定委员会分别由省、自治区、直辖市和设区的市级社会保险行政部门、卫生行政部门、工会组织、经办机构代表以及用人单位代表组成。

四、工伤保险待遇

职工因工作遭受事故伤害或者患职业病进行治疗，享受工伤医疗待遇。职工治疗工伤应当在签订服务协议的医疗机构就医，情况紧急时可以先到就近的医疗机构急救。职工住院治疗工伤的伙食补助费，以及经医疗机构出具证明，报经办机构同意，工伤职工到统筹地区以外就医所需的交通、食宿费用从工伤保险基金支付。工伤职工治疗非工伤引发的疾病，不享受工伤医疗待遇，按照基本医疗保险办法处理。工伤职工到签订服务协议的医疗机构进行工伤康复的费用，符合规定的，从工伤保险基金支付。

职工因工作遭受事故伤害或者患职业病需要暂停工作接受工伤医疗的，在停工留薪期内，原工资福利待遇不变，由所在单位按月支付。停工留薪期一般不超过 12 个月。伤情严重或者情况特殊，经设区的市级劳动能力鉴定委员会确认，可以适当延长，但延长不得超过 12 个月。工伤职工评定伤残等级后，停发原待遇，按照本章的有关规定享受伤残待遇。工伤职工在停工留薪期满后仍需治疗的，继续享受工伤医疗待遇。生活不能自理的工伤职工在停工留薪期需要护理的，由所在单位负责。

【考题举例】

案例一的选择题目（客观题）。

【重点知识 18】安全投入

一、法律依据与责任主体

《安全生产法》规定，生产经营单位应当具备的安全生产条件所必需的资金投入，由生产经营单位的决策机构、主要负责人或者个人经营的投资人予以保证，并对由于安全生产所必需的资金投入不足导致的后果承担责任。

安全生产投入资金具体由谁来保证，应根据企业的性质而定。一般说来，股份制企业、合资企业等安全生产投入资金由董事会予以保证。一般国有企业由厂长或者经理予以保证。个体工商户等个体经济组织由投资人予以保证。上述保证人承担由于安全生产所必需的资金投入不足而导致事故后果的法律责任。

二、安全生产费用的使用

依据《企业安全生产费用提取和使用管理办法》（财企〔2012〕16 号）相关规定，安全生产费用是指企业按照规定标准提取，在成本中列支，专门用于完善和改进企业或者项目安全生产条件的资金。安全生产费用按照“企业提取、政府监管、确保需要、规范使用”的原则进行管理。

一般企业安全费用应当按照以下范围使用：

(1) 完善、改造及维护安全防护设施设备支出（不含“三同时”要求初期投入的安全设施)，包括生产作业场所的防火、防爆、防坠落、防毒、防静电、防腐、防尘、防噪声与振动、防辐射或者隔离操作等设施设备支出，大型起重机械安装安全监控管理系统支出。

(2) 配备、维护、保养应急救援器材、设备支出和应急演练支出。

(3) 开展重大危险源和事故隐患评估、监控和整改支出。

(4) 安全生产检查、评价（不包括新建、改建、扩建项目安全评价)、标准化建设和咨询支出。

(5) 安全生产宣传、教育、培训支出。

(6) 配备和更新现场作业人员安全防护用品支出。

(7) 安全生产适用的新技术、新标准、新工艺、新装备的推广应用。

(8) 安全设施及特种设备检测检验支出。

(9) 其他与安全生产直接相关的支出。

【考题举例】

说明该项目安全生产投入应包括哪几方面费用？

【重点知识 19】事故报告、调查与处理

一、关于事故的相关概念

(1) 事故隐患（2 项)：一般事故隐患、重大事故隐患。

(2) 事故等级（4 项)：一般、较大、重大、特别重大。

(3) 事故类别（20 项)：物体打击、车辆伤害、机械伤害、起重伤害、触电、淹溺、灼烫、火灾、高处坠落、坍塌、冒顶片帮、透水、放炮、火药爆炸、瓦斯爆炸、锅炉爆炸、容器爆炸、其他爆炸、中毒和窒息、其他伤害。

(4) 事故原因（3 项)：直接原因、间接原因、其他原因。

(5) 事故性质（2 项)：责任事故、非责任事故（自然事故)。

(6) 事故责任（3 项)：直接责任、主要责任、领导责任。

(7) 事故损失（2 项)：直接经济损失、间接经济损失。

(8) 事故防范措施（2 项)：安全技术措施、安全管理措施。

二、关于事故的上报、调查和批复

事故的等级、上报、调查和批复要求如图 8—6 所示。

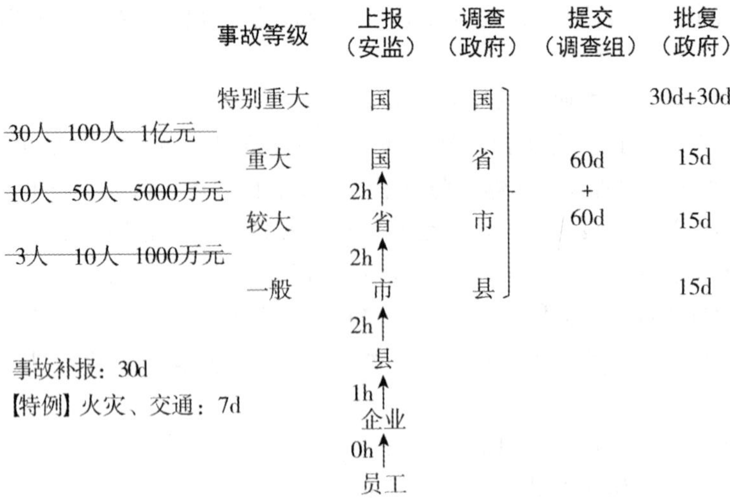

图 8—6　事故的等级、上报、调查和批复要求图示

三、事故报告的内容

1. 事故发生单位概况

2. 事故发生的时间、地点以及事故现场情况

3. 事故的简要经过

4. 人员伤亡和经济损失情况

5. 已经采取的措施

四、事故调查组的组成

1. 人民政府

2. 安全生产监督管理部门

3. 负有安全生产监督管理职责的有关部门

4. 监察机关

5. 公安机关

6. 工会

7. 人民检察院（邀请）

8. 专家（聘请）

五、事故调查组履行的职责

（一）查明事故发生的经过

（二）查明事故发生的原因

1. 事故发生的直接原因

（1）机械、物质或环境的不安全状态。

（2）人的不安全行为。

2. 事故发生的间接原因

（1）技术和设计上有缺陷——工业构件、建筑物、机械设备、仪器仪表、工艺过程、操作方法、维修检验等的设计、施工和材料使用存在问题。

（2）教育培训不够或未经培训，缺乏或不懂安全操作技术知识。

(3) 劳动组织不合理。

(4) 对现场工作缺乏检查或指导错误。

(5) 没有安全操作规程或不健全。

(6) 没有或不认真实施事故防范措施；对事故隐患整改不力。

(7) 其他。

(三) 人员伤亡情况

(四) 事故的直接经济损失

(五) 认定事故性质和事故责任分析

1. 事故性质

(1) 责任事故：由于人的不安全行为、物的不安全状态、管理上的缺陷导致的事故。

(2) 非责任事故：由于其他原因导致的事故。

2. 事故责任划分

(1) 直接责任者：指其行为与事故的发生有直接关系的人员。

(2) 主要责任者：指对事故的发生起主要作用的人员。

(3) 领导责任者：指对事故的发生负有领导责任的人员。

(六) 对事故责任者的处理建议

通过事故调查分析，在认定事故的性质和事故责任的基础上，对责任事故者提出行政处分、纪律处分、行政处罚、追究刑事责任、追究民事责任的建议。

(七) 总结事故教训

(八) 提出防范和整改措施

(九) 提交事故调查报告

事故调查报告应当包括：

1. 事故发生单位概况
2. 事故发生经过和事故救援情况
3. 事故造成的人员伤亡和直接经济损失
4. 事故发生的原因和事故性质
5. 事故责任的认定以及对事故责任者的处理建议
6. 事故防范和整改措施

六、事故调查的程序

1. 成立事故调查小组
2. 事故的现场处理
3. 物证搜集
4. 事故事实材料的搜集
5. 证人材料搜集
6. 现场摄影
7. 事故图绘制
8. 事故原因分析
9. 事故调查报告编写
10. 事故调查结案归档

【考题举例】

1. 请确定这起事故的性质，并说明理由。
2. 写出有关责任人的错误事实。事故责任如何划分？
3. 请分析这起事故的原因。
4. 指出该起事故的直接原因和间接原因。
5. 指出此次事故调查组应由哪些成员构成？
6. 事故调查组应由哪些部门组成？事故调查组的主要职责是什么？
7. 事故调查的基本程序是什么？
8. 写出此次事故的事故调查报告概要。
9. 简要写出此次事故的事故调查报告。
10. 为防止此类事故再次发生，该企业应采取哪些安全措施？

【重点知识 20】安全生产统计分析

一、伤亡事故经济损失统计

（一）直接经济损失统计范围

1. 人身伤亡后所支出的费用

（1）医疗费用（含护理费用）。

（2）丧葬及抚恤费用。

（3）补助及救济费用。

（4）歇工工资。

2. 善后处理费用

（1）处理事故的事务性费用。

（2）现场抢救费用。

（3）清理现场费用。

（4）事故罚款和赔偿费用。

3. 财产损失价值

（1）固定资产损失价值。

（2）流动资产损失价值。

（二）间接经济损失统计范围

（1）停产、减产损失价值。

（2）工作损失价值。

（3）资源损失价值。

（4）处理环境污染的费用。

（5）补充新职工的培训费用。

（6）其他损失费用。

二、伤亡事故经济损失计算方法

1. 经济损失

计算公式：

$$E=E_d+E_i$$

式中　E——经济损失，万元；

E_d——直接经济损失，万元；

E_i——间接经济损失，万元。

2. 工作损失价值

计算公式：

$$V_w = D_L M / (SD)$$

式中　V_w——工作损失价值，万元；

D_L——一起事故的总损失工作日数，死亡一名职工按6000个工作日计算，日；

M——企业上年税利（税金加利润），万元；

S——企业上年平均职工人数；

D——企业上年法定工作日数，日。

$$\text{工作损失价值} = \text{事故造成的总损失工作日数} \times \frac{\text{企业上年度的利润} + \text{税金}}{\text{全年法定工作天数} \times \text{企业上年度平均职工人数}}$$

$$= (\text{死亡人数} \times 6000 + \text{重伤损工日} + \text{轻伤损工日}) \times \frac{\text{企业上年度的利润} + \text{税金}}{250\text{天} \times \text{企业上年度平均职工人数}}$$

三、事故统计相对指标的计算

1. 百万工时死亡率/负伤率

$$\text{百万工时死亡率(负伤率)} = \frac{\text{全年死亡人数(负伤人数} = \text{轻伤} + \text{重伤)}}{250\text{天} \times 8\text{小时} \times \text{职工人数}} \times 10^6$$

2. 千人死亡率/重伤率

$$\text{千人死亡率(重伤率)} = \frac{\text{全年死亡人数(重伤人数)}}{\text{职工人数}} \times 10^3$$

【考题举例】

1. 计算此次事故的直接经济损失和间接经济损失。
2. 计算百万工时死亡率、百万吨死亡率。
3. 计算百万元产值经济损失率、千人经济损失率。

第二节　案例分析答题技巧与模板

一、案例分析答题技巧

1. 答题时间控制

考试总时间150min，严格控制安全技术部分和案例分析部分的答题时间。

（1）安全技术（20道单选题）：控制在30min以内。

（2）案例一（客观题）：控制在20min以内。

（3）案例二、三、四（主观题）：每个案例控制在30～40min。

2. 答题顺序建议

（1）扫查全卷，先易后难。

（2）先读题、后读案例、做标记。

3. 选择题建议

巧用排除法、对比法、代入法。

（1）单选题：相对简单，确保全对。

（2）多选题：不要盲目多选（每题的备选项中，有 2 个或 2 个以上符合题意，至少有 1 个错项。错选，本题不得分；少选，所选的每个选项得 0.5 分）。

4. 主观题建议

（1）简答题：简答题的答题要点是简而全，其内容一般在法律条文或指定考试用书中有现成答案。简答题只需根据条文或考试用书作简单的归纳和总结即可，无需展开论述。

（2）分析题：分析题的答题要点是逻辑严谨、内容完整，需结合案例答题。分析题答题依据是安全法律、法规、规章、制度、国家及行业标准，不能出现主观词语（例如："我认为""在我看来"……）。

二、案例分析高频考题及答题模板

1. 根据《企业职工伤亡事故分类标准》（GB 6441—1986），指出×××存在的主要危险因素及其部位/环节/设备。

【答题技巧】

参照《企业职工伤亡事故分类标准》（GB 6441—1986）辨识案例中的危险有害因素，应当从物体打击、车辆伤害、起重伤害等 20 类事故类别中选取。答题时应注意按条目罗列，考试按点给分，对的答案得分，错的答案不扣分。每条答案的前半部分为案例中出现的危险有害因素类别，后半部分为该危险有害因素对应的存在单元（部位/环节/设备）。例如：（1）车辆伤害：该厂装卸区的叉车。

【答题模板】

（1）物体打击：……。

（2）车辆伤害：……。

（3）起重伤害：……。

（4）机械伤害：……。

（5）触电：……。

（6）火灾：……。

（7）坍塌：……。

（8）淹溺：……。

（9）其他爆炸：……。

（10）中毒和窒息：……。

……

（n）其他伤害：……。

2. 根据《生产过程危险和有害因素分类与代码》（GB/T 13861—2009），指出×××存在的主要危险有害因素。

【答题技巧】

参照《生产过程危险和有害因素分类与代码》（GB/T 13861—2009）辨识案例中的危险有害因素，应当从人的因素、物的因素、环境因素、管理因素等 4 个方面描述，重点关注案例中人的不安全行为、物的危险状态、环境不良和管理缺陷。一般而言，考试多考"物的因素"，答题时应注意将物的因素再细分为物理性、化学性和生物性危险和有害因素。

【答题模板】

（1）人的因素：……。

（2）物的因素：

①物理性危险和有害因素：……；

②化学性危险和有害因素：……；

③生物性危险和有害因素：……。

（3）环境因素：……。

（4）管理因素：……。

3. 指出×××使用的危险化学品及类别/易燃易爆物质及名称。

【答题技巧】

常考的危险化学品主要类别有易燃（易爆）气体、易燃（可燃）液体、易燃（可燃）固体、氧化性物质、有毒有害性物质、爆炸性物质等。答题时应注意按条目罗列，每条答案的前半部分为危险化学品类别，后半部分为该类别对应的具体危险化学品名称。例如：（1）易燃（易爆）气体：矿井甲烷。

【答题模板】

（1）易燃（易爆）气体：……。

（2）易燃（可燃）液体：……。

（3）易燃（可燃）固体：……。

（4）氧化性物质：……。

（5）有毒有害性物质：……。

（6）爆炸性物质：……。

4. 指出×××存在的职业危害因素及可能导致的职业病。

【答题技巧】

常见的职业危害因素包括粉尘、有毒有害物质、噪声、振动、红外线、紫外线、高温等。答题时，职业危害因素要结合案例中的具体内容，职业病名称应正确、规范。例如：（1）采石场 SiO_2 粉尘：尘肺病（矽肺）。

【答题模板】

（1）×××粉尘：尘肺病。

（2）×××有毒有害物质：中毒或致癌（具体职业病）。

（3）×××噪声：噪声聋。

（4）×××振动：手臂振动病。

（5）×××红外线：职业性白内障。

（6）×××紫外线：电光性眼炎或皮炎。

（7）×××高温：中暑。

5. 指出×××存在的特种设备。

【答题技巧】

特种设备包括 8 大类，由于生产企业中没有客运索道和大型游乐设施，因此在考试中一般不考客运索道和大型游乐设施，常考的特种设备包括锅炉、压力容器（气瓶）、压力管道、电梯、起重机械和场（厂）内专用机动车辆等 6 类。答题时应注意按条目罗列，考试按点给分，对的答案得分，错的答案不扣分。每条答案的前半部分为特种设备类别，后半部分为该特种设备类别对应案例中的实际设备。例如：（1）锅炉：出口水压 0.12MPa、额定出水温度 130℃、额定功率 28MW 的锅炉 2 台。

【答题模板】

（1）锅炉：……。

（2）压力容器（气瓶）：……。

（3）压力管道：……。

（4）电梯：……。

（5）起重机械：……。

（6）场（厂）内专用机动车辆：……。

6. 指出×××存在的特种作业。

【答题技巧】

特种设备包括 10 大类，常考的特种作业包括电工作业、焊接与热切割作业、高处作业和制冷与空调作业等 4 类。答题时应注意按条目罗列，考试按点给分，对的答案得分，错的答案不扣分。每条答案的前半部分为特种作业类别，后半部分为该特种作业类别对应案例中的实际作业内容。例如：（1）电工作业：配电室检修作业。

【答题模板】

（1）电工作业：……。

（2）焊接与热切割作业：……。

（3）高处作业：……。

（4）制冷与空调作业：……。

（5）煤矿安全作业：……。

（6）金属非金属矿山安全作业：……。

（7）石油天然气安全作业：……。

（8）冶金（有色）生产安全作业：……。

（9）危险化学品安全：……。

（10）烟花爆竹安全作业：……。

7. 指出该起事故现场应急处置存在的问题/不足。

【答题技巧】

答案要针对案例中现场应急处置方面存在的问题/不足，答题时应注意按条目罗列，只需指出问题，不需要解释原因和改正。

【答题模板】

（1）（问题/不足 1）……。

（2）（问题/不足 2）……。

（3）（问题/不足 3）……。

8. 指出×××在应急管理工作方面存在的问题/不足。

【答题技巧】

应急管理工作主要包括应急预案编制及管理、应急预案演练、事故应急响应与现场处置、事故恢复等工作。答题时应结合案例内容，答案按条目罗列，只需指出问题，不需要解释原因和改正。

【答题模板】

(1)(问题/不足 1)……。

(2)(问题/不足 2)……。

(3)(问题/不足 3)……。

9. 指出×××作业过程或现场安全管理存在的问题/不足。

【答题技巧】

答案要针对案例中作业过程或现场安全管理方面存在的问题/不足，只找安全管理问题，不找安全技术问题。答题时应注意按条目罗列，只需指出问题，不需要解释原因和改正。

【答题模板】

(1)(问题/不足 1)……。

(2)(问题/不足 2)……。

(3)(问题/不足 3)……。

10. 指出该起事故调查的部门/调查组的组成。

【答题技巧】

首先，应判定事故等级；然后，根据事故等级确定对应事故调查层级(区县级/地市级/省级/国家级)；最后，将调查层级与调查部门组合在一起。

【答题模板】

该事故造成××死亡、××重伤、××直接经济损失，属于一般/较大/重大/特别重大事故。因此，该事故调查的部门/调查组的组成为：

(1) ××区县/××市/××省人民政府/国务院。

(2) ××区县/××市/××省/国务院安全生产监督管理部门。

(3) ××区县/××市/××省/国务院负有安全生产监督管理职责的有关部门。

(4) ××区县/××市/××省/国家监察机关。

(5) ××区县/××市/××省公安机关/公安部。

(6) ××区县/××市/××省工会/全国总工会。

(7) ××区县/××市/××省检察院/最高人民检察院。

(8) 专家。

11. 编写该起事故的简明事故调查报告。

【答题技巧】

编写简明事故调查报告，既要分条目列出事故调查报告标题，又要在每个标题下结合案例简要描述其具体内容。

【答题模板】

(1) 事故发生单位概况。

(根据案例内容，简要描述)

(2) 事故发生经过和事故救援情况。

(根据案例内容，简要描述)

(3) 事故造成的人员伤亡和直接经济损失。

(根据案例内容，简要描述)

（4）事故发生的原因和事故性质。

（根据案例内容，简要描述）

（5）事故责任的认定以及对事故责任者的处理建议。

（根据案例内容，简要描述）

（6）事故防范和整改措施。

（根据案例内容，简要描述）

12. 分析该起事故的原因（直接原因和间接原因）。

【答题技巧】

事故原因主要包括直接原因和间接原因两个方面。事故直接原因包括：人的不安全行为，机械、物质或环境的不安全状态。事故间接原因包括技术和设计上有缺陷、安全管理方面的缺陷。答题时应注意按条目罗列事故原因，尽可能言简意赅。

【答题模板】

（1）事故的直接原因：

①……；

②……；

③……。

（2）事故的间接原因：

①……；

②……；

③……。

13. 千人死亡率、千人重伤率和百万工时死亡率的计算。

【答题技巧】

答题时，先写结论，再写计算过程。题目中如果明确要求了计算结果保留小数点位数，则需严格满足题目要求；如果没有明确要求计算结果保留小数点位数，则默认保留两位小数。此外，计算过程应先写出计算公式，再代入数据，最后得出计算结果。

【答题模板】

（1）千人死亡率（重伤率）为：……。

计算过程：$千人死亡率（重伤率）=\frac{全年死亡人数（重伤人数）}{职工人数}\times 10^3$

（2）百万工时死亡率为：……。

计算过程：$百万工时死亡率（负伤率）=\frac{全年死亡人数（负伤人数=轻伤+重伤）}{250天\times 8小时\times 职工人数}\times 10^6$

14. 为×××企业提出安全生产工作建议/事故防范措施/安全措施/安全技术措施/安全管理措施。

【答题技巧】

提出安全生产工作建议、事故防范措施、安全措施等，就是提出安全技术措施与安全管理措施。一般而言，安全措施一共列7～8条即可，其中安全技术措施列2～3条，安全管理措施列5～6条。如果题目单考安全技术措施或安全管理措施，需列4～5条。安全技术措施应有针对性和可操作性，安全管理措施可以相对宏观、宽泛一些。

“万金油”安全技术措施：

（1）配备个体防护装备。

（2）安装安全警示标志、安全指示。

（3）加强安全检测与监测。

（4）设置应急救援器材。

“万金油”安全管理措施：

（1）健全并落实安全生产责任制。

（2）完善现场安全生产规章制度（或完善现场安全操作规程）并落实到位。

（3）加强员工安全教育培训，提高对危险有害因素的辨识能力。

（4）完善应急救援预案，加强应急演练。

（5）加强现场安全检查和指导。

（6）采取有效措施整改现场，消除事故隐患。

（7）保证安全生产投入。

（8）建立并完善安全管理组织机构和人员配置。

（9）对危险作业实施作业许可，制定作业（施工）方案和安全措施，设置安全监护人员。

（10）加强设备管理及其维护、保养、检测和维修。

【答题模板】

（1）安全技术措施：

①……；

②……；

③……。

（2）安全管理措施：

①……；

②……；

③……。

15. ×××企业是否存在重大事故隐患。若存在，请指出并说明理由。

【答题技巧】

此类题目对于实际考试而言，一般是存在重大事故隐患的。事故隐患主要涉及人的不安全行为、物的危险状态、管理的缺陷等，答题时应结合案例明确指出。说明理由应包括两个方面：一是说明该隐患后果严重，二是说明该隐患整改难度大。

【答题模板】

存在重大事故隐患；……为重大事故隐患（人的不安全行为/物的危险状态/管理的缺陷）。

理由如下：

（1）……隐患后果严重（极可能引发重特大恶性事故/极可能造成重大人员伤亡或巨大经济损失/极可能造成严重环境污染）。

（2）……隐患整改难度大（需要由企业主要负责人组织整改）。

16. 重大事故隐患报告的内容。

【答题技巧】

直接列举，言简意赅。基本思路为：现状→原因→危害→难度→方案。

【答题模板】

（1）隐患的现状及其产生原因。

（2）隐患的危害程度和整改难易程度分析。

（3）隐患的治理方案。

17. 写出重大事故隐患治理方案的内容/概要。

【答题技巧】

如果要求写出重大事故隐患治理方案的内容，仅需列出 6 项标题内容；如果要求写出重大事故隐患治理方案的概要，既要分条目列出重大事故隐患治理方案的 6 项标题内容，又要在每项标题下结合案例简要描述其具体内容。

【答题模板】

（1）治理的目标和任务。

（根据案例内容，简要描述）

（2）采取的方法和措施。

（根据案例内容，简要描述）

（3）经费和物资的落实。

（根据案例内容，简要描述）

（4）治理的机构和人员。

（根据案例内容，简要描述）

（5）治理的时限和要求。

（根据案例内容，简要描述）

（6）安全措施和应急预案。

（根据案例内容，简要描述）

18. 指出该企业安全生产方面/安全管理方面存在的不足，并制定整改措施。

【答题技巧】

如果要求指出安全生产方面的不足，既包括安全技术方面，又包括安全管理方面。如果要求指出安全管理方面的不足，仅需回答安全管理方面，不用回答安全技术方面。答题时应注意按条目罗列，每条答案的前半部分为问题或不足，后半部分为对应问题或不足的整改措施。

【答题模板】

（1）（问题/不足 1）……；整改措施：……。

（2）（问题/不足 2）……；整改措施：……。

（3）（问题/不足 3）……；整改措施：……。

19. 指出该企业存在的重大危险源，并说明理由。

【答题技巧】

答题时应先给出结论，指出案例中哪个设施或单元为重大危险源。说明理由应分为两种情况：一是仅有一种危险化学品，直接对比 GB 18218 临界量即可；二是一个单元内有多种危险化学品，需要通过公式计算判定。

【答题模板】

（1）……为重大危险源。

理由：……超过 GB 18218 规定的临界量（X_t）。

（2）……为重大危险源。

理由：$\frac{q_1}{Q_1}+\frac{q_2}{Q_2}+\frac{q_3}{Q_3}\geqslant 1$（需代入数据，算出结果）。

20. 说明该企业的事故隐患排查治理职责。

【答题技巧】

答题时不必照搬原文，意思相近即可得分。注意体现关键词，语言组织尽可能简明扼要。

【答题模板】

（1）生产经营单位应当依照法律、法规、规章、标准和规程的要求从事生产经营活动。

（2）生产经营单位是事故隐患排查、治理和防控的责任主体。生产经营单位主要负责人对本单位事故隐患排查治理工作全面负责。

（3）生产经营单位应当保证事故隐患排查治理所需的资金，建立资金使用专项制度。

（4）生产经营单位应当定期组织安全生产管理人员、工程技术人员和其他相关人员排查本单位的事故隐患。

（5）生产经营单位应当建立事故隐患报告和举报奖励制度，鼓励、发动职工发现和排除事故隐患，鼓励社会公众举报。

（6）生产经营单位对承包、承租单位的事故隐患排查治理负有统一协调和监督管理的职责。

（7）生产经营单位应当每季、每年对本单位事故隐患排查治理情况进行统计分析，向安全监管监察部门和有关部门报送书面统计分析表。统计分析表应当由生产经营单位主要负责人签字。

21. 说明企业主要负责人的安全职责。

【答题技巧】

答题时不必照搬原文，意思相近即可得分。注意体现关键词，语言组织尽可能简明扼要。

【答题模板】

（1）建立、健全本单位安全生产责任制。

（2）组织制定本单位安全生产规章制度和操作规程。

（3）组织制定并实施本单位安全生产教育和培训计划。

（4）保证本单位安全生产投入的有效实施。

（5）督促、检查本单位的安全生产工作，及时消除生产安全事故隐患。

（6）组织制定并实施本单位的生产安全事故应急救援预案。

（7）及时、如实报告生产安全事故。

22. 说明企业安全生产管理机构/安全生产管理人员的安全职责。

【答题技巧】

答题时不必照搬原文，意思相近即可得分。注意体现关键词，语言组织尽可能简明扼要。

【答题模板】

（1）组织或者参与拟订本单位安全生产规章制度、操作规程和生产安全事故应急救援预案。

（2）组织或者参与拟订本单位安全生产教育和培训，如实记录安全生产教育和培训情况。

（3）督促落实本单位重大危险源的安全管理措施。

（4）组织或者参与本单位应急救援演练。

（5）检查本单位的安全生产状况，及时排查生产安全事故隐患，提出改进安全生产管理的建议。

（6）制止和纠正违章指挥、强令冒险作业、违反操作规程的行为。

（7）督促落实本单位安全生产整改措施。

23. 说明该企业对相关方应采取的安全管理措施。

【答题技巧】

答题时不必照搬原文，意思相近即可得分。注意体现关键词，语言组织尽可能简明扼要。

【答题模板】

（1）工程开工前生产经营单位应对承包方负责人、工程技术人员进行全面的安全技术交底，并应有完整的记录。

（2）在有危险性的生产区域内作业，生产经营单位应要求承包方做好作业安全风险分析，并制订安全措施，经生产经营单位审核批准后，监督承包方实施。承包商应在工作现场设置安全监护人员。

（3）在承包商队伍进入作业现场前，发包单位要对其进行消防安全、设备设施保护及社会治安方面的教育。

（4）生产经营单位协助做好办理开工手续等工作，承包商取得经批准的开工手续后方可开始施工。

（5）发包单位、承包商安全监督管理人员应经常深入现场，检查指导安全施工，要随时对施工安全进行监督，发现有违反安全规章制度的情况，及时纠正，并按规定给予惩处。

（6）同一工程项目或同一施工场所有多个承包商施工的，生产经营单位应与承包商签订专门的安全管理协议或者在承包合同中约定各自的安全生产管理职责，发包单位对各承包商的安全生产工作统一协调、管理。

（7）承包商施工队伍严重违章作业，导致设备故障等严重影响安全生产的后果，生产经营单位可以要求承包商进行停工整顿，并有权决定终止合同的执行。

24. 简述应急演练总结报告的内容。

【答题技巧】

直接列举，言简意赅。基本思路为：目的→时间地点→单位人员→方案→问题→原因→改进。

【答题模板】

（1）演练目的。

（2）演练时间和地点。

（3）参演单位和人员。

（4）演练方案概要。

（5）发现的问题与原因，经验和教训。

（6）改进有关工作的建议、改进计划、落实改进责任与时限等。

25. 指出案例中×××企业应急演练的类型。

【答题技巧】

答题时，应按照组织方式、演练内容的分类方式分别指出案例中应急演练的具体类型。

【答题模板】

（1）按组织方式分类：桌面/现场演练。

（2）按演练内容分类：单项/综合演练。

第九章　其他安全案例分析真题解析

案例1　某金属易拉罐生产企业天然气爆炸事故案例

K县H公司为金属易拉罐生产企业，共有员工350人。主要生产工艺包括剪切、缝焊、涂布、烘烤、翻边、卷封、测漏、检验、包装、入库等。

H公司生产厂房为三层建筑，门卫室旁建有五层员工宿合，保安人员宿舍位于员工宿舍地下一层。

2019年5月18日22时30分，H公司保安人员甲回宿舍打开照明灯开关时，突然发生气体爆燃，造成甲重伤，同宿舍的保安乙、丙轻伤。H公司总经理丁接到事故报告后，启动了应急救援预案，组织开展救援，并向K县应急管理部门进行了报告。

该起事故经济损失包括：建筑物修缮费用5万元，伤员医疗费用200万元，应急处置费用10万元，歇工工资5万元，补充新保安人员培训费用0.8万元等。

事故调查发现，H公司员工宿舍毗邻的社会道路路面下埋压的天然气中压管线泄漏，泄漏的天然气通过土壤渗透，经污水管线侵入H公司员工宿舍地下一层，并在保安人员宿舍内积聚，达到爆炸浓度，遇开关电火花引发爆燃。

2016年6月，该社会路面进行了雨洪工程施工，由K县L市政公司发包给J企业，J企业在施工过程中，将一段角钢遗落在天然气管线上方土壤内，M监理公司未发现上述隐患。工程完工后，该路段恢复通车，因过往货车较多，导致角钢长期挤压天然气管线，造成管线破裂泄漏。

事发后，N燃气公司采取紧急停气措施，并对管线进行了抢修，经检测合格后恢复正常运行。

根据以上场景，回答下列问题（1～2题为单选题，3～5题为多选题）：

1. 根据《生产安全事故报告和调查处理条例》的规定，H公司负责人接到事故报告后，应当向K县应急管理部门报告的时限为（　　）。

A. 1小时内　　　　B. 2小时内

C. 4小时内　　　　D. 12小时内

E. 24小时内

【答案】 A

【解析】 生产安全事故发生后，事故现场有关人员应当立即向本单位负责人报告；单位负责人接到报告后，应当于1小时内向事故发生地县级以上人民政府安全生产监督管理部门和负有安全生产监督管理职责的有关部门报告。

2. 该起事故的主要责任单位为（　　）。

A. H公司和J企业　　　　B. J企业

C. J企业和L市政公司　　　　D. J企业和M监理公司

E. J 企业和 N 燃气公司

【答案】C

【解析】结合案例材料可知，2016 年 6 月，该社会路面进行了雨洪工程施工，由 K 县 L 市政公司发包给 J 企业，J 企业在施工过程中，将一段角钢遗落在天然气管线上方土壤内，工程完工恢复通车后，因过往货车较多，导致角钢长期挤压天然气管线，造成管线破裂泄漏。

3. 该起事故的直接原因有（　　）。

A. 角钢挤压天然气管线，导致天然气泄漏

B. 甲开灯引爆天然气

C. J 企业未将角钢及时清除

D. 雨洪工程和天然气管线布局不合理

E. N 燃气公司未及时发现泄漏

【答案】ABC

【解析】结合案例可知，本次事故的直接原因为：J 企业未将埋置于土壤中的角钢及时清除，角钢挤压天然气管线，导致天然气泄漏后经污水管线侵入 H 公司员工宿舍，H 公司保安人员甲回宿舍打开照明灯开关时，突然发生气体爆燃。

4. 预防此类事故应采取的安全措施有（　　）。

A. 加强施工过程安全监管

B. 建立施工技术交底制度

C. 禁止保安人员在地下室居住

D. 增加天然气管道泄漏监测系统

E. 增加相关视频监控

【答案】AD

【解析】J 企业在施工过程中，将一段角钢遗落在天然气管线上方土壤内，M 监理公司未发现上述隐患，故应加强施工过程安全监管，及时消除事故隐患；泄漏的天然气通过土壤渗透，经污水管线侵入 H 公司员工宿舍地下一层，并在保安人员宿舍内积聚并达到爆炸浓度，故可增加天然气管道泄漏监测系统，预防引起爆炸。

5. 该起事故的直接经济损失包括（　　）。

A. 建筑物修缮费用 5 万元

B. 伤员医疗费用 200 万元

C. 应急处置费用 10 万元

D. 歇工工资 5 万元

E. 补充新保安人员培训费用 0.8 万元

【答案】ABCD

【解析】事故直接经济损失统计范围：①人身伤亡后所支出的费用；②善后处理费用；③财产损失价值。事故间接经济损失统计范围：①停产、减产损失价值；②工作损失价值；③资源损失价值；④处理环境污染的费用；⑤补充新职工的培训费用；⑥其他损失费用。

案例 2　某装置内部除锈作业伤亡事故案例

A 厂为新建煤化工企业，B 公司为 A 厂煤气化装置项目总承包商，C 公司为 B 公司的分包商，承担其中的防腐保温工程。

2019 年 3 月 5 日，C 公司在对煤化装置的飞灰过滤器进行内部除锈作业时发生事故，导致 4 人死亡。

事发时，B 公司尚未向 A 厂进行煤气化装置整体的中间交接，A 厂员工在自行组织磨煤机单体试车。3 月 4 日 10 时，A 厂进行煤粉循环试运行，使用 0.5～0.6MPa 的氮气作为惰性循环介质，17 时，由于氮气供应不畅，停止试运行并停止供氮。

飞灰过滤器位于煤气化装置框架＋38m 层面，直径 1.6m，高度 6m。上部为圆筒形，下部为锥形，过滤器上部的带孔隔板将其分割为上下两个部分，设备顶部和带孔隔板下方（距锥底 4m 处）分别设有人孔，设备外接 3 条电（气）控阀管线。

3 月 5 日 8 时，C 公司员工甲、乙、丙开始过滤器打磨除锈作业。甲从带孔隔板下方人孔进入过滤器内搭设的跳板上作业，乙负责监护。10 时，丙替换甲继续作业。11 时 20 分，丙突然从作业跳板坠落至过滤器锥体底部。乙听到坠落声响后立即呼救，以为是过滤器内搭设的跳板脱落，向内探头观察，随即丧失意识被甲拉出，甲判断过滤器内手持照明灯可能发生落点，立即断开直接引自 TN—S 系统配电箱电源，并紧急呼吸。

附近试车作业的 A 厂员工丁、戊、已 3 人听到呼救后，赶到现场，相继进入过滤器施救，均晕倒在内。陆续赶到的救援人员将 4 人抬出送医，经抢救无效死亡。

事故调查发现：试车方案编制及实施均由 A 厂单独进行；丙为 C 公司临聘人员，3 月 4 日到达施工现场，尚未录入员工名册，罹难后才查明身份；外接的 3 条电气控阀管线可远程开启，且与设备连接管道未按要求封堵盲板；飞灰过滤器管线与氮气管线串线，氮气窜入飞灰过滤器；作业过程中未系安全绳；搭设的跳板未捆绑；该项作业无任何书证记录。

根据以上场景，回答下列问题（1～2 题为单选题，3～5 题为多选题）：

1. 煤气化装置项目中间交接之前，该建设项目的安全管理责任单位为（　　）。

A. A 厂　　B. B 公司

C. C 公司　　D. A 厂和 B 公司

E. A 厂和 C 公司

【答案】B

【解析】根据《建设工程安全生产管理条例》规定，建设工程实行施工总承包的，由总承包单位对施工现场的安全生产负总责。

2. 该起事故的责任单位和上报单位分别是（　　）。

A. A 厂、B 公司　　B. B 公司、A 厂

C. C 公司、B 公司　　D. C 公司、A 厂

E. B 公司、B 公司

【答案】E

【解析】根据《建设工程安全生产管理条例》规定，建设工程实行施工总承包的，由总承包单位对施工现场的安全生产负总责。

3. 该起事故暴露出现场安全管理方面的问题有（　　）。

A. 与设备连接管道未按要求封堵盲板

B. 以包代管，没有安全技术交底，安全教育培训不到位

C. 没有进行有效的风险辨识并编制相应应急预案

D. 施工和试车交叉作业时，管理职责不明确

E. 没有为除锈作业人员配置防毒面具

【答案】ABCD

【解析】为除锈作业人员配置防毒面具并不能防止氮气引起的窒息事故。

4. 可能导致员工丙死亡的直接原因包括（　　）。

A. 手持照明灯触电

B. 未系安全绳，跳板无绑扎，导致坠落

C. 氮气经过外接的电（气）控阀的管线进入过滤器

D. 过滤器上部物体掉落打击

E. 氮气系统渗漏富集

【答案】ABC

【解析】丙突然从作业跳板坠落至过滤器锥体底部，并未受到上部物体掉落打击；该事故不存在氮气系统渗漏富集。

5. 关于A、B、C三家单位同时在现场进行交叉作业时安全管理的说法，正确的有（　　）。

A. 三家单位现场施工过程中的安全管理统一由A厂负责

B. 三家单位现场施工过程中的安全管理统一由B公司负责

C. A厂应与B公司签订安全管理协议，明确各自的安全生产管理职责

D. B公司应与C公司签订安全管理协议，明确各自的安全生产管理职责

E. B公司应对进场人员进行危害告知、安全交底和安全教育培训

【答案】BCDE

【解析】根据《建设工程安全生产管理条例》的规定，建设工程实行施工总承包的，由总承包单位对施工现场的安全生产负总责。总承包单位应当自行完成建设工程主体结构的施工。总承包单位依法将建设工程分包给其他单位的，分包合同中应当明确各自的安全生产方面的权利、义务。总承包单位和分包单位对分包工程的安全生产承担连带责任。分包单位应当服从总承包单位的安全生产管理，分包单位不服从管理导致生产安全事故的，由分包单位承担主要责任。

案例3　某汽车零部件生产企业脚手架倒塌事故案例

A公司为汽车零部件生产企业，2017年营业收入15亿元。公司3#厂房主体为拱形顶钢结构，顶棚采用夹芯彩钢板，燃烧性能等级为B_2级。2018年初，公司决定全面更换3#厂房顶棚夹芯彩钢板，将其燃烧性能等级提高到B_1级。

2018年5月15日，A公司委托具有相应资质的B企业承接3#厂房顶棚夹芯彩钢板更换工程，要求在30个工作日内完成。施工前双方签订了安全管理协议，明确了各自的安全管理职责。

5月18日8时，B企业作业人员进入现场施工，搭建了移动式脚手架，脚手架作业面距地面8m。施工作业过程中，B企业临时雇佣5名作业人员参与现场作业。

当天15时30分，移动式脚手架踏板与脚手架之间的挂钩突然脱开，导致踏板脱落，随即脚手架倒塌，造成脚手架上3名作业人员坠落地面，地面10名作业人员被脱落的踏板、倒塌的脚手架砸伤。

事故导致10人重伤、3人轻伤。事故经济损失包括：医疗费用及歇工工资390万元，现场抢救及清理费用30万元，财产损失费用50万元，停产损失1210万元，事故罚款70万元。

事故调查发现：移动式脚手架踏板与脚手架之间的挂钩未可靠连接；脚手架上的作业人员虽佩戴了劳动防护用品，但未正确使用；未对临时雇佣的5名作业人员进行安全培训和安全技术交底；作业过程中，移动式脚手架滑轮未锁定；现场安全管理人员未及时发现隐患。

根据以上场景，回答下列问题（1～3题为单选题，4～7题为多选题）：

1. 根据《生产安全事故报告和调查处理条例》的规定，该起事故的等级为（　　）。

A. 轻微事故　　B. 一般事故

C. 较大事故　　D. 重大事故

E. 特别重大事故

【答案】C

【解析】根据生产安全事故（以下简称事故）造成的人员伤亡或者直接经济损失，事故一般分为以下等级：①特别重大事故，是指造成30人以上（含30人）死亡，或者100人以上（含100人）重伤（包括急性工业中毒，下同），或者1亿元以上（含1亿元）直接经济损失的事故；②重大事故，是指造成10人以上（含10人）30人以下死亡，或50人以上（含50人）100人以下重伤，或者5000万元以上（含5000万元）1亿元以下直接经济损失的事故；③较大事故，是指造成3人以上（含3人）10人以下死亡，或者10人以上（含10人）50人以下重伤，或者1000万元以上（含1000万元）5000万元以下直接经济损失的事故；④一般事故，是指造成3人以下死亡，或者10人以下重伤，或者1000万元以下直接经济损失的事故。

本题中，事故导致10人重伤、3人轻伤，直接经济损失为390＋30＋50＋70＝540（万元），事故分级遵循“就高不就低”的原则。

2. 根据《企业职工伤亡事故经济损失统计标准》（GB 6721）的规定，该起事故的直接经济损失为（　　）万元。

A. 390　　B. 420

C. 470　　D. 540

E. 1750

【答案】D

【解析】直接经济损失统计范围：①人身伤亡后所支出的费用包括医疗费用（含护理费用）、丧葬及抚恤费用、补助及救济费用、歇工工资；②善后处理费用包括处理事故的事务性费用、现场抢救费用、清理现场费用、事故罚款和赔偿费用；③财产损失价值包括固定资产损失价值、流动资产损失价值。间接经济损失统计范围：①停产、减产损失价值；②工作损失价值；③资源损失价值；④处理环境污染的费用；⑤补充新职工的培训费用；⑥其他损失费用。

本题中，医疗费用及歇工工资390万元，现场抢救及清理费用30万元，财产损失费用50万元，事故罚款70万元为直接经济损失的范畴，故直接经济损失为390＋30＋50＋70＝540（万元）。

3. 根据《企业安全生产费用提取和使用管理办法》的规定，安全生产费用提取以上年度实际营业收入为计提依据，按照以下标准平均逐月提取：

（1）营业收入不超过1000万元的，按照2%提取；

（2）营业收入超过1000万元至1亿元的部分，按照1%提取；

（3）营业收入超过1亿元至10亿元的部分，按照0.2%提取；

（4）营业收入超过10亿元至50亿元的部分，按照0.1%提取。

2018年度A公司应该提取的安全生产费用为（　　）万元。

A. 150

B. 340

C. 430

D. 490

E. 770

【答案】B

【解析】2018年度A公司应该提取的安全生产费用＝（15－10）×0.1%＋（10－1）×0.2%＋（1－0.1）×1%＋0.1×2%＝0.034（亿元）＝340（万元）。

4. 根据《生产安全事故报告和调查处理条例》的规定，该起事故的调查组应由（　　）组成。

A. A公司所在地设区的市级安全生产监督管理部门

B. A公司所在地县级安全生产监督管理部门

C. A公司所在地设区的市级工会

D. A公司所在地设区的市级监察机关

E. A公司所在地县级监察机关

【答案】ACD

【解析】特别重大事故由国务院或者国务院授权有关部门组织事故调查组进行调查。重大事故、较大事故、一般事故分别由事故发生地省级人民政府、设区的市级人民政府、县级人民政府负责调查。省级人民政府、设区的市级人民政府、县级人民政府可以直接组织事故调查组进行调查，也可以授权或者委托有关部门组织事故调查组进行调查。未造成人员伤亡的一般事故，县级人民政府也可以委托事故发生单位组织事故调查组进行调查。事故调查组的组成应当遵循精简、效能的原则。根据事故的具体情况，事故调查组由有关人民政府、安全生产监督管理部门、负有安全生产监督管理职责的有关部门、监察机关、公安机关以及工会派人组成，并应当邀请人民检察院派人参加。事故调查组可以聘请有关专家参与调查。

本题事故为较大事故，应由设区的市级人民政府、设区的市安全生产监督管理部门、负有安全生产监督管理职责的有关部门、监察机关、公安机关以及工会派人组成，同时可邀请人民检察院及专家。

5. 在移动式脚手架上的作业人员应佩戴的劳动防护用品有（　　）。

A. 安全带　B. 安全帽　C. 防刺穿鞋　D. 手套

E. 护目镜

【答案】AB

【解析】高处作业应佩戴的劳动防护用品有安全帽、安全带。

6. 根据《生产经营单位安全培训规定》的规定，B企业对临时雇佣的5名作业人员进行岗前安全培训的内容包括（　　）。

A. 企业安全生产情况及安全生产基本知识

B. 企业安全生产规章制度和劳动纪律

C. 国内外先进的安全生产管理经验

D. 有关事故案例

E. 作业人员安全生产权利和义务

【答案】ABDE

【解析】从业人员岗前安全培训的内容应包括三级安全培训教育，其中厂级培训的内容有：①本单位安全生产情况及安全生产基本知识；②本单位安全生产规章制度和劳动纪律；③从业人员安全生产权利和义务；④有关事故案例等。

7. 为有效预防此类事故再次发生，应采取的安全技术措施包括（　　）。

A. 搭设有效可靠的脚手架

B. 踏板满铺，不使用单板、浮板和探头板

C. 设置符合标准的防护栏杆

D. 增加现场安全监护人员

E. 地面设置坐落保护气垫

【答案】ABC

【解析】选项 D 属于管理措施。选项 E 不能防止事故发生，只能减少事故损失。

案例 4　某发电企业燃煤料仓燃爆事故案例

C 热电厂为燃煤发电企业，位于南方某省港口，共有员工 350 人。

C 热电厂生产系统主要设备包括：蒸发量为 220t/h 的高温高压燃煤锅炉 8 台、蒸发量为 410t/h 的高温高压燃煤锅炉 1 台；60MW 汽轮机组 6 台；各类变配电设备；阳离子交换树脂过滤床、阴离子交换树脂过滤床、阴阳离子交换树脂混合床、各类储罐及泵；输送燃煤的抓斗机、皮带输送机、装载车等。

C 热电厂主蒸汽和主给水系统采用母管制方式连接。对外供热系统主要有高压（9.8MPa）主蒸汽母管、中压（3.8MPa）供热母管和低压（1.4MPa）供热母管。

C 热电厂采用氨法脱硫工艺，可脱除烟气中 95%以上的硫氧化物。氨法脱硫系统设置容积为 $60m^3$ 的液氨储罐 1 个，最大充装率 0.85，现存液氨 25t。

C 热电厂有发电机冷却用氢储存库 1 座，储存有 15MPa、40L 氢气瓶 100 个。为了保证氢气供给及安全生产需要，拟新建建筑面积 $500m^2$ 的氢气站 1 座，采用电解水工艺制氢，前期委托相关资质单位完成设计，已进入建设阶段。

C 热电厂燃煤从港口煤场通过皮带输送机，经过料仓进入燃煤锅炉。2015 年 1 月 5 日，曾发生燃煤料仓燃爆事故，未造成人员伤亡。

2017 年 6 月，C 热电厂通过了安全生产标准化二级企业评审，同时开展了安全预防控制体系建设。

根据以上场景，回答下列问题（1～3 题为单选题，4～8 题为多选题）：

1. 根据《安全生产法》的规定，关于 C 热电厂的安全生产管理机构设置及安全生产管理人员配备的说法，正确的是（　　）。

A. C 热电厂可不设置安全生产管理机构，但应配备兼职安全生产管理人员

B. C 热电厂应设置安全生产管理机构或配备专职安全生产管理人员

C. C 热电厂应委托具有相应资质的注册安全工程师事务所负责安全生产管理

D. C 热电厂安全生产管理人员的安全生产知识和管理能力应当经厂级考核合格

E. C 热电厂安全生产管理人员的安全生产知识和管理能力应当经电厂上级单位考核合格

【答案】 B

【解析】 非高危行业从业人员数超过 100 人，应设置安全生产管理机构或配备专职安全生产管理人员。

2. 根据《安全生产许可证条例》的规定，关于 C 热电厂安全生产许可证申办的说法，正确的是（　　）。

A. C 热电厂液氨储罐需要申办安全生产许可证

B. C 热电厂氢气站需要申办安全生产许可证

C. C 热电厂所有重大危险源需要申办安全生产许可证

D. C 热电厂所有特种设备需要申办安全生产许可证

E. C 热电厂不需要申办安全生产许可证

【答案】 E

【解析】 安全许可是指国家对矿山企业、建筑施工企业和危险化学品、烟花爆竹、民用爆炸物品生产企业实行的安全许可制度，热电厂不在此列。

3. 根据《危险化学品重大危险源辨识标准》（GB 18218）的规定，C 热电厂存在的重大危险源为（　　）。

A. 60m^3液氨储罐

B. 发电机冷却用氢储存库

C. 蒸发量为 220t/h 的高温高压燃煤锅炉 8 台

D. 蒸发量为 410t/h 的高温高压燃煤锅炉 1 台

E. 高压（9.8MPa）主蒸汽母管

【答案】 A

【解析】 C 热电厂液氨存量为 25t。液氨构成危险化学品重大危险源的临界量为 10t。

4. C 热电厂建立安全预防控制体系，应实施安全风险公告警示，制作安全风险公告栏。安全风险公告栏应标明的内容包括（　　）。

A. 人员责任　　B. 管控措施

C. 事故后果　　D. 应急措施

E. 事故隐患类别

【答案】 BCDE

【解析】 安全风险公告栏应载明的内容包括风险名称、存在风险环节/部位、事故隐患类别、事故造成后果、管控措施、应急措施、管控责任人。

5. C 热电厂的特种设备包括（　　）。

A. 燃煤锅炉　　B. 汽轮机

C. 装载车　　D. 中压（3.8MPa）供热母管

E. 氢气瓶

【答案】 ADE

【解析】 特种设备范围：涉及生命安全的危险性较大的锅炉、压力容器（含气瓶）、压力管道、电梯、起重机械、客运索道、大型游乐设施和场内专用机动车辆。

6. 根据《企业职工伤亡事故分类》（GB 6441）的规定，C 热电厂液氨储罐存在的危险有害因素包括（　　）。

A. 瓦斯爆炸　　B. 氨气爆炸

C. 其他爆炸　　D. 中毒和窒息

E. 其他伤害

【答案】CDE

【解析】选项 C，液氨泄漏，氨气和空气混合发生的爆炸属于其他爆炸。选项 D，液氨泄漏，氨气致人中毒和窒息。选项 E，液氨可能导致冻伤，属于其他伤害。

7. 根据《企业安全生产标准化基本规范》（GB/T 33000）的规定，C 热电厂在创建安全生产标准化企业时，安全风险管控及隐患排查治理方面的主要内容包括（　　）。

A. 预测预警　　B. 作业安全

C. 设备设施管理　　D. 重大危险源辨识与管理

E. 应急处置

【答案】AD

【解析】《企业安全生产标准化基本规范》（GB/T 33000）中，安全风险管控及隐患排查治理的主要内容有：①重大危险源辨识和管理；②隐患排查治理；③预测预警。

8. 针对 C 热电厂燃煤输送环节的粉尘爆炸风险，可采取的防爆措施包括（　　）。

A. 皮带输送机电机采用防爆电机　　B. 采用惰性气体覆盖保护

C. 采用电除尘　　D. 制定清扫程序和标准

E. 采用水喷淋加湿

【答案】ABDE

【解析】有爆炸风险的粉尘不宜采用电除尘，选项 C 错误。

案例 5　某铝合金轮毂打磨车间粉尘爆炸事故案例

B 企业为金属加工企业，主要从事铝合金轮毂加工制造。

B 企业的铝合金轮毂打磨车间为二层建筑，建筑面积 2000m^2，南北两端各设置载重 2.5t 的货梯和敞开式楼梯，一层有通向室外的钢制推拉门 2 个。该车间共设有 32 条生产线，一、二层各 16 条，每条生产线设有 12 个工位，沿车间横向布置，总工位数 384 个，相邻工位最小间距不足 1m。

打磨车间每个工位设有吸尘器，每 4 条生产线合用 1 套除尘系统，共安装有 8 套除尘系统。8 套除尘系统的室外风管相互连通，并共用一条主排风管将粉尘排出，车间内的除尘设备、除尘管道及配电箱等均未采取接地措施。

2015 年“安全生产月”期间，属地人民政府安全生产监督管理部门检查组对 B 企业进行安全生产检查，发现打磨车间空气中粉尘浓度超标，部分地面和粉尘管道表面积尘厚度达 2mm 以上，部分员工佩戴的防尘口罩失效，个别工位旁地面发现烟蒂，部分女工长发未置于工作帽内。检查组针对上述问题进行了批评，提醒 B 企业要做好员工劳动防护等各项工作。

7 月 2 日 8 时，打磨车间 265 名员工开始工作，其中含 7 月 1 日入职但未经培训的员工 12 人。8 时 5 分，除尘风开启。9 时 34 分，1 号除尘器集尘桶发生爆炸，爆炸冲击波沿除尘管道传播，扬起了除尘系统内和车间聚积的铝粉，形成粉尘云，引发连续爆炸，当场造成 9 人死亡，事故发生后 7 天内，又有 18 名重伤人员在医院死亡；事故发生后 30 天内，死亡人数 32 人，受伤人数 195 人。

事故造成的经济损失包括：现场抢救、清理现场和处理事故的事务性费用 280 万元，设备等固定资产损失 1000 万元，医疗费用（含护理费用）2900 万元，丧葬及抚恤费用 3500 万元，补助及救济费用 2100 万元，歇工工资 800 万元，停产损失 1800 万元，事故罚款 1100 万元。

事故调查发现：该车间除尘系统长时间未清理粉尘，铝粉尘大量聚积。除尘系统风机开启后，打磨产生的高温铝粉尘颗粒在集尘桶上方形成粉尘云。1 号除尘器集尘桶锈蚀破损，雨水渗入，桶内铝粉受潮，发生氧化放热反应，达到了铝粉尘的点燃温度，引发除尘系统及车间内粉尘的系列爆炸，除尘系统未设泄爆装置，爆炸产生的高温气体和燃烧物瞬间经除尘管道从各吸尘罩喷出，导致全车间几乎所有工位操作人员直接受到爆炸冲击。同时，B 企业盲目组织生产，未建立岗位安全操作规程，无隐患排查治理台账，员工对铝粉尘存在的爆炸危险性没有认知，也从未参加过应急救援演练。

根据以上场景，回答下列问题（1～3 题为单选题，4～8 题为多选题）：

1. 根据《生产安全事故报告和调查处理条例》（国务院令第 493 号）的规定，该起事故等级属于（　　）。

A. 一般事故　　B. 较大事故

C. 重大事故　　D. 特大事故

E. 特别重大事故

【答案】E

【解析】结合案例材料“事故发生后 30 天内，死亡人数 32 人，受伤人数 195 人”，可以确定该事故等级为特别重大事故。特别重大事故，是指造成 30 人以上（含 30 人）死亡，或者 100 人以上（含 100 人）重伤（包括急性工业中毒），或者 1 亿元以上（含 1 亿元）直接经济损失的事故。

2. 该起事故的直接经济损失为（　　）万元。

A. 6770　　B. 7770

C. 9870　　D. 11680

E. 13570

【答案】D

【解析】直接经济损失的统计范围：①人身伤亡后所支出的费用；②善后处理费用；③财产损失价值。该起事故的直接经济损失为 280＋1000＋2900＋3500＋2100＋800＋1100＝11680（万元）。

3. 为吸取该事故教训，其他涉尘企业在落实《严防企业粉尘爆炸五项规定》（安监总局令第 68 号）时，下列做法中，不符规定的是（　　）。

A. 确保作业场所符合标准规范要求

B. 按标准规范设计、安装、使用和维护通风除尘系统

C. 按规范使用防爆电气设备

D. 采用压缩空气吹扫除尘系统

E. 配备铝粉尘防水防潮设施

【答案】D

【解析】《严防企业粉尘爆炸五项规定》的内容包括：①必须确保作业场所符合标准规范要求，严禁设置在违规多层房、安全间距不达标的厂房和居民区内；②必须按标准规范设计、安装、使用和维护通风除尘系统，每班按规定检测和规范清理粉尘，在除尘系统停运期间和粉尘超标时严禁作业，并停产撤人；③必须按规范使用防爆电气设备，落实防雷、防静电等措施，保证设备设施接地，严禁作业场所存在各类明火和违规使用作业工具；④必须配备铝镁等金属粉尘生产、收集、贮存的防水防潮设施，严禁粉尘遇湿自燃；⑤必须严格执行安全操作规程和劳动防护制度，严禁员工培训不合格和不按规定佩戴使用防尘、防静电等劳保用品上岗。

4. 在B企业打磨车间的安全生产检查中，发现存在的违反安全生产法律、法规、标准、规范的情形有（　　）。

A. 空气中粉尘浓度超标

B. 部分地面和除尘管道表面积尘 2mm 以上

C. 部分员工防尘口罩失效

D. 女工从事涉尘岗位作业

E. 车间内有吸烟现象

【答案】ABCE

【解析】选项D错误，女工可以从事涉尘岗位作业。

5. 根据《生产经营单位安全培训规定》（安监总局令第3号）的规定，B企业对新入职员工的安全培训内容应包括（　　）。

A. 岗位安全操作流程　　B. 铝粉尘燃烧爆炸危险性

C. 工伤事故申报、索赔程序　　D. 安全设备设施的使用和维护方法

E. 事故发生时自救互救的方法和现场紧急处置措施

【答案】ABDE

【解析】《生产经营单位安全培训规定》第十五条规定，车间（工段、区、队）级岗前安全培训内容应当包括：①工作环境及危险因素；②所从事工种可能遭受的职业伤害和伤亡事故；③所从事工种的安全职责、操作技能及强制性标准；④自救互救、急救方法、疏散和现场紧急情况的处理；⑤安全设备设施、个人防护用品的使用和维护；⑥本车间（工段、区、队）安全生产状况及规章制度；⑦预防事故和职业危害的措施及应注意的安全事项；⑧有关事故案例；⑨其他需要培训的内容。

6. 导致该起事故发生并造成大量人员伤亡的原因包括（　　）。

A. 生产工艺布局不合理　　B. 除尘设备、除尘管道未接地

C. 厂房墙体未设置泄爆口　　D. 作业场所人员密集

E. 厂房内积尘未及时清理

【答案】ADE

【解析】结合案例材料，该事故发生不是由于静电放电引起，故选项B不符合题意；材料原文提到“除尘系统未设泄爆装置”，厂房墙体未设置泄爆口并非导致该起事故发生并造成大量人员伤亡的原因，故选项C不符合题意。

7. 打磨车间应设置的安全标志有（　　）。

A. 　　B. 

C. 

D. 

E. 

【答案】ABCE

【解析】选项D为“当心电离辐射”警告标志，打磨车间不存在电离辐射职业有害因素，故不选。

8. 属地人民政府安全生产监督管理部门检查组在B企业进行安全生产检查时，针对发现的隐患和问题，可采取的措施包括（　　）。

A. 当场纠正违章违法行为

B. 责令排除事故隐患

C. 责令打磨车间全体人员撤出

D. 责令暂时停产，全面整顿

E. 控制企业主要负责人

【答案】ABCD

【解析】选项E不属于安全生产监督管理部门的职责范围。

案例6　某制糖企业隐患排查与治理案例

D糖厂是甜菜制糖企业，1991年11月建成投产，占地面积100万m^2，共有员工528人，年产白砂糖10万t。颗粒柏3.6万t。该厂有原料车间、糖车间、饲料车间、动力机修车间4个车间，生产部、质检部、行政部、财务部、安全部5个部门，每年6～9月份为糖厂停产检修期，其余时间为生产期。

D糖厂动力机修车间有蒸发量为4t/h的燃气锅炉2台、500W·h柴油发电机1台、3t电动葫芦2台、空气压缩机2台、交流电焊机4台、钻床1台、新购置砂轮切割机1台。车间内隔离存放有柴油3t。

2018年6月，按照上级单位要求，D糖厂开始推进双重预防机制建设。在危险和有害因素辨识过程中，发现制糖车间除尘系统的除尘效率下降，已无法满足安全生产要求，确定为重大事故隐患，需要重新购置并安装除尘系统。D糖厂厂长组织编制并实施了该重大事故隐患治理方案。

2018年7月，针对行业内受限空间作业事故多发的严峻现状，D糖厂组织了受限空间专项隐患排查，在排查中发现制糖车间的饱充罐为受限空间，该饱充罐为上、下带锥体结构的圆柱型容器，总高16m，主体直径3m。罐体8m高处设有人孔，罐体上设有CO_2和糖汁进出口，底部有360mm的排渣口，工作时罐内液位高约6m。在去除糖汁中非糖分的工艺过程中，CO_2遇糖汁中的水分生成H_2CO_3进而与Ca（OH）$_2$发生中和反应生成$CaCO_3$，产生结垢。在季前安全生产大检查中，发现制糖车间饱充罐结垢严重，需要组织人员进入罐内进行除垢作业。

根据以上场景，回答下列问题：

1. 根据《生产过程危险和有害因素分类与代码》（GB/T 13861），辨识D糖厂动力机修车间存在的物理性危险和有害因素。

2. 编制D糖厂新购置砂轮切割机的安全操作规程。

3. 简述人员进入饱充罐内进行除垢作业的安全措施。

4. 根据《安全生产事故隐患排查治理暂行规定》，简述D糖厂除尘系统重大事故隐患治理方案应包含的主要内容。

【参考答案】

1. D糖厂动力机修车间存在的物理性危险和有害因素有防护缺陷、电伤害、噪声振动危害、非电离辐射、运动物伤害、明火、高温物质、有害光照。

2. D糖厂新购置砂轮切割机的安全操作规程：

(1) 使用前必须认真检查电源开关，电源线是否破损，切割片的松紧度及是否破损，防护罩或安全挡板，操作台必须稳固。

(2) 切割物件前，穿好合适的工作服，戴好防护用品（手套、口罩、眼镜等），不可穿过于宽松的工作服，严禁戴首饰或留长发。

(3) 操作人员操纵手柄作切割运动时，用力应均匀、平稳，而且固定端要牢固可靠。切勿用力过猛，以免过载使砂轮切割片崩裂。

(4) 切割时不允许任何人站在切割机的前面及侧面，停电、休息或离开工作场地时，应立即切断电源。

(5) 切割机停转前，不得将手从操作手柄上松离。

(6) 传动装置和砂轮的防护罩必须安全可靠，防护罩未到位时不得操作，不得探身越过或绕过锯机，操作时身体斜侧45°为宜。

(7) 出现有不正常声音，应立刻停止操作，进行检查；维修或更换配件前必须先切断电源，并等锯片完全停止。

(8) 操作手柄杠杆转轴应完好，转动灵活可靠，与杠杆装配后应用螺母锁住。

(9) 严禁在砂轮平面上修磨工件的毛刺，防止砂轮片碎裂。

(10) 中途更换新切割片或砂轮片时，必须切断电源，不要将锁紧螺母过于用力，防止锯片或砂轮片崩裂发生意外。

(11) 操作盒或开关必须完好无损，并有接地保护。

3. 人员进入饱充罐内进行除垢作业的安全措施：

(1) 进入密闭空间作业应由用人单位实施安全作业准入。

(2) 明确密闭空间作业负责人、被批准进入作业的劳动者和外部监护或监督人员及其职责。

(3) 设置警示标识，告知密闭空间的位置和存在的危害。

(4) 提供有关的职业安全卫生培训。

(5) 评估密闭空间可能存在的职业危害。

(6) 采取有效措施，防止未经容许的劳动者进入密闭空间。

(7) 提供密闭空间作业合格的安全防护设施、个体防护用品及报警仪器。

(8) 提供应急救援保障。

4. 根据《安全生产事故隐患排查治理暂行规定》，D糖厂除尘系统重大事故隐患治理方案应包含的主要内容有：

（1）治理的目标和任务。

（2）采取的方法和措施。

（3）经费和物资的落实。

（4）治理的机构和人员。

（5）治理的时限和要求。

（6）安全措施和应急预案。

案例7　某肉制品企业创建安全生产标准化案例

D企业是一家肉制品生产、仓储、物流、销售企业，现有员工612人。2016年3月开始试生产。甲为D企业法定代表人，乙为实际控制人，丙为负责安全生产的副总经理，丁为总会计师，戊为总工程师。

D企业生产主要原料为肉、水、食品添加剂等，生产过程中使用天然气液氨、柴油。

D企业的主要建筑物有生产车间、制冷站、冷库、原料库、配电室、锅炉污水处理站、宿舍楼等；主要设备有4t/h的燃气/燃油蒸汽锅炉2台，0.15MW导热油锅炉1台，1000kV·A变压器2台，宿舍楼客用电梯2部，制冷成套设备1套（制冷剂为液氨），叉车10台，冷藏车20辆，肉制品专用设备若干以及蒸汽、制冷管网等。

2016年底，D企业开始创建安全生产标准化企业，委托E安全咨询公司进行企业风险评估、隐患排查等工作，发现制冷站存在氨泄漏的重大事故隐患；配电室占压地下燃气管道，存在火灾爆炸隐患。

D企业根据自身生产经营活动特点及E安全咨询公司的建议，完善了安全生产规章制度，层层签订了安全生产责任书，开展了相应的安全生产教育培训工作，制定了隐患治理方案，修订了相关应急救援预案。

根据以上场景，回答下列问题：

1. 列出D企业的特种设备清单。

2. 针对制冷站存在氨泄漏这一重大事故隐患，根据《安全生产事故隐患排查治理暂行规定》（安监总局令第16号），简述该隐患治理方案的主要内容。

3. 根据《中共中央国务院关于推进安全生产领域改革发展的意见》和《安全生产法》，指出D企业安全生产的第一责任人，并说明其安全生产职责。

4. 提出针对D企业配电室火灾爆炸事故的应急处置措施。

【参考答案】

1. D企业的特种设备清单：

（1）锅炉：4t/h的燃气/燃油蒸汽锅炉2台，0.15MW导热油锅炉1台。

（2）电梯：宿舍楼客用电梯2部。

（3）厂内专用机动车辆：叉车10台，冷藏车20辆。

（4）压力管道：蒸汽、制冷管网。

2. 根据《安全生产事故隐患排查治理暂行规定》（安监总局令第16号），该隐患治理方案的主要内容有：

(1) 治理的目标和任务。

(2) 采取的方法和措施。

(3) 经费和物质的落实。

(4) 治理的机构和人员。

(5) 治理的时间和要求。

(6) 安全措施和应急预案。

3. 乙为D企业安全生产的第一责任人。

乙的安全生产职责包括：

(1) 建立、健全本单位安全生产责任制。

(2) 制定本单位安全生产规章制度和操作规程。

(3) 制定并实施本单位安全生产教育和培训。

(4) 保证本单位安全生产投入的有效实施。

(5) 督促、检查本单位的安全生产工作，及时消除生产安全事故隐患。

(6) 组织制定并实施本单位的生产安全事故应急救援预案。

(7) 及时、如实报告生产安全事故。

4. D企业配电室火灾爆炸事故的应急处置措施：

(1) 立即组织营救受害人员，组织危害区域内的其他人员撤离。

(2) 配电室断开与着火部位电源，停电操作必须严格执行电气安全操作规程和监护制度。

(3) 切断地下燃气管道输送介质，安全排放残余燃气。

(4) 配电室扑灭火源严禁使用水或泡沫、水基型灭火器，扑灭电气火灾应使用干粉灭火器或二氧化碳灭火器。

(5) 必须正确穿戴个人防护用品，应急人员佩戴好防毒口罩、应急照明器具、通讯器材。

(6) 严重火灾立即拨打119火警电话请求外援。

案例8　某电厂冷却塔施工平台坍塌事故案例

2016年12月11日，南方某省L电厂二期扩建工程M标段冷却塔施工平台发生坍塌事故，造成49人死亡，3人受伤。该二期扩建工程由I工程公司总承包，K监理公司监理，M标段冷却塔施工由J建筑公司分包。

M标段的合同工期为15个月，因前期施工延误，为赶工期，I工程公司私下与J建筑公司约定，要求其在12个月内完成M标段施工，为此，J公司实行24h连续作业。时值冬季，当地气候潮湿阴冷，混凝土养护所需时间比其他季节延长。

冷却塔施工采用由下而上，利用浇筑好的钢筋混凝土塔壁作为支撑，在冷却塔壁内部和外部分别搭建施工平台和模板，当浇筑的混凝土达到要求的强度后，先拆除下部模板。将其安装在上部模板的上方，再进行下一轮浇筑。用混凝土泵将混凝土输送到冷却塔壁的内外两层模板之间，进行塔壁混凝土浇筑。

冷却塔内有塔式起重机及混凝土输送设备（混凝土运输罐车、混凝土泵和管道），通过塔式起重机运送施工平台作业人员、其他建筑材料及施工工具。冷却塔施工平台上，有模板、钢筋、混凝土振捣棒以及电焊机、乙炔气瓶、氧气瓶等。

12月2日至10日，当地连续阴雨天气，施工并未停止，至11日零时，冷却塔施工平台高度达到85m。11日7时30分，42名作业人员到达冷却塔内，准备与前一班作业人员进行交接班，此时施工平台上有作业人员49人。突然，有人在施工平台上大声喊叫，接着就看到施工平台往下坠落，砸坏了部分冷却塔，随后整个施工平台全部坍塌。事故导致施工平台上49名作业人员全部死亡，地面3人受伤。

事故调查发现：事发时I工程公司没有人员在现场，I工程公司对J公司进行安全检查的记录不全；未发现近期J公司混凝土强度送检及相关检验报告；J公司现场作业人员共有210人，项目经理指定其亲属担任专职安全员，主要任务是看护现场工具及建筑材料，防止财物被盗；施工平台现场作业安全管理由当班班组长负责；J公司上次安全培训的时间是13个月前。

根据以上场景，回答下列问题：

1. 简要分析该起事故的直接原因。根据《企业职工伤亡事故分类》（GB 6441—1986），辨识冷却塔施工平台存在的危险有害因素。

2. 指出J公司在M标段冷却塔施工安全生产管理中存在的问题。

3. 简述I公司对J公司现场安全管理的主要内容。

4. 简述J公司安全生产管理人员安全培训的主要内容。

5. 简述冷却塔施工中存在的危险性较大的分部分项工程。

【参考答案】

1. 该起事故的直接原因：混凝土养护时间不足，浇筑的混凝土未达到要求的强度。

冷却塔施工平台存在的危险有害因素：

（1）坍塌——高大模板、冷却塔筒壁有发生现实危险的可能。

（2）物体打击——模板、钢筋。

（3）高处坠落——冷却塔施工平台高度达到85m。

（4）起重伤客——场内有塔式起重机。

（5）车辆伤害——场内有混凝土输送罐车。

（6）触电——冷却塔施工平台上有混凝土振捣棒以及电焊机。

（7）机械伤害——冷却塔施工平台上有混凝土振捣棒。

（8）火灾——乙炔气瓶、氧气瓶。

（9）容器爆炸——乙炔气瓶、氧气瓶。

（10）其他伤害——跌伤、扭伤。

2. J公司在M标段冷却塔施工安全生产管理中存在的问题：

（1）操作规程和规章制度不健全。

（2）没有设置独立的安全管理组织机构，安全管理人员配置不足。

（3）安全生产投入不足。

（4）安全培训不到位，教育力度不足。

（5）隐患排查制度不健全，发现隐患整改不力。

（6）现场管理混乱，“三违”事件时有发生。

（7）应急预案衔接不畅，未发挥作用。

（8）员工安全意识淡薄。

（9）各级人员没有危险源辨识和风险分析的能力，相关业务不熟练。

3. I公司对J公司现场安全管理的主要内容：

（1）工程开工前生产经营单位应对承包方负责人、工程技术人员进行全面的安全技术交底，并应有完整的记录。

（2）在有危险性的生产区域内作业，有可能造成人身伤害、设备损坏、环境污染等事故的，生产经营单位应要求承包方做好作业安全风险分析，并制订安全措施，经生产经营单位审核批准后，监督承包方实施。承包商应按有关行业安全管理法规、条例、规程的要求，在工作现场设置安全监护人员。

（3）在承包商队伍进入作业现场前，发包单位要对其进行消防安全、设备设施保护及社会治安方面的教育。所有教育培训和考试完成后，办理准入手续，凭证件出入现场。

（4）生产经营单位协助做好办理开工手续等工作，承包商须经批准的开工手续办完后方可开始施工。

（5）发包单位、承包商安全监督管理人员应经常深入现场，检查指导安全施工，要随时对施工安全进行监督，发现有违反安全规章制度的情况，及时纠正，并按规定给予惩处。

（6）同一工程项目或同一施工场所有多个承包商施工的，生产经营单位应与承包商签订专门的安全管理协议或者在承包合同中约定各自的安全生产管理职责，发包单位对各承包商的安全生产工作统一协调、管理。

（7）承包商施工队伍严重违章作业，导致产生设备故障等严重影响安全生产的后果，生产经营单位可以要求承包商进行停工整顿，并有权决定终止合同的执行。

4. J公司安全生产管理人员安全培训的主要内容：

（1）国家安全生产方针、政策和有关安全生产的法律、规章及标准。

（2）安全生产管理、安全生产技术、职业卫生等知识。

（3）伤亡事故统计、报告及职业危害的调查处理方法。

（4）应急管理、应急预案编制以及应急处置的内容和要求。

（5）国内外先进的安全生产管理经验。

（6）典型事故和应急救援案例分析。

（7）其他需要培训的内容。

5. 冷却塔施工中存在的危险性较大的分部分项工程：

（1）模板工程。

（2）起重吊装及安装拆卸工程。

（3）脚手架工程。

案例9　某酒业公司安全生产大检查案例

C酒业公司位于华南地区，占地58万m^2，年产各类白酒20万t。公司有员工3000人，安全生产管理部门有专职安全生产管理人员7人。

C酒业公司有粮库1个、粮食粉碎车间3个、发酵酿造车间12个、露天储酒罐区1个、勾调车间4个、灌装车间8个、成品酒仓库8个、包装物品仓库4个、动力车间1个、设备车间1个、污水处理车间1个、员工食堂3个、浴室5个。

露天储酒罐区为地上式罐区，有100m^3立式固定顶储罐130个，储罐之间的距离为0.7倍罐径；250m^3立式固定顶储罐100个，储罐之间的距离为0.9倍罐径。露天储酒罐区的防护重点是防火、防爆、防泄漏、防雷击。罐区设置避雷针16组，露天储酒罐区与厂内主干道路边之间的防火间距为12m；事故存液地容积为200m^3。

粮食粉碎车间通过负压除尘系统收集机械磨碎过程中产生的粮食粉尘，除尘系统使用防静电布袋除尘，除尘管道采用ϕ500mm镀锌管道，法兰盘连接，并对法兰盘进行防静电跨接，管道按规定接地。C酒业公司为粮食粉碎车间员工配发了防静电服、防静电鞋、防尘口罩和防尘帽。

发酵酿造车间窖池属有限空间，2014年10月曾经发生过一起员工在清理窖池作业时的中毒与窒息事件，因抢救及时，未造成员工伤亡。在此之后，C酒业公司严格执行国家安全生产监督管理总局的《有限空间安全作业五条规定》，完善了有限空间作业管理制度。

灌装车间为了减少流水线作业噪声对员工的影响，为员工配发了耳塞。

动力车间有10kV配电室1个，20t/h锅炉2台。

设备车间有数控车床8台、普通车床2台、铣床2台、钻床1台以及电焊、气焊设备、气瓶若干。

污水处理车间主要处理发酵酿造过程中的污水，处理量为800t/d。

C酒业公司另有10t桥式起重设备3台，5t桥式起重设备5台，客货梯5部，场内机动车辆130辆（其中叉车80辆）以及一支货物运输车队。

2014年末安全生产大检查期间，属地人民政府安全生产监督管理部门对C酒业公司露天储酒罐区进行了专项安全生产检查。检查中注意到，避雷装置上一次检测时间为2014年3月，罐区上方架设有临时用电线，罐区作业人员甲、乙身着普通工作服，用真空泵从罐车往储罐输送原酒，罐车罐体未连接到静电释放装置。

根据以上场景，回答下列问题：

1. 根据《职业病分类和目录》（国卫疾控发〔2013〕148号），辨识C酒业公司可能存在的职业病类别，并说明原因。

2. 指出C酒业公司特种设备的种类。

3. 简述C酒业公司在发酵酿造车间严格执行《有限空间安全作业五条规定》（安监总局令第69号）的具体内容。

4. 简述C酒业公司露天储酒罐区存在的事故隐患，并说明理由。

【参考答案】

1. C酒业公司可能发生的职业病有：

（1）职业性尘肺病及其他呼吸系统疾病，因存在粮食粉尘。

①尘肺病。

②其他呼吸系统疾病：a. 过敏性肺炎；b. 哮喘。

（2）职业性眼病，因存在电气焊作业。

①电光性眼炎。

②白内障。

（3）职业性耳鼻喉口腔疾病，因灌装车间存在噪音。

（4）职业性化学中毒，因有窖池（二氧化碳）和污水处理（硫化氢）。

①二氧化碳中毒。

②硫化氢中毒。

(5) 物理因素所致职业病，因公司位于华南且存在发酵车间（中暑），有车床、铣床等设备（振动）。

①中暑。

②手臂振动病。

2. 该企业的特种设备有：20t/h锅炉2台；气瓶若干；10t桥式起重设备3台、5t桥式起重设备5台；客货梯5部；厂内机动车辆130辆（其中叉车80辆）。

3. 根据《有限空间安全作业五条规定》(安监总局令第69号)，C酒业公司在发酵酿造车间应严格执行以下规定：

(1) 必须严格实行作业审批制度，严禁擅自进入有限空间作业。

(2) 必须做到“先通风、再检测、后作业”，严禁通风、检测不合格作业。

(3) 必须配备个人防中毒窒息等防护装备，设置安全警示标识，严禁无防护监护措施作业。

(4) 必须对作业人员进行安全培训，严禁教育培训不合格上岗作业。

(5) 必须制定应急措施，现场配备应急装备，严禁盲目施救。

4. C酒业公司露天储酒罐区存在的事故隐患有：

(1) $100m^3$立式固定顶储罐130个，储罐之间的距离为0.7倍罐径。

理由：储罐罐距太小，应为0.75倍罐径。

(2) 露天储酒罐区与厂内主干道路边之间的防火间距为12m。

理由：防火间距太近，应为15m。

(3) 事故存液地容积为$200m^3$。

理由：事故存液地容积太小，应不小于$250m^3$。

(4) 避雷装置上一次检测时间为2014年3月。

理由：避雷装置没有定期检测。爆炸和火灾危险环境的避雷装置半年检测一次。一般建筑物一年一次。

(5) 罐区上方架设有临时用电线。

理由：电火花导致火灾、爆炸。罐区上方属于危险区域，不能架设临时电线。

(6) 罐区作业人员甲、乙身着普通工作服。

理由：静电火花导致火灾、爆炸。罐区作业人员应穿防静电工作服。

(7) 用真空泵从罐车往储罐输送原酒，罐车罐体未连接到静电释放装置。

理由：静电火花会导致火灾、爆炸。用真空泵输送原酒时，罐车罐体应连接到静电释放装置。

案例10 某隧道危险化学品运输车辆追尾事故案例

2014年12月20日18时，66号高速公路因降雪封闭，21日7时重新开放。9时该高速公路Y路段M隧道内距入口20m处，一辆以60km/h速度自西向东行使的空载货车，与前方缓行的运输甲醇的罐车发生追尾碰撞，罐车失控前冲碰撞隧道内同方向行驶的小客车，造成连环追尾事故。

事故发生后，甲醇罐车押运员甲从右侧门下车，走到车后，发现甲醇罐车尾部防撞设施损坏，卸料管断裂，甲醇泄漏，为关闭卸料管根部球阀防止甲醇进一步泄漏，甲要求司机乙向前移动车辆，该车重新启动向前移动 1m 后停止，司机乙熄火下车走到车身左侧罐体中部时，发现地面泄露的甲醇已经起火燃烧，并形成流淌火，迅速引燃前后车辆，事发时受气象和地势影响，隧道内气流由西向东流动，且隧道东高西低，形成烟囱效应，甲醇和车辆燃烧产生的高温有毒烟气迅速在隧道内向东蔓延，继而在隧道内引起大火和浓烟，事故烧毁隧道内车辆 12 辆，造成 25 人死亡，6 人受伤，隧道受损严重。

事故调查发现：甲醇罐车由轻型货车改装而成，车辆整备质量为 2.76t，核定载货量为 2.24t，实际装载甲醇 3.7t，司机乙持大货车驾驶证，驾驶证在有效期内，押运员甲为临时用工人员；空载货车为 D 物流运输公司零担货车，车辆和驾驶员手续齐全，均在有效期内。事发时，因长时间封路等待，零担货车驾驶员丙疲劳驾驶，未及时注意到前方路况变化，导致追尾碰撞。

甲醇罐车隶属 E 公司，该公司自 2014 年 6 月开始一直使用改装车运输甲醇。

E 公司为危险化学品经营企业，危险化学品经营许可证在有效期内，无危险化学品道路运输资质，该公司共有员工 15 名，其中安全生产管理人员 1 名，由公司出纳兼任。该公司实际控制人为丁，丁上一次接受安全生产培训时间为 2012 年 12 月。E 公司安全生产管理制度不健全，相关员工从未接受过危险化学品道路运输事故应急培训。

根据以上场景，回答下列问题：

1. 根据《危险化学品安全管理条例》（国务院令第 591 号），指出 E 公司哪些人员应通过有关主管部门对其安全生产知识和管理能力的考核？

2. 简述甲醇罐车被追尾碰撞后，甲、乙应采取的应急处理措施。

3. 根据《安全生产事故报告和调查处理条例》（国务院令第 493 号），简要说明该起事故调查报告应包括的主要内容。

4. 指出 E 公司在安全管理方面存在的问题。

【参考答案】

1. E 公司下列人员应通过有关主管部门对其安全生产知识和管理能力的考核：

（1）驾驶员、装卸管理人员、押运人员、申报人员、集装箱装箱现场检查员。

（2）公司主要负责人、安全管理人员、特种作业人员。（这三类人在条例中没有明文规定考核，但根据条例的有关条文和相关法规，这三类人也要培训考核）

2. 甲醇罐车被追尾碰撞后，甲、乙应采取的应急处理措施：

（1）司机乙将车辆立即熄火并关闭汽车电源总开关。

（2）押运员甲立即告知前后车辆的司机熄火和关闭自己车辆的电源，要求司机和乘客禁止烟火和使用手机，要求其他车辆司机和乘客立即疏散到安全地带，并协助警戒，阻止其他车辆和人员进入危险地带。（原则：向上风向转移）

（3）司机乙在事故车辆前后设置警示标识，提醒后面车辆停车熄火、关闭电源开关。

（4）押运员甲远离泄漏位置打 110、119 报警。（公安机关接到报告后，应当根据实际情况立即向安监部门、环保部门、卫生部门通报）

（5）如果车上配有防护眼镜、自给式呼吸器、消防服、防毒面具、防护手套等劳保用品，甲和乙佩戴好劳保用品后，尝试关闭卸料管根部球阀，如无法关闭，利用车上防爆堵漏工具进行堵漏；如果没有劳保用品和堵漏工具，在确保安全的情况下，利用车上的水雾型灭火器喷水雾减少蒸发，用沙土吸收泄漏的甲醇，处理过程中，必须禁止明火、防静电、不使用容易产生火花的工具。

(6) 如果没有任何劳保用品和处理工具，撤离现场，在安全处等待消防等部门前来处理，做好配合工作。

3. 该起事故调查报告应包括的主要内容：

(1) 事故发生单位概况。甲醇罐车隶属E公司，该公司自2014年6月开始一直使用改装车运输甲醇。E公司为危险化学品经营企业，危险化学品经营许可证在有效期内，无危险化学品道路运输资质。

(2) 事故发生经过和事故救援情况。2014年12月20日9时40分，66号公路Y路段M隧道内距入口20m处，一辆以60km/h速度自西向东行驶的空载货车，与前方缓行的运输甲醇的罐车发生追尾碰撞，罐车失控前冲碰撞隧道内同方向行驶的小客车，造成连环追尾事故。甲醇罐车尾部防撞设施损坏，卸料管断裂，甲醇泄漏，押运员甲意图关闭卸料管根部球阀，让驾驶员乙重新启动车辆，向前启动，结果起火。

(3) 事故造成的人员伤亡和直接经济损失。事故烧毁隧道内车辆12辆，造成25人死亡、6人受伤，隧道受损严重。

(4) 事故发生的原因和事故性质。这是一起责任事故，事故原因有：①零担货车驾驶员丙疲劳驾驶，导致追尾，甲醇泄漏；②押运员甲和驾驶员乙违规操作，重启汽车，导致起火；③甲醇车辆系轻型货车改装而成，超载；④司机乙和押运员甲未经危化品安全培训，司机乙无危化品运输驾驶员证；⑤E公司无危险化学品道路运输资质，无专业安全管理人员，主要负责人没有参加再教育。

(5) 事故责任的认定以及对事故责任者的处理建议。驾驶员乙、丙，押运员甲是造成事故的直接责任者，E公司实际控制人丁是造成事故的领导责任者和主要责任者；根据《安全生产法》《刑法》等法规对E公司进行罚款，对E公司领导撤职；押运员甲，驾驶员乙、丙，控制人丁，由司法机关根据法律规定，给予刑事责任处理。

(6) 事故防范和整改措施。为防止类似事故再次发生，要求E公司办理危险化学品道路运输资质，使用合格车辆运输，建立健全安全管理制度，主要负责人按时参加安全再教育，提高安全意识，配置专职安全管理人员，对押运员、司机等进行危化品安全教育，并制定应急预案，定期演练。

4. E公司在安全管理方面存在以下问题：

(1) 违反危化品安全法规。无危险化学品道路运输资质；使用改装车运输甲醇，并且超载。甲醇罐车由轻型货车改装而成，车辆整备质量2.76t，核定载货量2.24t，实际装载甲醇3.7t。

(2) 违反安全培训法律法规。公司实际控制人丁没有每年参加安全再教育，丁上一次接受安全生产培训时间为2012年12月。相关员工从未接受过危险化学品道路运输事故应急培训，导致驾驶员乙和押运员甲缺乏安全应急知识，违规操作。司机乙持大货车驾驶证，没有参加危险品运输培训并取得相应证书。

(3) 违反《安全生产法》，安全管理制度不健全，没有配备专职的安全管理人员。安全生产管理人员1名，由公司出纳兼任。

案例 11　某印刷企业事故隐患排查治理案例

E 印刷企业为重点防火单位，厂区占地面积 23000m^2，员工 1200 人，设有安全生产管理科并配备了 2 名专职安全生产管理人员，各车间有兼职安全生产管理人员。

E 印刷企业厂区主要设施和设备有：胶版印刷、凹版印刷、凸版印刷、彩印、油墨调配、维修等车间；原料库、油墨库、化工库、废料库；变配电站、柴油发电机房、空气压缩机房、燃气锅炉房、消防监控室；5t 桥式起重机 8 台、叉车 15 辆、电瓶车 20 辆及电瓶车充电室。

企业内 10kV 变配电站配置 2 台变压器；柴油发电机房有柴油发电机 1 台；在厂区西南角有柴油罐区 1 个，罐区内有供发电机使用的 10t 柴油储罐 1 座；空气压缩机房有供气量为 20m^3/min 的空气压缩机 3 台；锅炉房有蒸发量为 20t/h 的燃气锅炉 1 台。

油墨调配车间用水性油墨、乙醇乙酯、丙酮、酒精等原料，为其他车间调配、提供不同的油墨。维修车间有车床 3 台、钻床 8 台、铣床 3 台、电焊机 6 台、砂轮机 3 台及氧气瓶、乙炔气瓶等。原料库储存纸 500t；油墨库储存各类油墨 30t；化工库储存稀料 20t、丙酮 5t、乙酸乙酯 10t、酒精 8t；废料库存放压块打包后的废纸 25t。

2013 年 7 月的隐患排查治理活动中，发现废料库房存在坍塌危险。为确保安全，采取了设置警示标志、加强监测检查、控制人员进入等临时性措施，并制订了拆除重建方案，计划在年底前完成整改。

根据以上场景，回答下列问题：

1. 指出 E 印刷企业的特种设备和特种作业。

2. 根据相关法律法规，指出 E 印刷企业应取得的安全检测报告的类别。

3. 指出 E 印刷企业内必须使用防爆电器的场所。

4. 根据《安全生产事故隐患排查治理暂行规定》（国家安全生产监督管理总局令第 16 号），编制 E 印刷企业废料库房坍塌隐患治理的简要方案。

【参考答案】

1. (1) E 印刷企业的特种设备：

①锅炉：燃气锅炉 1 台。

②起重机械：5t 桥式起重机 8 台。

③压力容器（气瓶）：氧气瓶、乙炔瓶。

④厂内专用机动车辆：叉车 15 辆。

(2) E 印刷企业的特种作业：

①电工作业。

②金属焊接切割作业。

③登高架设作业。

④制冷作业。

2. E 印刷企业应取得的安全检测报告的类别：

(1) 锅炉安全检测报告。

(2) 起重机械安全检测报告。

(3) 压力气瓶安全检测报告。

(4) 叉车安全检测报告。

(5) 有毒有害气体安全检测报告。

(6) 易燃易爆气体安全检测报告。

3. E印刷企业内必须使用防爆电器的场所：化工库、油墨调配车间、柴油罐区、变配电站、柴油发电机房、燃气锅炉房。

4. E印刷企业废料库房坍塌隐患治理的简要方案：

(1) 治理的目标和任务：限期整改和消除废料库坍塌重大事故隐患。

(2) 采取的方法和措施：制订拆除重建方案，拆除现有废料库房后，重新建设废料库房。

(3) 经费和物资的落实：事故隐患整改经费和物资由E印刷企业主要负责人负责落实。

(4) 治理的机构和人员：E印刷企业主要负责人和废料库房、安全生产管理机构等部门相关人员。

(5) 治理的时限和要求：年底前完成整改。

(6) 安全措施和应急预案：设置警示标志、加强监测检查、控制人员进入等临时性措施。

案例12　某原油输运管道泄漏爆炸事故案例

F集团公司拥有长距离轻质原油输运管道（简称Ⅱ号管道），公司下属的H分公司负责Ⅱ号管道日常巡检维护，公司下属的I分公司负责Ⅱ号管道现场抢险堵漏及其他应急处置。

Ⅱ号管道路经G市的海港居民生活区（简称海港区）。2013年12月2日19时许，Ⅱ号管道在海港区的港大十字路口附近发生原油泄漏，原油泄漏到港大路路面，再经港大路的污水井流入港海排水管道。

港海排水管道是G市生活污水排水系统的一部分，负责将生活污水输运至G市第二污水处理厂。

当日21时许，H分公司向G市海港区安全生产监督管理局、F集团公司安全生产管理部门报告了Ⅱ号管道在海港区的原油泄漏情况。同时，H分公司开展泄漏点分析、泄漏量估算和泄漏原油流淌范围的勘查。初步确认，泄漏点在港海排水管道与Ⅱ号管道交叉点的上方，泄漏原油已沿港大路流淌约70m，并有大量原油流入港海排水管道。

为控制原油泄漏，H分公司通知I分公司进行现场抢险堵漏。I分公司抢险机械和装备于3日5时到达泄漏现场，并组成现场抢修组，由甲任组长。甲带领技术人员乙、丙进行了现场勘查，发现Ⅱ号管道泄漏部位上方有0.4m厚的水泥盖板，必须使用工程机械先将水泥盖板凿碎、拖离，才能确认泄漏点，并进行后续抢修堵漏。甲拿来液压破碎锤，准备进场施工。

海港区的部分晨练居民闻到油气味，不知发生了什么事情，部分人员到抢修现场围观。一些通过港大十字路口的行人，发现抢修现场交通受阻，也挤到现场观望。

3日7时30分，甲下令工程破碎机械进入抢修点作业，液压破碎锤开始敲砸水泥盖板，施工5min后突然发生爆炸，随后施工点周围港海排水管道内多处发生爆炸，事故造成重大人员伤亡和极其恶劣的社会影响。经事故调查组确认，此次爆炸事故的另一起爆点在液压破碎锤周边0.5m范围内。

根据以上场景，回答下列问题：

1. 分析第一起爆点的可能点火源和港海排水管道内参与爆炸的物质。

2. 指出此次事故在应急响应和应急处置方面存在的问题。

3. 指出此次事故事后处置应开展的工作。

4. 简要说明F集团公司为确保Ⅱ号管道运行应采取的安全措施。

【参考答案】

1.（1）第一起爆点的可能点火源：液压破碎锤在击打水泥盖板时出现的火花。

（2）港海排水管道内参与爆炸的物质：泄漏到排水管道内的原油（蒸气）。

2. 此次事故在应急响应和应急处置方面存在的问题：

（1）H公司发现原油泄漏后没有立即停止输送原油。

（2）上报时未向消防部门、环保部门和公安部门报告。

（3）在实施抢修管道时，没有对周边人员进行疏散。

（4）现场抢险人员没有佩戴防化服和空气呼吸器。

（5）H公司发现原油泄漏后未及时上报。

（6）没有使用防爆工具。

（7）事故发生后，主要负责人未到现场组织实施抢救。

3. 此次事故事后处置应开展的工作有：

（1）该原油输送管道立即停止输送原油。

（2）向消防部门119、环保部门、公安部报警，向安监部门报告。

（3）疏散影响区域附近所有人员，向上风向转移，防止吸入接触。

（4）按照应急预案，组织机构到位，成立现场应急指挥小组。

（5）处置人员佩戴好防化服和空气呼吸器，用防爆工具等进行堵漏处理。

（6）泄漏的油污，可用吸附材料收集和吸附泄漏物。

（7）注意事项：处置过程中，杜绝一切明火；现场处置人员，穿防静电工作服；使用不产生火花的防爆工具或设备设施；修复完毕后，清理现场油污。

4. F集团公司为确保Ⅱ号管道运行应采取的安全措施：

（1）定期开展Ⅱ号管道安全巡检，避免发生第三方破坏。

（2）加强Ⅱ号管道运行监测与泄漏检测，及时发现管道泄漏。

（3）管道检修作业前，必须开展作业风险分析，检测可燃气体浓度。

（4）管道检修作业中，必须严格执行动火作业操作规程，检修人员正确穿戴劳动防护用品。

（5）健全并落实F集团公司安全生产责任制。

（6）完善并落实现场安全生产规章制度及现场操作规程。

（7）加强员工安全教育培训，提高安全意识，增强对危险有害因素的辨识能力。

（8）完善应急救援预案，加强应急演练。

（9）加强现场安全检查和指导，危险作业必须设置安全监护人员。

（10）采取有效措施，整改现场，消除事故隐患。

案例13 某涂装车间危险有害因素辨识案例

C公司是一家建于20世纪50年代的老企业，该企业的涂装车间为独立设置的联合厂房，由5个主跨和1个辅跨组成。主跨内主要进行除锈、打磨、上漆、干燥，辅跨内设有相互独立的办公室、休息室、更衣室和变配电室。

涂装车间有员工125人，其中80人为来自D公司的劳务人员，配备1名专职安全管理人员。车间制定了针对安全生产责任、工艺安全管理、教育培训、防火防爆、劳保用品、隐患排查、应急管理等方面的规章制度和安全操作规程。安全管理人员定期进行安全检查，定期进行尘毒点监测。

涂装作业以人工作业为主，主要包括使用超声波除油垢、采用火焰去除旧漆、采用石英砂干喷除锈、使用红丹防锈漆作底漆、采用聚氨酯漆作面漆。涂装车间厂房耐火等级为二级，并采取了防爆设计，有通风除尘设施和完善的避雷系统，设置了相应的安全标志。

喷涂底漆和面漆的作业场所为封闭空间，设置了可燃气体报警器和自动灭火装置，安全管理人员负责定期检测。

根据以上场景，回答下列问题：

1. 辨识涂装车间可能存在的职业病危害因素。
2. 指出涂装车间存在的国家禁止的作业。
3. 简述C公司对D公司80名劳务派遣人员安全管理培训的内容。
4. 指出涂装车间厂房入口处应设置的安全标志提示的内容。

【参考答案】

1. 涂装车间可能存在的职业病危害因素：

(1) 化学性危害因素有：粉尘（除锈打磨），有毒品（油漆）。

(2) 物理性危害因素有：高温（用火除去旧漆），噪声。

2. 涂装车间存在的国家禁止的作业有：

(1) 火焰除去旧漆。

(2) 石英砂除锈。

3. C公司对D公司80名劳务派遣人员安全管理培训的内容有：

(1) 对劳务派遣人员，应先进行三级教育，本企业安全生产现状和安全生产规章制度。

(2) 岗位危险有害因素和安全操作规程。

(3) 作业设备安全使用与管理，作业条件与环境改善，个人劳动防护用品的使用和维护。

(4) 作业现场安全生产标准化。

(5) 现场安全生产检查与隐患分析排查治理。

(6) 现场应急处置和救护，本企业、本行业典型生产安全事故案例。

(7) 班组安全生产组织管理和先进班组的安全生产管理经验。

4. 厂房出入口应设置安全标志，并应提示厂房内是有毒作业场所，无关人员禁止进入，禁止明火等。安全标志应有相应的文字和图形标识，符合国家及行业相关标准规定。

案例 14　某油罐车加油火灾爆炸事故案例

E 企业为汽油、柴油、煤油生产经营企业。2012 年实际用工 2000 人，其中有 120 人为劳务派遣人员，实行 8h 工作制，对外经营的油库为独立设置的库区，设有防火墙。库区出入口和墙外设置了相应的安全标志。

E 企业 2012 年度发生事故 1 起，死亡 1 人，重伤 2 人，该起事故情况如下：

2012 年 11 月 25 日 8 时 10 分，E 企业司机甲驾驶一辆重型油罐车到油库加装汽油，油库消防员乙在检查了车载灭火器、防火帽等主要安全设施的有效性后，在运货单上签字放行。8 时 25 分，甲驾驶油罐车进入库区，用自带的铁丝将油罐车接地端子与自动装载系统的接地端子连接起来，随后打开油罐车人孔盖，放下加油鹤管。自动加载系统操作员丙开始给油罐车加油，为使油鹤管保持在工作位置，甲将人孔盖关小。

9 时 15 分，甲办完相关手续后返回，在观察油罐车液位时将手放在正在加油的鹤管外壁上，由于甲穿着化纤服和橡胶鞋，手接触到鹤管外壁时产生静电火花，引燃了人孔盖口挥发的汽油，进而引燃了人孔盖周围油污，甲手部烧伤。听到异常声响，丙立即切断油料输送管道的阀门；乙将加油鹤管从油罐车取下，用干粉灭火器将加油鹤管上的火扑灭。

甲欲关闭油罐车人孔盖时，火焰已燃烧到人孔盖附近。乙和丙设法灭火，但火势较大，无法扑灭。甲急忙进入驾驶室将油罐车驶出库区，开出 25m 左右，油罐车发生爆炸。事故造成甲死亡、乙和丙重伤。

根据以上场景，回答下列问题：

1. 计算 E 企业 2012 年度的千人重伤率和百万工时死亡率。

2. 分析该起事故的直接原因。

3. 根据《企业职工伤亡事故分类标准》(GB 6441—86)，辨识加油作业现场存在的主要危险有害因素。

4. 提出 E 企业为防止此类事故再次发生应采取的安全技术措施。

【参考答案】

1. E 企业 2012 年度的千人重伤率和百万工时死亡率：

(1) 千人重伤率＝重伤人数/从业人员数×1000＝2/2000×1000＝1。

(2) 百万工时死亡率＝死亡人数/实际总工时×1000000＝1/（2000×8×250）×1000000＝0.25。

2. 该起事故的直接原因：

(1) 甲用自带的铁丝将接地端连接，没有按规定使用专门的防静电设备。

(2) 甲为了保持加油管的位置，将人孔盖关小，导致挥发的汽油在人孔口达到一定浓度（爆炸极限范围以内）。

(3) 甲穿着化纤服装和橡胶鞋，手接触加油管外壁产生电火花。

3. 加油作业现场存在的主要危险有害因素：

(1) 车辆伤害：加油车。

(2) 物体打击：加油管。

(3) 火灾：汽油、柴油、煤油。

(4) 其他爆炸：汽油、柴油、煤油。

(5) 高处坠落：油罐车人孔。

4. E企业为防止此类事故再次发生应采取的安全技术措施有：

(1) 限制物料运动速度，罐车采用顶部加油，应将装油鹤管深入罐底部，初始速度不应大于1m/s；当入口浸没200mm，可逐步提高流速，但最大流速不超过7m/s。

(2) 静电接地，油罐车在装油前，应与储油设备跨接并接地，装卸完毕先拆油管，后拆除跨接线和接地线。

(3) 为防止人体静电的危害，作业人员应穿防静电工作服和防静电工作鞋袜，穿戴防静电工作手套。

案例15　某炼油企业污水提升泵房隔油池爆炸事故案例

2011年8月5日，G炼油企业污水车间要将污水提升泵房隔油池中的污水抽到集水池中，污水车间主任甲在安排抽水作业时，因抽水用潜水泵要临时用电，于是联系电工班派电工到污水提升泵间拉临时电缆，并按要求申办了临时用电许可。

5日15时，电工班安排2名电工到污水提升泵房为潜水泵接电，污水车间在未对作业进行风险辨识，未制定具体作业方案的情况下，安排乙、丙、丁、戊将2台潜水泵放到隔油池内，并启动潜水泵开始抽水。

6日9时，乙、丙、丁、戊继续进行抽水作业，10时污水车间主任甲到作业现场检查，发现使用刀闸式开关和接明线，但未向乙、丙、丁、戊指出现场用电存在的安全隐患，只要求大家注意安全后就离开了现场。11时20分，乙等发现2台潜水泵出水管不出水，遂拉下了刀闸式开关去吃午饭。

6日13时，当地气温达到35℃，乙等吃完饭后，到抽水作业现场准备继续抽水作业，乙合上潜水泵的刀闸式开关后，发现潜水泵还是不工作，于是提拉电缆，将潜水泵从隔油池中往上提，由于电缆受力，且未拉下刀闸式开关，导致电缆与潜水泵连接线松动脱落，形成电火花，引爆隔油池中的混合气体，爆炸引起大火，消防队接警赶到后将大火扑灭。

该起事故造成现场作业的乙、丙、丁、戊当场死亡，污水提升泵房严重损毁。

根据以上场景，回答下列问题：

1. 根据《企业职工伤亡事故分类》（GB 6441—1986），辨识抽水作业现场存在的危险因素。

2. 指出该起事故中作业现场存在的违章行为。

3. 分析该起事故的成因，并提出预防措施。

4. 简述以上场景中抽水作业安全培训的内容。

【参考答案】

1. 抽水作业现场存在的危险因素有：

(1) 触电：临时电缆、刀闸式开关。

(2) 淹溺：隔油池。

（3）火灾：隔油池中的混合气体。

（4）其他爆炸：隔油池中的混合气体。

（5）中毒和窒息：隔油池中的混合气体。

2. 该起事故中作业现场存在的违章行为有：

（1）未进行作业风险辨识。

（2）未制定作业方案和事故预案。

（3）使用刀闸式开关和明接线。

（4）提拉电缆，将潜水泵从隔油池中往上提。

（5）污水车间主任甲发现刀闸式开关和明接线，未进行落实整改。

3.（1）事故直接原因：发现潜水泵不工作，于是提拉电缆，将潜水泵从隔油池中往上提，由于电缆受力，且未拉下刀闸式开关，导致电缆与潜水泵连接线松动脱落，形成电火花，引爆隔油池中的混合气体，爆炸引起大火。

（2）事故间接原因：未使用防爆潜水泵；丙、丁、戊未按照作业规程进行作业（管理不到位）。

（3）预防措施：

①严格执行操作规程，杜绝违章指挥、违章作业。

②加强职工安全教育培训，提高工作技术水平和安全意识。

③加强风险管理，制定相应作业方案和事故预案。

④有关部门加强安全生产监管力度。

4. 抽水作业安全培训的内容：

（1）本岗位工作环境范围内的安全风险辨识评价和控制措施。

（2）岗位安全职责、操作技能及强制性标准。

（3）用电安全知识。

（4）安全设施及个人防护用品的使用和维护。

（5）典型事故案例。

案例 16　某集团应急救援实战演练案例

总部位于A省的某集团公司在B省有甲、乙、丙三家下属企业。为加强和规范应急管理工作，该集团公司委托某咨询公司编制应急救援预案。

咨询公司同时调查、分析集团公司及下属企业的安全生产风险，完成了应急救援预案起草工作，提交到集团公司会议上进行评审。评审时，集团公司领导的意见如下：

（1）集团公司和甲、乙、丙三家企业的应急救援预案在应急组织指挥结构上应保持一致。

（2）集团公司有自己的职工医院和消防队，应急救援时伤员救治要依靠职工医院，抢险力量队伍要依靠集团公司消防队。

（3）周边居民安全疏散应由集团公司通知地方政府有关部门，由地方政府组织实施。

（4）应急救援预案中因部分内容涉及集团公司商业秘密，应急救援预案不对企业全体员工和外界公开，只传达到各企业中层以上干部。

（5）应急救援预案要报A省安全生产监督管理部门备案。

近期，该集团公司完成了一套应急救援预案的演练计划。该计划涉及的演练内容为：

(1) 打开液氨储罐阀门，将液氨排到储罐的围堰内。

(2) 参演人员在规定的时间内关闭阀门，将围堰内的液氨进行安全处置。

(3) 救出模拟中毒人员。

2008 年 3 月 6 日，集团公司在甲企业进行了应急救援实战演练，演练地点设在甲企业的液氨储罐区。为保障参演人员、控制人员和观摩人员的安全，集团公司事先调来乙企业全部空气呼吸器、防毒面具、防爆型无线对讲机和监测仪器，同时调来集团公司消防队所有的水罐车、泡沫车和职工医院的救护车辆。

演练从 10 点钟开始，按照事先制订的演练计划进行。

10 点 20 分氨气扩散到厂区外，由于演练前未组织周边群众撤离，扩散的氨气导致 2 名群众中毒；10 点 30 分，抢救完中毒群众后，演练继续按计划进行。

根据以上场景，回答下列问题：

1. 指出应急救援预案评审时集团公司领导意见中的不妥之处，说明正确做法。

2. 指出本案的应急救援演练中存在的问题。

3. 结合本案，简述事故应急救援的基本任务。

【参考答案】

1. 应急救援预案评审时，集团公司领导意见中的不妥之处及正确做法：

(1) 救援只依靠企业自身力量；要考虑利用社会资源。

(2) 周边居民安全疏散由集团公司通知地方政府有关部门；应该由发生事故企业直接通知地方政府或直接通知周边群众。

(3) 应急救援预案只传达到企业中层以上干部；预案应传达到相关人员。

(4) 应急救援预案只报 A 省安全生产监督管理部门备案；应报 A、B 省企业所在地安全生产监督管理部门备案。

2. 应急救援演练中存在的问题：

(1) 打开液氨储罐阀门，将液氨排到储罐的围堰内。

(2) 演练中调用其他单位正在使用的全部应急装备。

(3) 出现 2 名群众急性中毒时，未立即终止演习。

(4) 应急救援演练过程中，未通知周边群众。

3. 事故应急救援的基本任务：

(1) 立即组织营救受害人员，组织撤离或者采取其他措施保护危害区域内的其他人员。

(2) 迅速控制事态，并对事故造成的危害进行检测、监测，测定事故的危害区域、危害性质及危害程度。

(3) 消除危害后果，做好现场恢复。

案例 17 某淀粉公司粉尘燃爆事故案例

2008 年，G 淀粉公司雇佣临时人员把仓库改造成第三生产车间。该车间为长 80m、宽 50m、高 15m 的桁架砖混结构建筑，分为打包间和产品暂存间，打包间用 7m 高砖墙与暂存间分隔。打包间内有打包机8台、振动筛安装在6m高的二层钢制平台上，振动筛内筛子采用木质框架，筛子四角与振动筛用铁质螺栓连接。振动筛开关和电动机为防爆电器设备。

2010年3月10日10时30分，当班班长甲发现4号打包机故障，二层钢制平台滞留了大量淀粉，正散落到打包间地面。甲关停4号打包机，并向车间主任报告。14时甲带领10名工人到二层钢制平台清理淀粉。一部分工人使用扫把、铁锹等工具清理平台上的淀粉，装包后，通过楼梯把成包淀粉滚落到打包车间地面，或从二层平台直接将淀粉包扔到打包间地面。另一部分工人用铁制扳手卸下筛子，用铁棍敲打清理筛子上的淀粉。

当清理工作进行到15时10分时，突然发生燃爆，而后发生多次爆炸，打包间一片火海，第三生产车间厂房的四面墙体全部倒塌。事发时，打包间和暂存间分别有作业人员19人和79人。事故导致18人死亡、7人重伤、38人轻伤。

事故发生后，当地政府立即成立现场救援指挥部。搜救人员多次进入车间搜救，利用切割机、生命探测仪、液压顶杆、起重气垫等装备进行救援，并在厂房周边同时用消防水枪降温，防止再次燃爆。

根据以上场景，回答下列问题：

1. 指出引起此次淀粉燃爆的基本条件。

2. 分析该起事故的直接原因和间接原因。

3. 指出淀粉爆炸与气体爆炸在爆炸特性方面的不同。

4. 指出G淀粉公司为预防此类事故再次发生应采取的安全技术措施和安全管理措施。

【参考答案】

1. 引起此次淀粉燃爆的基本条件：

（1）火花。

（2）淀粉粉尘在空气中达到足够浓度。

（3）相对密闭空间。

2. 该起事故的直接原因和间接原因：

（1）直接原因：散落到打包间地面的淀粉在工人使用扫把、铁锹等工具清理时产生扬尘并达到爆炸浓度，遇到可能因铁器撞击或摩擦或不防爆的打包机产生的火花发生爆炸。

（2）间接原因：机械设备在技术和设计上有缺陷（打包机不防爆、筛子四角与振动筛用铁质螺栓连接）；对工人安全教育培训不够；对现场淀粉清理工作无人检查或指导；没有安全操作规程或安全操作规程不健全。

3. 淀粉爆炸是由于剧烈燃烧引起的爆炸，而单一气体爆炸是由于分解反应产生大量的反应热引起的爆炸。

4. G淀粉公司为预防此类事故再次发生应采取的安全技术措施和安全管理措施：

（1）安全技术措施：

①采用改进工艺过程、密闭、抽风、除尘等技术措施防止淀粉粉尘积聚。

②采用防爆打包机、木质螺栓连接、木制工具清理等措施防止产生火花。

（2）安全管理措施：

①建立健全相关安全管理制度和安全操作规程。

②配备现场安全管理人员，加强现场安全检查和指导。

③加强现场作业人员安全教育培训，提高其安全意识和操作技能。

案例 18　某燃煤发电企业电工触电坠落事故案例

D 企业是一家新建大型燃煤发电企业，有员工 850 人，设置有安全管理部、设备保障部、生产运营部等部门。发电用燃煤以铁路运输为主，汽车运输为辅。燃煤堆放在煤场，通过皮带运输机送至煤仓，经给煤机进入磨煤机，磨制的煤粉经锅炉燃烧，将热能转化为高温高压蒸汽，进入汽轮发电机转化为电能，通过配电线路输送到电网。

D 企业在生产区域和设备系统上设置的安全技术措施包括：压力、温度、液位监测与报警装置；易燃易爆、有毒有害气体监测报警装置；传动机械安全防护装置；起重设备安全装置；锅炉和压力容器的安全门、安全阀、防爆膜等；输煤皮带运输机的急停装置；全厂消防灭火系统。

D 企业采用氨气脱硝工艺。建有氨站 1 座，设有 2 个 1.0MPa、30m^3 常温卧式液氨储罐，配备了应急物资柜，现场设置了安全警示标志。

D 企业成立了以总经理为主任的安全生产委员会，定期召开安委会会议，研究安全生产工作。企业根据建设项目安全“三同时”要求，委托具有相应资质的安全评价机构进行了安全验收评价，并于 2018 年 3 月正式投产运行。2018 年 5 月 15 日，燃煤输送皮带运输机电机发生故障，设备保障部安排电工甲、乙前往维修，甲、乙在办理了作业许可后，进入皮带运输机的独立配电间，断开电机电源，未挂牌上锁，随后二人登上 2m 高的平台进行维修作业。维修过程中，恰逢交接班，生产运营部员工丙发现皮带运输机停运，未经确认就重新开启了电机电源，导致电工甲触电后从平台坠落，小腿严重变形，电工乙按照安全培训学到的知识和技能，采取了应急处置措施。

2018 年 6 月，D 企业开展了“生命至上，安全发展”为主题的安全月活动，针对 5 月 15 日的事故，安全管理部组织生产运营部和设备保障部全体员工进行了电气安全培训，对皮带运输机配电间进行了安全专项检查，并对发现的隐患提出了整改方案。

根据以上场景，回答下列问题：

1. 按照防止事故发生和减少事故损失两类进行分类，分别列出 D 企业采用的安全技术措施。

2. 列出氨站应急物资柜应配置的应急物资清单。

3. 简述电工乙在甲触电坠落后应采取的应急处置措施。

4. 列出皮带运输机配电间安全检查的主要内容。

【参考答案】

1. D 企业采用的防止事故发生的安全技术措施：

（1）设置压力、温度、液位监测与报警装置。

（2）设置易燃易爆、有毒有害气体监测报警装置。

（3）设置传动机械安全防护装置。

（4）设置起重设备安全装置。

（5）设置输煤皮带运输机的急停装置。

减少事故损失的安全技术措施：

（1）设置锅炉和压力容器的安全门、安全阀、防爆膜等。

（2）设置全厂消防灭火系统。

2. 氨站应急物资柜应配置的应急物资清单包括：

（1）正压式呼吸器。

（2）防爆应急灯。

（3）安全带。

（4）防毒面具。

（5）安全警示带（警戒线）。

（6）防静电工作服。

（7）检测报警装置。

（8）对讲机。

（9）急救包或急救箱。

（10）手电筒。

（11）灭火器。

（12）消防带、消防斧。

（13）洗消设施。

3. 电工乙在甲触电坠落后应采取的应急处置措施：

（1）立即向企业主要负责人上报事故。

（2）当发现有人触电后，应立即向周围大声呼救。

（3）迅速断开电机电源，解救触电者，并进行初步救护。

（4）设立危险警戒区域，严禁无关人员进入。

（5）伤势较重及时联系当地120急救中心或医疗部门救治，告知所处的详细位置，并派人到路口等候，接应急救车，赶赴现场急救。

4. 皮带运输机配电间安全检查的主要内容：

（1）室内外环境整洁，物品摆放整齐有序，无杂物及无关物品存放。

（2）是否有用电安全管理制度，是否有专职电工，电工是否持有效证件上岗。

（3）检查作业规程、安全措施、责任制度、操作规程等是否齐全，是否有效。

（4）有无定期检查、维护记录。

（5）有无配电室管理标识牌。

（6）绝缘工具是否齐全、有效。

（7）接线、装量是否完好，电线有无私拉乱接、绝缘破损现象。

（8）开关柜（箱）内电气是否整洁、完好、路线规整，箱内外要有明显的接地线；箱门状态良好。

（9）严查在值班室、主控制室、配电室内的食品和杂物，保证良好的清洁环境。

案例19　某肉制品加工企业安全管理案例

E企业为肉制品加工企业，占地面积12000m^2，有员工611人。

E企业主要建（构）筑物有综合办公楼、宿舍楼、生产车间、冷库、锅炉房、变电站、制冷车间、污水处理站等。主要原料和辅料有原料肉、辅料、水、肉外包料、食品添加剂等。主要生产工序为原料采购运输、解冻挑拣、滚揉搅拌、灌装成型、熏蒸、包裹、冷藏、运输等。主要设备设施有10辆冷藏车、4台叉车、4台氨压缩机、2个氨储罐、1台4t/h燃气锅炉、1台导热油锅炉、2台1800kV·A干式变压器、若干肉制品专用设备，以及热力、制冷管网等。

2018年12月，为消除液氨隐患，该企业将制冷车间的制冷工艺由液氨制冷改为二氧化碳制冷，并按照变更管理的要求实施该项目。

E企业污水处理站的厌氧发酵池为半封闭结构，长×宽×深为5m×4m×4m，顶部设有两个1m×1m的入口，设有围栏防护，未设置安全警示标志。现场配有3根安全带、3条安全绳、2个救生圈、1套电动葫芦、1套维修工具。

2019年5月10日9时，厌氧发酵池内污泥泵故障，当班班长甲发现故障后，立即安排当班工人乙、丙入池维修。恰逢企业安全部安全管理人员丁现场检查，丁及时制止了入池维修作业。当天下午，企业安全部对污水处理站全体员工进行了安全教育培训。

为全面提升企业安全生产管理水平，2019年6月，E企业根据生产经营活动的特点，进行了全员安全培训、系统安全大检查，完善了安全生产规章制度、操作规程和应急预案。

根据以上场景，回答下列问题：

1. 简述制冷车间制冷工艺变更管理的相关安全要求。

2. 根据《工贸行业重大安全事故隐患判定标准（2017版）》，辨识以上场景存在的重大隐患，并说明原因。

3. 简述E企业污水处理站维修作业的安全管理要求。

4. 简述E企业安全管理人员对污水处理站全体员工进行安全教育培训应包含的主要内容。

【参考答案】

1. 制冷车间制冷工艺变更管理的相关安全要求：

（1）企业应制定变更管理制度。

（2）变更前应对变更过程及变更后可能产生的安全风险进行分析。

（3）制定控制措施。

（4）履行审批及验收程序。

（5）告知和培训相关从业人员。

2. 存在的重大隐患：

（1）未对有限空间作业场所进行辨识并设置明显安全警示标志。

（2）未落实作业审批制度，擅自进入有限空间作业。

原因：

（1）未设置安全警示标志。

（2）当班班长甲发现故障后，立即安排当班工人乙、丙入池维修。

3. E企业污水处理站维修作业的安全管理要求：

（1）实行作业审批制度，严禁擅自进入有限空间作业。

（2）实施作业前，制定有限空间作业方案，并对作业人员进行培训，合格后方可作业。

（3）作业应当严格遵守“先通风、再检测、后作业”的原则，严禁通风、检测不合格作业。

（4）设置明显的安全警示标志和警示说明，作业前后清点作业人员和工器具。

（5）作业现场应设置监护人员，同时监护人员不得离开岗位，并与作业人员保持联系。

（6）必须配备个人防中毒窒息等劳动防护用品或设备，设置安全警示标识。

（7）存在交叉作业时，采取避免互相伤害的措施。

（8）对作业场所中的危险有害因素进行定时检测或者连续监测。

（9）必须制定应急措施，现场配备应急装备，严禁盲目施救。

4. E企业安全管理人员对污水处理站全体员工进行安全教育培训应包含的主要内容：

（1）岗位安全操作规程。

（2）作业现场危险有害因素。

（3）具体安全防护措施。

（4）具体的互保监护措施。

（5）实施作业的具体步骤。

（6）实施作业的注意事项。

（7）突发意外时的应急措施。

（8）典型事故和案例分析。

案例20　某水泥生产企业设备设施检维修案例

F工厂为水泥生产企业，占地300000m^2，有员工580名。

F工厂主要设备包括石灰石库、原材料堆场、燃料库、水泥成品筒型库、备件材料存储仓库、水泥包装设施、水泥散装设施、维修车间、配电室等。主要设备包括回转窑1条、球磨机2台、磨煤机1台、选粉机4台、碾压机2台、高压离心风机9台、螺杆式空压机8台、桥式刮板取料机1台、侧堆取料机4台、电收尘器2套、皮带机25条、制冷剂1台、9MW余热发电机组1套及配套锅炉2台、回转式包装机3台、叉车4辆、起重设备3台、电气焊设备及气瓶若干。

2017年8月，F工厂启动了安全生产标准化二级企业达标创建工作，按照相关要求，F工厂总经理甲指定安环部成立应急预案编制小组，由安环部部长任组长，安环部其他员工为组员，10月初完成了应急预案编制并由组长签发。2018年12月，该厂通过了安全生产标准化二级企业验收。

2019年4月底，该厂在安全生产大检查中发现水泥成品筒型库内壁有附着物，存在脱落风险，必须进行清理，5月8日，F工厂维修班当班班长丙在办理《高处作业安全许可证》后，安排架子工搭设了16m高脚手架，维修班员工丁、戊登高对成品筒型库内壁进行清理维修，于当天15时完成该项作业。

2019年6月10日，F工厂按照《企业安全生产标准化基本规范》关于设备设施检维修要求，编制了检维修方案，对3号窑进行了检维修，当天4时03分，止火停窑；10时37分，窑油煤混烧保温。窑内油煤混燃，产生大量的一氧化碳，窑内烟气经过预热器进入增湿塔和生料粉磨系统后，再进入窑尾电收尘器，在检修过程中，进入窑尾电收尘器进行了维修。

根据以上场景，回答下列问题：

1. 指出F工厂应急预案编制过程中存在的问题，并简述应急预案的编制程序。

2. 简述水泥成品筒型库内壁清理维修高处作业完工后的安全要求。

3. 根据《企业安全生产标准化基本规范》（GB/T 33000），简述F工厂3号窑检维修方案应包括的主要内容。

4. 根据《企业职工伤亡事故分类》(GB 6441)，辨识3号窑尾电收尘器检修过程中存在的危险有害因素。

5. 指出进入3号窑尾电收尘器进行维修作业时应佩戴的劳动防护用品，并说明其作用。

【参考答案】

1. (1) 应急预案编制过程中存在的问题：

①安环部部长任组长。

②完成应急预案编制并由组长签发。

(2) 应急预案的编制程序：

①成立应急预案编制工作组。

②资料收集。

③风险评估。

④应急资源调查。

⑤应急预案编制。

⑥桌面推演。

⑦应急预案评审。

⑧批准实施。

2. 水泥成品筒型库内壁清理维修高处作业完工后的安全要求：

(1) 作业现场应清扫干净，作业用的工具、拆卸下的物件及余料和废料应清理运走。

(2) 脚手架拆除时，应设警戒区，并派专人监护。拆除脚手架、防护棚时不得上下同时施工。

(3) 临时用电的线路应由持证电工拆除。

(4) 作业人员要安全撤离现场，验收人在“作业证”上签字。

(5) 拆除脚手架时需指定专项施工方案。

3. F工厂3号窑检维修方案应包含作业安全风险分析、控制措施、应急处置措施及安全验收标准。

4. 3号窑尾电收尘器检修过程中存在的危险有害因素：

(1) 中毒与窒息。

(2) 其他爆炸。

(3) 火灾。

(4) 触电。

(5) 物体打击。

(6) 高处坠落。

(7) 机械伤害。

(8) 其他伤害。

5. 进入3号窑尾电收尘器进行维修作业时应佩戴的劳动防护用品及其作用为：

(1) 安全帽：防止砸伤。

(2) 防尘口罩：防止粉尘。

(3) 安全带：预防高处坠落。

(4) 绝缘鞋：防止触电。

(5) 绝缘手套：防止触电。

参考文献

［1］中国安全生产科学研究院．安全生产技术基础（2020版）［M］．北京：应急管理出版社，2020．

［2］苗金明，焦宇．安全生产技术［M］．北京：清华大学出版社，2013．

［3］何际泽，张瑞明．安全生产技术［M］．北京：化学工业出版社，2010．

［4］廖可兵，张力．安全人机工程［M］．徐州：中国矿业大学出版社，2009．

［5］孙林岩．人因工程［M］．北京：高等教育出版社，2008．

［6］王保国．安全人机工程学［M］．北京：机械工业出版社，2007．

［7］钮英建．电气安全工程［M］．北京：中国劳动社会保障出版社，2009．

［8］陆荣华．电气安全技术手册［M］．北京：中国建筑工业出版社，1999．

［9］袁化临．起重与机械安全［M］．北京：首都经济贸易大学出版社，2000．

［10］杨泗霖．防火与防爆［M］．北京：首都经济贸易大学出版社，2000．

［11］刘清方，吴孟娴．锅炉压力容器安全［M］．北京：首都经济贸易大学出版社，2000．

［12］周长江，王同义．危险化学品安全技术与管理［M］．北京：中国石化出版社，2004．

［13］王小辉，赵淑楠．危险化学品安全技术与管理［M］．北京：化学工业出版社，2016．

［14］王德堂，孙玉叶．化工安全生产技术［M］．天津：天津大学出版社，2009．

［15］中国安全生产科学研究院．安全生产管理（2020版）［M］．北京：应急管理出版社，2020．

［16］GB 18218—2018 危险化学品重大危险源辨识［S］．

［17］GB/T 29639—2020 生产经营单位生产安全事故应急预案编制导则［S］．

［18］中国石油化工集团公司安全监管局，中国石化青岛安全工程研究院．受限空间作业安全［M］．北京：中国石化出版社，2015．

［19］李强，孟于，张林．高处作业安全技术与应急救援［M］．北京：气象出版社，2017．

［20］孙莉莎，贾丽．生产安全事故应急救援与自救［M］．北京：中国劳动社会保障出版社，2018．